面向数字化时代高等学校计算机系列教材·网络空间安全

U0662491

网络协议安全

陈永乐　杨玉丽　于丹　主编

清华大学出版社

北京

内 容 简 介

全书分为 3 部分,共 15 章。第一部分为基础篇,共 5 章,这部分基于 TCP/IP 的分层结构,分别讨论了 TCP/IP 中的网络接口层、网络层、传输层和应用层相关协议的安全漏洞和防御策略;第二部分为提高篇,共 5 章,这部分基于物联网的三层体系结构,分别探讨了近距离通信协议 RFID 和 BLE、中距离通信协议 ZigBee,以及远距离通信协议 NB-IoT 的安全风险及防范措施;第三部分为拓展篇,共 5 章,这部分基于学术界与工业界对工控协议安全的研究工作,重点介绍了 Modbus TCP/IP、DNP3、OPC 以及 TSN 四种典型的工控协议存在的安全漏洞,以及对应的防护策略。

本书以网络协议的安全为主线,内容新颖,覆盖全面,突出“理论＋实操”的特色,循序渐进,易于学习。在网络协议基本知识的阐述上,力求深入浅出,通俗易懂;在网络协议安全技术的讲解上,力求理论联系实际,面向具体应用。

本书可以作为网络空间安全、计算机及相关专业的本科生和研究生的基础教材,也可以作为网络安全从业者和研究人员的参考书,为读者全面了解网络协议安全、开展相关研究工作提供参考。

图书在版编目（CIP）数据

网络协议安全 / 陈永乐, 杨玉丽, 于丹主编. -- 北京: 清华大学出版社, 2025.7. --（面向数字化时代高等学校计算机系列教材）. -- ISBN 978-7-302-69507-3

Ⅰ. TN915.04

中国国家版本馆 CIP 数据核字第 2025943YF9 号

责任编辑: 苏东方
封面设计: 刘　键
责任校对: 刘惠林
责任印制: 丛怀宇

出版发行: 清华大学出版社
　　　　网　　　址: https://www.tup.com.cn, https://www.wqxuetang.com
　　　　地　　　址: 北京清华大学学研大厦 A 座　　　　　　邮　　编: 100084
　　　　社 总 机: 010-83470000　　　　　　　　　　　　邮　　购: 010-62786544
　　　　投稿与读者服务: 010-62776969, c-service@tup.tsinghua.edu.cn
　　　　质量反馈: 010-62772015, zhiliang@tup.tsinghua.edu.cn
　　　　课件下载: https://www.tup.com.cn, 010-83470236
印 装 者: 三河市龙大印装有限公司
经　　销: 全国新华书店
开　　本: 185mm×260mm　　　　　印　　张: 20.25　　　　字　　数: 493 千字
版　　次: 2025 年 7 月第 1 版　　　　印　　次: 2025 年 7 月第 1 次印刷
定　　价: 69.00 元

产品编号: 106185-01

面向数字化时代高等学校计算机系列教材

编 委 会

主任：

蒋宗礼　教育部高等学校计算机类专业教学指导委员会副主任委员，国家级教学名师，北京工业大学教授

委员（按姓氏拼音排序）：

陈　武　　西南大学计算机与信息科学学院
陈永乐　　太原理工大学计算机科学与技术学院
崔志华　　太原科技大学计算机科学与技术学院
范士喜　　北京印刷学院信息工程学院
高文超　　中国矿业大学（北京）人工智能学院
黄　岚　　吉林大学计算机科学与技术学院
林卫国　　中国传媒大学计算机与网络空间安全学院
刘志全　　暨南大学网络空间安全学院
刘　昶　　成都大学计算机学院
饶　泓　　南昌大学软件学院
王　洁　　山西师范大学数学与计算机科学学院
肖鸣宇　　电子科技大学计算机科学与工程学院
严斌宇　　四川大学计算机学院
杨　炟　　深圳大学计算机与软件学院
杨　燕　　西南交通大学计算机与人工智能学院
岳　昆　　云南大学信息学院
张桂芸　　天津师范大学计算机与信息工程学院
张　锦　　长沙理工大学计算机与通信工程学院
张玉玲　　鲁东大学信息与电气工程学院
赵喜清　　河北北方学院信息科学与工程学院
周益民　　成都信息工程大学网络空间安全学院

前　言

伴随着云计算、人工智能、大数据等新兴技术和产业变革的深入发展,网络攻击手段也随之不断演进升级,给国家安全和社会稳定带来前所未有的挑战。但网络协议本身的基础架构基本保持不变,因此掌握网络协议的基本原理和安全机制,对深入了解网络协议的安全漏洞和防护措施,保护网络传输过程中数据的保密性、完整性和不可否认性等安全属性,仍然起到至关重要的作用。

考虑到网络协议安全是一门涉及计算机网络、密码学、通信工程、人工智能等多学科的课程,具有覆盖面广泛、知识体系复杂、实践性强、更新速度快等特点,而传统的网络协议安全课程,在课程培养体系和实践教学环节等方面面临巨大挑战,难以达到新工科建设目标的要求,对此,本教材编写团队认真分析了初学者在学习过程中遇到的困境,在国内外多种相关教材和相关前沿研究成果的基础之上,设计了学生易于学习的教材体系。本书采用由浅入深、由理论到实践的方式,详细分析典型网络协议存在的安全风险,并深入探讨与之对应的防范策略。

本书是一本全面介绍网络协议安全的教材,内容全面,循序渐进,易于学习。本书分为基础篇、提高篇和拓展篇。其中,基础篇属于必修部分,该篇基于 TCP/IP 的分层结构,通过自底向上的方式,分别讨论了网络接口层、网络层、传输层和应用层相关协议的安全漏洞和防御策略;提高篇属于进阶部分,该篇基于物联网的三层体系结构,分别探讨了近距离通信协议 RFID 和 BLE、中距离通信协议 ZigBee,以及远距离通信协议 NB-IoT 的安全风险及防范措施;拓展篇属于可选部分,该篇基于学术界与工业界对工控协议安全的研究工作,重点介绍了 Modbus TCP/IP、DNP3、OPC 以及 TSN 四种典型的工控协议存在的安全漏洞,以及对应的防护策略。

本书由太原理工大学陈永乐、杨玉丽和于丹任主编。感谢编审委员会的委员们提出了宝贵的意见和建议;感谢张地生、张立孝、郝燕霞、梁莹、董晓蓉、何可、杨竟卓和段思成帮忙整理材料,并对书稿进行了仔细的校对;感谢太原理工大学计算机科学与技术学院(大数据学院)的领导和全体教师多年来给予作者的关心、支持和帮助。

此外,在本书的成书过程中,得到山西省高等学校一般性教学改革研究课题(新工科背景下网络安全人才培养模式改革与实践,编号:J20220109;新工科背景下网络协议安全混合式教学模式探索,编号:J20230278)等项目的支持,在此深表谢意。

本书可以作为网络空间安全、计算机及相关专业的本科生和研究生的基础教材,也可以作为网络安全从业者和研究人员的参考书,为读者全面了解网络协议安全、开展相关研究工作提供参考。

由于网络安全技术仍处于快速发展阶段,限于编者的知识水平和认知高度,书中难免存在疏漏和不妥之处,敬请各位同行、读者不吝指正,我们将不断完善本书的内容。

编　者

2025 年 7 月

目 录

第三部分　拓展篇　工业互联网协议安全

第一部分 基 础 篇

计算机网络协议安全

第1章 计算机网络协议安全概述

计算机网络技术的飞速发展,以及网络应用的广泛普及,从根本上深刻地改变了人类社会的生产和生活方式。与此同时,网络安全事件也层出不穷。计算机网络安全问题直接影响国家安全、社会稳定、企业经营和人们的日常生活,而计算机网络协议安全是保障网络安全的关键所在。本章首先简单介绍计算机网络、计算机网络体系结构的相关概念;然后介绍计算机网络安全、计算机网络协议安全的相关知识,以及其面临的安全威胁,并重点阐述TCP/IP 的安全风险;最后简单介绍网络协议分析工具 Wireshark。

视频讲解

教学目标

- 了解计算机网络的定义、发展历程以及体系结构。
- 掌握计算机网络安全的概念、目标及面临的安全风险。
- 掌握计算机网络协议的概念及面临的安全风险。
- 理解 TCP/IP 的安全防范策略。

1.1 计算机网络概述

计算机网络是由多个计算机设备组成的系统,这些设备通过通信媒介相互连接,以实现数据的交换和资源共享。计算机网络通过不断发展和演变的方式,以适应新的技术和应用需求,它已经成为人们日常生活和工作中不可或缺的一部分。

1.1.1 计算机网络的定义

计算机网络是指将分布在不同地理位置的、自治的多台计算机及其外部设备,通过通信线路连接起来,在网络操作系统、网络管理软件及网络通信协议的管理和协调下,实现资源共享的计算机系统。由此可见,构建计算机网络的主要目的是实现打印机、程序、数据等硬件与软件资源的共享。其核心问题是确保互连的计算机在通信过程中,遵循相同的网络协议。

计算机网络由计算机、集线器和交换机等若干节点,以及连接这些节点的链路组成;通过路由器将多个计算机网络相互连接,形成"网络的网络",称为互连网(internet)。需要说明的是,以小写字母"i"开头的 internet(互连网)是一个通用名词,泛指采用某种网络协议,将多个计算机网络互连而成的网络;与之对应的,以大写字母"I"开头的 Internet(互联网)则是一个专用名词,专指采用 TCP/IP 协议族构建的全球最大的、开放的特定互连网。

1.1.2　计算机网络的发展历程

计算机网络经过半个多世纪的发展,已成为人类社会的重要基础设施和国家的重要战略资源。其发展历程大致可划分为以下四个阶段。

第一阶段:雏形期。众所周知,1946 年世界上第一台电子数字计算机诞生时,计算机技术与通信技术没有直接关系。直到 20 世纪 50 年代初,由于军方的需要,美国半自动地面防空系统尝试将计算机技术与通信技术相结合,试图设计一种分散的指挥系统,用于提高其生存能力和反击能力。为了对这一构思进行验证,1969 年,美国国防部高级研究计划局(Defense Advanced Research Projects Agency,DARPA)建立了 ARPANET 实验网,采用分组交换技术,把美国西南部的斯坦福研究院、犹他大学、加州大学圣巴巴拉分校以及加州大学洛杉矶分校的计算机连接起来。ARPANET 是互联网最早的雏形。

第二阶段:标准化期。20 世纪 70 年代,业界各大公司纷纷提出不同的网络体系结构。例如,1974 年,IBM 公司提出了系统网络结构(System Network Architecture,SNA);1974 年,互联网之父瑟夫(Vinton.Cerf)、凯恩(Bob Kahn)、柏兰登(Bob Braden)等一起设计了 TCP/IP(Transmission Control Protocol/Internet Protocol,TCP/IP);1975 年,DEC 公司提出了分布型网络的数字网络体系(Digital Network Architecture,DNA)。然而,由于网络体系结构不同,不同公司的设备之间无法进行信息交换。为了解决上述问题,国际标准化组织(International Organization for Standardization,ISO)研究了 SNA、TCP/IP 和 DNA 等,于 1984 年发布了国际标准 OSI/RM(Open System Interconnection Reference Model),为生产厂商提供了可以共同遵守的标准。此外,作为基于互联网发展起来的协议,TCP/IP 成了网络互连的事实标准。

第三阶段:商业化期。1994 年,美国国家科学基金会(National Sanitation Foundation,NSF)开始允许商用网络运营商通过竞标方式,将各自的主干网互连,形成新的主干网,用于取代 NSFNET。由于美国允许商业资本介入,使得互联网从实验室走出,进入面向社会的商用阶段。1995 年 4 月,NSFNET 主干网正式停止使用,NSF 把 NSFNET 经营权转交给美国 3 家最大的私营电信公司(Sprint、MCI 和 ANS),互联网全面进入了商业应用领域。

第四阶段:融合期。进入 21 世纪以来,计算机网络进入融合期,主要表现为:电信网络、有线电视网和计算机网络基础设施的融合,以及语音、视频、数据业务的融合;无线网络和有线网络的融合,实现了泛在互联和深度联网;对传统计算机网络拓展,实现信息社会、物理世界和人类社会的融合。

1.1.3　计算机网络的体系结构

为了使位于不同地理位置的、自治的计算机之间实现资源共享,计算机网络系统需要解决很多复杂的问题。例如,数据分段与重组、编址问题、拥塞现象的发现与解决,以及传输错误的发现与解决等。为简化上述问题的研究、设计与实现过程,计算机网络体系结构对计算机网络及其部件应完成的功能进行了精确定义,为网络硬件、软件、协议、存取控制等提供了标准。它是计算机之间相互通信的层次,以及各层中的协议和层次之间接口的集合。经典的网络体系结构包括国际标准 OSI/RM 和事实标准 TCP/IP。

（1）OSI/RM。

1979 年，ISO 成立了分委员会，专门研究用于开放系统的计算机网络体系结构，并于 1983 年正式提出开放系统互连参考模型 OSI/RM。OSI/RM 是各种计算机在世界范围内互连成网的标准框架。其中，"开放"指非独家垄断，对于任何系统而言，只要遵守 OSI/RM 标准，就能同位于世界上任何地方的、遵守该标准的其他计算机系统进行通信。"系统"指在现实的系统中与互连有关的各部分。OSI 试图达到一种理想境界，即全世界的计算机网络都遵循 OSI/RM 标准，能够很方便地进行互连和交换数据。

（2）TCP/IP。

1974 年，TCP/IP 用于实现 ARPA 异构网络的互连。1980 年前后，ARPA 将 ARPA 上的所有机器转向该协议，并资助开发用于 UNIX 的 TCP/IP。1983 年，TCP/IP 成为 ARPANET 上的标准协议，使得所有使用 TCP/IP 的异构计算机都能利用互联网相互通信。为此，1983 年被作为互联网的诞生时间。1985 年，NFS 涉足 TCP/IP 的研究与开发，其要求所资助的所有网络机构均需采用该协议。迄今为止，TCP/IP 先后出现了 6 个版本，重要版本是 4 与 6：版本 4 的网络层 IP 协议一般记作 IPv4；版本 6 的网络层 IP 协议一般记作 IPv6，又被称为下一代的 IP 协议。

OSI/RM 的 7 层体系结构与 TCP/IP 的 4 层体系结构的对应关系，以及常用的网络协议如表 1-1 所示。其中，OSI/RM 的 7 层体系结构，由低到高依次是物理层、数据链路层、网络层、传输层、会话层、表示层和应用层。TCP/IP 的 4 层体系结构，由低到高依次是网络接口层、网络层、传输层和应用层。

表 1-1　网络模型与网络协议

OSI/RM 的 7 层体系结构	TCP/IP 的 4 层体系结构	网 络 协 议
应用层	应用层	HTTP,TFTP,SNMP,FTP,SMTP, DNS,Telnet,POP3
表示层		
会话层		
传输层	传输层	TCP,UDP
网络层	网络层	IP,ICMP,ARP,RARP
数据链路层	网络接口层	PPP,FDDI,Ethernet,SLP
物理层		IEEE 802.1A,IEEE 802.2 到 IEEE 802.11

OSI/RM 对建立计算机网络具有重要的指导意义，其核心贡献在于提出了服务、接口、协议的概念，通过设计分层模型，规范了研究计算机网络体系结构的方法；但由于其过于庞杂的概念模型，没有确切、具体地描述用于各层的协议和服务，致使 OSI/RM 模型止步于理论研究，而没有对应的产品落地。Andrew S. Tanenbaum 评价 OSI/RM 失败的教训可以概括为：糟糕的提出时机、糟糕的技术、糟糕的实现、糟糕的策略。

TCP/IP 网络体系结构的产生遵循了按需制定协议的原则，其简单、灵活、易于实现，充分考虑不同用户的需求，不仅被计算机网络的鼻祖 ARPANET 所使用，也被 ARPANET 的继承者——全球范围内的 Internet 所使用。该协议集是事实上的（De facto）标准。本书将重点介绍 TCP/IP 的相关知识、存在的安全风险以及常见的防范措施。

‖ 1.2　计算机网络安全概述

计算机网络与生俱来的开放性、分散性、共享性和交互性等特征,极大地推动了人类社会的进步与发展,但与此同时,也带来了诸多的网络安全问题。

1.2.1　计算机网络安全的定义

计算机网络安全是指利用计算机、密码学、信息安全以及通信网络管理等技术,保护信息的机密性、完整性、可用性、可控性和不可否认性,防止因为偶然的或者恶意的原因而遭受破坏、更改、泄露;并确保网络系统连续、可靠、正常地运行,网络服务不被中断。在狭义层面上,计算机网络安全是指信息资源和网络系统资源不受有害因素的威胁和危害。在广义层面上,凡是涉及计算机网络安全目标的技术、管理和过程控制,都属于计算机网络安全领域的范畴。

由此可见,计算机网络安全本质上指计算机网络上的信息安全,它是一门涉及计算机科学、网络技术、通信技术、密码学、数论和信息论等多学科的综合性交叉学科,是计算机与信息科学的重要组成部分。计算机网络安全领域需要综合信息安全、网络技术与管理、分布式计算、人工智能等多个领域的知识和研究成果,其概念、理论和技术都在不断发展和完善中。

1.2.2　计算机网络安全的发展历程

20 世纪 80 年代,首次出现通过发送恶意代码、病毒和蠕虫来破坏计算机系统的网络攻击事件,为此,第一个反病毒软件应运而生。20 世纪 90 年代,随着商业互联网的飞速发展,网络安全问题变得日益复杂,黑客攻击、数据泄露和未经授权的访问成为主要威胁,也促使防火墙、入侵检测系统等网络安全技术的进一步发展。此外,许多组织开始意识到网络安全的重要性,并设立了专门的安全团队来保护其计算机系统和数据。进入 21 世纪,随着物联网终端、5G 新技术终端、云服务平台等新业态衍生出了安全行业的新形势、新需求,驱动网络安全界限不断向网络物理融合空间延伸,网络钓鱼、勒索软件和零日漏洞成为常见的攻击手段。为了应对这些新威胁,安全技术不断演进,包括智能移动终端恶意代码检测技术、云存储安全技术、后量子密码等。

在我国,2014 年 2 月 27 日,“中央网络安全和信息化领导小组”成立,旨在提高网络安全;2016 年 11 月 7 日,颁布《中华人民共和国网络安全法》,用于维护网络空间主权和国家安全、社会公共利益,保护公民、法人和其他组织的合法权益,这部法律的颁布促进了经济社会信息化的健康发展,也迎来了网络安全行业的“黄金十年”。近年来,伴随着全球数字化转型在各行业的渗透加速,一方面,由于关键信息基础设施一旦遭到破坏、丧失功能或者数据泄露,可能危害国家安全、国计民生和公共利益,故关键信息基础设施认定和保护成为关注焦点和研究重点;另一方面,数据安全、隐私保护等问题越来越被重视,数据安全治理成为数字经济的基石。

1.2.3　计算机网络安全的目标

计算机网络安全的主要目标是通过各种技术与管理手段,保护信息的保密性、完整性、可用性、可控性和不可否认性。其中，保密性(Confidentiality)、完整性(Integrity)和可用性(Availability)是计算机网络信息安全的三要素，简称 CIA，三者相互依存，形成一个不可分割的整体。任何一个要素的损害，都将影响整个网络系统的安全性。

(1) 保密性，也称机密性。它指不得把国家机密、企业和社会团体的商业机密和个人信息等网络信息泄露给非授权实体(包括用户和进程等)。机密性通常利用信息加密、身份认证、访问控制、安全通信协议和审计等方法实现，其中信息加密是防止信息非法泄露的最基本手段，主要强调有用信息只被授权对象使用的特征。

(2) 完整性。它指信息在存储或传输过程中，如果未经授权，需保持不被修改、破坏或丢失的完整状态。除了信息本身不能被破坏外，信息的完整性还要求信息的来源具有正确性和可信性。即需要先验证信息是否真实可信，再验证信息是否被破坏。影响信息完整性的主要因素包括设备故障、自然灾害和人为蓄意破坏等。

(3) 可用性，也称有效性。它指在正常情况下，网络信息被授权实体按要求访问使用，或在非正常情况下能恢复使用的特性。即在系统运行时，可以正确存取所需信息，当系统遭受意外攻击或破坏时，可以迅速恢复并能投入使用。可用性是衡量网络信息系统面向用户的一种安全性能，以保障为用户提供稳定的服务。网络环境下拒绝服务攻击、破坏系统正常运行等都属于对可用性的攻击。

(4) 可控性。它指网络信息系统责任主体对网络系统和信息传输具有管理、支配能力的特性，能够根据授权规则对系统行为，信息的传播路径、范围及其内容进行有效掌握和控制。例如，不允许不良内容通过公共网络进行传输，使信息在合法用户的有效掌控之中。

(5) 不可否认性，也称抗抵赖性。它指网络通信双方在信息交互过程中，确信参与者本身和所提供的信息具有真实统一性，即所有参与者不可否认或抵赖本人的真实身份，以及提供信息的原样性和完成的操作与承诺。利用信息源证据可以防止发送方否认已发送过信息，利用接收证据可以防止接收方事后否认已经接收到信息。数据签名技术是解决不可否认性的重要手段之一。

1.3　计算机网络安全威胁

随着计算机网络技术的发展和应用的普及，计算机网络安全威胁也日益变得多样化和复杂化。只有通过不断更新安全策略和技术，才能有效应对层出不穷的网络安全风险。

1.3.1　计算机网络安全威胁的类型

计算机网络安全威胁指对网络系统及信息的保密性、完整性、可用性、可控性和不可否认性产生不同程度的危害。攻击指针对特定安全威胁采用的具体措施。常见的六种攻击类型如下所示。

(1) 非授权访问。它指未经授权而通过口令、密码或者系统漏洞等方式获取系统访问权的方法，主要包括非法用户进入网络或系统进行违法操作，以及合法用户以未授权的方式进行操作。非授权访问将涉及受到影响的用户数量和可能被泄露的信息的机密性。

(2) 信息泄露。它指将有价值的、高度机密的信息在传递、存储、使用过程中，通过有意或无意的方式泄露给未经授权的用户。通常，以加密技术为核心，结合安全审计机制、严格管控机制从而掌握、控制内部文档操作,可以有效防止信息泄露。

(3) 完整性破坏。它指在非授权和不能监视的情况下,对数据的一致性通过增删、修改或者破坏等方式进行损坏。

(4) 拒绝服务攻击。它指授权实体对信息或者资源的访问被无条件阻止。攻击者通过发送大量请求,使系统响应减慢甚至瘫痪,从而导致合法用户无法访问。

(5) 零日漏洞。它指利用尚未被厂商发现或修复的漏洞发起的攻击。

(6) 社会工程学。它指利用人际关系和心理学手段,诱导目标泄露敏感信息或者执行恶意操作的技术。

1.3.2　计算机网络安全风险的因素

计算机网络安全的风险及脆弱性涉及计算机网络系统、软件系统、网络协议和管理机制等多方面因素,只有对其进行深入分析,才有利于网络安全体系结构的构建和网络安全方案的制定。

(1) 计算机网络系统自身的缺陷。

计算机网络最初的设计聚焦于计算和科学研究,基本没有考虑安全性问题。但随着商业化互联网的快速发展和广泛应用,网络系统的开放性、共享性、身份认证环节的薄弱性、边界难以确定性等特点,致使网络系统存在较大的安全风险和隐患。

(2) 软件系统的漏洞。

在设计与开发时,由于难以穷尽操作系统、数据库、浏览器等各种软件系统的所有逻辑组合,故必定存在逻辑不全的缺陷,而利用缺陷挖掘漏洞进行攻击是网络安全永远的主题。另外,随着软件系统规模的不断扩大,很难检测并解决所有的安全漏洞和隐患,致使连接网络的终端易受到入侵威胁。

(3) 网络协议的漏洞。

计算机网络协议的漏洞指由于网络通信协议的不完善性而产生的安全隐患。计算机网络广泛使用的 TCP/IP 簇中几乎所有协议都存在安全隐患,例如地址解析协议(Address Resolution Protocol,ARP)、域名系统(Domain Name System,DNS)、文件传输协议(File Transfer Protocol,FTP)和远程进程调用(Remote Procedure Call,RPC)等均存在安全漏洞。

(4) 计算机网络安全管理的漏洞。

计算机网络安全管理的漏洞属于人为因素,涉及技术、用户行为、法律和政策等多方面因素。故需要通过不断健全和完善网络安全相关的法律法规,提高网络管理员的安全意识,规范网络管理员操作行为等方式,才能有效地解决网络安全管理的漏洞。

1.3.3　计算机网络安全防范的措施

计算机网络安全是一项极其复杂的系统工程,必须综合采取各种措施,才能有效保证网络信息系统的安全性。一个完整的网络信息安全系统包括法律措施、教育措施、管理措施和技术措施四方面,如图 1-1 所示,四者缺一不可。

(1) 法律措施。

计算机网络安全是国家安全的重要组成部分,为了维护网络空间的安全和秩序,保护公

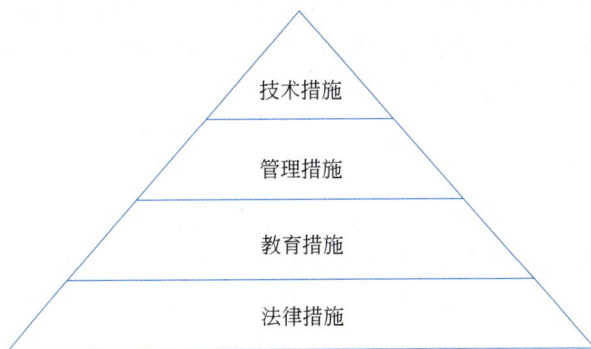

图 1-1　计算机网络安全的保护措施

民、法人和其他组织的合法权益,国家政府需要制定一系列法律法规措施。在许多情况下,法律法规的作用远大于技术。

(2) 教育措施。

计算机网络安全教育指针对思想品德、安全意识和安全法律法规等的教育。该措施是提升用户网络安全意识、知识和技能的重要环节。

(3) 管理措施。

计算机网络安全管理涉及技术、人员、政策等多个层面。通过制定明确的安全策略和规则;成立专门的网络安全管理机构,明确职责分工;对网络使用人员进行安全教育和培训等措施,可以大幅提高计算机网络的安全性,保护信息资产免受威胁和攻击。

(4) 技术措施。

计算机网络安全的技术措施包括多种策略和技术工具,旨在保护网络系统免受未授权访问、攻击和数据泄露。常见的安全技术措施包括硬件系统安全、操作系统安全、密码技术、网络安全技术、软件安全技术、病毒防治技术、信息内容安全技术、信息对抗技术等。其中硬件系统安全和操作系统安全是网络系统安全的基础,密码技术、网络安全技术等是网络系统安全的关键技术。

1.4　计算机网络协议安全威胁

由于计算机网络广泛使用的 TCP/IP 协议族存在着漏洞威胁,所以利用协议攻防成为网络空间安全领域研究的重点。

1.4.1　计算机网络协议的相关概念

计算机网络协议是实现网络功能最基本的机制和规则,是为了进行网络通信和数据交换而建立的规则、标准或约定的集合,是一种特殊的软件。网络协议的三要素包括语法、语义和同步。其中,语法指数据与控制信息的结构或格式;语义指需要发出何种控制信息,完成何种动作以及做出何种响应;同步用于对事件实现顺序进行详细说明。

计算机网络协议包括开源协议和专利协议。开源协议指在采纳之前,要对公众开放并接受公众评论和讨论的协议规范,具有健壮性好、安全缺陷容易被发现的特点。专利协议指不对公众开放的协议规范,其安全缺陷不容易被发现。

目前,采用英语语言描述计算机网络协议规范的方式,导致不同的提供商对同一个规范有不同的解释。协议必须相互协作才能使网络发挥作用,任何一个协议都有可能被攻击,攻击者利用对协议的了解及协议的实现进行攻击。

1.4.2　计算机网络协议的安全风险

计算机网络协议是网络实现连接与交互极为重要的组成部分,在设计之初只注重异构网的互联,忽略了其安全性问题,此外,网络各层协议是一个开放体系,这种开放性及存在的缺陷,易于将网络系统置于具有安全风险和隐患的环境中。计算机网络协议的安全风险可归结为以下三方面。

(1) 计算机网络协议自身的设计缺陷和实现中存在的一些安全漏洞,容易遭受信息泄露、身份欺骗等攻击。

(2) 计算机网络协议缺乏用于验证通信双方真实性的有效认证机制。

(3) 计算机网络协议缺乏保密机制,无法实现数据机密性的功能。

针对上述安全风险,可以采取一系列措施,例如加密传输、强化认证机制、定期更新和修补软件、安全审计和渗透测试等。

1.4.3　TCP/IP 安全的体系结构

TCP/IP 协议族出现之初,协议设计者主要关注与网络运行和应用相关的技术问题,在实现上力求简单高效,而忽略了安全因素,虽然 TCP/IP 的网络通信问题被很好地解决,但 TCP/IP 协议族在设计上存在诸多安全隐患,例如容易被窃听和欺骗、缺乏安全策略、配置复杂等问题。故 TCP/IP 协议族必须通过其他各种途径来防范和弥补。

基于 TCP/IP 协议族的四层体系结构,针对每一层存在的安全风险,分别设计不同的安全策略,添加对应的安全协议,通过构建多层次、多策略的防御体系,用于有效提升网络系统的安全性。

(1) 网络接口层的安全性。

在 TCP/IP 模型中,网络接口层是与物理网络硬件设备直接交互的最低层,对应着 OSI/RM 模型的物理层和数据链路层。它负责处理与硬件网络接口相关的所有事务,包括网络硬件的控制、数据的发送和接收、物理寻址以及错误检测等。

针对网络接口层存在设备损坏与老化、意外故障、信息探测与窃听等安全风险,可以通过物理隔离、VLAN、VPN、加密技术以及流量监控和过滤等防护措施,提高网络接口层的安全性。

(2) 网络层的安全性。

网络层是 TCP/IP 协议栈中非常关键的一层,它主要负责数据包的路由和转发,TCP/IP 中所有协议的数据都以 IP 数据报形式进行传输。由于 IPv4 在设计之初没有考虑到网络安全性问题,故 IP 数据报本身不具有任何安全特性,从而导致在网络上传输的 IP 数据报容易遭受 IP 地址欺骗、ICMP 攻击、IP 分片威胁、IP 数据报的篡改和重播等攻击。

对此,IPv6 简化了 IPv4 中的 IP 头结构,并增加了对安全性的设计。Internet 工程任务组 IETF 于 1998 年制定了一组基于密码学的、安全的开放网络安全协议体系(Internet Protocol Security,IPSec),用于提供数据包的加密和认证,确保数据传输的安全性。

（3）传输层的安全性。

传输层主要包括传输控制协议 TCP 和用户数据报协议 UDP。其中 TCP 提供面向连接的可靠数据传输，容易遭受 TCP 泛洪攻击、TCP 重置攻击和 TCP 会话劫持等攻击；UDP 提供一种快速的、无连接的数据传输机制，容易遭受 UDP 泛洪攻击和 UDP 反射放大攻击等。

为了提高并保证传输层的安全性，网景公司在传输层和应用层之间插入了一个中间层，被称为安全套接字层（Secure Socket Layer，SSL），后来改名为传输层协议（Transport Layer Security，TLS），通过提供身份验证、完整性校验和保密性服务，一定程度上提高传输层的安全性，减少潜在的安全风险。

（4）应用层的安全性。

应用层协议是一种面向应用程序的通信协议，它位于 OSI/RM 的第七层，负责在网络中的不同应用程序之间传输数据。应用层协议定义了数据的格式和传输方式，容易遭受缓冲区溢出攻击、SQL 注入、跨站脚本攻击（Cross-Site Scripting，XSS）、跨站请求伪造（Cross-Site Request Forgery，CSRF）、数据泄露等攻击。

针对应用层存在的安全风险，可以通过用户身份认证、加密技术、应用层防火墙、数据脱敏备份、零信任模型，以及添加新的安全协议等方式，构建一个多层次、全方位的应用层安全防护体系，以提高该层的安全性。

1.5　网络协议分析工具

1.5.1　Wireshark 简介

1997 年底，GeraldCombs 试图开发用于追踪网络流量的软件工具——Ethereal。1998 年 7 月，该开源工具的第一个版本 V0.2.0 发布。2006 年 6 月，因为商标的问题，Ethereal 更名为 Wireshark。2008 年，Wireshark 发布了 V1.0，该版本实现了最低功能，被视为完整版本。2015 年，Wireshark V2.0 发布，形成了新的用户界面。2019 年，Wireshark V3.0 发布，添加了卫地图功能。截至 2024 年 9 月，最新版本为 Wireshark V4.4。

Wireshark 是一款免费开源的网络协议分析工具。作为网络安全工程师、网络管理员和研究人员必备的工具之一，它可以从微观层面对网络中传输的数据进行实时监控和分析：①分析局域网内的数据包，了解网络中的数据流向，找出网络拥塞点和瓶颈，提高网络的可靠性和性能；②监控网络攻击行为，如网络钓鱼、拒绝服务攻击等。通过对攻击流量的分析和识别，可以及时发现和阻止网络攻击，保障网络安全；③支持多种协议的解析，如 TCP、UDP、HTTP、SMTP 等，可以对网络中的各种数据包进行深入分析，具有强大的分析功能；④提供了多种过滤器和统计工具，可以帮助用户快速定位问题和优化网络性能；⑤提供了友好的用户界面，将捕获到的各种网络协议的二进制数据流解码成待分析数据，并将其转换为容易读懂和理解的文字和图表等形式。

总之，Wireshark 是一款功能强大、应用广泛、易于使用的网络协议分析工具。在网络安全、网络性能优化、网络故障排查等方面发挥着重要的作用。

1.5.2　Wireshark 主要窗口及功能

可以通过 Wireshark 官方网站下载安装程序，本书选择在 64 位 Windows 的平台，安装版本为 Wireshark 3.4.2。根据需求选择不同的组件进行安装，在"选择组件"上，可供选择的组件包括 Wireshark 网络协议分析软件、TShark 命令行网络协议分析软件、插件和扩展、工具以及用户指南。指定安装位置时，通常采用默认设置安装。Wireshark 安装好后即可运行，运行界面如图 1-2 所示。

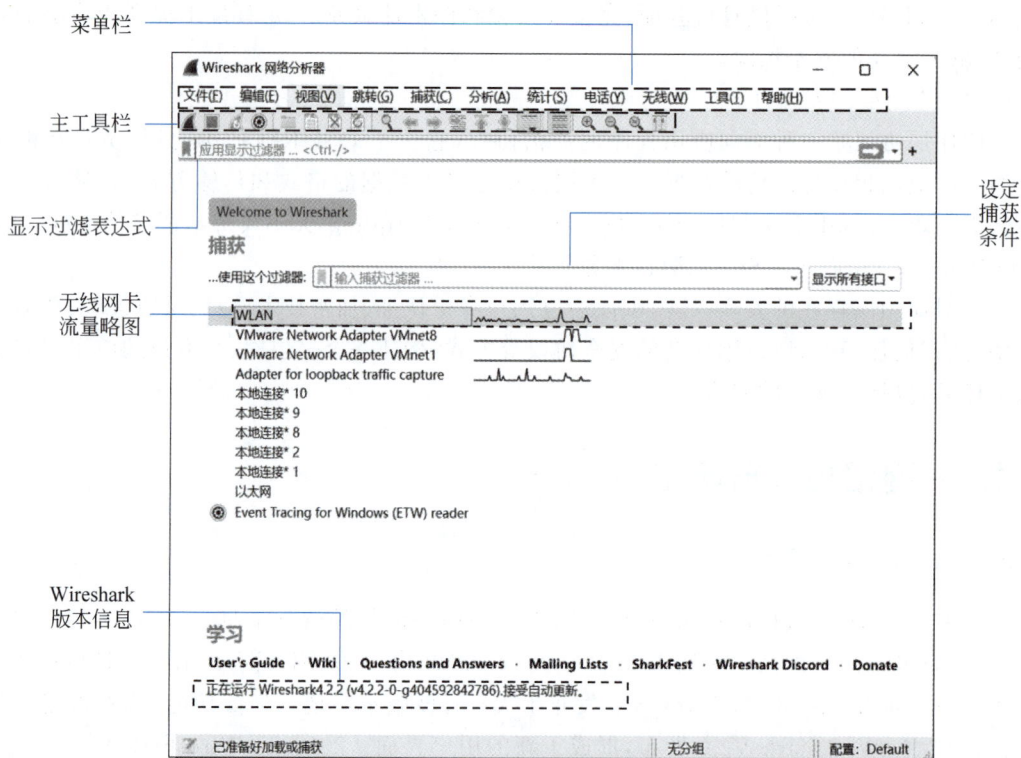

图 1-2　Wireshark 运行界面

1. 菜单栏

菜单栏实现了 Wireshark 软件的全部功能，各菜单具体功能如下所示。

（1）文件：打开、保存和导出捕获的文件。

（2）编辑：复制、查找或标记分组。

（3）视图：设置 Wireshark 视图。

（4）跳转：跳转到捕获的分组。

（5）捕获：设置捕获过滤器并开始捕获。

（6）分析：设置分析选项。

（7）统计：查看统计信息。

（8）电话：显示与电话有关的流量的统计信息。

（9）无线：显示蓝牙和 IEEE 802.11 无线统计信息。

（10）工具：提供各种工具。

（11）帮助：提供用户帮助信息。

2. 主工具栏

主工具栏提供了从菜单栏中快速访问常用项的功能。用户无法自定义该栏目，但可以通过菜单隐藏。主工具栏工具功能如表 1-2 所示。

表 1-2　主工具栏工具功能

图标	功　　能	对应菜单项	图标	功　　能	对应菜单项
	开始捕获分组	捕获→开始		使主窗口文本返回到正常大小	视图→缩放→普通大小
	重新开始捕获分组	捕获→重新开始		保存捕获文件	文件→保存（另存为）
	停止捕获分组	捕获→停止		重新加载文件	视图→重新加载
	捕获选项	捕获→选型		转到前一个分组	跳转→前一个分组
	打开已保存的捕获文件	文件→打开		转到特定分组	跳转→特定分组
	关闭捕获文件	文件→关闭		转到最新分组	跳转→最新分组
	查找分组	编辑→查找		使用着色规则来绘制分组	跳转→着色分组列表
	转到下一个分组	跳转→下一个分组			
	转到首个分组	跳转→首个分组		缩小主窗口文本	视图→缩放→缩小
	在实时捕获时，自动滚动屏幕到最新的分组	跳转→实时捕获时自动滚动		调整分组列表以适应内容	视图→调整列宽
	放大主窗口文本	视图→缩放→放大			

3. 过滤器工具栏

过滤器工具栏提供了快速编辑和应用显示过滤器的接口、包含的图标，以及捕捉无线网卡流量对应的分组列表、分组详细信息、十六进制数据和状态栏，如图 1-3 所示。

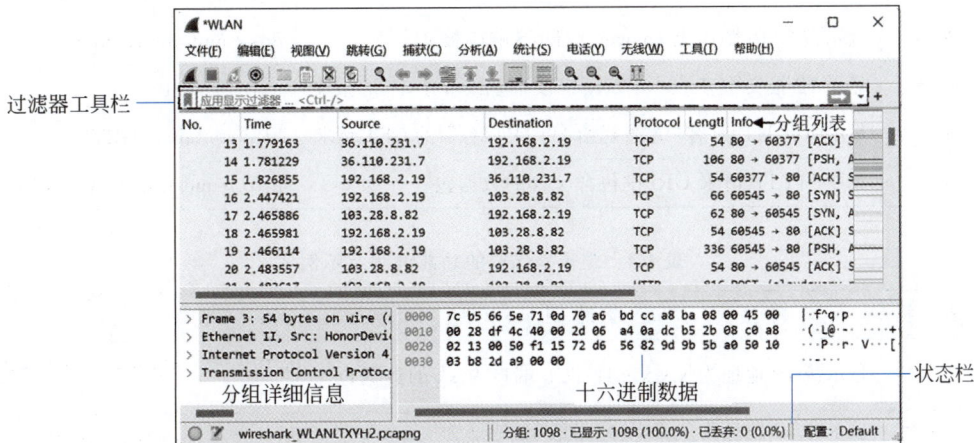

图 1-3　过滤器工具栏

（1）▌：书签，用于管理或选择已保存的过滤器。

（2）[应用显示过滤 … <Ctrl-/>]：显示过滤器输入文本框，用于输入或编辑显示的过滤器字符串。在输入过滤字符串时，Wireshark 要进行语法检查，如果输入的字符串无效，背景将变为红色;如果输入的字符串有效,背景将变为绿色。若更改了某些内容,要单击 Apply 按钮,将更改应用于显示。注意,显示过滤器输入之后要按"Enter"键才会生效。在大文件里应用过滤显示器会有延迟。

(3) ▣：应用,将当前值应用到编辑区域作为新的显示过滤器。

(4) ▣：从以前使用的过滤器中选择。

(5) ＋：添加一个显示过滤器按钮。

1.5.3　Wireshark 常见过滤规则

Wireshark 过滤器包括捕捉过滤器和显示过滤器。其中,捕捉过滤器是 Wireshark 的第一层过滤器,确定捕获哪些分组,舍弃哪些分组;显示过滤器是 Wireshark 的第二层过滤器,在捕捉过滤器的基础上只显示符合规则的分组信息。在显示过滤器中,通过过滤规则可以快速定位和过滤关注的数据包,精确地控制显示哪些分组,用于检查是否存在协议或字段的值,可以比较两个字段,并与逻辑运算符(如 and 和 or)以及圆括号组合成复杂的表达式。Wireshark 常见过滤规则包括条件匹配规则、IP 地址、协议等。

1. 条件匹配规则

常见的比较操作符和逻辑操作符的功能说明及示例分别如表 1-3 和表 1-4 所示。

表 1-3　比较操作符的功能说明及示例

运　算　符	功　能　说　明	示　例
＝＝或 eq	显示所有源地址为 10.2.2.2 的 IPv4 数据流	ip.src ＝＝ 10.2.2.2
!= 或 ne	显示源端口除了 80 以外的所有 TCP 数据流	tcp.srcport != 80
＞或 gt	显示与前一个报文到达时间相差 1s 的报文	frame.time_relative ＞ 1
＜或 lt	显示当 TCP 接收窗口小于 1460 字节时的报文	tcp.window_size ＜ 1460
＞=或 ge	显示包含 10 个以上 answer 的 DNS 响应报文	dns.count.answers ＞= 10
＜=或 le	显示 IP 报文中 Time to Live 字段小于或等于 10 的报文	ip.ttl <= 10
contains	显示所有 HTTP 客户端发送给 HTTP 服务器的 GET 请求	http contains "GET"
matches	过滤 HTTP 请求 URI 中包含 xxx 的数据包	http.request.uri matches "xxx"

表 1-4　逻辑操作符的功能说明及示例

运　算　符	功　能　说　明	示　例
and 或 &&	显示源 IP 地址为 x.x.x.x 且 TCP 端口为 xx 的数据包	ip.src ＝＝ x.x.x.x && tcp.port ＝＝ xx
or 或 ‖	显示源 IP 地址为 x.x.x.x 或目的 IP 地址为 x.x.x.x 的数据包	ip.src ＝＝ x.x.x.x ‖ ip.dst ＝＝ x.x.x.x
not 或 !	显示除 TCP 端口为 xx 之外的数据包	!（tcp.port ＝＝ xx）
xor 或 ~	显示只有当目的 TCP 端口为 80 或者来源于端口 1025,但又不能同时满足这两点的包	tcp. dstport 80 xor tcp. dstport 1025"

2. IP 地址过滤

Wireshark 常用的 IP 地址的过滤，包括以下三种情况。

（1）ip.addr：抓取满足源或者目的地址的 IP 地址包。例如，ip.addr == 192.168.0.1，表示抓取满足源或者目的地址的 IP 地址是 192.168.0.1 的包。

（2）ip.src：抓取满足源地址要求的包。例如，ip.src == 192.168.0.1，表示抓取源地址为 192.168.0.1 的包。

（3）ip.dst：抓取目的地址满足要求的包。例如，ip.dst == 192.168.0.1，表示抓取目的地址为 192.168.0.1 的包。

3. 协议过滤

允许通过 ARP IP、ICMP、UDP、TCP、BOOTP、DNS、HTTP、SMTP、FTP 等协议进行包的过滤。

（1）显示除了 ICMP 以外的所有封包。

```
Not imcp
```

（2）显示 HTTP 或 FTP 的分组。

```
http or ftp
```

（3）显示高于 1024 的端口的 TCP 分组。

```
tcp.port>=1024
```

（4）显示请求的 URI 中包含 user 关键字的分组。

```
http.request.uri matches "user"?
```

1.5.4　Wireshark 使用实例

本节首先介绍在浏览 HTTPS 网站时，采用 Wireshark 捕获 HTTP 数据流的方法。在此基础上，演示对所捕获数据流的分析过程。

1. 捕获 HTTP 数据流的设置

通过 Chrome 浏览器缓存的 TLS 会话中使用的对称密钥来转换数据流。浏览器通过安全的通信信道接收加密的数据，部分浏览器会存储密钥，获取了浏览器存储的密钥后即可将新捕获的 HTTPS 数据流转换成 HTTP 数据流。具体操作步骤如下所示。

以 Windows 11 系统上运行 Chrome 浏览器为例导出浏览器缓存的密钥。首先，需要通过 Chrome 浏览器生成一个包含密钥信息的文件，给浏览器添加以下启动参数：

```
-ssl-key-log-file=D:\sslkey.log
```

为了方便起见，在 Windows 系统下可以右键单击 Chrome 浏览器的快捷方式进行设置，单击"属性"后找到"目标"，添加对应的启动参数，如图 1-4 所示。

然后，使用该快捷方式启动 Chrome，会发现在上述设置的目录下生成了对应的 sslkey.log 文件，如图 1-5 所示。

最后，打开快捷方式"此电脑"，右键单击空白处，在弹出的快捷菜单中选择"属性"命令，

图 1-4　浏览器添加包含密钥信息的启动参数

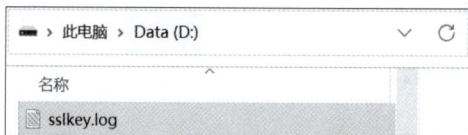

图 1-5　生成的 sslkey.log 文件

单击"高级系统设置",打开"系统属性"对话框,在用户变量中单击"环境变量"按钮,单击"新建"按钮,输入变量名"SSLKEYLOGFILE",单击"变量值"文本框,单击"浏览文件"按钮,选择"此电脑",选择"D:"盘,在打开对话框的"文件名"文本框中输入"sslkey.log",单击"打开"按钮,如图 1-6 所示。单击图中"确定"按钮,环境变量配置完成。

图 1-6　添加环境变量

2. Wireshark 配置

运行 Wireshark 软件,单击"编辑"菜单中的"首选项"命令,选择 Protocols 项中的 TLS,

单击"(Pre)-Master-Secret log flename"项后的"浏览"按钮,找到导出的密文,单击"打开"按钮,结果如图 1-7 所示,指定浏览器存储的密钥,单击"确定"按钮。

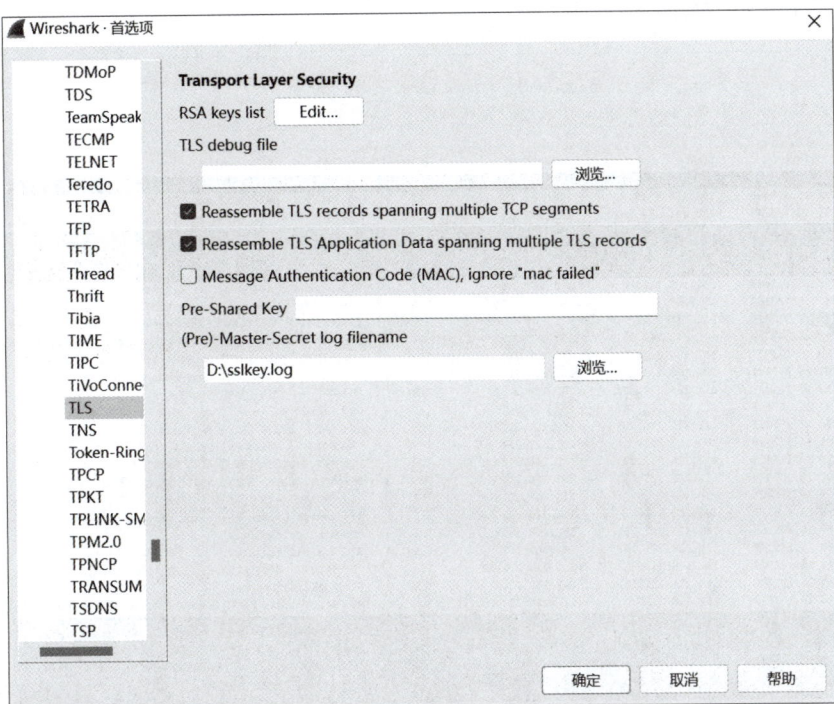

图 1-7　Wireshark 选择导出密文的文件

3. HTTP 通信过程实例

以捕获百度网站的 HTTP 流量为例,介绍 Wireshark 软件的使用。捕获数据包,查看 HTTP 请求和响应包的 HTML 代码和数据等,操作步骤如下。

（1）重新启动 Wireshark,选择网卡,单击捕获选项 ⚙,打开如图 1-8 所示的对话框。单击选择接口 WLAN,单击"开始"按钮进行捕获。

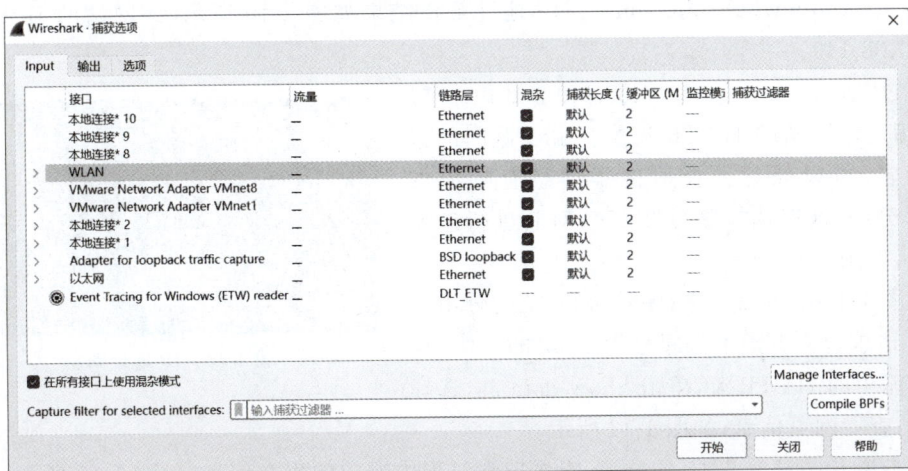

图 1-8　捕获选项

（2）打开浏览器，在地址栏输入"www.baidu.com/"，输入需要搜索的信息，进行搜索，同时打开 Wireshark 软件，单击"停止"按钮停止捕获，捕获结果如图 1-9 所示。结果表明，总计捕获了 4809 个分组。

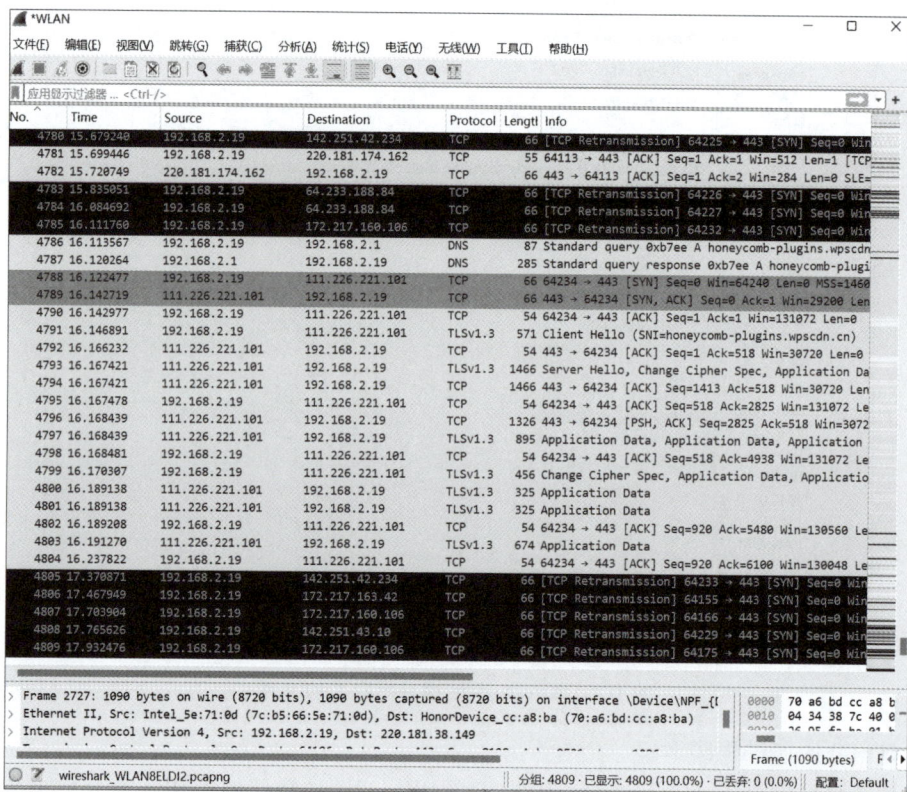

图 1-9　捕获结果

要在捕获结果中查看访问该网站的 HTTP 流量，需要知道该网站的 IP 地址，以其 IP 地址作为部分过滤条件。查看 IP 地址的方法为：在 Windows 的命令提示符窗口中，运行命令"nslookup www.baidu.com/"。IP 地址解析结果如图 1-10 所示，该网站的 IP 地址为 220.181.38.149。

通过"ip.addr==220.181.38.149 and http"过滤器，筛选该网站的 HTTP 流量。由于返回的报文比较多，可以任意选择对搜索信息有响应的 HTTP 分组（这里选择序号 2727），对其进行进一步追踪，如图 1-11 所示。

从图 1-11 中可以看出，序号为 2727 的分组为 HTTP 请求包。右键单击序号为 2727 的分组，选择追踪流中的 HTTP 流，单击 Show data as，选择 UTF-8，查看网页信息，如图 1-12 所示。

图 1-10　IP 地址解析

单击展开序号为 2715 的分组，查看搜索过程中响应的报文信息，如图 1-13 所示。由图可知部分报文数据封装在 HTTP 数据包中。

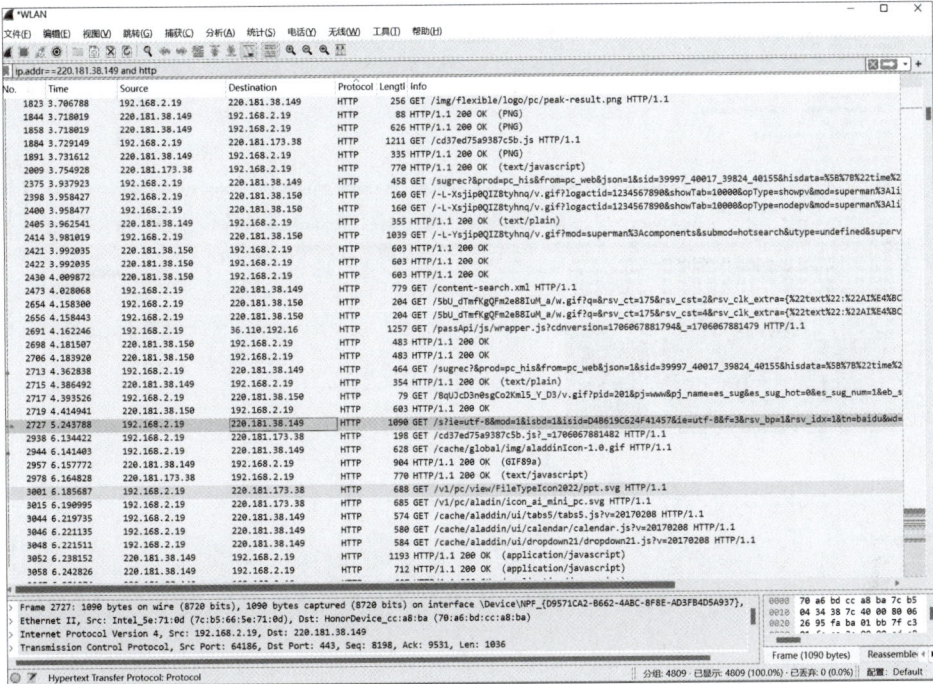

图 1-11　捕获的 HTTP 数据

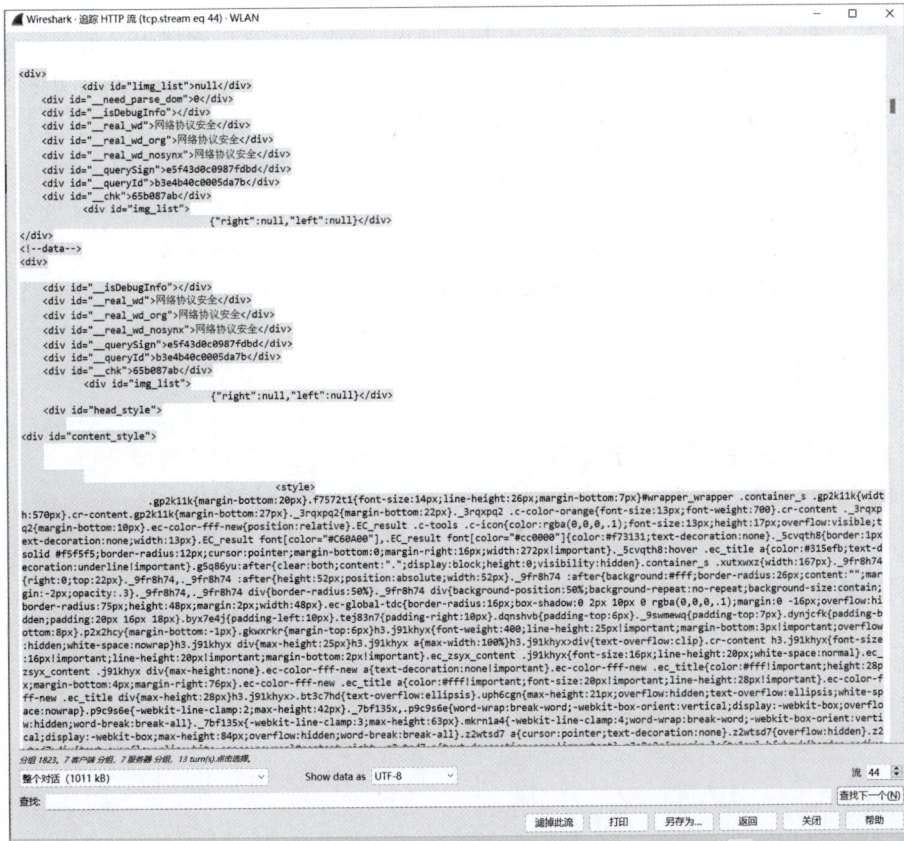

图 1-12　查看网页信息

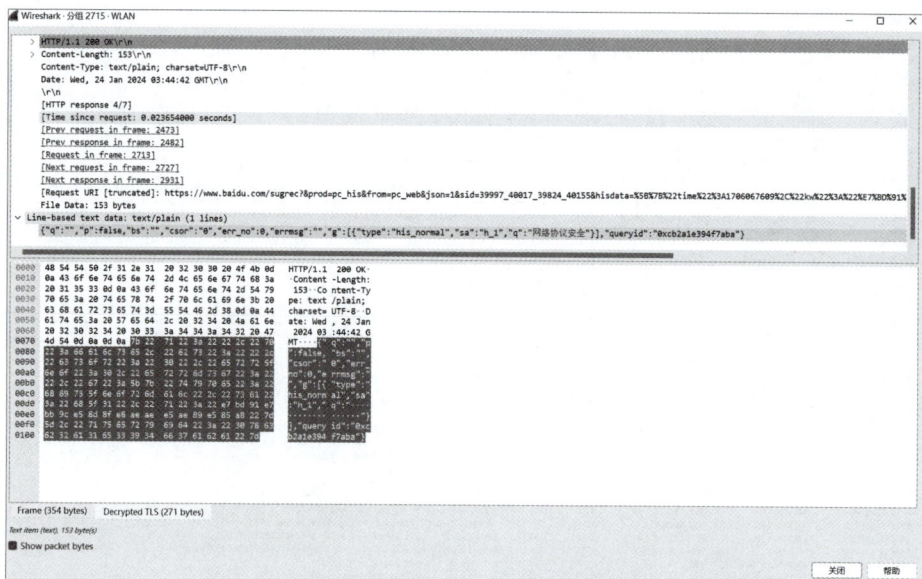

图 1-13   响应 HTTP 2715 数据信息

‖ 1.6   本章小结与展望

本章主要概述了计算机网络安全技术基础知识,阐述了计算机网络安全的威胁类型、风险因素及防范措施,分析了计算机网络协议的安全风险,介绍了网络协议分析的工具Wireshark。通过本章内容的学习,可以加深对网络协议安全的理解,为后续学习打下良好的基础。

随着技术的进步和网络环境的变化,计算机网络安全在技术创新和产业发展方面迎来了新的机遇。尤其是数字化衍生出新的安全形势和需求,将推动网络安全逐步向着安全覆盖范围更大、安全防护边界更广的数字安全体系演进。

‖ 1.7   思考题

1. 下载并安装一种网络安全检测软件,对校园网进行安全检测并简要分析。
2. 通过调研及参考资料,写出一份网络安全威胁的具体分析报告。

第 2 章 网络接口层协议安全

网络接口层协议位于 TCP/IP 协议栈的最低层，对应 OSI/RM 模型中的物理层和数据链路层，本层协议主要功能是提供到网络的连接，实现数据包的发送与接收。本章将深入探讨点对点协议（Point-to-Point Protocol，PPP）、第二层隧道协议（Layer Two Tunneling Protocol，L2TP），以太网交换机的自学习功能，以及 MAC 泛洪攻击与防御机制。

教学目标

- 了解 PPP 和 L2TP 协议的架构、工作流程，以及报文格式。
- 掌握以太网协议及以太网交换机的自学习功能。
- 掌握 MAC 泛洪攻击及其防御方法。

2.1 网络接口层概述

2.1.1 网络接口层功能及安全问题

TCP/IP 模型的网络接口层对应着 OSI/RM 模型的物理层和数据链路层。其中，物理层的功能是提供在物理信道上接收和传送比特流的能力，并且向上对数据链路层屏蔽掉由传输媒体的多样性而产生的传输差异性，该层的数据单位是比特。物理层的安全问题主要包括网络环境、网络设备、线路的物理特性引起的网络系统安全风险，如设备问题、意外故障、信息探测与窃听等；数据链路层的功能是在物理层提供比特流服务的基础上，建立相邻节点之间的数据链路，通过差错控制提供数据帧在信道上的透明传输，该层的数据单位是帧。数据链路层存在着身份认证、篡改 MAC 地址、网络嗅探等安全性威胁。

通常，通过网络适配器实现物理层和数据链路层的功能。本章重点聚焦数据链路层功能及其安全问题。

2.1.2 数据链路层的信道类型

链路指一条无源的点到点的物理线路段，中间没有任何其他的交换节点。一条链路只是一条通路的一个组成部分。把实现控制数据传输的协议的硬件和软件加到链路上，则构成了数据链路。

数据链路层使用的信道主要有以下两种类型。

（1）点对点信道。

该信道采用一对一的通信方式，通信双方共享一个专用的通信路径，没有其他通信实体可以访问这个信道。由于它避免了网络中的多跳传输，故延迟通常较低。点对点信道可以是无线的，也可以是有线的，取决于通信介质。例如，在以太网连接、串行连接、无线射频连接以及 VPN 连接等场景中，点对点信道都比较常见。

（2）广播信道。

该信道使用一对多的通信方式，通信过程比较复杂。由于广播信道上连接的主机很多，因此必须使用专用的共享信道协议来协调这些主机的数据发送。其中，在有线通信的信道中，以太网通过交换设备实现广播的方式，可能在某个广播域中侦听、窃取并分析信息，因此保护物理链路上的设施安全极为重要；在无线通信的信息传播过程中，信息会被第三方截获以及窃听，并且容易出现信息泄密等诸多问题。目前多是利用通信系统物理层本身的特性，通过人工噪声、协作干扰等物理层安全技术来加强系统的安全性。

2.1.3　数据链路层协议的功能

数据链路层有诸多协议，但所有协议都要实现以下三个功能。

（1）封装成帧：指在一段数据的前后通过添加首部和尾部的方式，构成了数据帧，进而确保数据的完整性和正确性。通常采用特定的标志序列来实现，例如，以太网帧首定界符是"10101011"。

（2）透明传输：指不管所传数据是什么样的比特组合，都应当能够在链路上传送。当所传数据中的比特组合恰巧与某一个控制信息完全一样时，则须采取适当的措施，使接收方不会将这样的数据误认为是某种控制信息。这样才能保证数据链路层的传输是透明的。通常采用字节填充或字符填充的方法实现透明传输的功能。

（3）差错控制：在通信链路的传输过程中，可能会出现"比特差错""帧丢失""帧重复""帧失序"等问题。为了保证数据传输的可靠性，必须采用各种差错检测措施。数据链路层只提供比特差错检测。比特差错指在传输过程中，1 可能会变成 0，而 0 也可能变成 1。一旦发生比特差错，很难自动恢复。在一段时间内，传输错误的比特占所传输比特总数的比率称为误码率（Bit Error Rate，BER）。目前，常用循环冗余检验（Cyclic Redundancy Check，CRC）差错检测技术实现无差错接收。即凡是接收的帧（即不包括丢弃的帧），能以非常接近于 1 的概率认为这些帧在传输过程中没有产生差错。在数据后面添加的冗余码称为帧检验序列（Frame Check Sequence，FCS）。

2.2　PPP

视频讲解

点对点协议（PPP）制定于 1992 年，1994 年修订后成为互联网的正式标准［RFC 1661］。该协议最初设计的目的是为对等节点之间的数据包传输提供封装功能，目前是数据链路层使用最广泛的协议。PPP 封装来自网络层的 IP 数据报，并交付给物理层进行传输。该协议由以下三部分组成。

（1）将 IP 数据报封装到串行链路的方法。

（2）用于建立、配置和测试 PPP 链路的链路控制协议（Link Control Protocol，LCP）。

（3）用于建立和配置网络层协议的网络控制协议（Network Control Protocol，NCP）。

在 PPP 链路上可以传输不同网络协议的数据,NCP 用于对这些网络协议相关的参数进行配置。如果传输的是 IP 数据,则"NCP"是指 IP 控制协议(IP Control Protocol,IPCP);如果传输的是数字设备公司(Digital Equipment Corporation,DEC)推出的协议集合 DECnet 数据,则"NCP"是指 DECnet 四阶段控制协议(DECnetPhase Ⅳ Control Protocol,DNCP)。鉴于 IP 的通用性,本章重点介绍 IPCP 的相关内容。

2.2.1　PPP 架构

在 PPP 拨号上网的应用环境下,调制解调器(Modulator and Demodulator,Modem)是 PPP 网络的关键设备,它的主要功能是实现模拟信号与数字信号之间的相互转换。其中,把计算机产生的数字信号调制成适合通过电话线传输的模拟信号的过程,称为调制;反之,把电话线路上传递的模拟信号转换为计算机可识别的数字信号的过程,称为解调。PPP 拨号上网的架构示意图如图 2-1 所示,Internet 服务提供商(Internet Service Provider,ISP)提供 Modem 池,用于接收来自不同用户的拨入请求;用户主机 H 则需连接一个 Modem,以便通过电话网络拨入 ISP;在拨入成功之后,ISP 路由器 R 和用户主机 H 之间通过 Modem 建立了一条点到点连接。在该连接中,用户主机首先通过运行 TCP/IP 协议栈生成 IP 数据报;然后通过运行 PPP 协议,将 IP 数据报封装到 PPP 帧中,并通过电话网络投递给 ISP 的路由器 R;最后通过路由器 R,将数据报传输到 Internet。反方向亦然。

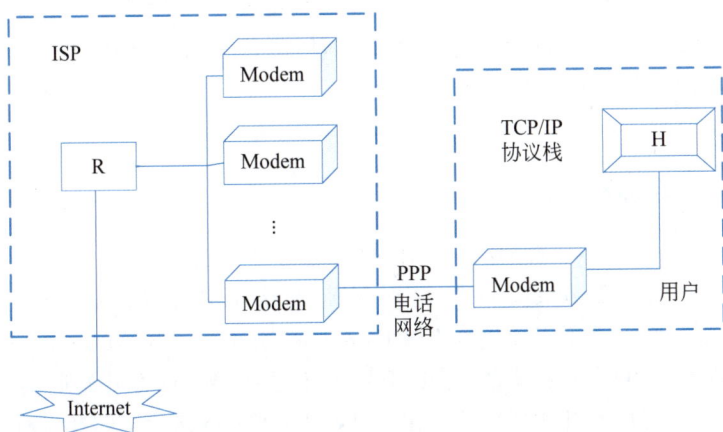

图 2-1　PPP 拨号上网的架构示意图

由于 PPP 的设计具有良好的通用性,适用于不同的设备、网络和协议架构,故在早期,PPP 有效地解决了"拨号上网"问题,使得用户只需使用家庭有线电话线路即可接入 Internet。随着技术的发展,目前,带宽最大只有 64kb/s 的 PPP 拨号上网技术基本已经退出了历史舞台,但伴随着新型宽带技术的推出又衍生出新的形式,例如,同步光纤网/同步数字系列(Synchronous Optical Network/Synchronous Digital Hierarchy,SONET/SDH)上的 PPP,异步传输模式(Asynchronous Transfer Mode,ATM)上的 PPP(PPPoA,PPP over ATM),以及以太网上的 PPP(PPP over Ethernet,PPPoE)等。

2.2.2　PPP 的帧格式

PPP 的帧格式如图 2-2 所示。

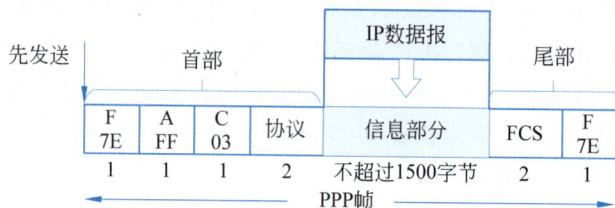

图 2-2　PPP 的帧格式

（1）标志字段（Flag,F）：占 1 字节,值为 0x7E（对应的二进制值为 01111110）,首尾两个"F（Flag）"为帧定界标志,分别表示帧的开始或结束。

（2）地址字段（Address,A）：占 1 字节,值为 0xFF（对应的二进制值为 11111111）。由于 PPP 用于点对点的链路上,无须知道对方的 MAC 地址,故该字段全部设置为 1,用于表示广播地址。

（3）控制字段（Control,C）：占 1 字节,值为 0x03（即 00000011）。对于 PPP 来说,该控制字段无意义,通常设置为 0x03。

（4）协议字段（Protocol）：占 2 字节。当值为 0x0021 时,PPP 帧的信息字段是 IP 数据报;当值为 0x8021 时,PPP 帧的信息字段是网络控制数据;当值为 0xC021 时,PPP 帧的信息字段是 PPP 链路控制协议 LCP 数据;当值为 0xC023 时,信息字段是鉴别数据。

（5）信息字段（Information）：长度是可变的,不超过 1500 字节。"信息"字段的取值与"协议"类型相关,例如,当"协议"类型为 0xC021 时,信息字段为一个 LCP 报文。

（6）帧校验序列（Frame Check Sequence,FCS）：占 2 字节,用于检查 PPP 帧是否存在比特差错。

2.2.3　PPP 的工作流程

由于 PPP 是基于点对点链路建立通信,故发起方和回应方在建立物理连接之后,首先利用 LCP 配置和测试数据链路;然后利用密码认证协议（Password Authentication Protocol,PAP）或询问握手认证协议（Challenge Handshake Authentication Protocol,CHAP）验证通信实体的身份;接着通过 IPCP 配置 IP 层参数,双方开始通信;最后双方利用 LCP 断开 PPP 链路,之后断开物理连接。在该过程中,PPP 链路状态转换过程如图 2-3 所示,共 5 个阶段。

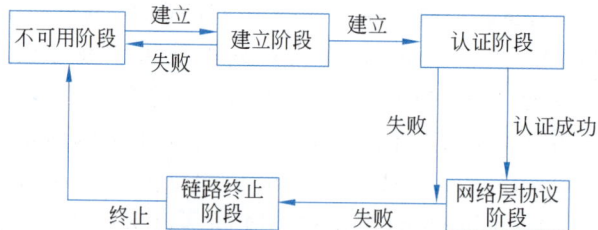

图 2-3　PPP 链路状态转换

（1）链路不可用阶段：这是链路状态的起始点和终止点。当物理链路建立时,将进入"链路建立"阶段。

（2）链路建立阶段：该阶段通信双方用 LCP 配置 PPP 链路。如果发起方收到"配置确认"报文,说明链路建立成功,进入"认证"阶段;否则回到"链路不可用"阶段。

(3) 认证阶段:该阶段回应方认证发起方的身份。若发起方收到"认证确认"报文,说明认证成功,进入"网络层协议"阶段;否则终止链路。

(4) 网络层协议阶段:该阶段回应方给发起方分配 IP 地址。若发起方收到"配置确认"报文,说明网络层协议配置成功,双方可以传输通信数据;否则终止链路。

(5) 链路终止阶段:该阶段 PPP 链路终止,但物理层链路仍然可用。通信方收到通信对等端发出的终止链路请求时,应发回确认。当物理链路故障或终止时,PPP 回到"链路不可用"阶段。

PPP 的通信过程如图 2-4 所示。

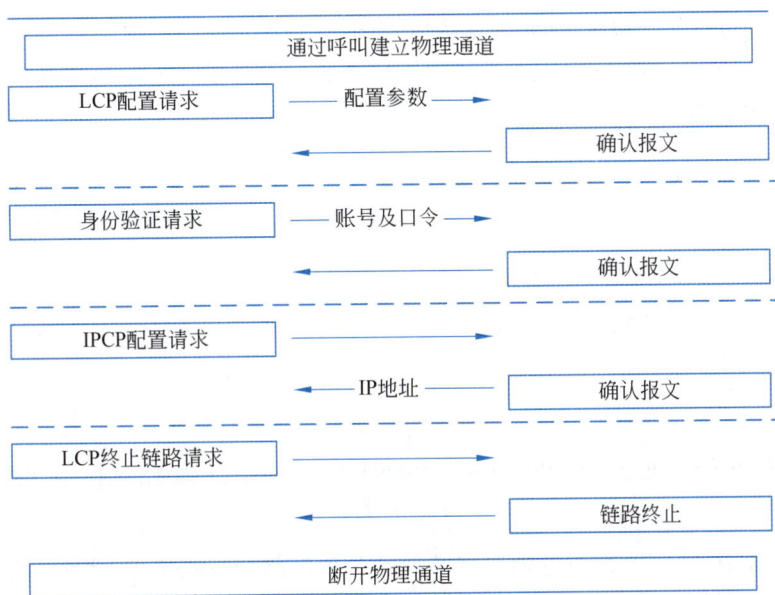

图 2-4　PPP 的通信过程

(1) 发起方发送 LCP 配置请求报文,该报文包含各项配置参数,例如使用的认证协议、最大接收单元和压缩协议等。

(2) 回应方若同意各项配置参数,则返回确认报文。

(3) 发起方提供账号和口令,以便回应方验证其身份。

(4) 回应方验证发起方身份成功后,向其返回确认报文。

(5) 发起方发出 IPCP 配置请求。

(6) 回应方返回确认,其中包含了分配给发起方的 IP 地址。

(7) 发起方发出 LCP 终止链路请求。

(8) 回应方返回确认,链路终止。

2.2.3.1　LCP

作为 PPP 的重要组成部分,LCP 主要用于完成 PPP 链路的配置、维护和终止。当 LCP 数据报文被封装在 PPP 信息字段中,PPP 的"协议字段"取值为十六进制 0xC021。LCP 报文格式如图 2-5 所示。

(1) 代码:占 1 字节,主要用来标识 LCP 报文的类型。

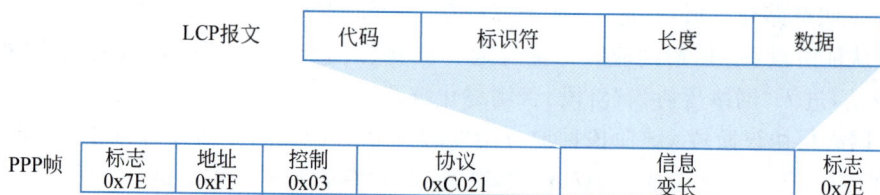

图 2-5　LCP 报文格式

（2）标识符：占 1 字节，用于匹配请求和响应数据包。通常一个配置请求的标识符是从 0x01 开始并逐步加 1。当对方接收到该数据包后，响应包中的标识符一定与请求包一致。

（3）长度：占 2 字节，指的是 LCP 报文总长数。

（4）数据：可变长。根据 LCP 报文内容不同，其长度不同。

PPP 链路配置是通过 LCP 配置选项设置完成的。如图 2-6 所示，LCP 配置选项被封装在 LCP 报文的"数据"字段中。

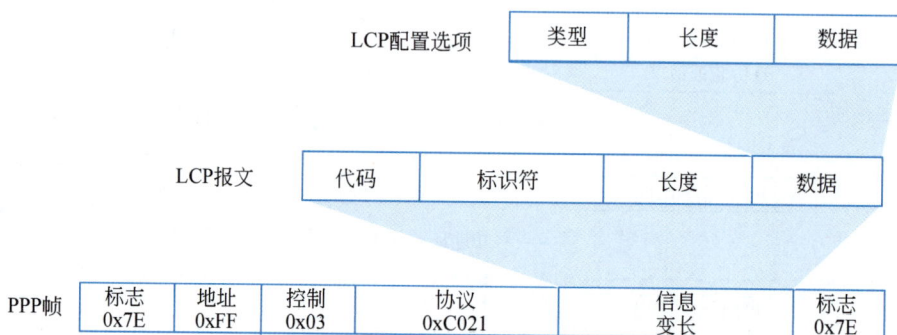

图 2-6　LCP 配置选项格式

对于图 2-6 中的"LCP 配置选项"，其涉及的各种链路配置报文的"类型"及其对应的字段取值，如表 2-1 所示。

表 2-1　LCP 功能与报文类型对应关系

功　　能	报　文　类　型	报　文　代　码
建立和配置链路	Configure-Request（配置请求）	1
	Configure-Ack（配置确认）	2
	Configure-Nak（配置否认）	3
	Configure-Reject（配置拒绝）	4
终止链路	Terminate-Request（终止请求）	5
	Terminate-Ack（终止确认）	6
管理和调试链路	Code-Reject（代码拒绝）	7
	Protocol-Reject（协议拒绝）	8
	Echo-Request（回送请求）	9
	Echo-Reply（回送应答）	10
	Discard-Request（丢弃请求）	11

（1）建立和配置链路。

发起方向回应方发送配置请求报文（Configure-Request），发起链路建立和配置过程，其中可包含多种选项。回应方可能的回应包括以下三种。

① 若所有选项都可识别且被接收，则返回确认（Configure-Ack）；

② 若所有选项都可识别，但只有部分被接收，则返回否认（Configure-Nak）；

③ 若有部分选项不可识别或不被接收，则返回拒绝（Configure-Reject）。

（2）链路终止。

当通信的一方欲终止链路时，应向对方发送终止请求报文（Terminate-Request），对方则以终止确认报文（Terminate-Ack）响应。这两种报文的首部与配置请求（Configure-Request）首部相同，其数据区可以为空，也可以是发送方自定义的数值，例如，发送方可以在其中包含对终止原因的描述。

（3）链路维护。

链路维护报文用于错误通告及链路状态检测。LCP 规定了 5 种维护报文：

① 代码拒绝（Code-Reject）：表示无法识别报文的“类型”字段。若收到该类错误，应立即终止链路；

② 协议拒绝（Protocol-Reject）：表示无法识别 PPP 帧的“协议字段”。若收到该类错误，应停止发送该类型的协议报文；

③ 回送请求（Echo-Request）和回送应答（Echo-Reply）：这两种报文用于链路质量和性能测试；

④ 丢弃请求（Discard-Request）：这是一个辅助的错误调试和实验报文，无实质用途。这种报文收到即被丢弃。

2.2.3.2　PAP

PAP 即密码认证协议，是 PPP 协议集中的一种链路控制协议。在配置 PAP 认证时，需要在认证方建立本地口令数据库。该协议通过“两次握手”提供一种对等节点建立认证的简单方法。PAP 认证过程如图 2-7 所示。

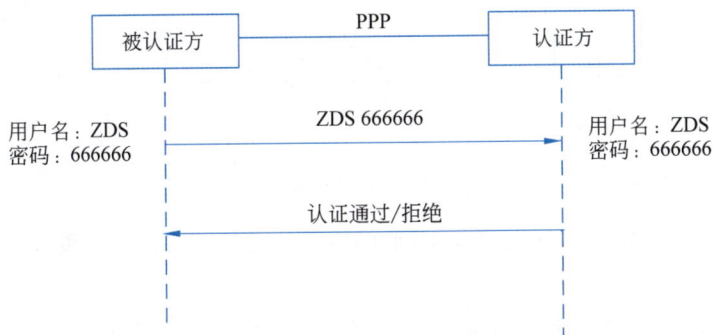

图 2-7　PAP 认证过程

首先，被认证方向认证方发送明文形式的认证请求，该请求包含用户名和密码；然后，认证方核对被认证方发送的认证信息是否与数据库中存储的信息相符。如果比对结果相符，则 PAP 认证通过，否则 PAP 认证被拒绝，随后向被认证方发送适当的回复。

当 PAP 数据包被封装在 PPP 帧的信息字段时，PPP 帧的“协议字段”取值为 0xC023，表示为 PAP。PAP 包含的字段如图 2-8 所示。

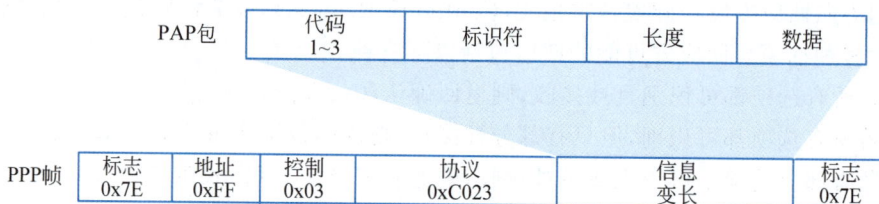

图 2-8　PAP 数据包格式

（1）代码：占 1 字节，用于识别 PAP 数据包的类型。该字段取值为 1 表示认证请求（Authentication-Request），取值为 2 表示认证确认（Authentication-ACK），取值为 3 表示认证未确认（Authentication-Nak）。

（2）标识符：占 1 字节，用于匹配认证请求和认证回复，确保二者间的对应关系。

（3）长度：占 2 字节，表示 PAP 数据包的总长度，包括代码、标识符、长度和数据字段。

（4）数据：可变长度字段，包含认证所需的数据。数据字段的格式取决于代码字段的值。

作为一种基于密码的身份验证协议，PAP 虽然简单易用，但由于其安全性较低，容易受到中间人攻击和密码窃取攻击，故在现代网络通信中，PAP 已经逐渐被更安全的认证方式所取代。

2.2.3.3　CHAP

CHAP 通过挑战-响应机制实现身份验证。该协议通过"三次握手"实现对等节点认证的步骤如图 2-9 所示。

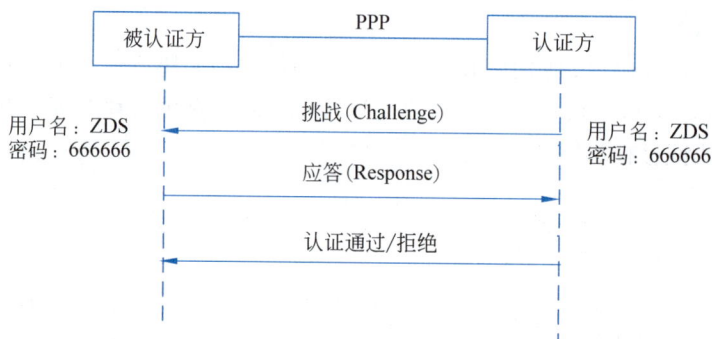

图 2-9　CHAP 认证过程

（1）认证方向被认证方发送包含随机值的挑战消息。随机值的长度取决于随机字节生成的方法。

（2）被认证方接收挑战消息后，提取出随机值，使用单向哈希函数计算自己的用户密码和随机值，并将计算结果作为响应值，发送给认证方。

（3）认证方收到应答消息后，根据用户名检索对应的密码，并通过哈希计算验证应答消息中的响应值。如果响应匹配，则认证成功；否则终止连接。

（4）认证方会在一定时间间隔后，发送新的挑战，重复上述过程。

当 CHAP 数据包被封装在 PPP 帧的信息字段时，PPP 帧的"协议字段"取值为

0xC223，表示为 CHAP。CHAP 包含的主要字段如图 2-10 所示。

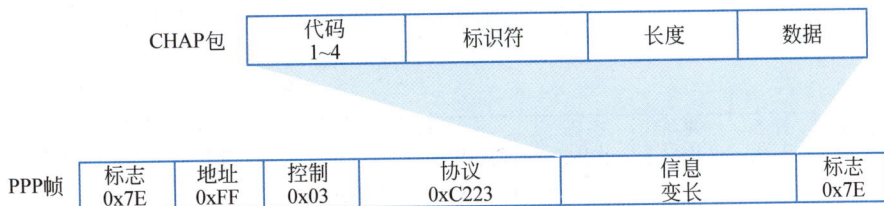

图 2-10　CHAP 包格式

（1）代码：占 1 字节，用于表示 CHAP 数据包的类型。该字段取值为 1 表示挑战（Challenge），发送查询值；取值为 2 表示应答（Response），提供散列计算结果和用户名；取值为 3 表示成功（Success），认证通过，允许访问；取值为 4 表示失败（Failure），认证失败，拒绝访问。

（2）标识符：占 1 字节，用于标识特定的认证交换。每个挑战和相应的应答使用相同的标识符。

（3）长度：占 2 字节，表示整个 CHAP 数据报的长度，包括代码、标识符、长度字段本身以及后续的数据字段。

（4）数据：可变长度字段，包含挑战或者应答的相关数据。

由于 CHAP 协议采用加密算法以密文形式传送用户名与密码，并通过递增的标识符和变化的挑战值来防止重放攻击，故与 PAP 相比，CHAP 是一种更安全有效的认证方法，它可以为网络连接提供额外的安全层。

2.2.3.4　IPCP

IP 控制协议（IP Control Protocol，IPCP）是 PPP 协议集的一个组成部分，它负责在点对点链路两端配置、启用和停用 IP 协议模块。IPCP 采用与 LCP 相同的包交换机制，但只在 PPP 达到网络层协议阶段后才开始交换 IPCP 包。如果在此阶段之前收到 IPCP 包，它们将被丢弃。IPCP 的主要功能包括以下三部分。

（1）配置 IP 地址：IPCP 可以进行静态或动态 IP 地址的协商。在静态协商中，通信双方各自告知对方的 IP 地址；而在动态协商中，服务器端分配 IP 地址给客户端。

（2）配置 DNS 服务器地址：IPCP 可以协商链路节点的主 DNS 服务器地址和次 DNS 服务器地址。

（3）压缩 TCP/IP 头部：IPCP 支持使用 Van Jacobson 压缩协议，以减少 TCP/IP 头部的大小，提高在低带宽条件下的传输效率。

IPCP 的帧格式与 LCP 类似，但协议字段值不同。当 IPCP 数据报文被封装在 PPP 信息字段中，PPP 的"协议字段"取值为十六进制 0x8021，表示类型为 IP 控制协议。IPCP 报文格式如图 2-11 所示。

（1）代码：占 1 字节，用于表示 IPCP 数据包的类型。IPCP 包类型只是 LCP 包类型的一个子集，它只使用代码为 1～7 的包类型（Configure-Request、Configure-Ack、Configure-Nak、Configure-Reject、Terminate -Request、Terminate-Ack 和 Code-Reject），使用其他代码将不被承认并且导致 Code-Rejects。

（2）标识符：占 1 字节，用于匹配请求和响应，确保正确处理。

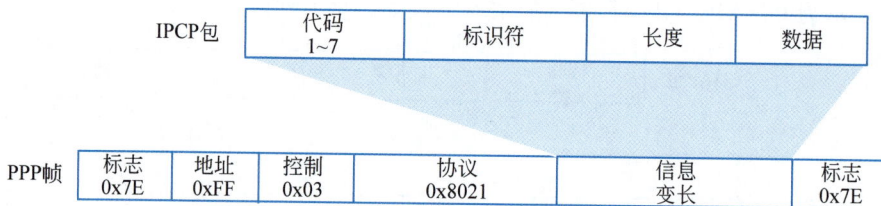

| IPCP包 | 代码
1~7 | 标识符 | 长度 | 数据 |

| PPP帧 | 标志
0x7E | 地址
0xFF | 控制
0x03 | 协议
0x8021 | 信息
变长 | 标志
0x7E |

图 2-11　IPCP 报文格式

（3）长度：占 2 字节，表示整个 IPCP 数据报的长度，包括代码、标识符、长度字段本身以及后续的数据字段。

（4）数据：可变长度字段，包含 IPCP 配置选项，如 IP 地址、DNS 服务器地址、IP 压缩协议等。每个配置选项都有自己的格式，包括类型、长度和值。

2.2.4　PPP 分析

PPP 主要用于广域网的点对点连接。采用 eNSP 和 Wireshark 搭建如图 2-12 所示的 PPP 实验拓扑图，并捕获 PPP 流量，对其进行分析。具体实验步骤如下。

图 2-12　PPP 实验拓扑图

1. 搭建 PPP 实验环境

（1）启动 eNSP，新建拓扑，在左侧选择路由器，将两台 AR2220 路由器拖入其中，为两台路由器添加同异步 WAN 接口卡，右键单击路由器，选择设置，在子界面中将 2SA 拖到上面的第一个扩展插槽中，将路由器按指定端口互连，在左侧选择设备连线中的 Serial，单击第一台路由器，选择 Serial 4/0/0，连接另一台路由器，选择相同的端口，单击保存并启动设备。

（2）配置路由器串口采用 PPP。

① 配置路由器 AR1。双击路由器 AR1，打开配置窗口。此时若出现无限输出♯号，可以先等待一段时间，若继续出现，先检查是否关闭防火墙和是否以管理员身份启动，若仍出现此问题，打开右上角设置中的工具设置，然后将设置系统内存保护前的勾选取消。在配置窗口中进行输入（前缀中括号为自动填补内容，表明配置窗口所处的状态）：

```
[Huawei]system-view
[Huawei]sysname AR1
[AR1]display interface Serial 4/0/0
[AR1]interface Serial 4/0/0
[AR1-Serial4/0/0]link-protocol ppp
[AR1-Serial4/0/0]ip address 192.168.90.2 255.255.255.0
[AR1-Serial4/0/0]quit
[AR1]display ip interface brief
[AR1]display interface Serial 4/0/0
[AR1]display current-configuration interface serial
```

② 配置路由器 AR2。

```
[Huawei]system-view
[Huawei]sysname AR2
[AR2]display interface Serial 4/0/0
[AR2]interface Serial 4/0/0
[AR2-Serial4/0/0]link-protocol PPP
[AR2-Serial4/0/0]ip address 192.168.90.3 255.255.255.0
PPP IPCP on the interface Serial4/0/0 has entered the UP state.
[AR2-Serial4/0/0]quit
[AR2]display ip interface brief
[AR2]display interface Serial 4/0/0
[AR2]display current-configuration interface serial 4/0/0
#随后将串口关闭,记录下关闭时的状态
[AR2]interface Serial 4/0/0
[AR2-Serial4/0/0]shutdown
[AR2-Serial4/0/0]display interface Serial 4/0/0
#重新打开串口
[AR2-Serial4/0/0]undo shutdown
[AR2-Serial4/0/0]display interface Serial 4/0/0
```

③ 验证测试。在 AR1 配置窗口中,输入"ping 192.168.90.3",测试是否能与 AR2 通信;在 AR2 配置窗口中,输入"ping 192.168.90.2",测试是否能与 AR1 通信。

2. 捕获 PPP 流量

配置 PPP 实验环境之后,如果在 AR1 和 AR2 串行链路上不做认证,只封装 PPP。右键单击 AR2,选择数据抓包,链路类型选择 PPP,使用 Wireshark 抓取 AR2 的串行口 S4/0/0 的 PPP 请求数据包如图 2-13 所示。从图中可以得知,该数据包属于 PPP 并使用 LCP 的

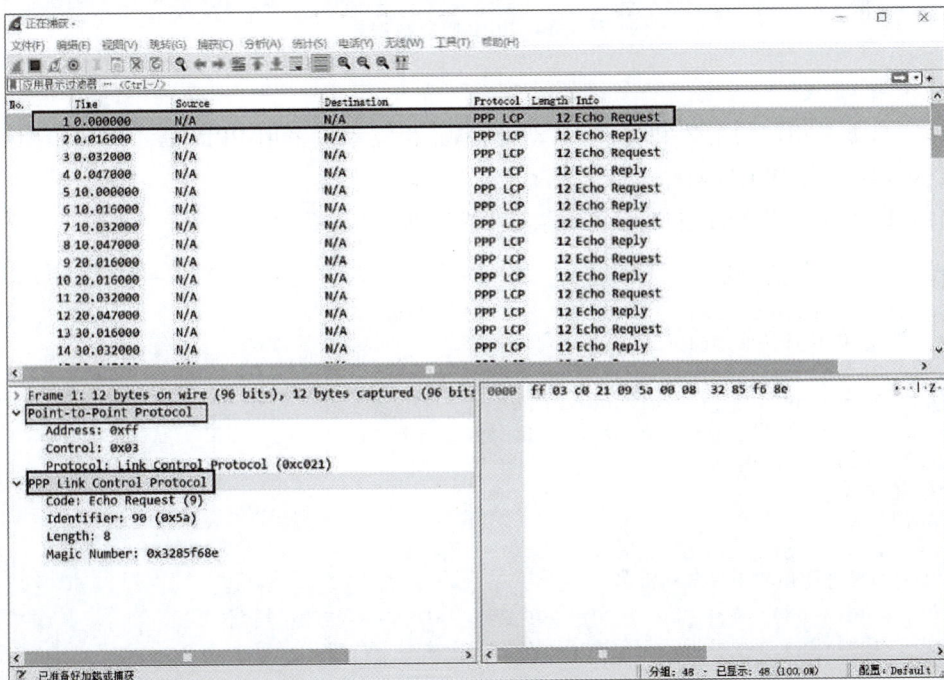

图 2-13　PPP 请求数据包

回显请求数据包,包含的主要字段包括广播地址 0xff、无编号信息帧控制码 0x03、协议编号 0xc021 表示 LCP、回显请求代码为 9、唯一标识符为 90 (0x5a)、数据包长度为 8 字节。

抓取的 PPP 回复数据包如图 2-14 所示。从图中可以得知,该数据包属于 PPP 并使用 LCP 的回显应答数据包,同样使用广播地址 0xff 和控制码 0x03,回显应答代码为 10,标识符保持为 90 以匹配请求,数据包长度为 8 字节。

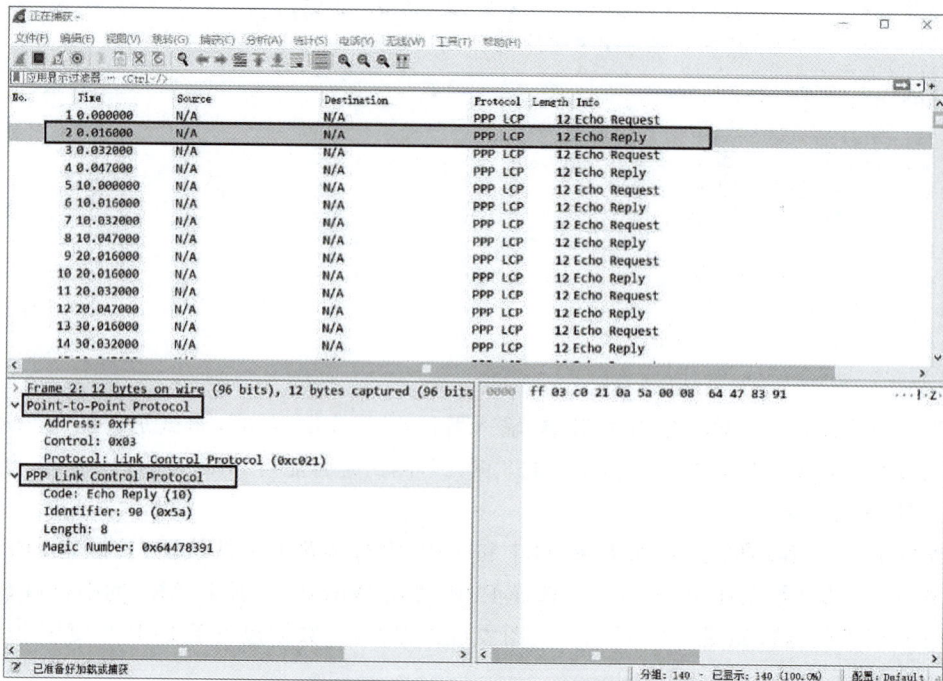

图 2-14　PPP 回复数据包

3. 配置 CHAP

保持与上文相同的配置和文件,启动设备,路由器串口采用 PPP,第一次的步骤相同,配置路由器串口采用 CHAP。

(1) 配置 AR1 为 CHAP 验证方,输入以下代码。

```
[Huawei] system-view
[AR1]interface Serial 4/0/0
#配置 CHAP 认证功能,并且配置本端用户名和密码
[AR1-Serial4/0/0]ppp authentication-mode chap
[AR1-Serial4/0/0]ppp chap user rt-bj
[AR1-Serial4/0/0]ppp chap password cipher niceday
[AR1-Serial4/0/0]quit
#配置 AAA
[AR1]aaa
[AR1-aaa]display local-user
#配置被验证使用的用户名和密码
[AR1-aaa]local-user myoffice-chap password cipher 12345678
[AR1-aaa]local-user myoffice-chap service-type ppp
[AR1-aaa]quit
[AR1]interface Serial 4/0/0
```

```
[AR1-Serial4/0/0]shutdown
[AR1-Serial4/0/0]undo shutdown
[AR1-Serial4/0/0]quit
[AR1]display interface Serial 4/0/0
#此时两端的路由器都无法 ping 通
```

（2）配置 AR2 为 CHAP 被验证方，输入以下代码。

```
[Huawei]system-view
[AR2]interface Serial 4/0/0
[AR2-Serial4/0/0]ppp chap user myoffice-chap
[AR2-Serial4/0/0]ppp chap password cipher 12345678
[AR2-Serial4/0/0]shutdown #关闭 Serial 4/0/0 接口
[AR2-Serial4/0/0]display interface Serial 4/0/0
#取消之前执行的 shutdown 命令，重新启用 Serial 4/0/0 接口
[AR2-Serial4/0/0]undo shutdown
[AR2-Serial4/0/0]quit
[AR2]display interface Serial 4/0/0
```

（3）验证测试。

打开 AR1，输入"ping 192.168.90.3"；打开 AR2，输入"ping 192.168.90.2"；此时路由器可以进行正常通信。

4. 捕获使用 CHAP 认证的 PPP 流量

CHAP 认证的配置任务完成后，右键单击 AR1，开启 Serial4/0/0 的数据抓包，链路类型选择 PPP，打开路由器的配置窗口，关闭串口 Serial4/0/0 再重新打开，这样可以在 Wireshark 里抓取 CHAP 认证协商阶段的三个特殊的数据包，如图 2-15～图 2-17 所示。

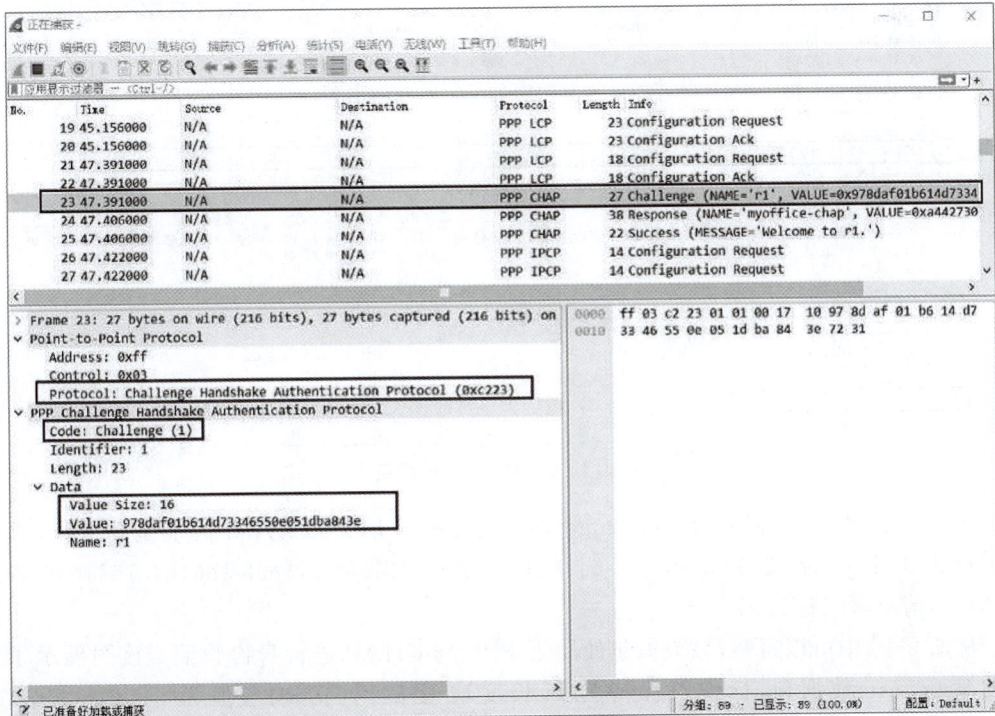

图 2-15　CHAP 认证数据包 1

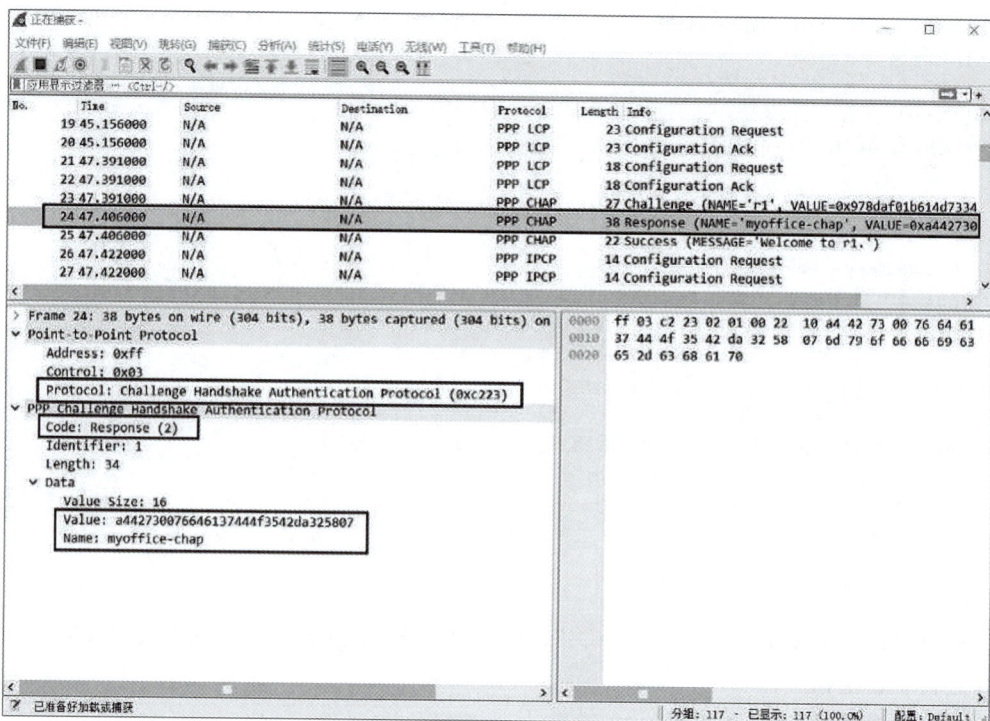

图 2-16　CHAP 认证数据包 2

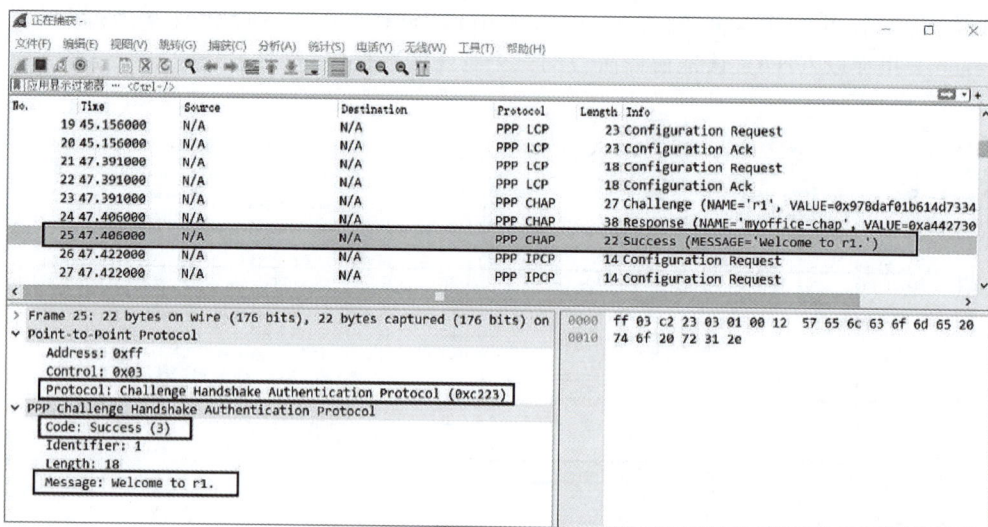

图 2-17　CHAP 认证数据包 3

从图 2-15 中可以得知,该 Challenge 数据包使用了 PPP 与 CHAP 进行身份验证,其中标识符为 1,长度为 23 字节,包含一个随机生成的挑战值 978daf01b6164d7334655e0e51 dba843e,请求者名称为 r1。

从图 2-16 中可以得知,该数据包使用了 PPP 与 CHAP 进行身份验证。该图展示了对应的 Response 数据包,标识符保持为 1,长度增至 34 字节,响应值为 a4427300766461 374444f3542da325807,响应者名称为 myoffice-chap。

从图 2-17 中可以得知,该数据包使用了 PPP 与 CHAP 进行身份验证,该图展示的是 Success 数据包,同样使用标识符 1,长度为 18 字节,包含认证成功的消息 Welcome to r1。

从图 2-18 中可以得知,该图展示了在 CHAP 认证完成后,PPP 发送的配置请求数据包,标准步骤用于协商链路后续的参数设置。该过程确保了链路在建立和维持连接过程中的安全性和身份验证的严格性。

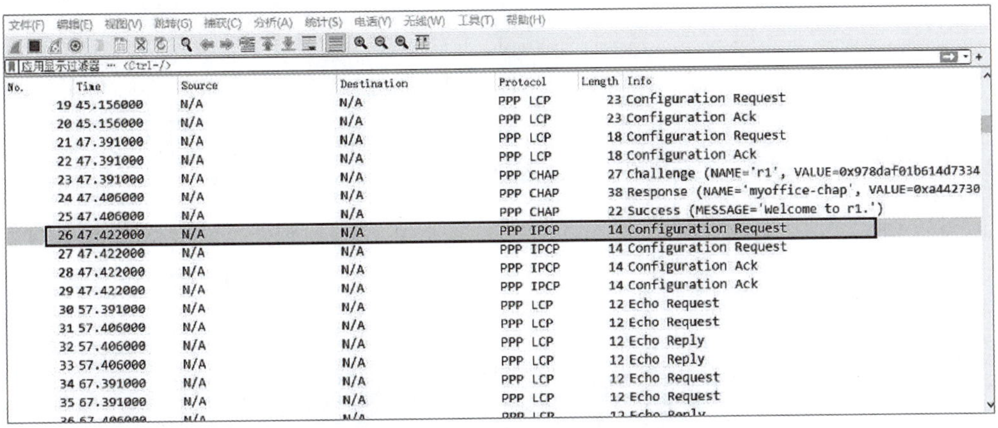

图 2-18　CHAP 认证周期性数据包

‖ 2.3　L2TP

视频讲解

PPP 本身是一种数据链路层协议,用于在两个点之间建立直接连接并利用它们进行数据传输。尽管 PPP 非常适合用于直接连接,如通过电话线的拨号连接或串行链路,但它并不直接支持在多接入网络环境中通过网络传输 PPP 帧,特别是在需要跨越 IP 网络建立虚拟专用网络(Virtual Private Network,VPN)连接的场景中。

为了实现链路端点跨越多个网络,思科公司于 1998 年 5 月公布了思科第二层转发(Cisco Layer Two Forward,L2F),由微软、3Com 等知名企业于 1999 年 7 月公布了点到点隧道协议(Point-to-Point Tunnel Protocol,PPTP)。考虑到二者功能类似,为了避免两种隧道技术的不兼容性给用户带来诸多不便,由 Internet 工程任务组(Internet Engineering Steering Group,IETF)起草,微软、Ascend、思科、3Com 等公司参与制定,并于 1999 年 8 月公布第二层隧道协议(Layer2 Tunneling Protocol,L2TP)。该协议结合了 PPTP 和 L2F 两种二层隧道协议的优点,将这两种技术结合在单一隧道协议中。L2F 通常被认为是"L2TPv1",1999 年 8 月推出的 L2TP 被认为是"L2TPv2",2005 年 3 月推出的 L2TP 被认为是"L2TPv3"。本章重点阐述 L2TPv2 的相关内容。

2.3.1　L2TP 架构

L2TP 接入集中器(L2TP Access Concentrator,LAC)和 L2TP 网络服务器(L2TP Network Server,LNS)是 L2TP 的两个重要组件,它们之间通过协商建立隧道,用以转发 PPP 报文。L2TP 应用场景如图 2-19 所示。在该图中,用灰色填充的是实体运行 L2TP。当一个远程系统需要与主机实现端到端的通信时,首先需要通过公共电话交换网络(Public

Switched Telephone Network,PSTN)与 LAC 建立 PPP 链路,该段链路和隧道一起构成虚拟 PPP 链路;然后通过虚拟 PPP 链路,将远程系统的 PPP 帧发送给 LAC;接着 LAC 将它作为 L2TP 协议报文的数据区封装并发送给 LNS;最后 LNS 对报文进行解封处理后发送给家乡网络中的主机。从主机的角度看,其收到的 PPP 帧就是远程系统发出的 PPP 帧,两者之间建立了一条虚拟的 PPP 链路。

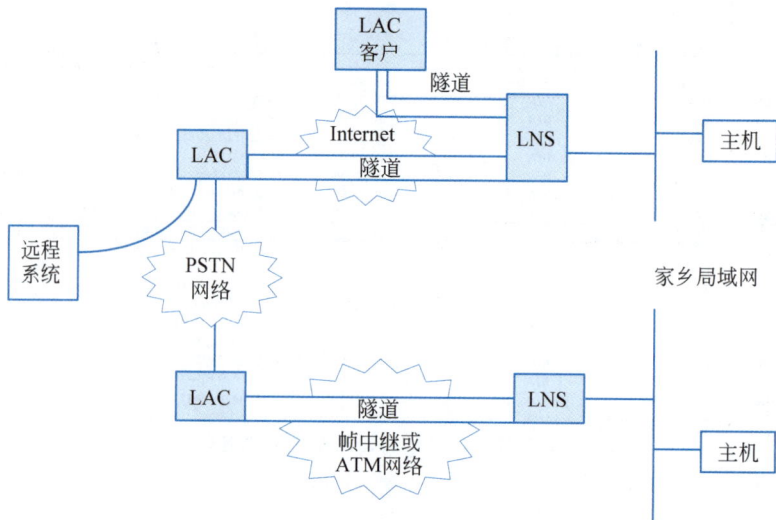

图 2-19　L2TP 应用场景示意图

在某些情况下,主机可以不依赖 LAC,而是通过独立运行 L2TP 的方式,与 LNS 建立隧道。另外,除了 IP 网络,L2TP 也支持 ATM 和帧中继(Frame Relay,FR)等多种网络类型。

从 TCP/IP 协议族分层的角度看,L2TP 是一个端口号为 1071 的应用层协议。该协议的层次结构如图 2-20 所示:L2TP 包括数据消息和控制消息。其中,通过 L2TP 数据通道传输 PPP 帧等数据消息,该通道无法保证数据消息的可靠传输;通过控制通道传输 L2TP 隧道和会话协商等控制消息,该通道可以保证控制消息的可靠传输。

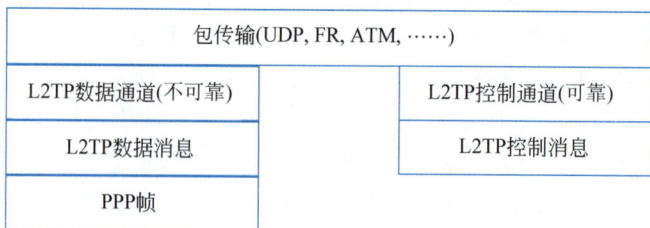

图 2-20　L2TP 层次结构

2.3.2　L2TP 协议流程

L2TP 的工作流程包括 5 步,分别为建立控制连接、建立会话、数据通信、终止会话及终止控制连接,具体过程如图 2-21 所示。

(1) 建立控制连接(Start Control Connection,SCC):在建立控制连接阶段,LAC 和

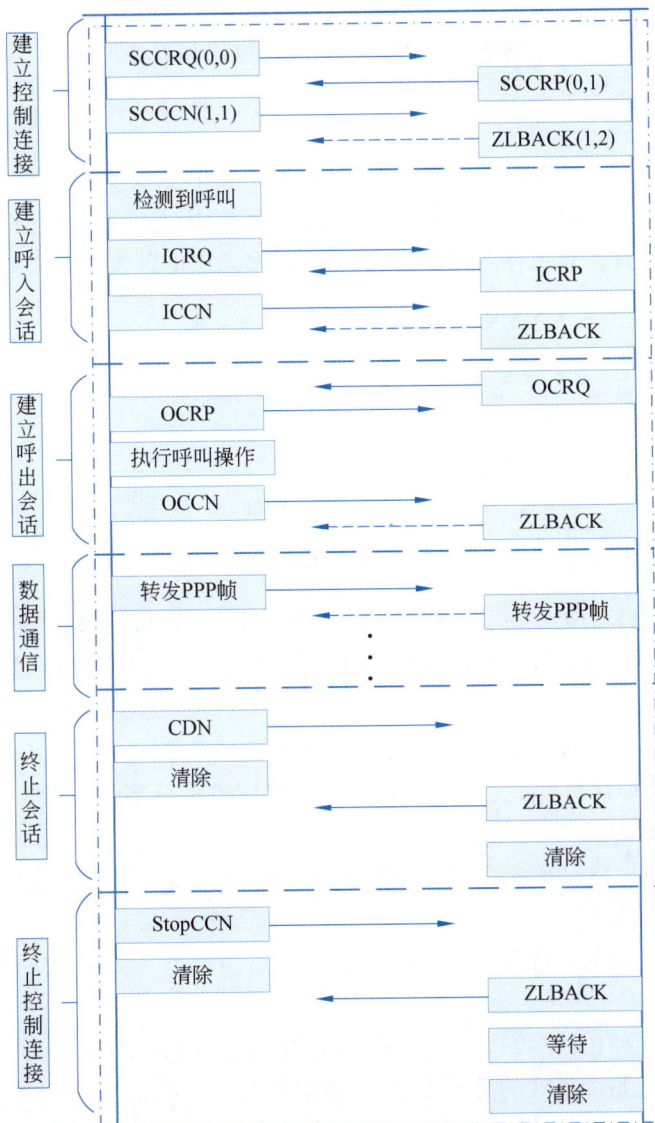

图 2-21　L2TIEEE 802.3P 协议流程

LNS 协商控制连接参数,并利用 CHAP 互相验证对方的身份。

(2) 建立会话:对 LAC 而言,会话分为呼入和呼出两个方向。当 LAC 检测到来自远程客户的呼叫时,应向 LNS 建立呼入会话;当收到来自 LNS 的会话建立请求时,应建立呼出会话。

(3) 数据通信:通信双方互相传递 PPP 报文。发送方将远程客户的 PPP 帧作为 L2TP 报文的数据区封装在 L2TP 数据报文中,通过与 LNS 建立的隧道发送给 LNS;LNS 则还原 PPP 帧,并发送到 PPP 链路上。反方向通信过程与此类似。

(4) 终止会话:LAC 和 LNS 都可以提出终止会话。终止会话前,发起方发送呼叫断连通告(Call Disconnect Notify,CDN)。

(5) 终止控制连接:LAC 和 LNS 都可以提出终止控制连接。终止控制连接前,发起方向回应方发送停止内容发布网络报文 StopCCN（Content-Centric Networking）。该报文中包含隧道 ID 和结果代码，分别指示了需终止的隧道标识和终止原因。

2.3.3　L2TP 报文

如图 2-22 所示，LAC 在收到携带源 IP 报文头及 PPP 报文头的 PPP 报文之后，先后为其封装 L2TP 报文头、UDP 报文头和新的 IP 报文头，并从连接公共网络的接口发送出去。其中，L2TP 报文由首部和主体两部分构成，其首部格式中的各参数含义如下。

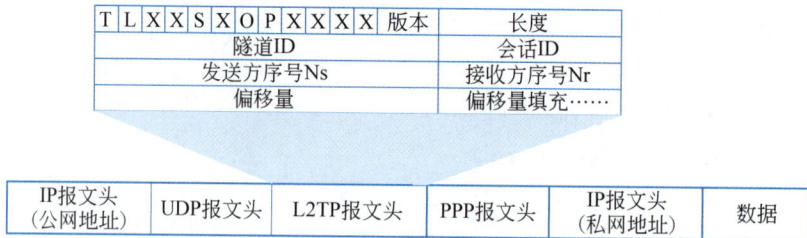

T	L	X	X	S	X	O	P	X	X	X	X	版本	长度
隧道ID													会话ID
发送方序号Ns													接收方序号Nr
偏移量													偏移量填充……

IP报文头 （公网地址）	UDP报文头	L2TP报文头	PPP报文头	IP报文头 （私网地址）	数据

图 2-22　L2TP 报文首部格式

（1）T（Type）比特：类型标识，取值为"0"时表示数据消息，取值为"1"时表示控制消息。

（2）L（Length）比特：长度字段标识，取值为"1"表示首部包含"长度"字段。对控制消息而言，必须设置为 1。

（3）X（Reserved）比特：保留位，通常设置为 0。

（4）S（Sequence）比特：序号字段标识，取值为"1"表示首部包含"Ns"和"Nr"。对控制消息而言，必须设置为 1。

（5）O（Offset）比特：偏移量字段标识，取值为"1"表示首部包含"偏移量"字段，对控制消息而言，必须设置为 0。

（6）P（Priority）比特：优先级，只用于数据消息，当取值为 1 时，表示报文具有较高优先级。

（7）版本：指明使用的 L2TP 版本，例如，对于 L2TPv2 协议，取值为"2"。

（8）长度：指明整个报文的总长度，单位为字节。

（9）隧道 ID：发起方和回应方对同一隧道指定的标识不同，该字段指明了报文接收方为隧道指定的标识。

（10）会话 ID：指明了接收方指定的会话标识。

（11）发送方序号 Ns：当前报文的序号。

（12）接收方序号 Nr：确认序号，即发送方期望接收的下一个报文的序号。

（13）偏移量：实体部分距首部起始点的偏移量。数据消息的首部可不包含"长度""序号""填充"字段，所以首部长度可变。由于计数从 0 开始，所以这个偏移量正好是首部长度。

（14）偏移量填充：为保持首部 4 字节对齐而进行的填充。

需要说明的是，L2TP 报文头中包含隧道 ID 和会话 ID 信息，隧道 ID 与会话 ID 由对端分配，用来标识不同的隧道和会话。隧道标识相同、会话标识不同的报文将被复用在一条隧道上。另外，L2TP 不是严格意义上的安全协议，因为它并未提供基于密码学的机密性、完整性等保护,而是提供了对口令等敏感信息的加密方法,以及基于共享秘密的身份认证方法。

2.4　以太网协议

2.4.1　以太网协议概述

1980 年 9 月,DEC 公司、Intel 公司和施乐公司(Xerox)联合发表了 10Mb/s 以太网规约的第一个版本 DIX V1,1982 年修改为第二个版本 DIX V2(即以太网 V2 标准)。1983年,IEEE 802.3 公布第一个 IEEE 的以太网标准。DIX V2 标准与 IEEE 802.3 标准只有很小的差别,因此将 IEEE 802.3 局域网简称为"以太网"。

为了使数据链路层能更好地适应多种局域网标准,IEEE 802 委员会将局域网的数据链路层拆成两个子层:逻辑链路控制(Logical Link Control,LLC)子层与媒体接入控制(Medium Access Control,MAC)子层,如图 2-23 所示。其中,与接入传输媒体有关的内容都放在 MAC 子层,而 LLC 子层则与传输媒体无关。不管采用何种协议的局域网,对 LLC子层来说都是透明的。

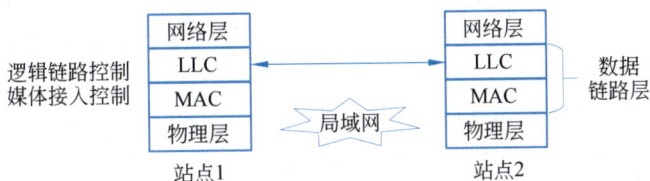

图 2-23　局域网中数据链路层的分层示意图

2.4.2　MAC 层的硬件地址

在局域网中,MAC 地址为网络上的每个设备提供了一个唯一的标识,确保网络中的数据包能够被准确地送达正确的设备。MAC 地址的长度为 48 位(6 字节),提供约 7 万亿个地址数,目前还没有出现地址枯竭的问题。为了方便书写,MAC 地址通常记为 12 个十六进制数,每 2 个十六进制数之间用冒号隔开,如"MM:MM:MM:SS:SS:SS"。M 代表制造商分配的唯一标识符,S 代表序列号。地址的前 3 字节(前 24 位)是组织唯一标识符,由IEEE 指派给制造商,用于确保世界范围内的唯一性;地址的后 3 字节(后 24 位)由制造商自行指派,确保其生产的每个网络接口都有唯一的地址。例如,"08:00:20:0A:8C:6D"为一个 MAC 地址,其中前 6 位十六进制数代表网络硬件制造商的编号,而后 6 位十六进制数代表该制造商所制造的某个网络产品(如网络适配器)的系列号。

在以太网和其他 IEEE 802 网络技术中,MAC 地址用于数据帧的源地址和目的地址,从而指导数据在网络内部的传输。由于在生产网络适配器时,6 字节的 MAC 地址已被固化在网络适配器的 ROM,因此,MAC 地址也叫作硬件地址或物理地址。当一台计算机启动时,MAC 地址从 ROM 复制到 RAM。

2.4.3 MAC 帧格式

以太网 V2 的 MAC 帧包含 6 个字段,其格式如图 2-24 所示。

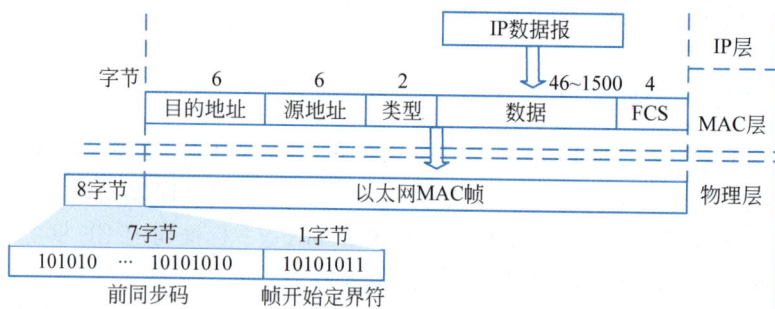

图 2-24 MAC 帧格式

(1)目的地址:长度为 6 字节,表示目的主机的 MAC 地址。

(2)源地址(Source Address,SA):长度为 6 字节,表示发送方的 MAC 地址。该字段只能是单播地址,不能是广播或多播地址。

(3)类型(Type):长度为 2 字节,用于标识上一层采用的什么协议,以便把收到的MAC 帧的数据交付给上一层对应的协议。例如,若类型字段的值为 0x0800 时,表示上层使用的是 IPv4 协议;若类型字段的值为 0x0806 时,则表示上层使用的是 ARP 协议。

(4)数据(Data):存储被封装的上层数据,长度为 46~1500 字节。一方面,链路层规定了传输的最大的数据单元(Maximum Transmission Unit,MTU)。不同类型的网络在传输数据时大多都有一个上限。如果 IP 层交付下来的数据比数据链路层的 MTU 值还大,那么IP 就需要进行分片,将数据报分成长度小于 MTU 的若干数据分片后再传输。另一方面,以太网最小帧长为 64 字节减去首部和尾部的 18 字节,得出数据字段最小长度为 46 字节。如果数据报小于 46 字节,则需要在该数据字段后面填充一定的字段,以保证以太网帧长不小于 64 字节。

(5)帧校验序列(Frame Check Sequence,FCS):长度为 4 字节,包含了 CRC 数据校验计算的结果。

(6)为了在接收端实现 MAC 帧的比特同步,在 MAC 帧的前面插入由硬件生成的 8 字节中。其中,第一个字段是长度为 7 字节(1 和 0 交替码)的前同步码,用来实现比特同步。第二个字段的长度是 1 字节,取值为 10101011,是帧开始定界符,表示后面的信息就是MAC 帧。

2.5 PPPoE

以太网上的点对点协议(Point-to-Point Protocol Over Ethernet,PPPoE)的实质是将点对点协议(PPP)封装在以太网(Ethernet)框架中的一种网络隧道协议,允许在以太网广播域中的两个以太网接口间创建点对点隧道的协议。PPPoE 的优势在于它结合了以太网的经济性和 PPP 的可管理控制性,较好解决了用户管理和上网收费等实际应用问题,为宽带接入提供了一种有效的解决方案,得到了运营商的认可并被广泛采用。对于用户来说,

PPPoE 继承了传统的拨号上网方式,使用户能够使用熟悉的硬件和软件进行互联网接入,同时简化了客户端的配置。

PPPoE 包括两个阶段:PPPoE 发现阶段和 PPPoE 会话阶段。

(1) PPPoE 发现阶段。

在该阶段,客户端通过在广播网络上发送发现报文来寻找可用的 PPPoE 服务器,建立唯一的 PPPoE 会话 ID。这个过程包括 PADI(PPPoE Active Discovery Initiation)、PADO(PPPoE Active Discovery Offer)、PADR(PPPoE Active Discovery Request)和 PADS(PPPoE Active Discovery Session-confirmation)四个步骤。客户端发现合适的服务器后,会与服务器进行初始化通信,以建立后续的 PPPoE 会话。

(2) PPPoE 会话阶段。

在该阶段,一旦客户端与服务器选择建立 PPPoE 连接后,在会话阶段中实际建立起点对点连接,并通过交换认证信息和建立会话参数,确保双方能够安全地通信。会话建立后,双方之间就可以使用 PPP 在以太网上传输数据。

2.5.1 PPPoE 帧

PPPoE 数据包封装在以太网帧的数据字段中,当以太网帧类型字段取值为 0x8863 和 0x8864,分别表示 PPPoE 发现阶段和会话阶段数据报的数据包。PPPoE 数据包各个字段说明如图 2-25 所示。

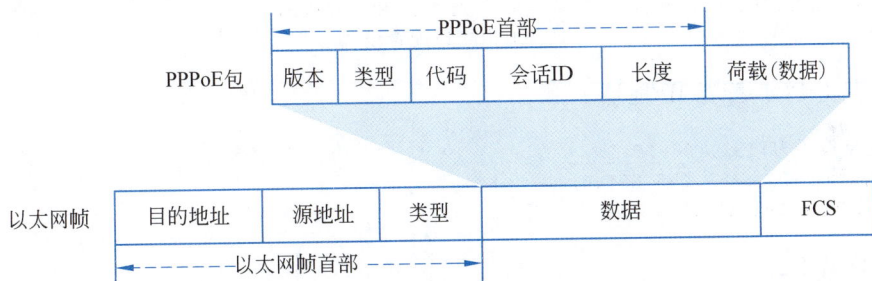

图 2-25 PPPoE 数据包格式

(1) 版本:长度为 4 位,PPPoE 版本号,协议规定值为 0x01。

(2) 类型:长度为 4 位,PPPoE 类型,协议规定值为 0x01。

(3) 代码:长度为 1 字节,用于区分 PPPoE 的报文类型。例如,代码域为 0x,表示会话数据;代码域为 0x07,表示 PADO 等。

(4) 会话 ID:长度为 2 字节,在会话阶段用于标识特定的 PPPoE 会话。

(5) 长度:占 2 字节,用来表示 PPPoE 数据的长度,不包括首部。

(6) 数据:可变长。在 PPPoE 发现阶段时,该字段内会包含一些标记,用于在客户端和接入集中器之间交换必要的信息;PPPoE 会话阶段,该字段携带的是 PPP 的数据。

2.5.2 PPPoE 分析

本节采用 eNSP 和 Wireshark(实验软件同 PPP 分析实验)来搭建如图 2-26 所示的 PPPoE 实验拓扑图,用于捕获 PPPoE 流量,并对其进行分析。

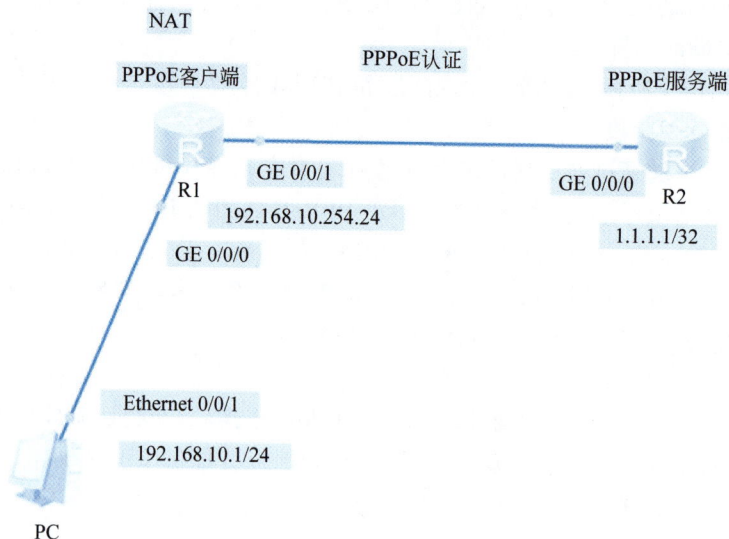

图 2-26　PPPoE 实验拓扑图

1. 实验环境搭建及配置

（1）配置 R1。

```
int gi0/0/0                    #进入接口 gi0/0/0 中
ip add 192.168.10.254 24       #配置 IP 地址和子网掩码
quit                           #退出接口配置模式
```

（2）双击 PC1，配置 IP 地址。

```
IP 地址设置为:192.168.10.1;
子网掩码设置为:255.255.255.0;
网关设置为:192.168.10.254。
```

（3）配置 R2。

① 配置地址池,创建 dhcp 地址池,名称为 pppdhcp,用于分发地址。

```
[R2]ip pool pppdhcp
[R2-ip-pool-pppdhcp]network 100.1.1.0 mask 255.255.255.0
[R2-ip-pool-pppdhcp]gateway-list 100.1.1.1      #地址池网关
[R2-ip-pool-pppdhcp]dns-list 8.8.8.8            #dns 地址
[R2-ip-pool-pppdhcp]quit                        #退出地址池配置模式
```

② 设置模板。

```
[R2]interface Virtual-Template 1                      #配置虚拟模板和调用模板
[R2-Virtual-Template1]ppp authentication-mode chap    #虚拟模板启用 chap 认证
[R2-Virtual-Template1]remote address pool pppdhcp      #对端地址关联 dhcp 名称
[R2-Virtual-Template1]ip address 100.1.1.1 24          #配置 IP 地址和子网掩码
[R2-Virtual-Template1]quit                             #退出虚拟模板和调用模板模式
```

③ 绑定到物理接口。

```
[R2]int GigabitEthernet 0/0/0                    #进入接口 gi0/0/0 中
```

绑定虚拟模板接口。

```
[R2-GigabitEthernet0/0/0]pppoe-server bind virtual-template 1
[R2-GigabitEthernet0/0/0]quit        #退出接口配置模式
```

④ 设置账号。

```
[R2]aaa                              #进入 aaa 认证模式
```

创建 huawei 账户,加密密码 huawei。

```
[R2-aaa]local-user huawei password cipher huawei
```

允许此账号使用 PPP 登录。

```
[R2-aaa]local-user huawei service-type ppp
[R2-aaa]quit                         #退出 aaa 认证模式
```

⑤ 配置回环地址。

```
[R2]int LoopBack 0                   #创建回环地址 0
[R2-LoopBack0]ip address 1.1.1.1 32  #配置 IP 地址和子网掩码
[R2-LoopBack0]quit                   #退出配置模式
```

（4）AR1 配置 nat,PPPoE 拨号。

① 进入 dialer-rule 视图。

```
[R1]dialer-rule                      #进入 dialer-rule 视图
[R1-dialer-rule]dialer-rule 10 ip permit  #允许 IP 流量触发拨号
[R1-dialer-rule]acl 2000             #创建 nat,ACL 策略
[R1-acl-basic-2000]rule 0 permit     #允许所有流量通过
[R1-acl-basic-2000]quit              #退出 nat 模式
```

② 配置 dialer 模式。

```
[R1]interface Dialer 1               #创建 dialer 1
[R1-Dialer1]link-protocol ppp        #协议设置为 ppp
[R1-Dialer1]ppp chap user huawei     #创建 chap 认证账户
[R1-Dialer1]ppp chap password simple huawei  #创建 chap 认证密码
```

拨号接口地址从 PPPoE 的服务器上得到。

```
[R1-Dialer1]ip address ppp-negotiate
[R1-Dialer1]dialer user huawei       #绑定用户
```

指定 diraler 1 接口的编号(用于和物理接口绑定)。

```
[R1-Dialer1]dialer bundle 2
[R1-Dialer1]dialer-group 10          #绑定 acl 策略
[R1-Dialer1]nat outbound 2000        #绑定 nat 策略
```

③ 接口绑定。

```
[R1]interface GigabitEthernet 0/0/1  #进入接口 gi0/0/1 中
```

将 PPPoE 拨号接口绑定到出接口地址。

```
[R1-GigabitEthernet0/0/1]pppoe-client dial-bundle-number 2
[R1-GigabitEthernet0/0/1]quit          #退出接口配置模式
```

（5）测试。

R2 上查看 PPPoE Server 会话的状态和配置信息。

```
<R2>display pppoe-server session all
```

查看 PPPoE Client 会话状态和配置信息。

```
<R1>display pppoe-client session summary
```

在 PC1 命令行中测试是否能 ping 通 R2IP 地址。

```
ping 100.1.1.1
```

之后重复 2.2.4 节中的配置 CHAP，配置 PPPoE 及 CHAP。

2. 捕获 PPPoE 数据包

使用 Wireshark 在路由器 R2 的 GE0/0/0 接口上捕获数据包，如图 2-27 所示。

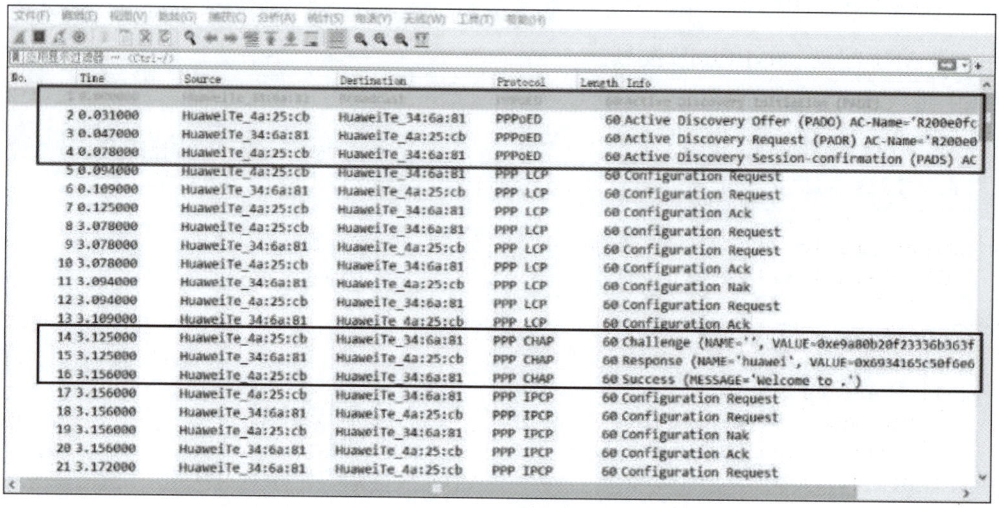

图 2-27　PPPoE 数据包列表

从图 2-27 中可以得知，在 PPPoE 会话中产生的一系列数据包包括：PPPoE 发现阶段的四个步骤，分别为 PADI、PADO、PADR 和 PADS；PPP 的链路控制协议（LCP）数据包，用于链路配置；CHAP 认证过程中的挑战、响应和成功消息；IPCP 的配置请求。

PPPoE 发现阶段广播包如图 2-28 所示。该图展示了 PPPoE 发现阶段的第一个步骤，即 PADI 包。该数据包向所有本地网络上的 PPPoE 服务器广播，包含的 Session ID 为 0，表示此时会话尚未建立。此外，数据包内包含一个 Host-Uniq 标签，这是一个客户端生成的唯一标识，用于在多个会话中区分同一客户端的请求。

PPPoE 发现阶段 PADO 包如图 2-29 所示，此图显示了对 PADI 请求的响应，即 PADO 包。这个包是特定 PPPoE 服务器对初始发现请求的回应，依然保持 Session ID 为 0。

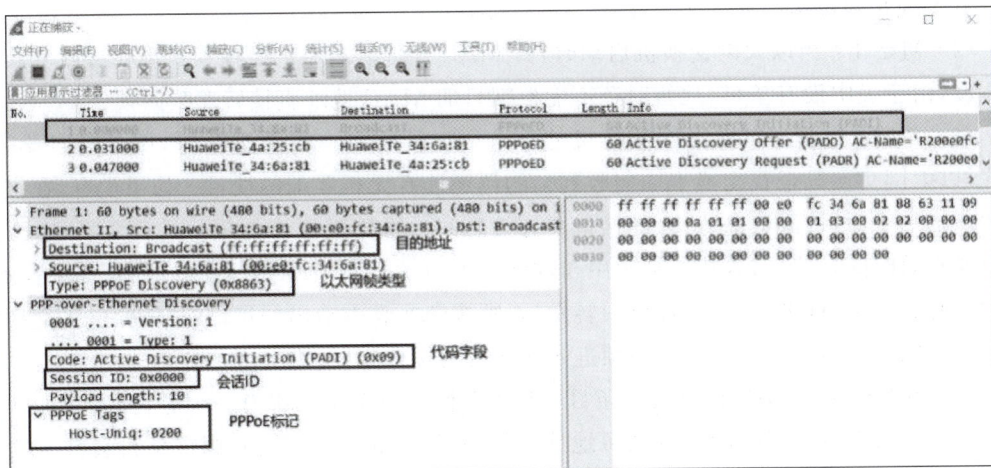

图 2-28　PPPoE 发现阶段广播包

PADO 包括 AC-Name 标签，表明响应服务器的名称，并回传 PADI 中的 Host-Uniq 标签，以确保响应正确地返回给发起请求的客户端。

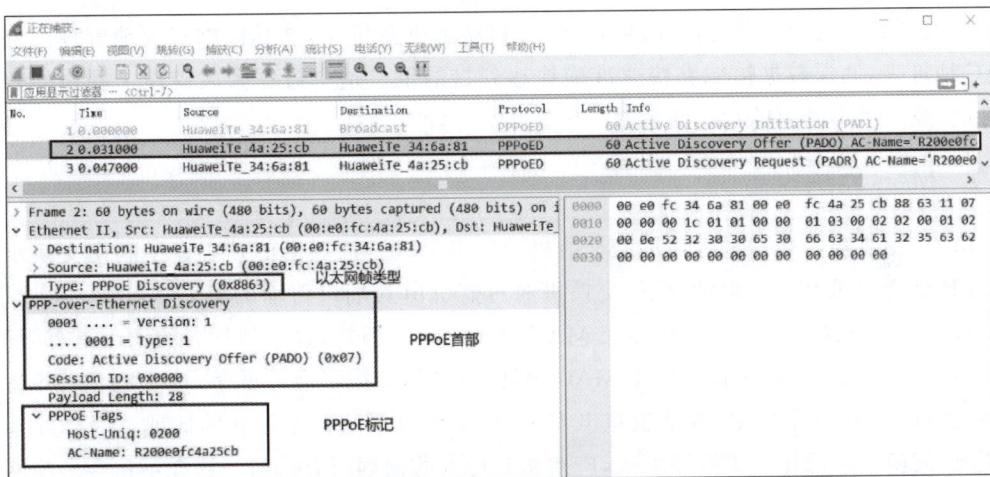

图 2-29　PPPoE 发现阶段 PADO 包

▍2.6　MAC 泛洪攻击与防御

视频讲解

　　MAC 泛洪攻击是一种常见的网络攻击方式。攻击者通过伪造大量的 MAC 地址来淹没网络交换机的地址表，导致正常流量无法通过。这种攻击不仅影响网络性能，还可能造成安全隐患。本节主要介绍以太网交换机的自学习算法，分析 MAC 泛洪攻击的原理，并讨论有效的防御策略和实践方法。

2.6.1　以太网交换机的自学习算法

　　以太网交换机的自学习算法是指交换机如何学习和维护一个 MAC 地址表，以便有效地转发局域网内的数据帧至其目的地。该算法的设计思路基于自动学习和表项的动态更新。其实现步骤包括以下三步。

（1）初始化：当以太网交换机启动时，其 MAC 地址表是空的。交换机准备接收和转发数据帧，由于表中没有条目，故暂时还不能根据目的 MAC 地址直接转发数据帧。

（2）自学习过程：当以太网交换机的一个端口接收到一个数据帧时，则进行自学习。首先，以太网交换机查找交换表中与收到帧的源地址有无相匹配的项目。如果没有，在交换表中增加一个项目（源地址、进入的接口和有效时间），否则把原有的项目进行更新（进入的接口或有效时间）；然后，查找交换表中与收到帧的目的地址有无相匹配的项目，如果没有，则向所有其他接口（进入的接口除外）转发，否则按交换表中给出的接口（与该帧进入交换机的接口不同）进行转发，但是若与该帧进入交换机的接口相同，则丢弃。

（3）更新机制：MAC 地址表的条目不是永久的。每个条目都有一个老化时间（通常是几分钟），如果在该时间内没有收到源地址是该条目 MAC 地址的帧，则该条目会被自动删除。这个机制使得交换机的 MAC 地址表能够动态适应网络结构的变化，如设备的移动或离线等。除了上述动态学习的条目，管理员还可以手动添加静态条目到 MAC 地址表中。静态条目不会因老化而被删除，适用于网络中关键设备的 MAC 地址，确保数据帧总是被转发到正确的端口。

以太网交换机的学习算法通过自动学习和动态更新机制，使其能够有效地管理内部的 MAC 地址表，确保数据帧能够快速准确地达到目的地。这个过程大大提高了网络的效率和性能，减少了不必要的数据流量。

2.6.2　MAC 泛洪攻击

MAC 泛洪攻击是一种针对网络交换机的攻击手段。该攻击的核心在于利用交换机的 MAC 地址学习机制。正常情况下，交换机通过监听由其端口传输的帧来学习 MAC 地址，然后将这些地址及其对应端口存储在 MAC 地址表中。但是，这个地址表的大小是有限的。当攻击者不断发送大量含有随机源 MAC 地址的帧时，交换机会尝试学习这些地址，并将其添加到地址表中。当 MAC 地址表超出容量时，交换机无法再学习新的地址。一旦发生这种情况，交换机将退化为集线器模式，广播所有传入的帧到所有端口。这样不仅会影响网络效率，还可能暴露敏感数据，甚至会导致网络拥塞和服务不可用。下面举例分析使用 macof 进行 MAC 地址泛洪攻击的详细过程。

1. 实验环境搭建

实验环境搭建过程需要下载 Kali 虚拟机以及 eNSP 来进行模拟。其中服务器为客户机提供 FTP 文件传输服务；装有 Kali 操作系统的计算机作为攻击主机，Kali 自带用于 MAC 攻击的工具 macof 和用于流量分析的工具 Wireshark。

（1）打开 Kali 终端下载并安装好 macof。

输入命令：sudo apt install dsniff

（2）在华为 eNSP 上搭建实验所需的拓扑图，需要一个交换机 S5700、客户端 Client1、服务器 Server1 以及云 Cloud1，如图 2-30 所示。

（3）配置客户端、服务端和 Cloud 云，建立起 eNSP 本地环境连通。

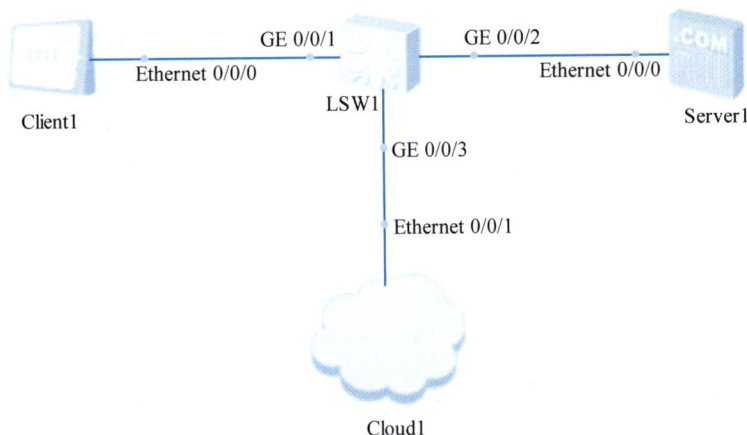

图 2-30　MAC 泛洪攻击实验拓扑

① 客户端配置：本机地址为 192.068.1.1,子网掩码为 255.255.255.0,目的 IPv4 为 192.168.1.2,次数为 5。

② 服务端配置：基础配置中本机地址为 192.168.1.2,子网掩码为 255.255.255.0;服务器信息中选择 FtpServer,端口号为 21,在文件根目录中随便选一个文件目录,并启动 FTP 服务。

③ 云配置：如图 2-31 和图 2-32 所示。

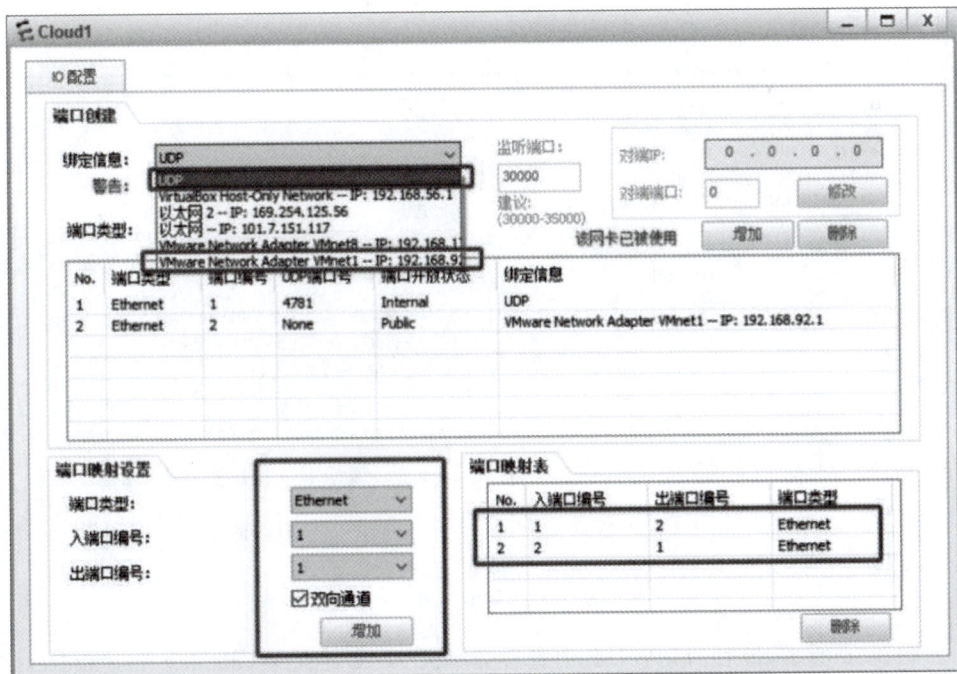

图 2-31　云配置

（4）eNSP 与虚拟主机 Kali 之间相互 ping 通,证明二者可以相互通信。

首先进行 Kali 的配置,如图 2-33～图 2-35 所示,然后在命令行中通过 ping 测试网络连

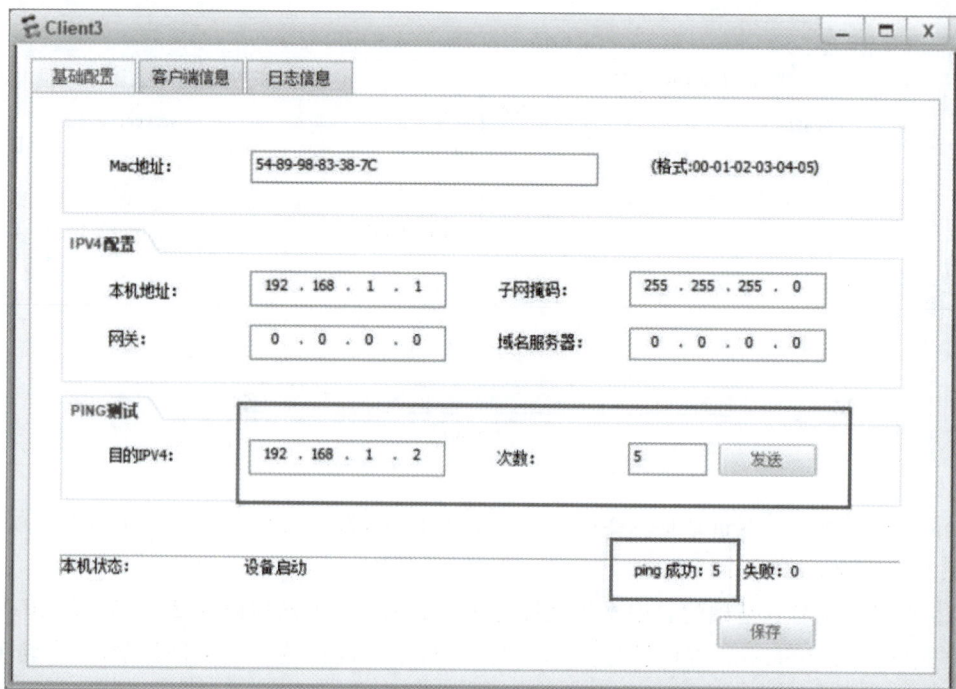

图 2-32　本地环境连通

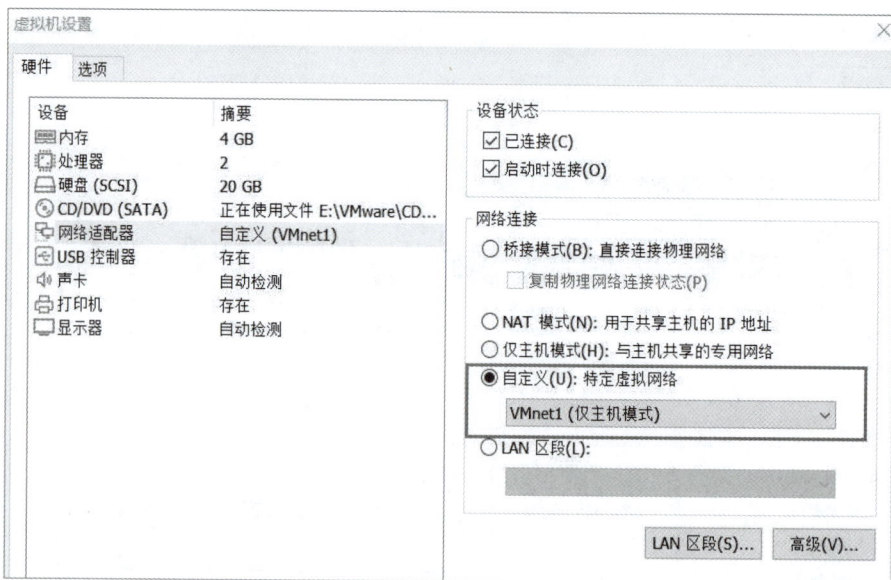

图 2-33　配置 Kali（1）

通性，如图 3-36 所示，最后回到 eNSP 中查看交换机 MAC 地址表（display mac-address），如图 3-37 所示。

2. 使用 macof 对 eth0 进行泛洪攻击（命令为 macof -i eth0）

打开 Wireshark 抓取 eth0 网卡，如图 2-38 所示。之后进行 MAC 泛洪攻击，如图 2-39 所示。并查看此时交换机的 MAC 地址表，如图 2-40 所示。此时尝试登录 FTP，由于 MAC

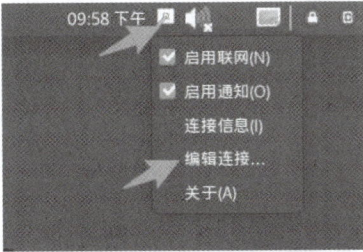

图 2-34　配置 Kali（2）

图 2-35　配置 Kali（3）

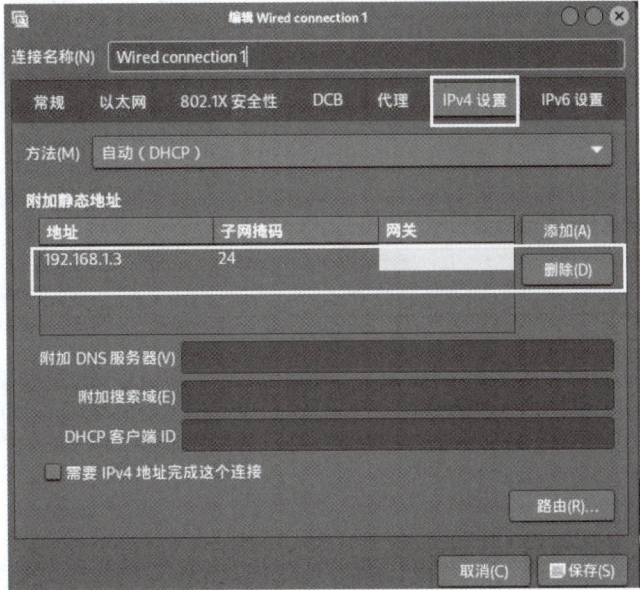

图 2-36　测试网络连通性

```
<Huawei>display mac-address
MAC address table of slot 0:
-------------------------------------------------------------------------------
MAC Address    VLAN/       PEVLAN CEVLAN Port            Type      LSP/LSR-ID
               VSI/SI                                              MAC-Tunnel
-------------------------------------------------------------------------------
0050-56c0-0001 1           -      -      GE0/0/3         dynamic   0/-
5489-9883-387c 1           -      -      GE0/0/1         dynamic   0/-
5489-98ef-5568 1           -      -      GE0/0/2         dynamic   0/-
000c-290c-ac96 1           -      -      GE0/0/3         dynamic   0/-
0050-56ea-2c93 1           -      -      GE0/0/3         dynamic   0/-
-------------------------------------------------------------------------------
Total matching items on slot 0 displayed = 5
```

图 2-37　查看交换机 MAC 地址表

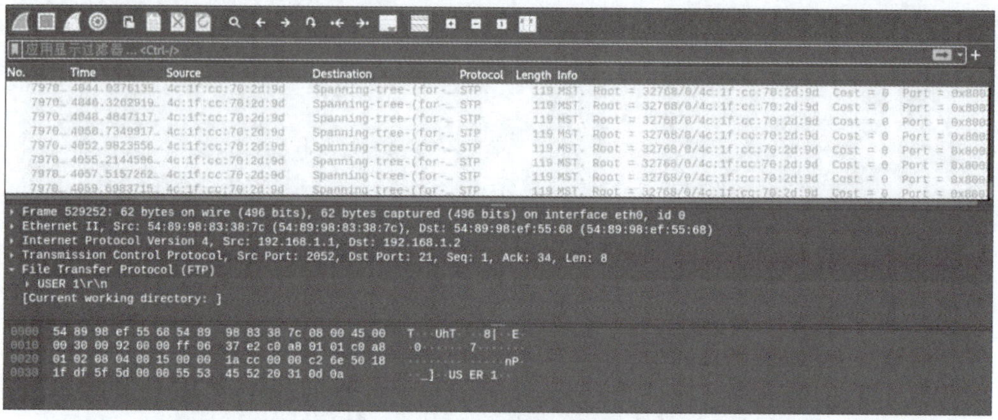

图 2-38　Wireshark 抓取 eth0 网卡

```
root@kali: /home/kali
文件 动作 编辑 查看 帮助
15:ee:44:5d:14:2f f3:3c:76:8:f5:4c 0.0.0.0.33133 > 0.0.0.0.49105: S 2014539622:2014539622(0)
win 512
f8:a4:bd:b:fe:e0 3a:6b:fb:51:75:d7 0.0.0.0.62173 > 0.0.0.0.56795: S 15254441:15254441(0) win
512
e9:77:64:28:67:44 38:ce:f5:5a:4e:59 0.0.0.0.14875 > 0.0.0.0.62132: S 929664603:929664603(0) w
in 512
17:74:c8:f:1e:91 62:bf:c9:63:48:c9 0.0.0.0.41817 > 0.0.0.0.24450: S 1618323734:1618323734(0)
win 512
f6:ff:34:9:42:ba 78:c7:59:24:60:c6 0.0.0.0.37482 > 0.0.0.0.1174: S 1953456446:1953456446(0) w
in 512
67:8b:40:3b:fa:f5 80:4a:e3:50:d5:6f 0.0.0.0.32347 > 0.0.0.0.35173: S 1731817297:1731817297(0)
 win 512
38:df:44:1e:6a:5a 99:36:a6:1e:a8:a0 0.0.0.0.27236 > 0.0.0.0.18188: S 791929763:791929763(0) w
in 512
ba:0:25:51:2:1c 0:e4:31:4a:b2:3d 0.0.0.0.46467 > 0.0.0.0.62668: S 950668247:950668247(0) win
512
bd:b:d:40:29:b e9:9a:43:66:2d:67 0.0.0.0.19204 > 0.0.0.0.31065: S 687714527:687714527(0) win
512
d3:d6:a6:66:59:d7 cf:86:2a:75:ba:12 0.0.0.0.17934 > 0.0.0.0.25191: S 949235237:949235237(0) w
in 512
7e:b1:d8:24:98:38 59:bf:8d:35:8a:4 0.0.0.0.50291 > 0.0.0.0.43982: S 1921374609:1921374609(0)
win 512
58:19:a8:1d:e1:17 f6:3f:27:54:2c:b8 0.0.0.0.34980 > 0.0.0.0.51730: S 989285758:989285758(0) w
in 512
7:13:9b:58:ef:45 67:8d:73:2c:9b:e7 0.0.0.0.1864 > 0.0.0.0.40632: S 1017042854:1017042854(0) w
in 512
9c:5:1:72:9c:ea 1c:12:7e:14:84:ec 0.0.0.0.17358 > 0.0.0.0.13210: S 1743675588:1743675588(0) w
in 512
3e:64:51:58:b2:7f f7:91:ce:15:ac:d0 0.0.0.0.57288 > 0.0.0.0.49284: S 868498723:868498723(0) w
in 512
1f:78:e6:2a:89:5c d7:46:56:67:e0:5c 0.0.0.0.3775 > 0.0.0.0.52077: S 52273778:52273778(0) win
512
54:82:1a:37:2d:1d 6b:22:35:6b:8:e0 0.0.0.0.64749 > 0.0.0.0.19840: S 869006485:869006485(0) wi
n 512
```

图 2-39　开始泛洪攻击

地址表满了,无法学习新的地址,所以可能会登录失败;也可能因为会广播寻址,所以表现为延迟登录,如图 2-41 所示。

图 2-40　泛洪攻击之后交换机的 MAC 地址表

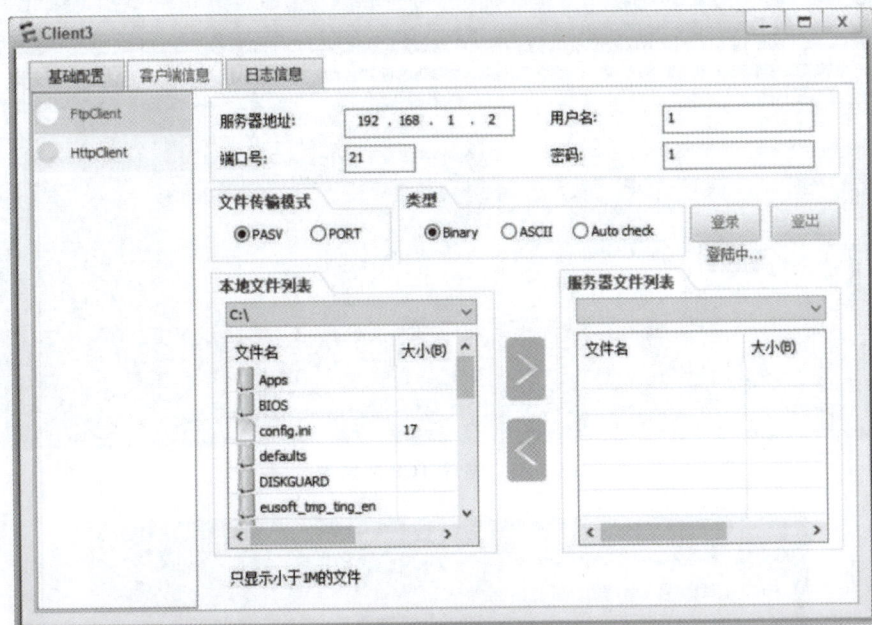

图 2-41　登录 FTP

3. 分析抓包结果

在攻击机 Kali 的 Wireshark,正常情况下一般不会捕捉到局域网其他客户机发给局域网其他主机的数据包。执行 MAC 泛洪攻击之后,如果客户端向服务端请求文件时,CAM (Content Addressable Memory)表(用于二层交换的地址表)已无多余空间,交换机会将数据进行复制,由单播变为广播,从交换机的各个接口转发出去。由于 FTP 是使用明文传播的,此时,在攻击机 Kali 上可以捕获到客户端登录 FTP 服务器的明文信息。从捕获的数据包中可以看到,客户机用于登录 FTP 服务器的账号为 1,密码是 1,如图 2-42～图 2-44 所示。抓包结果表明已经成功实施了 MAC 泛洪攻击。

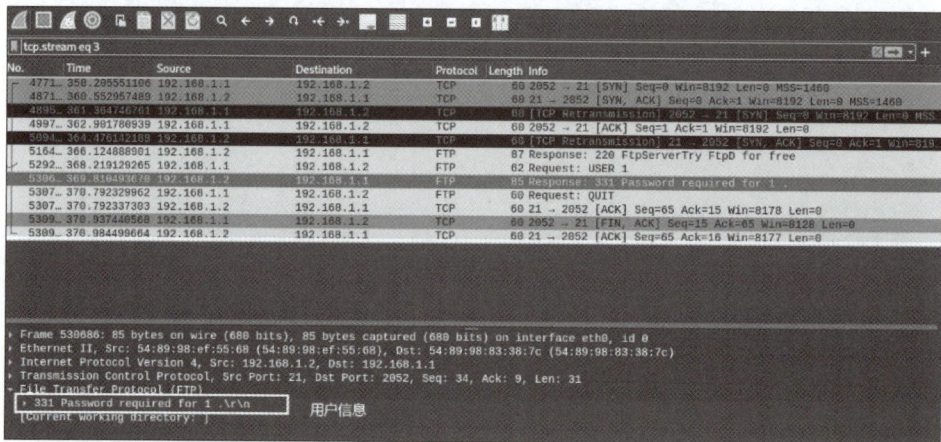

图 2-42　捕获用户信息

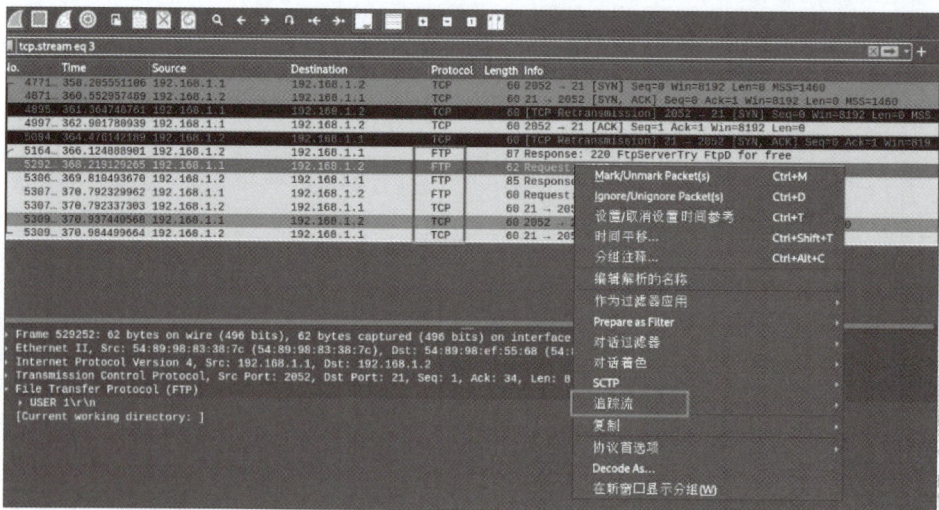

图 2-43　追踪 TCP 数据流

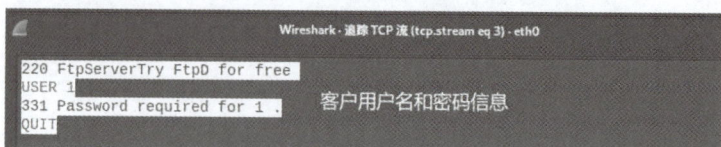

图 2-44　客户用户名和密码

2.6.3　MAC 泛洪攻击的防御

为有效应对此威胁,可采用多层次的防御机制:①启用端口安全机制,限制连接到交换机端口的设备数量,防止过多的连接导致网络拥塞;②采用动态 ARP 检测技术,防范伪造的 ARP 请求,确保网络设备的 MAC 地址信息的真实性;③通过静态 MAC 地址绑定,将端口与特定 MAC 地址关联,限制未授权设备的连接。其他有效措施包括网络流量监测、VLAN 隔离、流量限制、MAC 地址学习限制等,以及定期的监测、审查和保持设备固件、软件的更新,共同构建健壮的网络防御体系,提高网络的稳定性和安全性。

在交换机中,通过 Port Security 功能可以有效地防范 MAC 泛洪攻击。Port Security 端口安全是交换机的一种安全特性,配置了端口安全功能的交换机对网络管理员定义的合法用户的数据进行正常转发,对非法用户的数据执行丢弃或者直接关闭接口以阻止非安全用户数据经过本交换机传输。为了防止 MAC 泛洪攻击,可以在交换机端口上实施端口安全性策略,通过限制有效 MAC 地址的数量来增强网络安全性。具体来说,Port Security 提供了三种管理 MAC 地址的方法:

(1) 静态安全 MAC 地址(Static Secure MAC Addresses):这些地址是通过命令如"switchport port-security mac-address 1111.1111.1111"手动设置的,并且会被保存在交换机的配置文件中。这意味着即便在交换机重启后,这些地址仍将被识别并保持有效。

(2) 动态安全 MAC 地址(Dynamic Secure MAC Addresses):这些地址由交换机自动学习并不会保存在配置文件中。因此,每当交换机重启时,这些地址需要重新学习。

(3) 黏滞安全 MAC 地址(Sticky Secure MAC Addresses):这些地址可以通过手动指定或自动学习的方式设置,并且可以保存在配置文件和 CAM 表中。当这些地址保存到配置文件中时,交换机重启后无须重新学习这些地址,因为它们已经被保存并将自动恢复。

为了有效防御 MAC 泛洪攻击,常用的策略是配置网络设备的端口安全功能,以限制每个端口可以学习并记录的 MAC 地址数量,例如,限制每个端口只能学习 10 个 MAC 地址。一旦学习的地址数量达到限定值,任何超出此数量的新 MAC 地址将会被自动丢弃,这样可以有效防止非法设备接入网络。这种措施能显著提高网络的安全性和稳定性。针对 2.6.2 节中的 MAC 泛洪攻击,在图 2-30 中的 LSW1 中的交换机添加以下代码。

```
int g0/0/3
port-security enable                    #将组里所有端口安全打开
port-security mac-address sticky        #将组里所有 MAC 都设置为粘连(类似绑定)
port-security protect-action protect    #设置为如果违反端口安全则丢包
port-security max-mac-num 10            #一个端口最大 MAC 数量为 10 个
```

添加后再重新开启,Kali 再次进行 macof 攻击,接着查看 MAC 地址表,如图 2-45 所示,表示防泛洪机制成功运作。

```
<Huawei>
<Huawei>display mac-address
MAC address table of slot 0:

MAC Address      VLAN/           PEVLAN CEVLAN Port         Type      LSP/LSR-ID
                 VSI/SI                                               MAC-Tunnel

c0c6-2f79-d32f 1                 -      -      GE0/0/3       sticky    -
f051-2b12-1652 1                 -      -      GE0/0/3       sticky    -
6a3d-1b2b-2fdc 1                 -      -      GE0/0/3       sticky    -
0050-56ea-2c93 1                 -      -      GE0/0/3       sticky    -
0050-56c0-0001 1                 -      -      GE0/0/3       sticky    -
7a62-9c20-64b6 1                 -      -      GE0/0/3       sticky    -
2e49-b93e-4d45 1                 -      -      GE0/0/3       sticky    -
2089-8c09-33ec 1                 -      -      GE0/0/3       sticky    -
2a7c-0431-111d 1                 -      -      GE0/0/3       sticky    -
000c-290c-ac96 1                 -      -      GE0/0/3       sticky    -

Total matching items on slot 0 displayed = 10

MAC address table of slot 0:

MAC Address      VLAN/           PEVLAN CEVLAN Port         Type      LSP/LSR-ID
                 VSI/SI                                               MAC-Tunnel

5489-98ef-5568 1                 -      -      GE0/0/2       dynamic   0/-
5489-9883-387c 1                 -      -      GE0/0/1       dynamic   0/-

Total matching items on slot 0 displayed = 2
```

图 2-45　防泛洪机制成功运作

‖ 2.7　本章小结与展望

本章首先介绍 PPP 及其工作过程；然后讨论了 L2TP 结构及工作流程；最后重点阐述了以太网交换机的自学习机制，以及针对该学习机制的 MAC 泛洪攻击和防御策略。

随着云计算和虚拟化技术的发展，网络接口层需要更好地支持虚拟网络的创建和管理，以适应动态变化的网络需求。另外，网络接口层需要集成更多的安全特性，如硬件加速的加密和解密功能，以及对安全协议的原生支持，用于以抵御日益复杂的网络攻击。

‖ 2.8　思考题

1. 远程拨入用户认证服务通常与 L2TP 结合使用，查阅文献，了解其细节。
2. 配置一个拨号网络环境，并在该环境中分析 PPP 的工作流程。

第 3 章　网络层协议安全

网络层协议位于 OSI/RM 模型的第三层,主要负责在不同设备之间传递数据包。该层的协议除了考虑数据传输的效率之外,还需要考虑数据传输的安全性、可靠性等性能。

本章首先介绍网络层的三种重要协议,分别是 IP、ARP 和 ICMP;然后深入讨论它们常见的攻击方式和防范策略;最后重点阐述网络安全协议 IPSec 的体系结构、工作原理,以及如何利用 IPSec 来提高网络通信的安全性。

教学目标

- 理解网络层协议 IP、ARP 和 ICMP 的特点。
- 了解 IP、ARP 和 ICMP 攻击的原理以及内容。
- 掌握网络安全协议 IPSec 的内容。

3.1　IP 网络层协议概述

网络层位于 OSI/RM 模型的第三层,它负责将源主机发出的分组经由各种网络路径送达目的主机,进而使得不同网络间可以相互通信。网络层的主要功能如下所示。

(1) 逻辑地址的分配和识别:使用 IP 地址来唯一标识网络中的每个主机和设备,它负责分配和识别这些逻辑地址,以便正确地路由和传输数据包。

(2) 数据包的分组和重新组装:负责将较大的数据包分割成较小的数据包进行传输,同时在目标主机处重新组装这些数据包,以适应不同网络的传输限制。

(3) 数据包的路由选择:通过路由选择算法来确定数据包的最佳路径,负责在不同网络之间传输数据包,以确保数据能够从源主机传输到目标主机。

(4) 数据包的传输控制:通过拥塞控制、流量控制等机制,来确保数据包的可靠传输和优化网络资源的利用。

(5) 错误检测和处理:负责检测和处理在数据包传输过程中可能发生的错误,如丢包、损坏等,以确保数据的完整性和可靠性。

为了实现异构网络的互连,网络层的功能及其实现机制由网络层协议来描述,并且集中体现在网络层协议数据单元分组中。由于网络互连协议(Internet Protocol,IP)是 TCP/IP 中最核心的协议,为网络数据传输和网络互连提供最基本的服务,故网络层也称 IP 层。通常 IP 不是单独工作,该协议与地址解析协议(Address Resolution Protocol,ARP)、逆向地址解析协议(Reserve Address Resolution Protocol,RARP)、因特网控制报文协议(Internet

Control Message Protocol，ICMP）、因特网组管理协议（Interet Group Management Protocol，IGMP)这四个协议相互作用，共同工作，具体如图 3-1 所示。

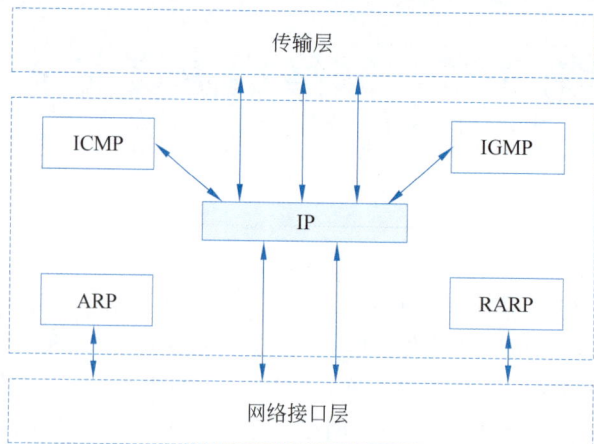

图 3-1　IP 位于 TCP/IP 网络层

IP 作为网络通信的基石，负责在互联网上传输数据包，了解 IP 的功能和特点，有助于理解网络通信的基本原理，同时也能更好地认识到网络攻击的潜在威胁；ARP 负责将网络层的 IP 地址映射到数据链路层的 MAC 地址，存在可能被攻击者欺骗或篡改的安全风险；与 ARP 工作任务相反，RARP 的主要功能是将数据链路层的 MAC 地址转换为网络层的 IP 地址，由于该协议存在不提供任何认证机制、容易受到地址欺骗攻击等安全性问题，故已被功能更全、安全性更高的动态主机配置协议（Dynamic Host Configuration Protocol，DHCP)取代；为了提高转发 IP 数据报和提高交付成功的概率，在网际层使用了 ICMP，用于报告差错情况和提供有关异常情况的报告，也常用来测试网络；IGMP 是一种节省带宽的技术，可以把一个数据流同时传送给多个接收者，其主要功能是在 IP 主机和与其直接相邻的组播路由器之间建立、维护组播组成员关系。

本章将重点介绍 IP、ARP 和 ICMP 三种协议的报文格式、常见的攻击方式，以及对应的防范策略。

▌3.2　IP 安全

IP 是互联网中数据传输的基础，它提供了一种灵活的、无连接的数据传输方式，使得不同类型的网络设备能够相互通信。故 IP 是整个通信体系的关键纽带，它的设计和实现对于构建可靠、可扩展的通信体系至关重要。

3.2.1　IP 的主要功能

IP 的主要目标是提高网络的传输效率和可扩展性。IP 的工作原理是基于无连接的"尽力而为"的数据包传输，这意味着它并不保证数据包一定能到达目的地，也不检查数据包是否已经被正确接收。相反，它依赖传输层协议来确保数据的可靠传输。IPv4 是当前广泛使用的版本，它采用 32 位的地址长度，提供约 43 亿个独立的 IP 地址。然而，随着互联网的发展,IPv4 地址的数量已经接近耗尽,因此正在逐步向可提供约 340×10^{37} 个 IP 地址的 IPv6 过渡。IP 的主要功能包括以下 6 点。

(1) 数据报格式定义:IP 定义了数据报的格式,包括头部和数据部分。头部包含了源地址和目标地址等必要的信息。

(2) 数据报路由:IP 负责将数据报从源主机传输到目标主机。它通过路由器在互联网中选择合适的路径来实现数据报的传输。

(3) 分片和重组:当数据报的大小超过网络传输的最大限制时,IP 会将数据报分片成较小的片段,然后在目标主机处重组这些片段。

(4) 寻址和转发:IP 使用 IP 地址来唯一标识网络中的每个主机和设备,它负责根据目标主机的 IP 地址将数据报转发到正确的目标。

(5) 最佳路径选择:IP 在路由选择时会尽量选择最佳的路径,这通常是根据路由表中的路由信息和网络拓扑来确定的。

(6) 错误处理:IP 提供了一些机制来处理网络中可能出现的错误,例如,TTL(Time to Live)字段用于防止数据包在网络中无限循环。

3.2.2　IP 数据报格式

一个 IP 数据报由首部和数据两部分组成。首部由固定部分和可变部分构成。其中,首部的固定部分占 20 字节,是所有 IP 数据报必需的;首部的可变部分是一些可选字段,其长度可变。IP 数据报的完整格式如图 3-2 所示,下面介绍首部各个字段的含义。

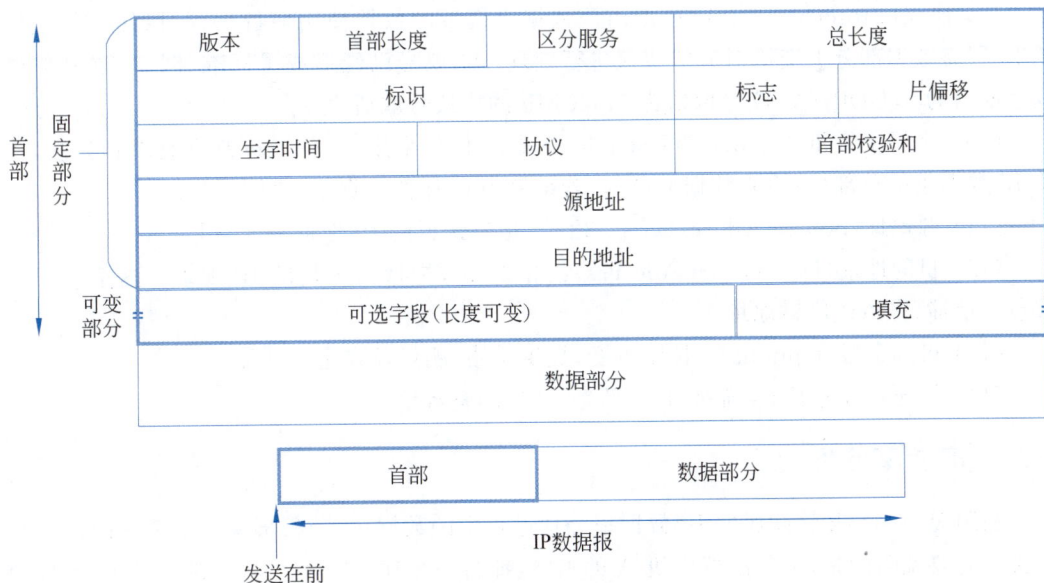

图 3-2　IP 数据报的完整格式

(1) 版本(Version):占 4 位,指 IP 的版本。目前使用的版本号是 4(即 IPv4,二进制0100)。

(2) 首部长度(Header Length,HL):占 4 位,以 4 字节为单位,表示首部的长度最大值是 15 个单位(一个单位为 4 字节),因此 IP 数据报首部长度最大值是 60 字节。

（3）区分服务（DiffService）：占 8 位，提供所需服务质量的参数集，包括优先级和服务类型两部分。优先级在前 3 位中定义，服务类型在其后 4 位中定义，最后 1 位是预留位，值为 0。只有在使用区分服务时，这个字段才起作用，一般情况下都不使用这个字段。

（4）总长度（Total Length）：占 16 位，指首部和数据部分之和的长度，单位是字节。因此数据报的最大长度为 65535 字节。当 IP 数据报交付到以太网中传输时，需要注意 IP 数据报总长度必须不超过最大传输单元（Maximum Transmission Unit，MTU）。

（5）标识（Identification）：占 16 位，IP 软件在存储器中维持一个计数器，用于为数据分片的数据单元提供唯一标识。当 IP 数据报由于长度超过 MTU 而需要进行分片时，给标识字段的值就被复制到所有的数据报片的标识字段中，用于确保分片后的各数据报片的正确重组。

（6）标志（Flags）：占 3 位，用于表示 IP 数据报是否允许分片，以及是否为最后一片。其中，第 1 位保留设为 0；第 2 位 DF（Don't Fragment）表示是否允许分片，只有当 DF＝0 时，才允许分片；第 3 位 MF（More Fragment）表示是否为最后一片，MF＝0 表示为最后一个分片，MF＝1 表示后面还有分片。

（7）片偏移（Fragmentation Offset）：占 13 位，表示较长的数据报在分片后，某片在原数据报中的相对位置。片偏移以 8 字节为偏移单位。

（8）生存时间（Time to Live，TTL）：占 8 位，指明数据报在网络中的生存时间。数据报在网络中通过的路由器数的最大值为 255。数据报每经过一个路由器，TTL 值减 1。为了防止数据报在网络中无限循环，当 TTL 值递减为零时，数据报被丢弃，无论该数据报是否已经到达目的端。

（9）协议（Protocol）：占 8 位，指出该数据报携带的数据使用何种协议，以便目的主机的 IP 层将数据部分上交给对应的协议进行处理。协议号已经形成了标准，例如，TCP 的协议号取值为 6，UDP 的协议号取值为 17，ICMP 的协议号取值为 1。

（10）首部校验和（Header Checksum）：占 16 位。采用 16 位二进制反码求和算法，检验 IP 数据报的首部（不检验数据部分）。若结果为 0，保留数据报；否则丢弃。

（11）源地址（Source Address）：占 32 位，指发送方的 IP 地址。

（12）目的地址（Destination Address）：占 32 位，指目的主机的 IP 地址。这个字段能够包括单播、多播或广播地址。

（13）可选字段（Options）：长度可变，提供排错、测量及安全等功能。

（14）填充：通过填充，确保 IP 首部是 32 位的整数倍。

3.2.3 IP 报文分析

利用 Wireshark 软件抓取 IP 数据报分片过程中的数据包，分析报文首部字段的值及其含义。需要说明的是，本节配置主机 A 的 IP 地址为 192.168.3.122/24，主机 B 的 IP 地址为 192.168.3.111/24，读者需根据 IP 地址等信息的实际情况进行配置。在主机 A 上启动 Wireshark 软件，在过滤栏设置捕捉过滤器的过滤条件为 IP，单击开始捕获分组按钮，如图 3-3 所示。

在主机 A 上 ping 主机 B。在主机 A 的命令提示符窗口中执行如下命令：

```
Ping 192.168.3.111
```

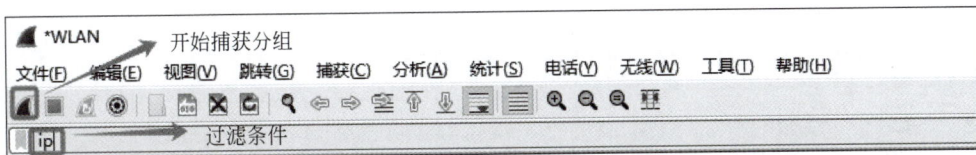

图 3-3　Wireshark 开始捕获及过滤条件

上述命令的运行结果如图 3-4 所示，发送四个 ICMP 回送请求报文到主机 192.168.3.111。

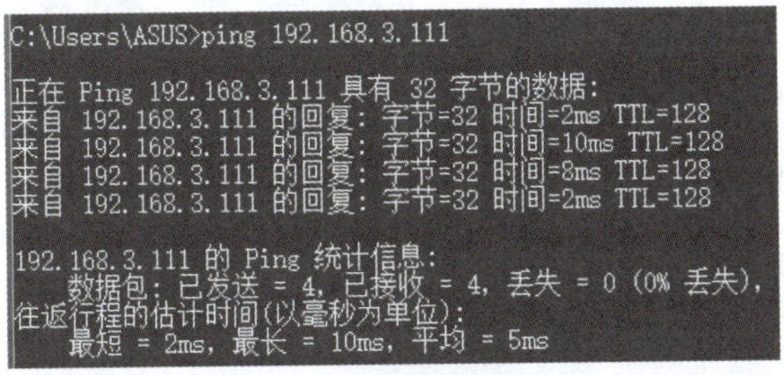

```
C:\Users\ASUS>ping 192.168.3.111

正在 Ping 192.168.3.111 具有 32 字节的数据:
来自 192.168.3.111 的回复: 字节=32 时间=2ms TTL=128
来自 192.168.3.111 的回复: 字节=32 时间=10ms TTL=128
来自 192.168.3.111 的回复: 字节=32 时间=8ms TTL=128
来自 192.168.3.111 的回复: 字节=32 时间=2ms TTL=128

192.168.3.111 的 Ping 统计信息:
    数据包: 已发送 = 4，已接收 = 4，丢失 = 0 (0% 丢失)，
往返行程的估计时间(以毫秒为单位):
    最短 = 2ms，最长 = 10ms，平均 = 5ms
```

图 3-4　命令提示符窗口

单击停止捕获分组按钮暂停捕获数据包，如图 3-5 所示。

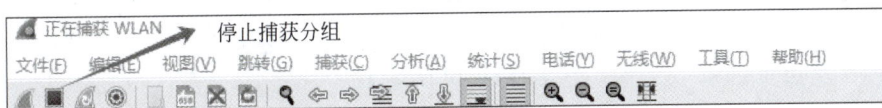

图 3-5　Wireshark 停止捕获分组

在过滤栏设置捕捉过滤器的过滤条件为"ip.src==192.168.3.122 && ip.dst==192.168.3.111"，选择第一条报文进行分析，如图 3-6 所示。

从图 3-6 中可以得知，版本为 IPv4；首部长度是 20 字节；区分服务字段(Differentiated Services Field)的值为 0x00，表示没有定义特殊的服务要求，优先级为零；总长度为 60 字节；标识符的值为"0x5972(22898)"；标志位的值为"0x0"，表示不进行分片；分片偏移的值为 0；生存时间的值为 64；协议字段的取值为"ICMP(1)"，表示该数据包使用的是 ICMP 协议；源地址为"192.168.3.122"；目标地址为"192.168.3.111"。

3.2.4　IP 欺骗的原理

IP 欺骗是一种网络攻击技术，攻击者通过伪造数据包的源 IP 地址，使其看起来像是来自另一个合法用户的地址，从而迷惑目标计算机或网络设备。攻击者构造并发送带有伪造源 IP 地址的数据包，这些数据包在网络中传输并到达目标设备，目标设备基于信任关系或正常流程处理这些伪造数据包，并可能向伪造的 IP 地址发送响应。

IP 欺骗示意图如图 3-7 所示。黑客通过伪造源 IP 地址发送请求，使其看起来像是来自目标信任主机的请求。目标服务器接收到这些伪造的请求后，会将响应数据发送到被伪造的 IP 地址(即目标信任主机)，而目标信任主机则收到意外的响应数据，从而完成欺骗攻击。

(1) IP 源路由欺骗。

通常情况下，信息包从起点到终点所走的路由是由位于这两点间的路由器决定的，数据

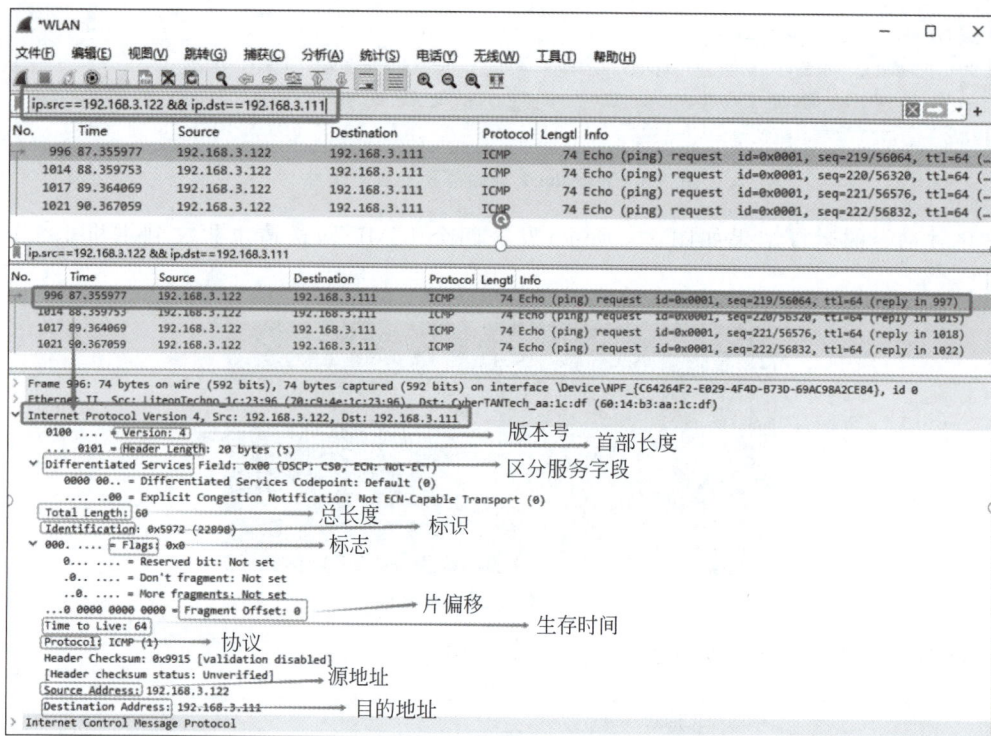

图 3-6　IP 报文分析

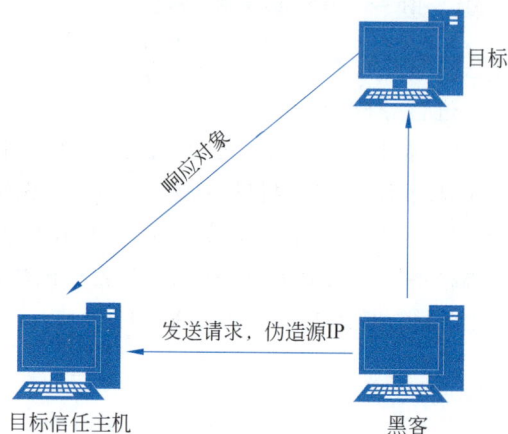

图 3-7　IP 欺骗示意图

包本身只知道去往何处,而不知道该如何去。IP 报文首部可选项中的源路由选项,可使信息包的发送者将此数据包要经过的路径写在数据包里,使数据包循着一个对方不可预料的路径到达目的主机。某些路由器对源路由包的反应是使用其指定的路由,并使用其反向路由来传送应答数据,这就导致了源路由 IP 欺骗的可能性。

在如图 3-8 所示的 IP 源路由欺骗示例中,A 为目标服务器,连接到路由器 R5。B 为合法用户的计算机,连接到路由器 R4。C 为攻击者的计算机,通过网络连接到路由器 R1。R1、R2、R3、R4、R5 是中间的网络路由器,形成了从攻击者到目标服务器的网络路径。攻击者 C 发送带有伪造源 IP 地址的数据包,这些数据包的源 IP 地址伪造为 B 的 IP 地址。这些数据包通过网络路由器 R1、R2、R3、R5 传输,最终到达目标服务器 A。由于目标服务器 A 处理这些数据包后,根据源路由的记录,会将响应包反推回去,数据包会通过 R5、R3、R2、R1 传输,最终到达 C,故 C 便可以用 B 的身份与服务器 A 进行通信,从而以被信任的身份和权限访问相关的、受保护的资源数据,进行破坏活动,进一步入侵。

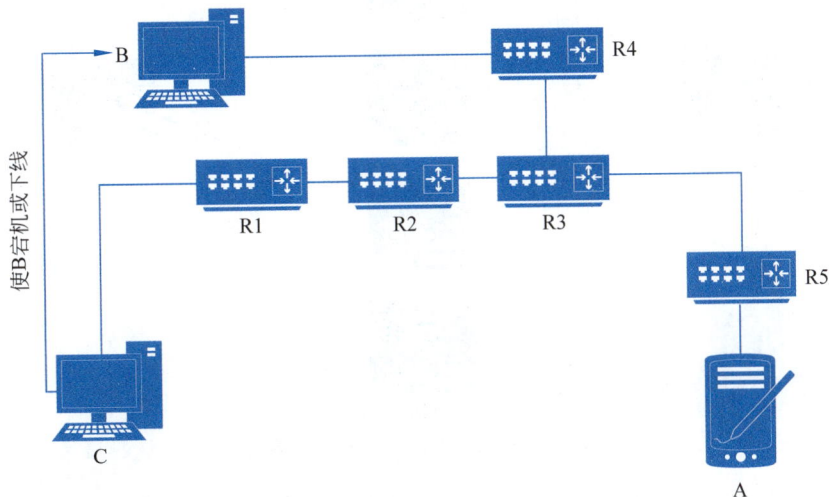

图 3-8　源路由欺骗示意拓扑

（2）分布式拒绝服务攻击。

拒绝服务攻击(Denial of Service,DoS)是一种旨在使目标系统(如服务器、网络设备或服务)无法正常提供服务的攻击方式。攻击者通过向目标发送大量无效请求、消耗目标系统资源(如带宽、CPU、内存等)或利用漏洞触发系统故障,导致合法用户无法访问或使用目标服务。分布式拒绝服务攻击(Distribution Denial of Service,DDoS)则利用多个受控的僵尸网络设备同时发起攻击,增强攻击效果和隐蔽性,如图 3-9 所示,由一个主控机操控若干不同的僵尸网络设备,向目标发送攻击请求。

拒绝服务攻击通常伴随着 IP 欺骗攻击,生成大量伪造的源 IP 数据包,使目标系统无法识别真实的攻击来源。这种手段能够有效隐藏攻击者的真实 IP 地址。

3.2.5　IP 源地址欺骗攻击的保护措施

针对 IP 本身缺陷引发的 IP 源地址欺骗攻击,常用的有效防护手段如下所示。

（1）访问控制列表和防火墙。

配置访问控制列表(Access Control List,ACL)和防火墙规则,明确允许和拒绝的流量类型。ACL 可以基于 IP 地址、端口和协议来设定规则,从而过滤掉来自不可信或伪造 IP 地址的数据包。防火墙可以进一步增强该过滤,通过状态检测和高级规则设定,确保只有合法的流量进入网络。

（2）网络地址转换。

网络地址转换(Network Address Translation,NAT)通过将内部网络的私有 IP 地址转换为公共 IP 地址,从而隐藏内部网络的真实 IP 地址。这使得攻击者难以直接访问和攻击

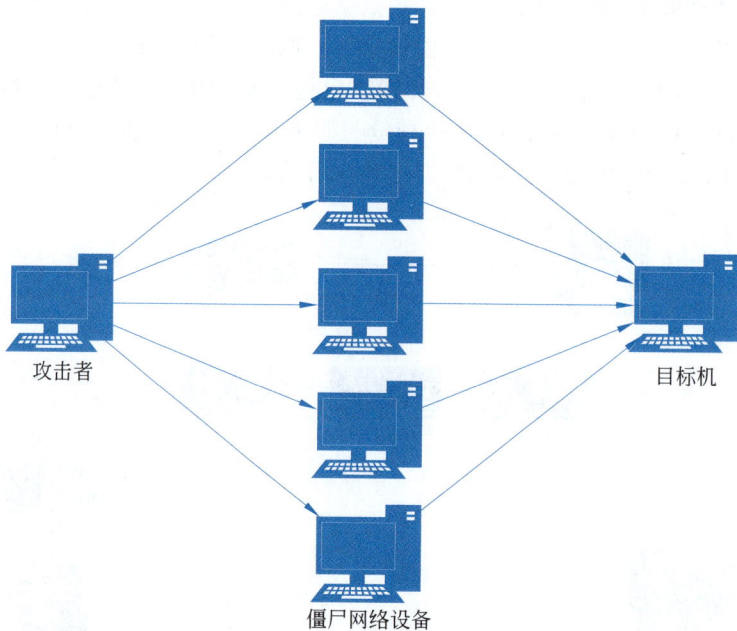

攻击者

目标机

僵尸网络设备

图 3-9　分布式拒绝服务攻击示意图

内部设备。此外,NAT 还能在一定程度上控制和监控出入网络的流量,进一步提升网络安全。

（3）入侵检测系统和入侵防御系统。

通过部署入侵检测系统（Intrusion Detection Systems,IDS）和入侵防御系统（Intrusion Prevention System,IPS）可以实时监控网络流量,识别和响应潜在的攻击行为。IDS 能够检测到异常的流量模式和可疑活动,而 IPS 不仅可以检测,还可以主动阻止恶意流量,确保网络不受 IP 欺骗攻击的影响。

（4）路由过滤。

在网络边界配置严格的路由过滤规则,可以有效防止未经授权的流量进入网络。这些规则通常基于 IP 地址范围,确保只允许来自可信来源的流量通过。路由过滤还可以防止路由表中出现不合理和伪造的路由信息,进一步增强网络安全。

（5）流量监控和日志分析。

实时监控网络流量和日志分析是发现和响应 IP 欺骗攻击的重要手段。通过使用流量监控工具,可以识别异常的流量模式和潜在的攻击行为。日志分析则可以帮助追踪攻击源,分析攻击手法,为未来的防御策略提供数据支持。

（6）基于速率的限制。

通过限制每个 IP 地址在特定时间内发送的请求数量,防止单一 IP 地址发起过多请求,从而减轻 DoS 攻击的影响。这种方法可以配置在防火墙或路由器上,确保网络资源不被滥用,并减少服务中断的风险。

▍3.3 ARP 安全

视频讲解

　　由于在 TCP/IP 网络环境下,每个联网的主机都会被分配一个 32 位的 IP 地址,该地址是在网际范围标识主机的一种逻辑地址。为了使报文在物理网络上传输,还必须知道对方目的主机的物理地址(MAC 地址),故存在把 IP 地址变换成物理地址的地址转换问题。ARP 就是用于解决该问题的。该协议主要负责将 IP 地址转换为物理地址(MAC 地址)。ARP 在网络层中的功能示意图如 3-10 所示。

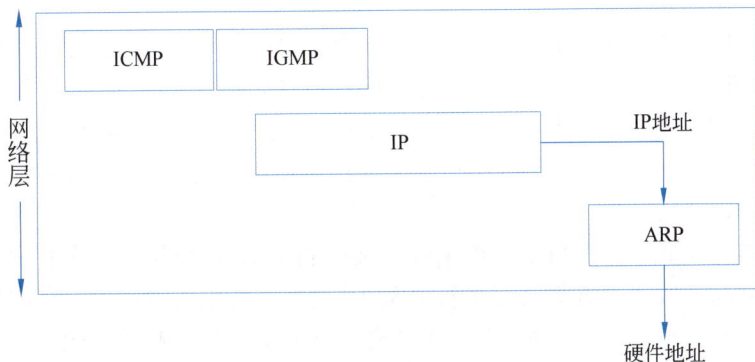

图 3-10　ARP 在网络层中的功能示意图

3.3.1　ARP 的帧格式

　　为了实现将网络层的 IP 地址解析为数据链路层对应的硬件地址的功能,ARP 包含的各字段如图 3-11 所示。

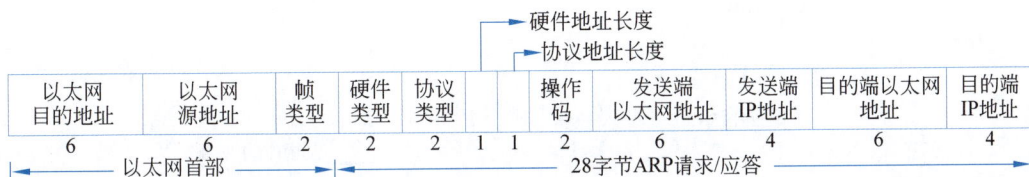

图 3-11　ARP 请求或应答分组格式

　　(1) 以太网目的地址(源地址):占 6 字节,表示以太网的目的地址(源地址)。目的地址为全 1 的特殊地址是广播地址,使得电缆上的所有以太网接口都要接收广播的数据帧。

　　(2) 帧类型:占 2 字节,表示后面数据的类型。对于 ARP 请求或应答来说,该字段的值为 0x0806。

　　(3) 硬件类型:占 2 字节,用于指定使用的网络接口类型,例如,以太网是 1。

　　(4) 协议类型:占 2 字节,用于指定 ARP 请求或应答中包含的协议地址类型,例如,IPv4 是 0x0800。

　　(5) 硬件地址长度:占 1 字节,表示硬件地址(MAC 地址)的字节数,对于以太网是 6。

　　(6) 协议地址长度:占 1 字节,用于指出协议地址(IP 地址)的字节数。例如,对于 IPv4,该字段值为 4。

（7）操作码：占 2 字节。该字段指出四种操作类型，分别是 ARP 请求（值为 1）、ARP 应答（值为 2）、RARP 请求（值为 3）和 RARP 应答（值为 4）。

（8）剩余的四个字段是发送端的以太网地址和 IP 地址，以及目的端的以太网地址和 IP 地址。

需要说明的是，标准的 ARP 数据包总长度为 28 字节（不包括任何以太网帧头部或尾部的额外字节）。这个长度是根据以太网的 6 字节 MAC 地址和 IPv4 的 4 字节 IP 地址计算得出的。如果使用其他类型的网络接口或协议地址，这些长度可能会有所不同。

3.3.2　ARP 工作流程

假设当主机 A（IP 地址：192.168.3.122；MAC 地址：70:c9:4e:1c:23:96）欲向本局域网上的某个主机 B（IP 地址：192.168.3.111；MAC 地址：60:14:b3:aa:1c:df）发送 IP 数据报，则主机 A 会首先判断要解析的 IP 地址与主机 A 是否在同一子网内，当主机 A 要解析的 IP 地址与主机 A 不在同一子网内时，它会发送 ARP 请求到网关（路由器），然后路由器完成后续的数据转发。

ARP 工作流程如图 3-12 所示。当主机 A 要解析的 IP 地址与主机 A 在同一子网内时，就先在其 ARP 高速缓存中查看有无主机 B 的 IP 地址。如果有，就可查出其对应的硬件地址，再将此硬件地址写入 MAC 帧，然后通过局域网将该 MAC 帧发往此硬件地址；否则，ARP 进程在本局域网上广播发送一个 ARP 请求分组。收到 ARP 响应分组后，将得到的 IP 地址到硬件地址的映射写入 ARP 高速缓存。ARP 解析的具体过程如下所示。

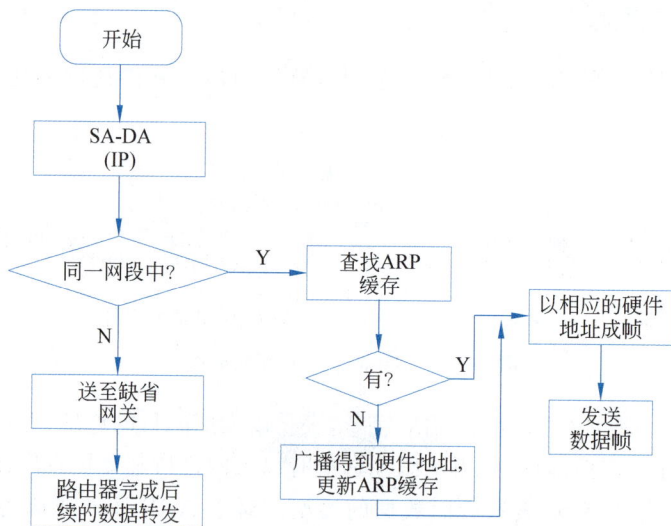

图 3-12　ARP 工作流程

（1）A 主机在自己的本地 ARP 缓存中检查主机 B 的匹配硬件地址。如果主机 A 在 ARP 缓存中没有找到主机 B 的 IP 地址和物理地址的映射，将以广播方式发送一个 ARP 请求，询问本地网络上的所有主机："我的 IP 地址是 192.168.3.122，硬件地址是 70:c9:4e:1c:23:96，我想知道主机 192.168.3.111 的硬件地址。"

（2）本地网络上的每台主机都接收到这个 ARP 请求并且检查是否与自己的 IP 地址匹

配。如果其他主机发现请求的 IP 地址与自己的 IP 地址不匹配,它将丢弃 ARP 请求。

（3）主机 B 确定 ARP 请求中的 IP 地址与自己的地址匹配,则将主机 A 的 IP 地址和硬件地址映射添加到本地 ARP 缓存中,并将包含其硬件地址的 ARP 应答直接发送回主机 A（帧的目的地址为单播地址）,通知主机 A:“我是 192.168.3.111,我的硬件地址是 60:14:b3:aa:1c:df。”

（4）当主机 A 收到从主机 B 发来的 ARP 应答时,会用主机 B 的硬件地址映射更新其 ARP 缓存。主机的 ARP 缓存是有生存时间的,生存时间结束后,将再次重复上面的过程。主机 B 的硬件地址一旦确定,主机 A 就能向主机 B 发送 IP 数据包了。

3.3.3　ARP 报文分析

通过执行 ping 命令,分析 ARP 报文中的各字段。假设主机 A ping 同网一个网络中的主机 B。当主机 A 向主机 B 发送 IP 数据报时,由于主机 A 的 IP 层要将数据报封装成帧时,需要获取主机 B 的物理地址,故主机 A 会先查找自己的 ARP 高速缓存,如果没有发现主机 B 的 IP 地址和物理地址的映射表项,就会广播一个 ARP 请求（帧的目的地址为广播地址）,并获得响应。

下面利用 Wireshark 软件捕获这个过程中的 ARP 报文,分析 ARP 的报文结构和解析过程（本节配置主机 A 的 IP 地址为 192.168.3.122/24,主机 B 的 IP 地址为 192.168.3.111/24,读者操作时,IP 地址等信息会根据实际情况有所区别）。在主机 A 上启动 Wireshark 软件,在过滤栏设置捕捉过滤器的过滤条件为“arp”,单击开始捕获分组按钮。打开命令提示符窗口,在命令行中执行命令:

```
arp -d                      --清空 ARP 高速缓存
ping 192.168.3.111          --主机 A ping 主机 B
arp -a                      --查看主机 A 的 ARP 高速缓存中的所有项目
```

命令执行结果显示主机 B 的物理地址是 60-14-b3-aa-1c-df,如图 3-13 所示。

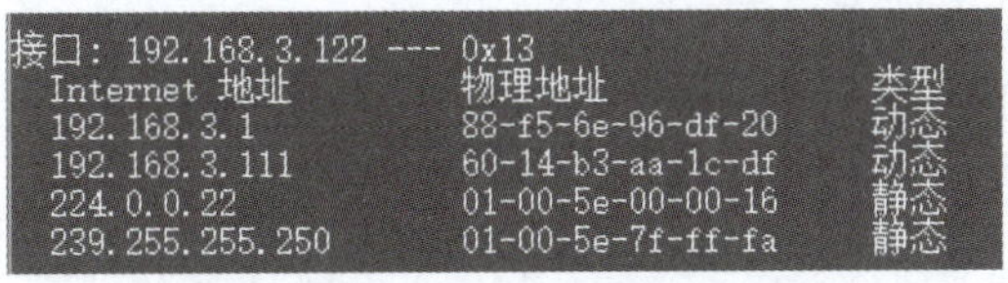

```
接口: 192.168.3.122 --- 0x13
Internet 地址          物理地址              类型
192.168.3.1           88-f5-6e-96-df-20     动态
192.168.3.111         60-14-b3-aa-1c-df     动态
224.0.0.22            01-00-5e-00-00-16     静态
239.255.255.250       01-00-5e-7f-ff-fa     静态
```

图 3-13　ARP 高速缓存的内容

在 Wireshark 软件中,单击停止捕获分组按钮暂停捕获数据包。在封包列表中观察捕获的 ARP 报文。

1. ARP 请求报文

ARP 请求报文如图 3-14 所示,序号为 1 的数据包是 ARP 请求报文,其具体内容分析如下。

（1）帧首部。

- 目的地址:“FF:FF:FF:FF:FF:FF”,ARP 请求以广播方式在物理网络中发送,因此这里使用广播地址;
- 源地址:“70:c9:4e:1c:23:96”,ARP 请求是由发送方生成的,此地址为发送方主机

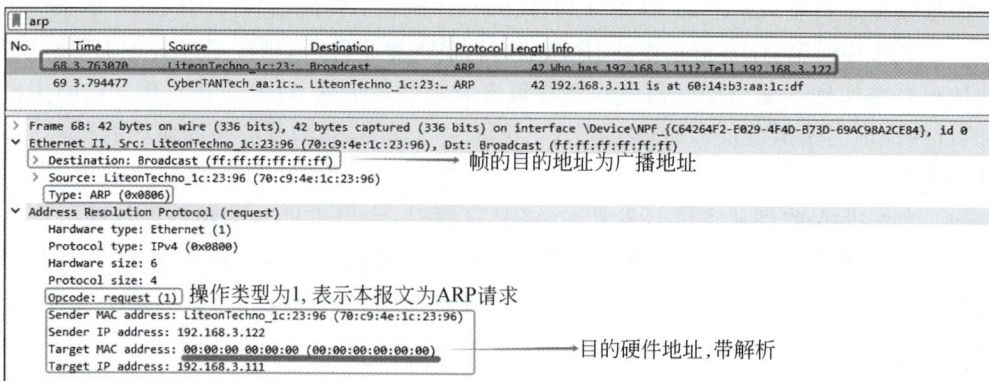

图 3-14 ARP 请求报文

A 的硬件地址；

- 类型：0x0806，表示帧中封装的是 ARP 报文。

（2）ARP 请求报文。

- 硬件类型：1，表示物理网络的硬件类型为以太网。
- 协议类型：0x0800，表示使用 ARP 的协议是 IPv4。
- 硬件地址长度：6，表示以太网的硬件地址长度为 6 字节。
- 协议地址长度：4，表示 IPv4 的地址长度是 4 字节。
- 操作类型：1，表示本报文为 ARP 请求。
- 发送方硬件地址："70:c9:4e:1c:23:96"，即主机 A 的硬件地址。
- 发送方协议地址："192.168.3.122"，即主机 A 的 IP 地址。
- 目的硬件地址："00:00:00:00:00:00"，即主机 B 的硬件地址，待解析。
- 目的协议地址："192.168.3.111"，即主机 B 的 IP 地址。

2. ARP 应答报文

ARP 应答报文如图 3-15 所示。

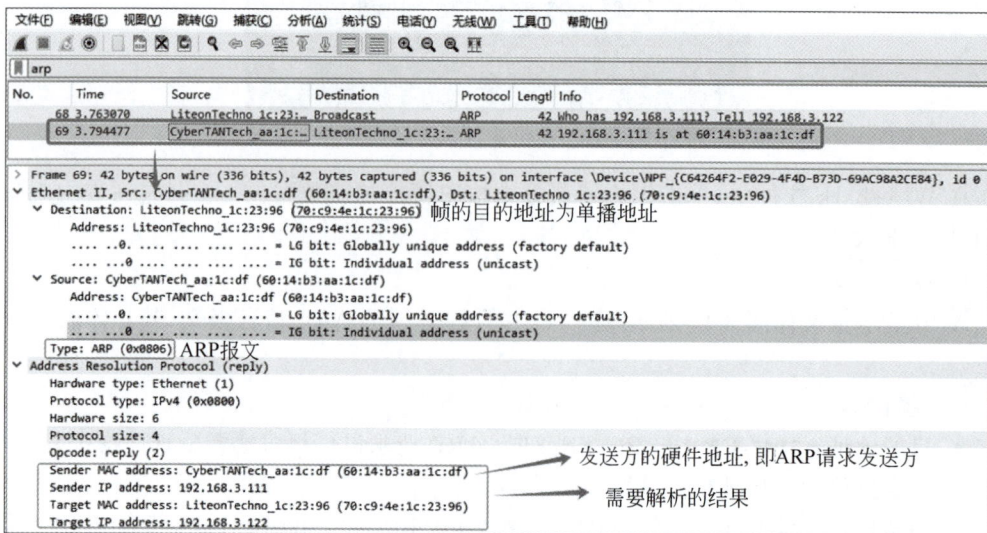

图 3-15 ARP 应答报文

（1）帧首部

- 目的地址："70:c9:4e:1c:23:96"，此应答发往 ARP 请求的发送方，即目的地址为主机 A 的硬件地址。注意，ARP 应答以单播方式在物理网络中发送。
- 源地址："60:14:b3:aa:1c:df"，即主机 B 的硬件地址。
- 类型：0x0806，表示帧中封装的是 ARP 报文。

（2）ARP 报文。

- 硬件类型：1，表示物理网络的硬件类型为以太网。
- 协议类型：0x0800，表示使用 ARP 的协议是 IPv4。
- 硬件地址长度：6，表示以太网的硬件地址长度为 6 字节。
- 协议地址长度：4，表示 IPv4 的地址长度是 4 字节。
- 操作类型：2，表示本报文为 ARP 应答。
- 发送方硬件地址："60:14:b3:aa:1c:df"，为主机 B 的硬件地址，即为 ARP 请求发送方需要的解析结果。
- 发送方协议地址："192.168.3.111"，即主机 B 的 IP 地址。
- 目的硬件地址："70:c9:4e:1c:23:96"，即主机 A 的硬件地址。
- 目的协议地址："192.168.3.122"，即主机 A 的 IP 地址。

3.3.4　ARP 欺骗原理

ARP 欺骗是一种网络攻击，攻击者通过发送伪造的 ARP 消息，将其 MAC 地址与目标 IP 地址关联，使网络中的其他设备错误地将目标 IP 地址映射到攻击者的 MAC 地址。攻击者会伪造 ARP 回复消息，这些消息告诉网络中的设备"某 IP 地址对应的 MAC 地址是攻击者的 MAC 地址"。由于 ARP 没有验证消息真实性的机制，这些伪造的消息会被网络设备接收并更新其 ARP 缓存，从而将目标 IP 地址错误地映射到攻击者的 MAC 地址。

一旦攻击者成功污染 ARP 缓存，所有发送给该 IP 地址的数据包都会被转发到攻击者的设备上。这样，攻击者可以拦截、查看甚至篡改这些数据包内容，从而实施数据窃取、数据篡改或中间人攻击。此外，攻击者还可以选择不转发数据包，导致网络通信中断，进而造成拒绝服务（DoS）攻击。

如图 3-16 所示，在一个局域网中，有 A、B 和 C 三台主机，它们的 IP 地址分别是 1.1.1.1、1.1.1.2 和 1.1.1.3，对应的 MAC 地址分别是 AA-AA-AA-AA-AA-AA、BB-BB-BB-BB-BB-BB 和 CC-CC-CC-CC-CC-CC。当主机 A 要与主机 B 通信时，由于不知道 B 的 MAC 地址，它会向整个网段广播一个 ARP 请求。主机 B 接收到这个请求后，发现是主机 A 在寻找它，于是回复一个 ARP 响应包，告知主机 A 它的 MAC 地址是 BB-BB-BB-BB-BB-BB。

此时，主机 C 想对主机 A 进行 ARP 欺骗攻击。它发送伪造的 ARP 响应包，声称"主机 B 的 MAC 地址是 CC-CC-CC-CC-CC-CC"，并不断重复发送这些假响应包。主机 A 最初接收到 B 的 ARP 响应后，会将 B 的 MAC 地址 BB-BB-BB-BB-BB-BB 存入 ARP 缓存表，但由于随后接收到大量来自主机 C 的假响应包，它会更新 ARP 缓存表，将 B 的 MAC 地址改为 CC-CC-CC-CC-CC-CC。最终，主机 A 将使用错误的 MAC 地址 CC-CC-CC-CC-CC-CC 与主机 B 通信，这样主机 C 就成功欺骗了主机 A。

ARP 欺骗攻击可大致细分为冒充网关、欺骗网关、欺骗主机和中间人欺骗攻击。

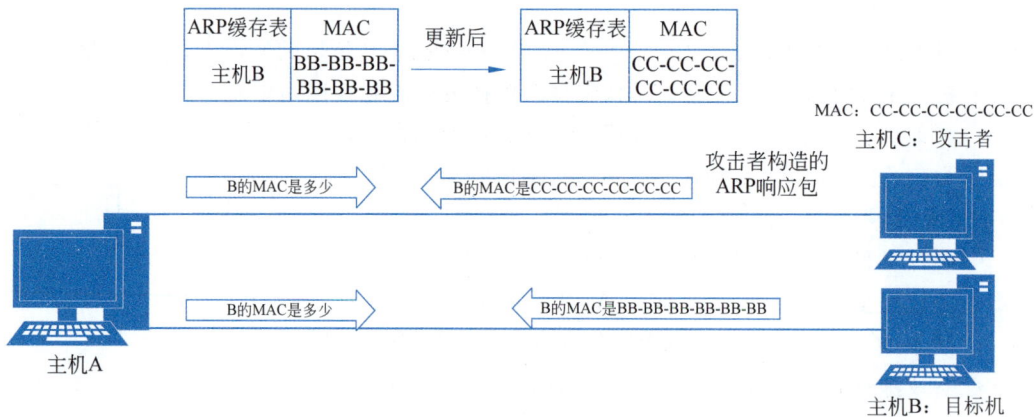

图 3-16　ARP 欺骗示意图

1. 冒充网关

冒充网关是一种 ARP 欺骗攻击,攻击者通过发送伪造的 ARP 消息,使网络设备将攻击者的 MAC 地址错误地与网关的 IP 地址关联。这样一来,局域网中的设备就会将本应发送给网关的数据包转发给攻击者,攻击者可以借此拦截、查看、篡改或阻断数据包,进而获取敏感信息或中断网络通信。冒充网关的步骤如下。

(1)发送伪造的 ARP 回复。

攻击者首先向局域网中的所有设备发送伪造的 ARP 回复消息,这些消息声明"网关的 IP 地址对应的 MAC 地址是攻击者的 MAC 地址"。由于 ARP 协议没有认证机制,设备会接收这些伪造的 ARP 回复,并更新其 ARP 缓存,将网关的 IP 地址错误地映射到攻击者的 MAC 地址。

(2)ARP 缓存污染。

局域网中的设备接收到伪造的 ARP 回复后,会将 ARP 缓存表中的网关 IP 地址与攻击者的 MAC 地址关联。因此,所有发送给网关的数据包都会被发送到攻击者的设备,而不是实际的网关。

(3)中间人攻击。

攻击者现在充当中间人,拦截所有发送给网关的数据包。攻击者可以选择直接查看这些数据包内容,获取敏感信息;或者篡改数据包内容后再转发给真实的网关;或者直接阻断数据包,导致网络通信中断。在攻击过程中,受害者设备会继续将数据发送给伪造的 MAC 地址,直到 ARP 缓存表被刷新或修复。

2. 欺骗网关

在局域网中,设备通常会将网关的 IP 地址与对应的 MAC 地址存储在 ARP 缓存表中,以便路由器之间正常通信。攻击者利用 ARP 协议的漏洞,发送伪造的 ARP 回复消息给网关,声称某个内网主机的 IP 地址对应的 MAC 地址是攻击者自己的 MAC 地址。网关收到这些伪造的 ARP 消息后,会错误地更新其 ARP 缓存表,将该内网主机的 IP 地址映射到攻击者的 MAC 地址上。欺骗网关的步骤如下。

(1)发送伪造的 ARP 回复。

攻击者向网关发送伪造的 ARP 回复消息,声明某个内网主机的 IP 地址对应的 MAC

地址是攻击者的 MAC 地址。这些 ARP 回复消息通常会重复发送,以确保网关更新其ARP 缓存表。

(2) ARP 缓存污染。

网关接收到攻击者发送的伪造 ARP 回复后,会更新其 ARP 缓存表,将被攻击主机的IP 地址与攻击者的 MAC 地址关联起来。

(3) 数据包重定向。

所有发送给被攻击主机的数据包都会被网关发送到攻击者的设备,因为网关错误地将该内网主机的 IP 地址与攻击者的 MAC 地址关联。这导致被攻击主机无法正常收到来自外网的数据包,从而影响其网络通信。

3. 欺骗主机

在局域网中,设备通过 ARP 维护一个 ARP 缓存表,记录 IP 地址与 MAC 地址的对应关系。网关是网络中的出口设备,负责转发数据包到外部网络。攻击者利用 ARP 的不安全性,向特定主机发送伪造的 ARP 响应,声称网关的 IP 地址对应的 MAC 地址是攻击者的MAC 地址。受害主机接收到这些伪造的 ARP 响应后,将错误地更新其 ARP 缓存表,导致所有发送给网关的数据包被发送到攻击者的设备。欺骗主机步骤如下。

(1) 发送伪造的 ARP 响应。

攻击者向特定内网主机发送伪造的 ARP 响应消息,声称网关的 IP 地址对应的 MAC地址是攻击者的 MAC 地址。这些 ARP 响应消息可能需要多次发送,以确保受害主机更新其 ARP 缓存表。

(2) ARP 缓存更新。

受害主机接收到攻击者发送的伪造 ARP 响应后,会错误地更新其 ARP 缓存表,将网关的 IP 地址与攻击者的 MAC 地址关联起来。

(3) 数据包重定向。

受害主机发送给网关的所有数据包实际上会被发送到攻击者的设备,因为受害主机错误地认为攻击者的 MAC 地址是网关的 MAC 地址。这导致受害主机无法正常与外部网络通信,因为所有数据包都被发送到了攻击者的设备上。

4. 中间人欺骗攻击

在中间人欺骗攻击中,攻击者通常位于网络中的某个位置,可以截取通过网络传输的数据包。攻击者发送伪造的 ARP 响应消息,将客户端的 IP 地址与攻击者的 MAC 地址关联,同时将服务器的 IP 地址与攻击者的 MAC 地址关联。这样,客户端和服务器都会将攻击者的设备误认为是对方,而不是真实的通信终端。中间人欺骗攻击步骤如下。

(1) 发送伪造的 ARP 响应。

攻击者向客户端发送伪造的 ARP 响应消息,声称服务器的 IP 地址对应的 MAC 地址是攻击者的 MAC 地址。同时,攻击者也向服务器发送伪造的 ARP 响应消息,声称客户端的 IP 地址对应的 MAC 地址是攻击者的 MAC 地址。这些 ARP 响应消息需要多次发送,以确保客户端和服务器更新其 ARP 缓存表。

(2) ARP 缓存更新。

客户端和服务器分别接收到攻击者发送的伪造 ARP 响应后,会更新其 ARP 缓存表,将对方的 IP 地址与攻击者的 MAC 地址关联起来。

（3）数据中转和篡改。

客户端发送给服务器的所有数据包都会被发送到攻击者的设备上，攻击者可以拦截这些数据包并查看其内容。攻击者还可以选择篡改这些数据包的内容后再转发给真正的服务器，或者完全阻止数据包的传输，实现拒绝服务攻击。

3.3.5　ARP 欺骗攻击的检测

当网络遭受 ARP 欺骗攻击时，一般会出现网络连接不稳定、延时高、经常掉线甚至无法访问网络等问题。针对 ARP 攻击，常用的检测方法包括以下几种。

（1）ARP 请求与响应一致性检查。

正常情况下，每个设备只会对自己 IP 地址发送的 ARP 请求做出响应。因此，监控网络中 ARP 请求和响应的一致性可以帮助发现潜在的 ARP 欺骗攻击。监控 ARP 请求：记录每个设备发出的 ARP 请求，并分析这些请求的频率和来源。异常情况包括某个设备频繁地发送 ARP 请求或者从未发送 ARP 请求；分析 ARP 响应：对每个 ARP 请求的响应进行监控，确保每个请求只有一个合理的响应者。如果一个 IP 地址收到多个不同 MAC 地址的响应，可能表明存在 ARP 欺骗攻击。

（2）网络流量分析。

利用网络流量分析工具可以帮助检测异常的 ARP 活动，特别是在大规模网络中。ARP 流量模式分析：分析和比较正常情况下的 ARP 流量模式，包括 ARP 请求和响应的时间间隔、数量分布、源和目标地址等。异常的流量模式可能表明存在 ARP 欺骗攻击；检测大量 ARP 响应：特别关注是否有来自同一 MAC 地址的大量 ARP 响应，或者响应来自未知设备或不相关设备的情况。

（3）ARP 缓存表变化监控。

ARP 欺骗攻击会导致 ARP 缓存表中的异常条目，因此监控和分析 ARP 缓存表的变化可以帮助发现这类攻击。定期扫描和比对：定期检查和记录所有设备的 ARP 缓存表，并与预期的网络设备清单进行比对。任何与预期清单不符的 ARP 条目都可能是攻击的迹象；异常条目检测：自动化工具可以帮助检测到不正常的 ARP 条目，如同一个 IP 地址对应多个 MAC 地址或一个 MAC 地址对应多个 IP 地址。

（4）使用安全工具。

有多种专门设计用于检测和防范 ARP 欺骗攻击的安全工具，这些工具结合了上述方法，并提供实时监控和报警功能。ARPWatch：监控网络中 ARP 条目的变化，并提供警报和通知，帮助管理员及时应对异常情况；XArp：跨平台的 ARP 监控和防护工具，能够检测和防范 ARP 欺骗攻击；ArpON：基于主机的 ARP 防护工具，能够实时监测 ARP 活动并采取必要的防御措施。

3.3.6　ARP 欺骗攻击的防御

针对 ARP 欺骗攻击，可以采用静态 ARP 表格、ARP 检测和过滤，以及安全 ARP 等防御措施，可以有效地减少 ARP 欺骗攻击的风险。

（1）静态 ARP 表格。

在关键网络设备上手动配置静态 ARP 表格，将每个 IP 地址与其对应的 MAC 地址进行绑定。这种方法可以有效防止攻击者通过发送伪造的 ARP 响应来篡改 ARP 表格。网络管理员应定期检查和更新静态 ARP 条目,以确保其与实际网络设备的 MAC 地址保持一致。

(2) ARP 检测和过滤。

启用 ARP 检测:现代网络设备通常提供 ARP 检测功能,如 ARP 防火墙或 ARP 检测程序。这些功能能够监视网络中的 ARP 活动,并及时检测到异常的 ARP 请求或响应。当检测到异常活动时,设备可以发出警报或自动阻止这些活动,从而防止 ARP 欺骗攻击的发生;过滤不明 ARP 响应:设备可以配置为仅允许来自已知网关或认证的设备的 ARP 响应。这种设置可以防止未经授权的设备发送的 ARP 响应干扰正常的 ARP 表格。

(3) 安全 ARP。

Secure ARP 是一种增强版的 ARP,通过加密 ARP 消息和引入身份验证机制来保护 ARP 通信的安全性。使用 Secure ARP 可以防止攻击者通过窃听或伪造 ARP 消息来执行 ARP 欺骗攻击;DAI(Dynamic ARP Inspection)是一种在交换机上实施的技术,用于验证和过滤 ARP 消息。它通过检查和验证交换机上的 ARP 消息,防止未经授权的 ARP 活动影响网络设备的 ARP 表格。配置 DAI 可以有效防范 ARP 欺骗攻击,并增强网络的安全性。

3.4 ICMP 安全

视频讲解

ICMP 是 TCP/IP 协议簇的一个子协议,用于在 IP 主机、路由器之间传递控制消息。这些控制消息虽然并不传输用户数据,但是对于网络通信和网络管理具有重要的作用,它提供了一种诊断和解决网络问题的有效机制。ICMP 的主要功能包括:

(1) 报告数据传送过程中的错误信息,如无法达到指定的主机或路由器等;

(2) 报告路由器之间的网络阻塞等网络本身的问题;

(3) 诊断和报告 IP 主机和路由器之间的通信问题;

(4) 实现路径控制和流量控制等网络控制功能。

由于 ICMP 报文不直接传送给数据链路层,而是先封装成 IP 数据报后再传送给数据链路层,如图 3-17 所示。故 ICMP 非常容易被黑客用来进行网络攻击,如利用 ping 发送大量数据包造成主机死机等。下面介绍 ICMP 相关攻击的原理及防御方法。

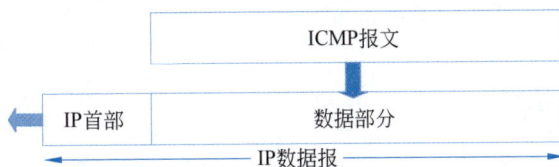

图 3-17　ICMP 报文的封装

3.4.1　ICMP 报文

ICMP 报文由首部和数据部分组成,如图 3-18 所示。其中,ICMP 首部的前 4 字节是统一的格式,由类型、代码和校验和三个字段构成;接着的 4 字节的内容与 ICMP 的类型有关。最后面的数据字段的长度取决于 ICMP 的类型。

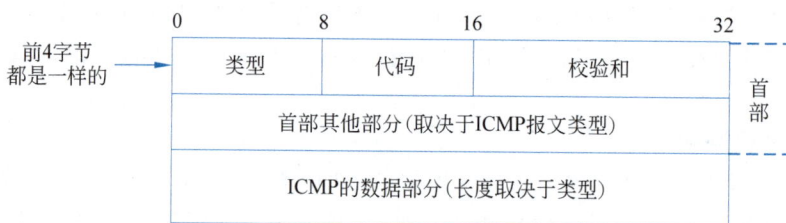

图 3-18　ICMP 报文

（1）类型：占 1 字节，用于指示 ICMP 报文的类型。

（2）代码：占 1 字节，提供关于报文类型的进一步信息。例如，类型字段为 3 表示目的地不可达，代码字段为 0 表示产生目的地不可达报文的原因是网络不可达。

（3）校验和：占 2 字节，提供整个 ICMP 报文的校验。

（4）报文类型：ICMP 报文总体可以分为差错报告、控制报文和请求应答报文三大类，如表 3-1 所示。其中，差错报告报文负责向源主机报告路由器或目的主机在处理 IP 数据报时可能遇到的一些问题；控制报文引发源主机进行拥塞控制和路径控制；请求应答报文帮助主机或管理员从一台路由器或主机得到特定的信息。

表 3-1　ICMP 报文类型

大　　类	类型代码	说　　明
差错报告报文	3	目的地不可达（Destination Unreachable）
	11	超时（Time Exceeded）
	12	参数问题（Parameter Problem）
控制报文	4	源抑制（Source Quench）
	5	重定向（Redirect）
请求应答报文	8 或 0	回送或回送应答（Echo or Echo Reply）
	13 或 14	时间戳或时间戳应答（Timestamp or Timestamp Reply）
	17 或 18	地址掩码请求或地址掩码应答（Address MaskRequest or Address Mask Reply）
	10 或 9	路由器请求与路由器通告（ICMP Router Solicitation or ICMP Router Advertisement ）

3.4.2　ICMP 报文分析

作为一种网络诊断工具，ping 命令通常用于测试目的主机或路由器的可达性，帮助测试者分析和判定网络故障。它通过发送 ICMP 回送请求消息到目标主机，并监听是否收到所希望的 ICMP 回送应答的方式，测试主机之间网络的连通性。下面举例说明 ping 命令的测试过程。

配置主机 A 的 IP 地址为 192.168.3.122/24，主机 B 的 IP 地址为 192.168.3. 111/24（读者操作时，IP 地址等信息会根据实际情况有所区别）。

在主机 A 上启动 Wireshark 软件，在过滤栏设置捕捉过滤器的过滤条件为 icmp，单击

开始捕获分组按钮。打开命令提示符窗口,在命令行中执行命令:

```
ping 192.168.3.111
```

命令提示符窗口如图 3-19 所示。

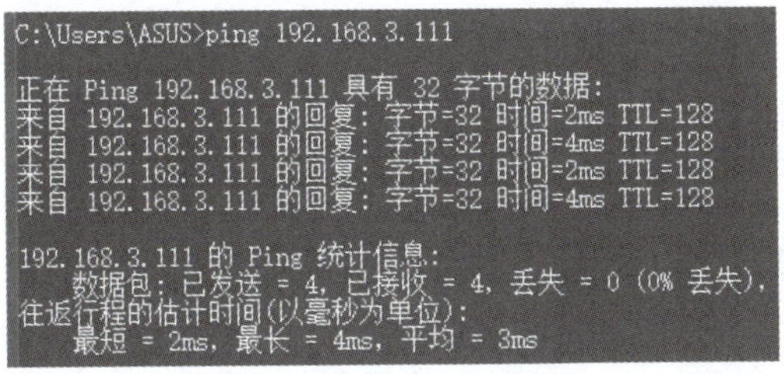

图 3-19　命令提示符窗口

在 Wireshark 软件中,单击停止捕获分组按钮停止捕获。在过滤栏设置捕捉过滤器的过滤条件为“icmp && ip.src==192.168.3.122”。

下面通过分析 Wireshark 捕获的 ICMP 回送请求和应答报文,来理解 ICMP 报文的封装过程。

图 3-20 显示的是 ping 命令执行过程中所产生的一系列数据包。对捕获的数据包分析可知数据包按请求与应答成对产生,主机 A 向主机 B 发送了 4 个 ICMP 回送请求包。

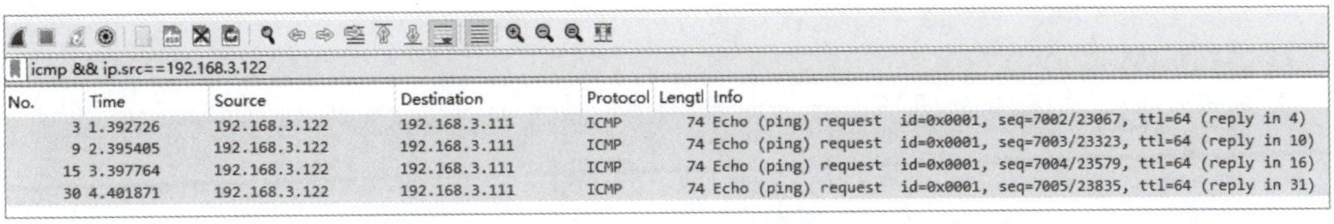

图 3-20　4 个 ICMP 回送请求包

以序号为 3 的数据包为例,图 3-21 显示的是 ICMP 回送请求报文。分析可知,ICMP 报文是封装在 IP 中进行发送的,数据报首部的协议字段值为 1,标识符为 1,序列号为 7002。

在过滤栏设置捕捉过滤器的过滤条件为“icmp && ip.dst==192.168.3.122”。

以序号为 4 的数据包为例,图 3-22 显示的是 ICMP 回送应答报文。分析可知,ICMP 报文是封装在 IP 中进行发送的,ICMP 回送应答报文的类型值为 0,代码是 0,标识符为 1,序列号为 7002。

ICMP 的标识符和序列号字段通常用于匹配请求与应答报文。标识符字段一般设置为发送进程的 ID 号。序列号从 0 开始,每发送一个新的回送请求就会自动加 1。数据字段的内容是以 ASCII 码表示的字符串“abcdefghijklmnopqrstuvwabedefghi”(32 字节,没有使用字母 xyz),这是 Windows 操作系统中 ping 命令统一采用的数据。

分析捕获的这四对报文可知,它们的标识符和数据部分完全一致,每一对 ICMP 回送请求与应答报文的序列号相同。

3.4.3　ICMP 重定向攻击与防御

ICMP 重定向攻击是指攻击者伪装成路由器发送虚假的 ICMP 重定向报文,使得受害主机选择攻击者指定的路由路径,从而进行嗅探或假冒攻击的一种技术。

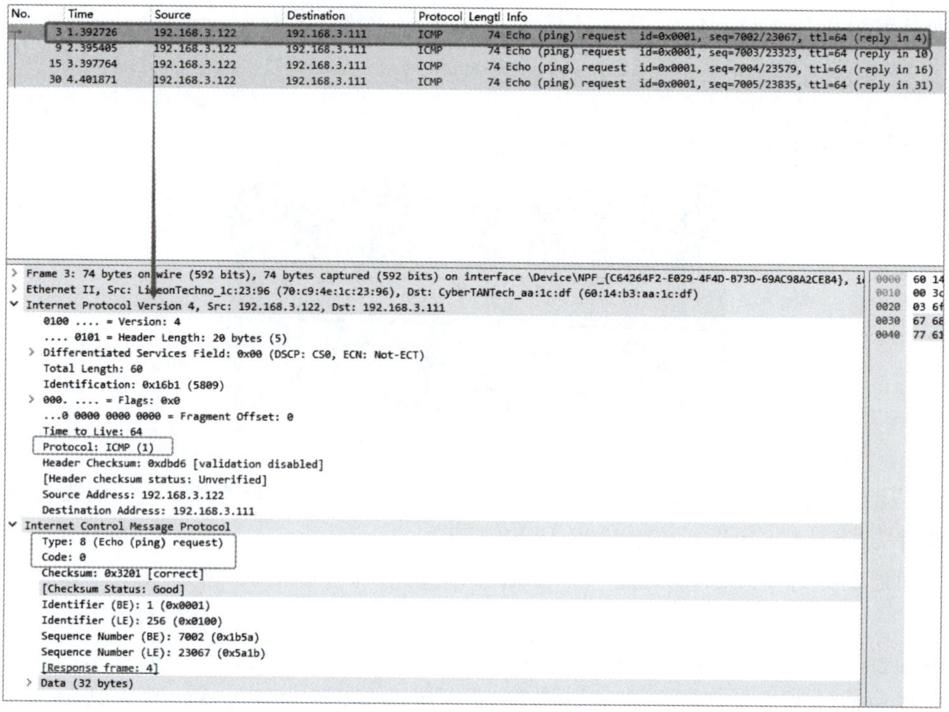

图 3-21 ICMP 回送请求报文

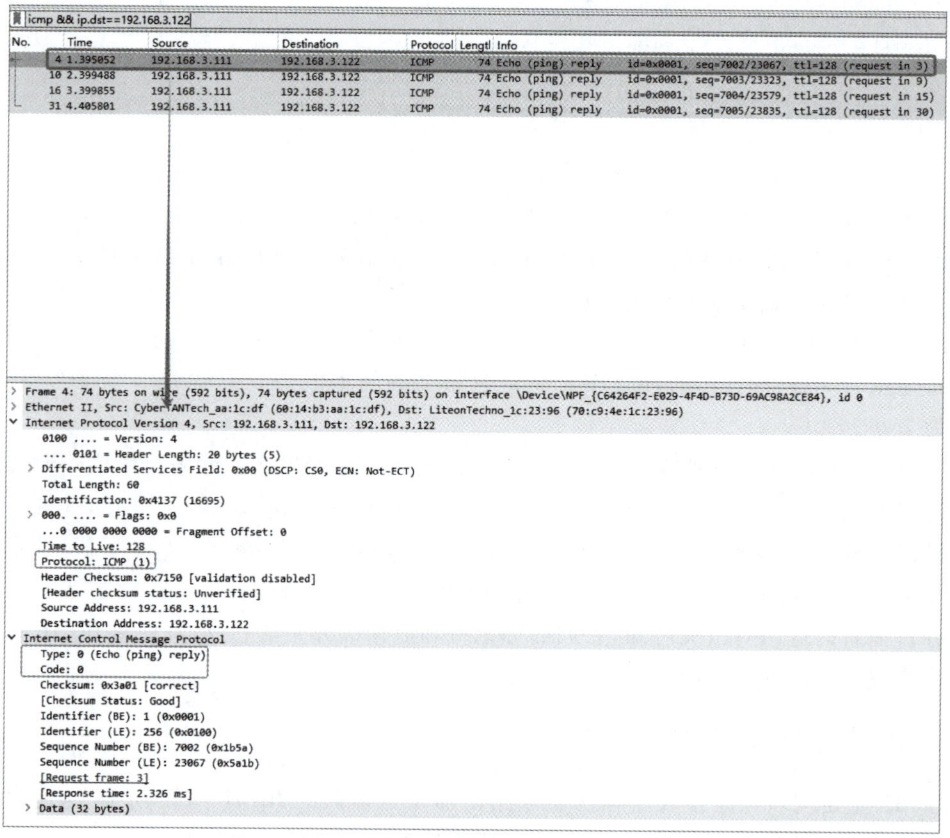

图 3-22 ICMP 回送应答报文

1. ICMP 重定向攻击原理

ICMP 重定向攻击是一种利用 ICMP 消息来欺骗网络设备,改变其路由决策的攻击手法。它利用 ICMP 重定向消息,向目标主机发送虚假的路由信息,迫使目标主机改变其路由表中的默认网关或特定主机的路由,从而使流量被重定向到攻击者控制的设备或网络节点上。

2. ICMP 重定向攻击的过程

(1) 侦查目标网络。

攻击者需要对目标网络进行侦查,获取目标主机、网关和其他关键设备的 IP 地址和路由信息。这可以通过网络扫描工具、嗅探工具等获取。

(2) 伪造 ICMP 重定向消息。

攻击者使用工具或手动伪造的 ICMP 重定向消息。ICMP 重定向消息通常包括以下重要字段。①类型(Type):指定消息类型为重定向消息,通常为类型 5;②代码(Code):具体指定重定向的类型,如主机重定向或网络重定向;③目标 IP 地址(Destination IP Address):指定被重定向的目标 IP 地址;④新的网关 IP 地址(Gateway IP Address):指定攻击者控制的设备或网关的 IP 地址,告知目标主机更新路由表中特定 IP 地址的路由。

(3) 发送伪造消息。

攻击者将伪造的 ICMP 重定向消息发送到目标主机。这些消息通常通过欺骗、中间人攻击或直接访问目标网络发送。攻击者可以利用已经控制的合法网络节点发送,或通过伪装 IP 地址和 MAC 地址来隐藏其真实身份。

(4) 目标主机处理 ICMP 消息。

目标主机收到伪造的 ICMP 重定向消息后,会根据消息中的指示更新其本地路由表。例如,如果消息指示某个 IP 地址的流量应通过攻击者指定的新网关发送,目标主机将更新其路由表,将流量重定向到攻击者控制的设备或网络节点。

(5) 攻击者利用重定向流量。

一旦攻击成功,目标主机将发往指定 IP 地址的流量发送到攻击者控制的设备或网络节点上。攻击者可以捕获、监视、篡改或阻断这些流量,从而实施进一步的攻击,例如中间人攻击、拒绝服务攻击等。

3. ICMP 重定向攻击防御

(1) 禁用或限制 ICMP 重定向。

对于不需要使用 ICMP 重定向功能的网络环境,可以在路由器或主机上禁用 ICMP 重定向功能;如果必须使用 ICMP 重定向功能,建议限制其使用范围。例如,可以通过 ACL(访问控制列表)或防火墙规则来限制允许发送或接收 ICMP 重定向消息的设备和 IP 地址。

(2) 使用网络入侵检测系统(NIDS)。

部署 NIDS,用于监视和分析网络流量,包括 ICMP 消息。通过在网络中部署 NIDS,可以实时检测到异常的 ICMP 重定向消息,例如来自未授权设备或源 IP 地址的消息;在 NIDS 上配置特定的规则来检测和报警异常的 ICMP 重定向消息。规则可以包括检测不正常频率、来源和目标 IP 地址等参数的 ICMP 重定向消息。

(3) 过滤和验证网络流量。

在网络边界设备(如防火墙或路由器)上设置规则,过滤掉不必要的 ICMP 重定向消息。

这些规则可以根据源 IP 地址、目标 IP 地址和消息类型等条件进行配置;接收到 ICMP 重定向消息后,网络设备应该验证消息的合法性,例如,检查发送方是不是预期的网关设备,并确认消息是否符合网络策略。

(4)加密和身份验证。

考虑使用加密通信协议来保护网络通信中的 ICMP 消息。加密可以有效防止攻击者窃听或篡改 ICMP 消息,提高通信的安全性;在涉及敏感操作或通信的环境中,可以实施身份验证机制来验证发送 ICMP 重定向消息的设备身份。这可以防止未授权的设备发送虚假的 ICMP 消息。

(5)更新和维护网络设备。

及时更新网络设备的固件和软件版本,以修复已知的安全漏洞和弱点。更新可以帮助防止攻击者利用已知漏洞进行 ICMP 重定向攻击或其他形式的网络攻击;定期检查和维护网络设备的安全配置,包括审核和更新设备的访问控制列表(ACL)、安全策略和配置文件等。这有助于确保设备在安全和可靠的状态下运行。

3.4.4 ICMP 隧道攻击与防御

1. ICMP 隧道攻击原理

隧道技术通过将一个网络协议的数据包装在另一个合法的网络协议中传输,使得在不支持原始协议的网络环境中,数据可以被正确解释和传递。例如,将不支持的协议数据封装在支持的协议中,让其在网络中正常传输。TCP 隧道是一种常见的隧道形式,利用 TCP 的稳定性和广泛支持来传输被封装的数据。图 3-23 为隧道示意图。

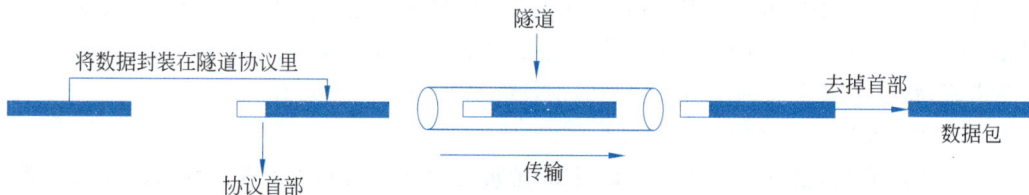

图 3-23　隧道示意图

ICMP 隧道攻击利用 ICMP 的报文结构特性,将数据封装在 ICMP 消息中进行传输。一般情况下,ICMP 主要用于网络控制和故障排除,例如 ping 命令和网络不可达消息。攻击者利用 ICMP 隧道技术可以将恶意数据或指令传输到目标主机,同时可以绕过防火墙、入侵检测系统(IDS)和其他网络安全设备的检测。

攻击者往往会将数据封装在 ICMP 的数据包内,ICMP 数据包的数据部分其实是没有意义的,仅用于测试,由系统默认生成。而利用 ICMP 作为隧道,就是将这些数据部分更改为需要的数据,同时在"校验和"等字段作相应的处理。

2. ICMP 隧道攻击的方法

防御 ICMP 隧道攻击的常用方法包括以下 4 种。

(1)限制 ICMP 流量,仅允许必要的 ICMP 类型和代码,如 ICMP 回显请求和回显应答(ping),并阻止其他类型的 ICMP 流量。

(2)配置防火墙规则来限制 ICMP 流量,只允许来自可信来源的 ICMP 数据包;利用网络监控工具来检测异常的 ICMP 流量模式,如不寻常的数据包大小或频率。

(3) 部署入侵检测系统(IDS)和入侵防御系统(IPS),使用 IDS/IPS 来识别和阻止可疑的 ICMP 流量,特别是那些可能表明隧道活动的流量。

(4) 对于关键网络资产,使用白名单机制,只允许已知安全的 IP 地址或通信模式。

3.4.5　ICMP Flood 攻击与防御

ICMP Flood 攻击利用 ICMP 的特性,特别是 Echo 请求和响应消息,以及其他 ICMP 消息类型(如 Destination Unreachable、Time Exceeded 等),向目标系统发送大量的伪造 ICMP 消息。这些消息在短时间内不断地发送到目标主机或网络设备,导致目标系统的网络带宽、CPU 资源或内存资源耗尽,从而使其无法正常响应合法的网络请求。攻击者通常利用程序或工具自动化地生成和发送大量的 ICMP 消息,可能使用 IP 地址伪造技术来隐藏攻击来源,增强攻击的难以追溯性。

有效地防御 ICMP Flood 攻击的方法包括以下 4 方面。

(1) 限制 ICMP 消息频率:在路由器、防火墙等网络设备上配置 ICMP 消息的速率限制,防止单个来源发送过多的 ICMP 消息。

(2) 使用过滤器:在网络边界设备上配置过滤规则,限制来自外部网络的 ICMP 流量,仅允许合法的 ICMP 消息通过。

(3) 实时监控流量:部署网络监控工具和入侵检测系统,实时监控网络流量,及时检测异常的 ICMP 活动和大规模的 ICMP 流量。

(4) 关闭不必要的 ICMP 服务:对于不需要使用的 ICMP 服务或类型,及时在网络设备上禁用或限制其使用,减少攻击面。

‖ 3.5　IPSec

视频讲解

由于 TCP/IP 族在最初设计时,没有考虑协议的安全,导致用户业务数据在互联网传输过程中,经常面临被伪造、篡改或窃取的风险。为了增强 TCP/IP 的安全性,20 世纪 90 年代初期,Internet 工程任务组 IETF 建立了一个 Internet 安全协议工作组(简称 IETF IPSec 工作组),负责设计一种兼容 IP 的通用网络安全方案。经过几年的努力,该工作组于 1998 年制定了一组基于密码学的、安全的开放网络安全协议体系(Internet Protocol Security, IPSec),旨在为 IP 网络通信提供透明的安全服务。

IPSec 工作在 IP 层,通过建立 IPSec 隧道,对数据进行加密和认证,从而保障数据在互联网中的安全传输。IPSec 最初是为了适应 IPv6 的安全性需求而开发的,但随后也被扩展到支持 IPv4。IPSec 以密码学为基础的消息交换协议,用于加密和认证 IP 包,防止 IP 地址欺骗,为 IP 网络通信提供透明的安全服务,保护 TCP/IP 通信免遭窃听和篡改,可以有效抵御网络攻击,同时保持易用性。

3.5.1　IPSec 体系结构

IPSec 是一套协议包,在 IPSec 中有 3 个主要的协议:IP 认证包头(IP Authentication Header,AH),为 IP 包提供信息源的验证和完整性保证;IP 封装安全负载(IP

Encapsulating Security Payload，ESP)，提供加密保证；Internet 密钥交换(Internet Key Exchange，IKE)，提供双方交流时的共享安全信息。IPSec 的体系结构如图 3-24 所示。

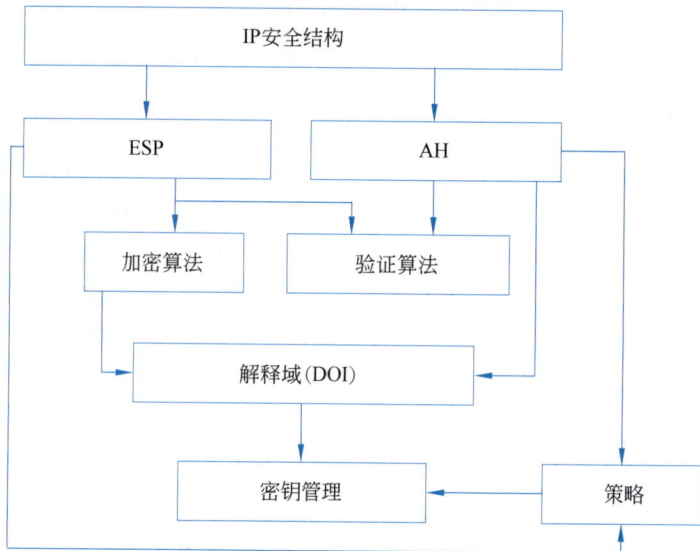

图 3-24　IPSec 的体系结构

(1) IP 安全体系结构：包括一般的概念、安全需求、定义 IPSec 的技术机制等。

(2) AH 协议和 ESP 协议：它们是用于保护传输数据安全的两个主要协议。其中，AH 协议为 IP 包提供信息源验证和完整性保证，ESP 协议提供加密保证。ESP 协议和 AH 协议都有相关的一系列支持文件，规定了加密和认证的算法。AH 协议和 ESP 协议都能用于访问控制、数据源认证、无连接完整性保护和抗重放攻击。

(3) 解释域(Domain Of Interpretation，DOI)：通过一系列命令、算法、属性、参数来连接所有的 IPSec 组文件。为了使通信双方能够进行交互，通信双方应该理解 AH 协议和 ESP 协议中各字段的取值，因此通信双方必须拥有对通信消息相同的解释规则，即保持相同的解释域。

(4) 加密和验证算法：加密算法仅涉及 ESP；各种不同的验证算法涉及 AH 和 ESP。

(5) 密钥管理：包括密钥管理的一组方案，其中 IKE 是默认的密钥自动交换协议，密钥协商的结果通过 DOI 转换为 IPSec 的参数。

(6) 策略：定义两个实体之间能否进行通信以及如何通信。

3.5.2　IPSec 模式

IPSec 提供了两种工作模式：传输模式(Transport Mode)和隧道模式(Tunnel Mode)。其中，传输模式保护 IP 的有效负载，隧道模式保护整个 IP 分组。

(1) 传输模式。

在传输模式中，保护的是 IP 分组的有效负载，或者说是上层协议(如 TCP 和 UDP)。路由数据包的原 IP 分组的地址部分不变，而将 IPSec 头插入原 IP 头部和传输层头部之间，只对 IP 分组的有效负载进行加密或认证，如图 3-25 所示。其中 IPSec 是新增的保护头，可以是 AH 头也可以是 ESP 头，或者是两者的组合。当使用 AH 和 ESP 组合模式时，应先对

IP 分组的有效负载实施 ESP，再实施 AH。一般来说，传输模式只用于两台主机之间的安全通信。

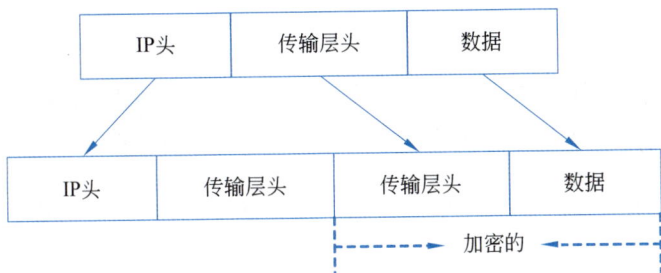

图 3-25　传输模式数据包

传输模式具有如下优点：①即使位于同一子网的其他用户，也不能非法修改通信双方的数据内容；②通过给数据包增加较少字节，允许公网设备看到数据包的源和目的 IP 地址，允许中间的网络设备执行服务质量等特殊处理；③由于传输层头部被加密，这就限制了对数据包的进一步分析。

传输模式存在如下缺点：①由于 IP 分组的头部是明文，攻击者仍然可以进行流量分析；②每台实施传输模式的主机都必须安装并实现 IPSec 模块，因此端用户无法获得透明的安全服务。

（2）隧道模式。

隧道模式为整个 IP 分组提供保护，如图 3-26 所示。在隧道模式中，IPSec 先利用 AH 或 ESP 对 IP 分组进行认证或者加密，然后在 IP 分组外面再包上一个新 IP 头。这个新 IP 头包含了两个 IPSec 对等体的 IP 地址，而不是初始源主机和目的主机的地址，该新 IP 头的目的指向隧道的终点，一般是通往内部网络的网关。当数据包到达目的后，网关会先移除新 IP 头，再根据源 IP 头地址将数据包送到源 IP 分组的目的主机。

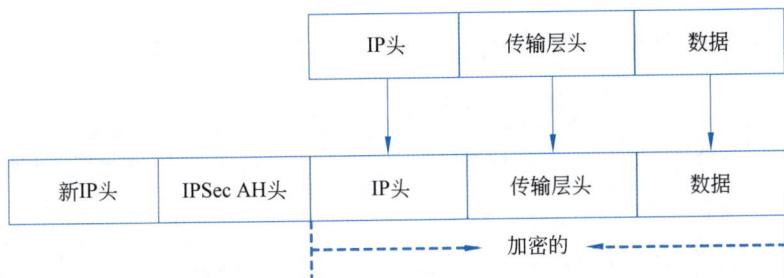

图 3-26　隧道模式数据包

隧道模式允许一个网络设备（如路由器或防火墙）担当 IPSec 网关，代表在其后面的主机执行加密。源端路由器对数据包进行加密并将它们沿着 IPSec 隧道转发出去。目的路由器对数据包进行解密，取出原来的 IP 分组并将其转发给目标主机。

隧道模式具有如下优点：①子网内部的各主机借助安全网关 IPSec 处理可获得透明的安全服务；②不同于传输模式，可以在子网内部使用私有 IP 地址，无须占有公有地址资源；③可以抵抗流量分析的攻击。在隧道模式中，攻击者只能监听到隧道的终点，而不能发现隧道中数据包真实的源和目的地址。

隧道模式存在如下缺点:①增加了安全网关的处理负载;②无法控制来自内部网络的攻击。

3.5.3 AH 报文

AH 协议用于提供数据完整性和数据源认证。AH 不提供保密性,但确保数据在传输过程中未被篡改。AH 报文首部包含的字段如图 3-27 所示,下面介绍各字段的含义。

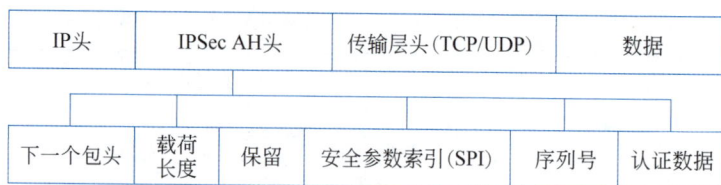

图 3-27 AH 报文首部

(1)下一个包头(Next Header,8 位):标识紧跟 AH 头后面使用 IP 号的包头。

(2)载荷长度(Payload Len,8 位):AH 包头长度,以 4 字节为单位。

(3)保留(Reserved,16 位):为将来的应用保留(目前为 0)。

(4)安全参数索引(SPI,32 位):用于唯一标识一个特定的安全关联(Security Association,SA),以便接收方知道使用哪个密钥和算法进行验证。

(5)序列号(Sequence Number Field,32 位):从 1 开始的 32 位单增序列号,每发送一个 AH 数据包,序列号增加 1。不允许重复,唯一地标识每一个发送的数据包,为 SA 提供反重发保护。

(6)认证数据(Authentication Data,长度可变):包含消息认证码(Message Authentication Code,MAC),用于验证数据包的完整性和认证。

3.5.4 ESP 报文

ESP 提供数据的加密和认证功能。ESP 报文包含的字段如图 3-28 所示。下面介绍各字段的含义。

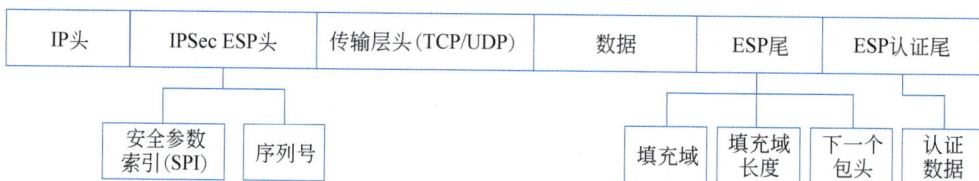

图 3-28 ESP 报文

(1)安全参数索引(Security Parameters Index,SPI,32 位):用于标识安全关联,帮助接收方确定用于解密和验证 ESP 报文的密钥和算法。

(2)序列号(Sequence Number Field,32 位):用于确保数据包的顺序,防止重放攻击,并允许接收方检测到数据包的丢失。

(3)填充域(Padding,0~255 字节):用来保证加密数据部分满足块加密的长度要求,若数据长度不足,则填充。

(4)填充域长度(Padding Length,8 位):指示填充字段的长度,即填充字节的数量。

接收端根据该字段长度去除数据中的填充位。

（5）认证数据（Authentication Data,变长）：如果 ESP 报文包括了认证功能,这部分将包含一个消息认证码（MAC）,用于验证报文的完整性和认证。完整性检查部分包括 ESP 包头、传输层协议、数据和 ESP 包尾,但不包括 IP 包头,因此 ESP 不能保证 IP 包头不被篡改。

3.5.5　IKE

Internet 密钥交换 IKE 是一个混合型协议,用来管理 IPSec 所用密钥的产生及处理。IPSec 支持手工设置密钥和自动协商两种方式管理密钥。

IKE 由三个不同的协议组成。其中,Internet 安全关联和密钥管理协议（Internet Security Association and Key Management Protocol,ISAKMP）提供通用的 SA 属性格式框架和一些可由不同密钥交换协议使用的协商、修改、删除 SA 的方法；Oakley 提供在两个 IPSec 对等体间达成加密密钥的机制；SKEME（Secure Key Exchange MEchanism protocol）提供为认证目的使用公钥加密认证的机制。

3.5.6　IPSec 安全策略

IPSec 的工作原理类似分组过滤防火墙。当接收到一个 IP 分组时,分组过滤防火墙利用其头部信息在规则表中进行匹配。当找到一个相匹配的规则时,分组过滤防火墙就按照该规则制定的方法对接收到的 IP 分组进行处理：转发或者丢弃。IPSec 不同于分组过滤防火墙的是,对 IP 分组的处理方法除了丢弃或者转发外,还可以进行 IPSec 处理。正是这新增添的处理方法提供了比分组过滤防火墙更进一步的网络安全性。

IPSec 的安全策略决定了对数据包提供的安全服务,所有 IPSec 实施方案的策略都保存在一个数据库中,这个数据库就是安全策略数据库（Security Policy Database,SPD）。IPSec 定义了用户以什么样的粒度来设定自己的安全策略,为获取一个 IP 包提供安全服务的相关信息,通过使用一个或多个"选择符"对该数据库进行检索。该"选择符"是从网络层和传输层头内提取出来的,选择符可以是五元组（源 IP 地址、目的 IP 地址、传输层协议、系统名和用户 ID）或其中几个。

IP 包的外出和进入处理都要以安全策略为准。在进行 IP 包的处理过程中,系统要查阅 SPD,并判断为这个包提供的安全服务有哪些,如图 3-29 所示。进入或外出的每个数据包,都有三种可能的选择：丢弃、绕过 IPSec 或应用 IPSec。

（1）丢弃：不允许数据包离开主机穿过安全网关。

（2）绕过：允许数据包通过,在传输中不使用 IPSec 进行保护。

（3）应用：在传输中需要 IPSec 保护数据包,对于这样的传输,SPD 必须规定提供的安全服务、所使用的协议和算法等。

3.5.7　IPSec 报文分析

1. 设置 IPSec 安全连接规则

在进行 IPSec 抓包分析之前,首先要给进行实验的计算机设置 IPSec 安全连接规则,具体步骤如下。

如图 3-30 所示,在计算机中打开 Windows 防火墙,单击左侧的高级设置。

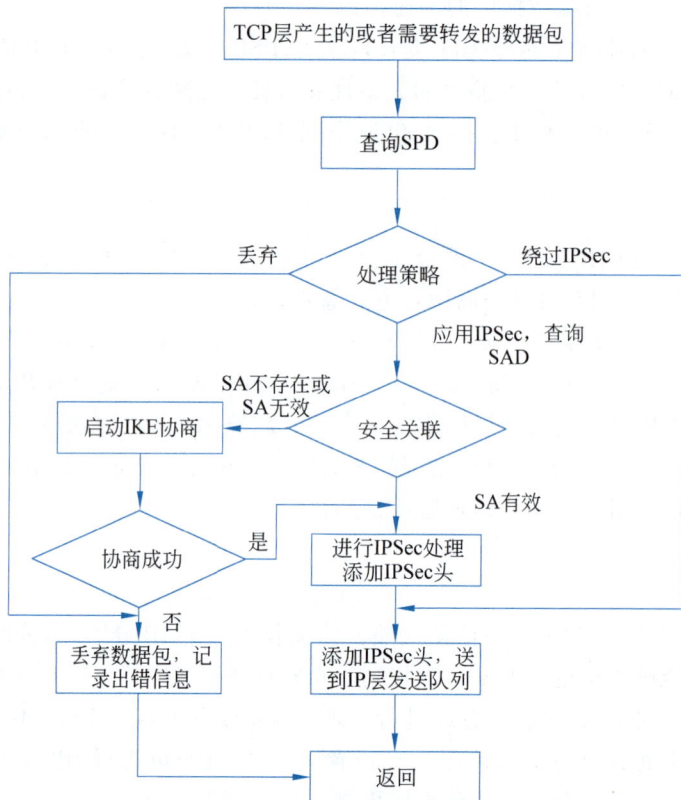

图 3-29　IPSec 对数据包的处理

图 3-30　Windows 防火墙

然后单击左侧的连接安全规则,选择新建规则,如图 3-31 所示。规则类型选择隔离即可,要求入站和出站连接时进行身份验证。

身份验证方法选择高级并进行自定义,在第一身份验证方法处单击"添加",如图 3-32 所示。

选择预共享密钥,将密钥设置为 1234567,如图 3-33 所示。单击"确定",并单击"下一步",配置文件默认即可,单击"下一步",将名称设置为 IPSec_Test 即可。

单击"完成",然后在连接安全规则处就看到了新添加的 IPSec_Test 规则,如图 3-34 所示。

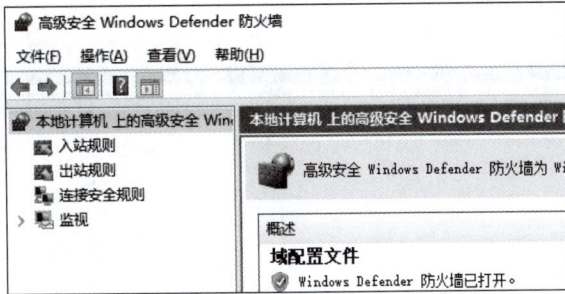

图 3-31 新建规则

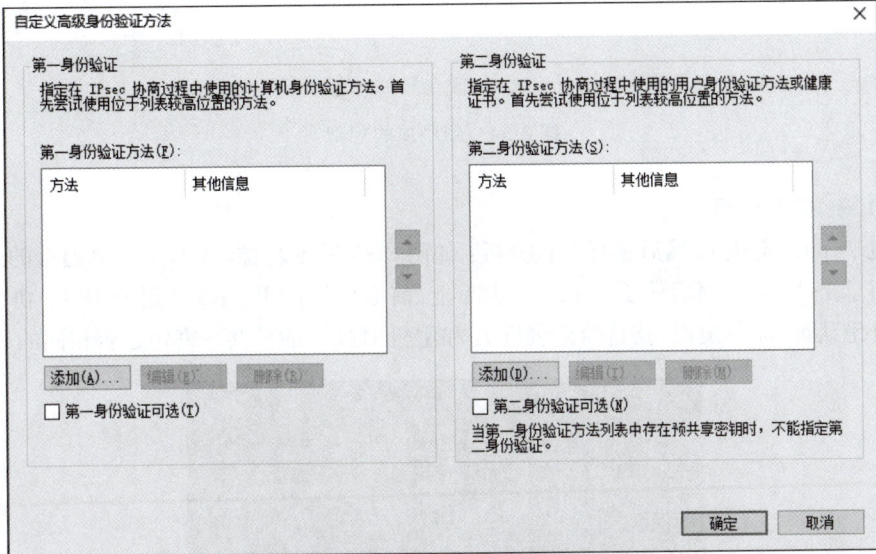

图 3-32 自定义高级身份验证

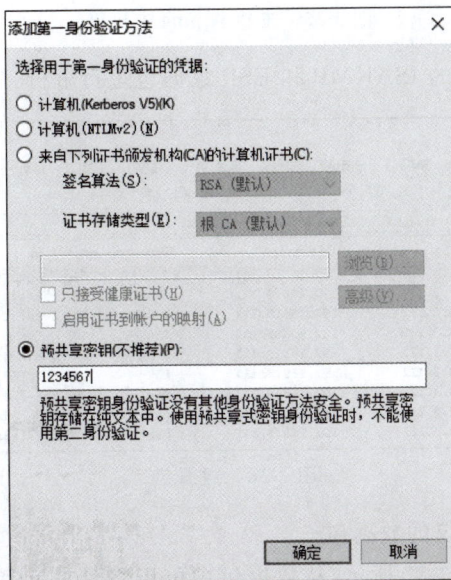

图 3-33 添加预共享密钥

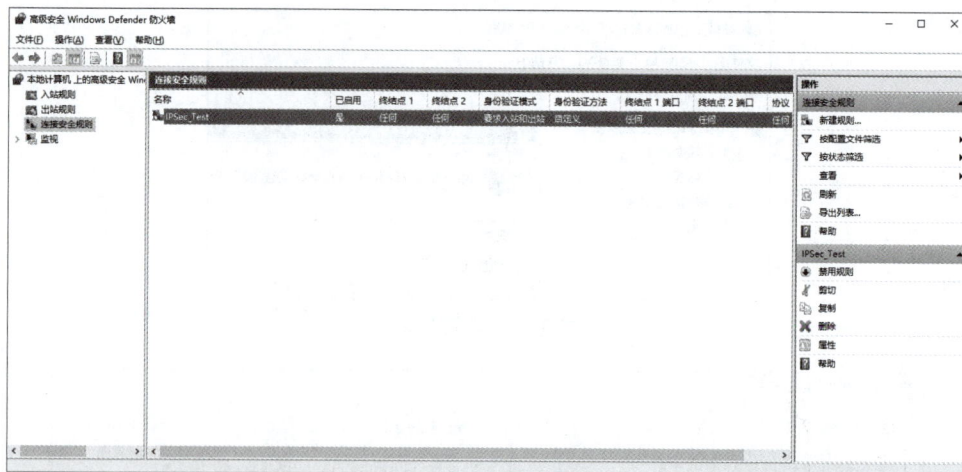

图 3-34　新添加的规则

2. IPSec 抓包分析

主机 A ping 主机 B，然后进行抓包分析：如图 3-35 所示，主机 A 与主机 B 通信的过程中，先是使用了 ISAKMP，而后使用了 ESP。实际上，前面使用的 ISAKMP 用于 IPSec 协商、密钥交换和身份认证，简单地说，就是验证主机 A 和主机 B 拥有的预共享密钥是否相同的过程。

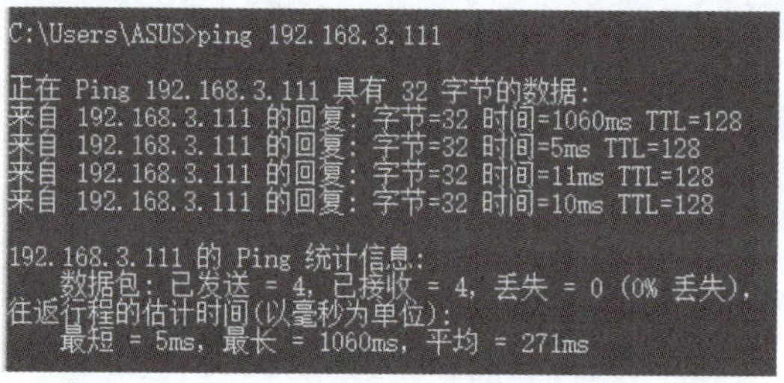

图 3-35　主机 A ping 主机 B

下面分别对图 3-36 中的 ISAKMP 和 ESP 数据包进行解析。

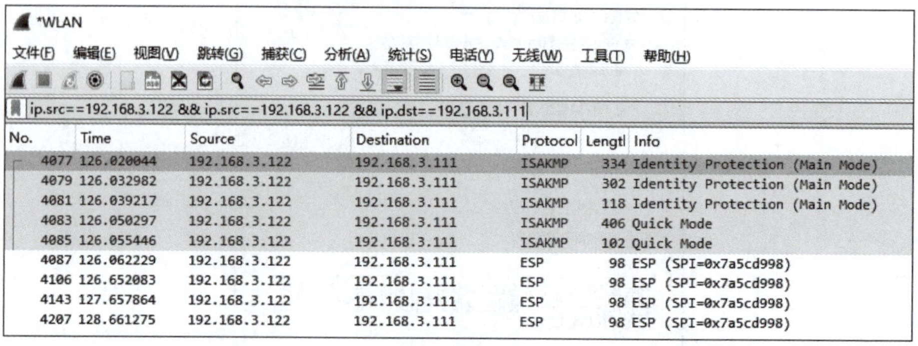

图 3-36　数据包

（1）分析 ISAKMP 协议的数据包。

① 第一个数据包如图 3-37 所示，从数据包中可以得到发起者和响应者的 SPI、告知对端本机将要使用 IPSec 密钥来密封包、IKE 版本号和协商模式。

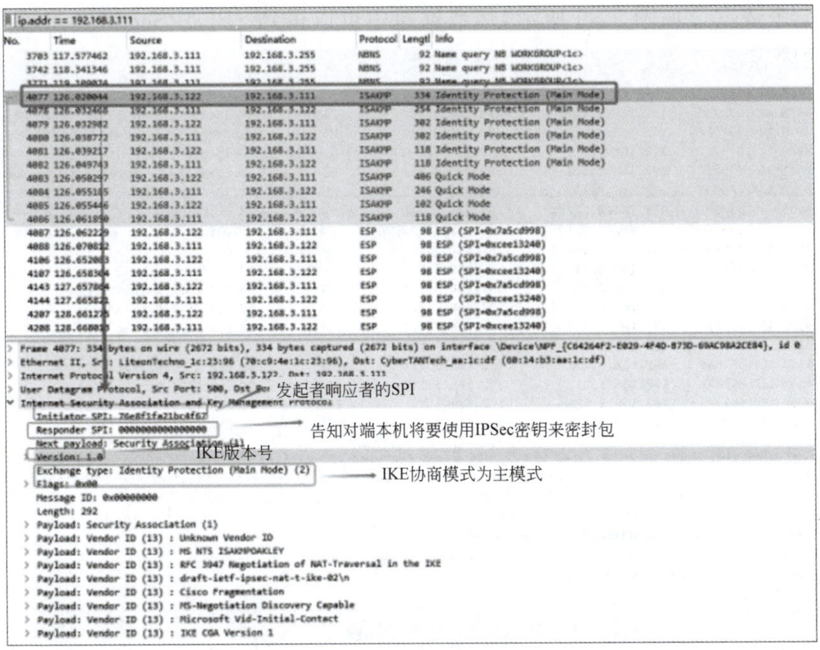

图 3-37　第一个数据包

② 第二个数据包如图 3-38 所示，从数据包中可以得到加密算法、验证完整性算法、使用预共享密钥进行认证以及密钥周期。

图 3-38　第二个数据包

③ 第七个数据包如图 3-39 所示，从数据包中可以得到 SPI、IPSec 协商阶段是快速模式以及加密的内容。

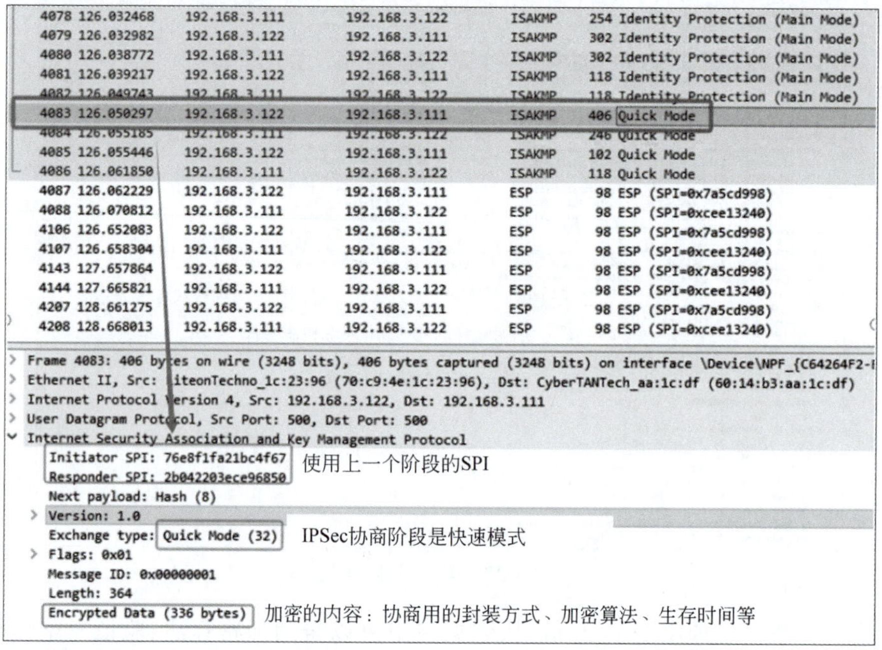

```
4078 126.032468   192.168.3.111   192.168.3.122   ISAKMP   254 Identity Protection (Main Mode)
4079 126.032982   192.168.3.122   192.168.3.111   ISAKMP   302 Identity Protection (Main Mode)
4080 126.038772   192.168.3.122   192.168.3.111   ISAKMP   302 Identity Protection (Main Mode)
4081 126.039217   192.168.3.122   192.168.3.111   ISAKMP   118 Identity Protection (Main Mode)
4082 126.049743   192.168.3.111   192.168.3.122   ISAKMP   118 Identity Protection (Main Mode)
4083 126.050297   192.168.3.122   192.168.3.111   ISAKMP   406 Quick Mode
4084 126.055185   192.168.3.111   192.168.3.122   ISAKMP   246 Quick Mode
4085 126.055446   192.168.3.122   192.168.3.111   ISAKMP   102 Quick Mode
4086 126.061850   192.168.3.111   192.168.3.122   ISAKMP   118 Quick Mode
4087 126.062229   192.168.3.122   192.168.3.111   ESP       98 ESP (SPI=0x7a5cd998)
4088 126.070812   192.168.3.111   192.168.3.122   ESP       98 ESP (SPI=0xcee13240)
4106 126.652083   192.168.3.122   192.168.3.111   ESP       98 ESP (SPI=0x7a5cd998)
4107 126.658304   192.168.3.111   192.168.3.122   ESP       98 ESP (SPI=0xcee13240)
4143 127.657864   192.168.3.122   192.168.3.111   ESP       98 ESP (SPI=0x7a5cd998)
4144 127.665821   192.168.3.111   192.168.3.122   ESP       98 ESP (SPI=0xcee13240)
4207 128.661275   192.168.3.122   192.168.3.111   ESP       98 ESP (SPI=0x7a5cd998)
4208 128.668013   192.168.3.111   192.168.3.122   ESP       98 ESP (SPI=0xcee13240)

> Frame 4083: 406 bytes on wire (3248 bits), 406 bytes captured (3248 bits) on interface \Device\NPF_{C64264F2-
> Ethernet II, Src: LiteonTechno_1c:23:96 (70:c9:4e:1c:23:96), Dst: CyberTANTech_aa:1c:df (60:14:b3:aa:1c:df)
> Internet Protocol Version 4, Src: 192.168.3.122, Dst: 192.168.3.111
> User Datagram Protocol, Src Port: 500, Dst Port: 500
✓ Internet Security Association and Key Management Protocol
    Initiator SPI: 76e8f1fa21bc4f67      使用上一个阶段的SPI
    Responder SPI: 2b042203ece96850
    Next payload: Hash (8)
  > Version: 1.0
    Exchange type: Quick Mode (32)      IPSec协商阶段是快速模式
  > Flags: 0x01
    Message ID: 0x00000001
    Length: 364
    Encrypted Data (336 bytes)   加密的内容：协商用的封装方式、加密算法、生存时间等
```

图 3-39　第七个数据包

④ 第十个数据包如图 3-40 所示，可以得到确认收到发送方的消息，双方都已确认，后面正式通信。

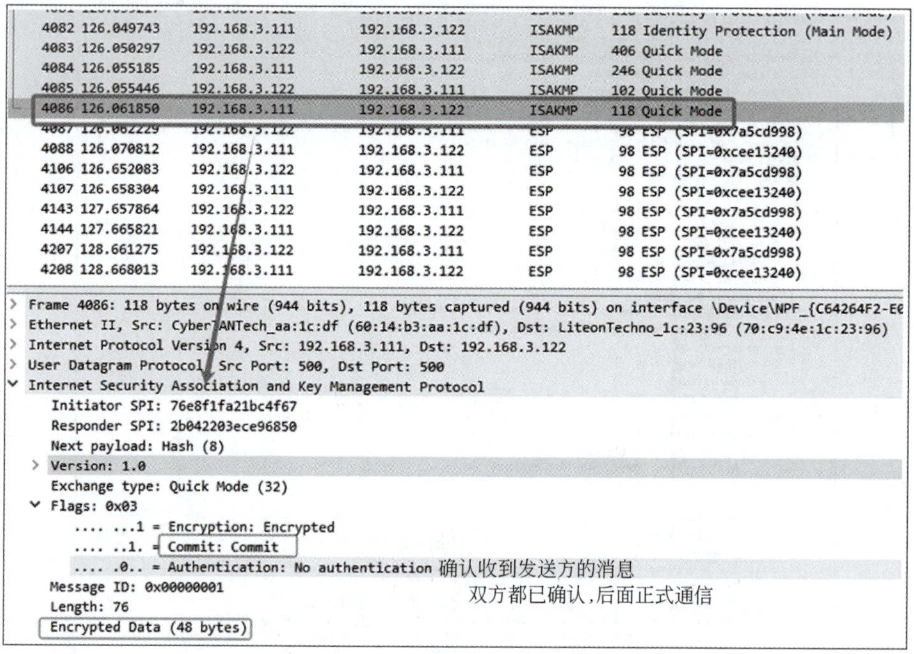

```
4082 126.049743   192.168.3.111   192.168.3.122   ISAKMP   118 Identity Protection (Main Mode)
4083 126.050297   192.168.3.122   192.168.3.111   ISAKMP   406 Quick Mode
4084 126.055185   192.168.3.111   192.168.3.122   ISAKMP   246 Quick Mode
4085 126.055446   192.168.3.122   192.168.3.111   ISAKMP   102 Quick Mode
4086 126.061850   192.168.3.111   192.168.3.122   ISAKMP   118 Quick Mode
4087 126.062229   192.168.3.122   192.168.3.111   ESP       98 ESP (SPI=0x7a5cd998)
4088 126.070812   192.168.3.111   192.168.3.122   ESP       98 ESP (SPI=0xcee13240)
4106 126.652083   192.168.3.122   192.168.3.111   ESP       98 ESP (SPI=0x7a5cd998)
4107 126.658304   192.168.3.111   192.168.3.122   ESP       98 ESP (SPI=0xcee13240)
4143 127.657864   192.168.3.122   192.168.3.111   ESP       98 ESP (SPI=0x7a5cd998)
4144 127.665821   192.168.3.111   192.168.3.122   ESP       98 ESP (SPI=0xcee13240)
4207 128.661275   192.168.3.122   192.168.3.111   ESP       98 ESP (SPI=0x7a5cd998)
4208 128.668013   192.168.3.111   192.168.3.122   ESP       98 ESP (SPI=0xcee13240)

> Frame 4086: 118 bytes on wire (944 bits), 118 bytes captured (944 bits) on interface \Device\NPF_{C64264F2-E6
> Ethernet II, Src: CyberTANTech_aa:1c:df (60:14:b3:aa:1c:df), Dst: LiteonTechno_1c:23:96 (70:c9:4e:1c:23:96)
> Internet Protocol Version 4, Src: 192.168.3.111, Dst: 192.168.3.122
> User Datagram Protocol, Src Port: 500, Dst Port: 500
✓ Internet Security Association and Key Management Protocol
    Initiator SPI: 76e8f1fa21bc4f67
    Responder SPI: 2b042203ece96850
    Next payload: Hash (8)
  > Version: 1.0
    Exchange type: Quick Mode (32)
  ✓ Flags: 0x03
    .... ...1 = Encryption: Encrypted
    .... ..1. = Commit: Commit
    .... .0.. = Authentication: No authentication   确认收到发送方的消息
    Message ID: 0x00000001                          双方都已确认，后面正式通信
    Length: 76
    Encrypted Data (48 bytes)
```

图 3-40　第十个数据包

（2）分析 ESP 协议的数据包。

分析第一个 ESP 数据包即可。先查看没有使用 IPSec 加密安全连接之前的 ICMP 数据包，如图 3-41 所示，可以直接看到数据包使用的协议、数据包的大小和数据包的信息类型（Echo ping request）。

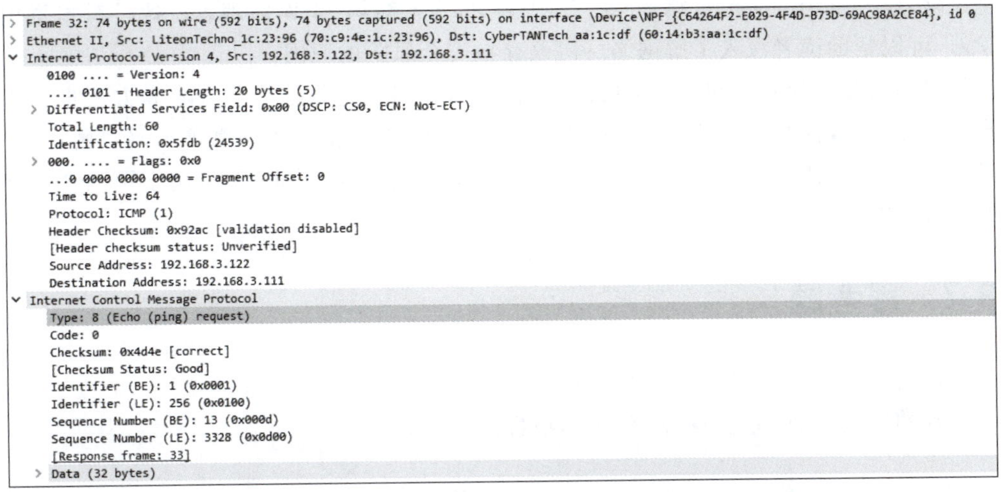

```
> Frame 32: 74 bytes on wire (592 bits), 74 bytes captured (592 bits) on interface \Device\NPF_{C64264F2-E029-4F4D-B73D-69AC98A2CE84}, id 0
> Ethernet II, Src: LiteonTechno_1c:23:96 (70:c9:4e:1c:23:96), Dst: CyberTANTech_aa:1c:df (60:14:b3:aa:1c:df)
∨ Internet Protocol Version 4, Src: 192.168.3.122, Dst: 192.168.3.111
    0100 .... = Version: 4
    .... 0101 = Header Length: 20 bytes (5)
  > Differentiated Services Field: 0x00 (DSCP: CS0, ECN: Not-ECT)
    Total Length: 60
    Identification: 0x5fdb (24539)
  > 000. .... = Flags: 0x0
    ...0 0000 0000 0000 = Fragment Offset: 0
    Time to Live: 64
    Protocol: ICMP (1)
    Header Checksum: 0x92ac [validation disabled]
    [Header checksum status: Unverified]
    Source Address: 192.168.3.122
    Destination Address: 192.168.3.111
∨ Internet Control Message Protocol
    Type: 8 (Echo (ping) request)
    Code: 0
    Checksum: 0x4d4e [correct]
    [Checksum Status: Good]
    Identifier (BE): 1 (0x0001)
    Identifier (LE): 256 (0x0100)
    Sequence Number (BE): 13 (0x000d)
    Sequence Number (LE): 3328 (0x0d00)
    [Response frame: 33]
  > Data (32 bytes)
```

图 3-41　没有使用 IPSec 加密安全连接之前的 ICMP 数据包

查看使用 IPSec 安全连接加密后的 ESP 数据包，从图 3-42 中可以得知，协议、数据包大小和类型等诸多信息都被加密而不可见，从而证明 IPSec 安全连接起到保护数据安全的作用。

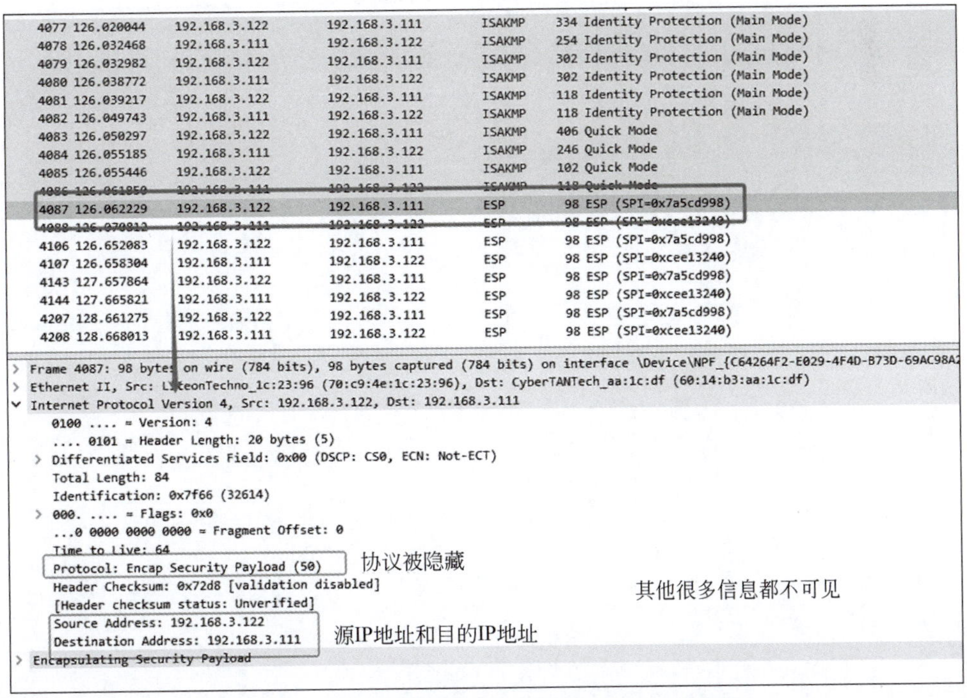

```
4077 126.020044    192.168.3.122    192.168.3.111    ISAKMP    334 Identity Protection (Main Mode)
4078 126.032468    192.168.3.111    192.168.3.122    ISAKMP    254 Identity Protection (Main Mode)
4079 126.032982    192.168.3.122    192.168.3.111    ISAKMP    302 Identity Protection (Main Mode)
4080 126.038772    192.168.3.111    192.168.3.122    ISAKMP    302 Identity Protection (Main Mode)
4081 126.039217    192.168.3.122    192.168.3.111    ISAKMP    118 Identity Protection (Main Mode)
4082 126.049743    192.168.3.111    192.168.3.122    ISAKMP    118 Identity Protection (Main Mode)
4083 126.050297    192.168.3.111    192.168.3.111    ISAKMP    406 Quick Mode
4084 126.055185    192.168.3.111    192.168.3.122    ISAKMP    246 Quick Mode
4085 126.055446    192.168.3.122    192.168.3.111    ISAKMP    102 Quick Mode
4086 126.061850    192.168.3.111    192.168.3.122    ISAKMP    118 Quick Mode
4087 126.062229    192.168.3.122    192.168.3.111    ESP       98 ESP (SPI=0x7a5cd998)
4088 126.070812    192.168.3.111    192.168.3.122    ESP       98 ESP (SPI=0xcee13240)
4106 126.652083    192.168.3.122    192.168.3.111    ESP       98 ESP (SPI=0x7a5cd998)
4107 126.658304    192.168.3.111    192.168.3.122    ESP       98 ESP (SPI=0xcee13240)
4143 127.657864    192.168.3.122    192.168.3.111    ESP       98 ESP (SPI=0x7a5cd998)
4144 127.665821    192.168.3.111    192.168.3.122    ESP       98 ESP (SPI=0xcee13240)
4207 128.661275    192.168.3.122    192.168.3.111    ESP       98 ESP (SPI=0x7a5cd998)
4208 128.668013    192.168.3.111    192.168.3.122    ESP       98 ESP (SPI=0xcee13240)
```

```
> Frame 4087: 98 bytes on wire (784 bits), 98 bytes captured (784 bits) on interface \Device\NPF_{C64264F2-E029-4F4D-B73D-69AC98A2...
> Ethernet II, Src: LiteonTechno_1c:23:96 (70:c9:4e:1c:23:96), Dst: CyberTANTech_aa:1c:df (60:14:b3:aa:1c:df)
∨ Internet Protocol Version 4, Src: 192.168.3.122, Dst: 192.168.3.111
    0100 .... = Version: 4
    .... 0101 = Header Length: 20 bytes (5)
  > Differentiated Services Field: 0x00 (DSCP: CS0, ECN: Not-ECT)
    Total Length: 84
    Identification: 0x7f66 (32614)
  > 000. .... = Flags: 0x0
    ...0 0000 0000 0000 = Fragment Offset: 0
    Time to Live: 64
    Protocol: Encap Security Payload (50)        协议被隐藏
    Header Checksum: 0x72d8 [validation disabled]
    [Header checksum status: Unverified]          其他很多信息都不可见
    Source Address: 192.168.3.122
    Destination Address: 192.168.3.111            源IP地址和目的IP地址
> Encapsulating Security Payload
```

图 3-42　使用 IPSec 安全连接加密后的 ESP 数据包

▌3.6 本章小结与展望

本章主要分析了网络层的 IP、ARP 和 ICMP 三种协议的报文格式,探讨了它们存在的安全风险,以及常用的防范策略;介绍了 IPSec 的体系结构、工作原理等。通过对本章内容的学习,可以帮助读者深入了解网络层协议存在安全风险的原因。

随着网络技术的发展和网络威胁的不断演变,网络层协议安全的技术和方法也在不断进步。一方面,需要开发和部署更加强大的加密算法,以抵御量子计算等新兴威胁;另一方面,通过应用人工智能和机器学习技术来分析网络流量,检测异常行为,用于预测和防御复杂的网络攻击。

▌3.7 思考题

1. 针对 ARP 欺骗,可以采取哪些防护措施?
2. 查阅文献,撰写关于 IPSec 的市场报告。

第 4 章　传输层协议安全

传输层位于 OSI/RM 模型中的第四层,它负责为主机上运行的应用程序间建立端到端的通信。传输层安全是网络通信安全的基础,对于保护用户隐私、防范网络攻击、确保数据完整性具有至关重要的意义。传输层安全协议为应用层提供了一个安全的通信通道。本章首先介绍传输层的两种协议 TCP 和 UDP,然后讨论 TCP 和 UDP 的常见攻击方式及防范策略,最后介绍传输层安全协议 SSL 和 TLS。

教学目标

- 理解传输层协议 TCP 和 UDP 的特点。
- 了解 TCP 攻击和 UDP 攻击的原理以及内容。
- 掌握 SSL 和 TLS 协议的工作流程。

4.1　传输层概述

在 OSI/RM 的 7 层体系结构中,传输层起到承上启下的不可或缺的作用,向应用层提供通信服务,属于面向通信部分的最高层,同时也是用户功能中的最低层。作为支撑互联网运作的基石,传输层协议的功能是为不同主机上的应用进程之间提供端到端的逻辑通信:发送端将应用程序消息分成若干段,向下传递到网络层;接收端将段重新组装成消息,向上传递到应用层。下面介绍端口号以及传输层上的 TCP(Transmission Control Protocol)和 UDP(User Datagram Protocol)两种协议。

4.1.1　端口号

为了实现不同主机之间的应用进程的通信,需要对应用进程进行唯一标识。虽然计算机操作系统采用进程标识符,可以表示不同的进程,但是由于互联网上使用的计算机操作系统种类繁多,不同的操作系统设计不同格式的进程标识符,难以实现不同操作系统的计算机应用进程间的通信。对此,在传输层使用协议端口号(Protocol Port Number),通常简称为端口(Port),用于对 TCP/IP 体系的应用进程进行统一的标识。

TCP/IP 中的一个端口代表一个通信通道。TCP/UDP 报文上均留有端口号位置,均占 2 字节,范围为 0~65535。端口被分为三类,一类是范围为 0~1023 的公认端口号,即已经公认定义或将要公认定义为软件保留的,例如,超文本传输协议 HTTP 的端口号是 80,安全传输网页 HTTPS 的端口号为 443,Telnet 远程登录的端口号为 23,域名服务器 DNS

的端口号为 53 等。第二类是分配给用户进程或某些非标准服务的端口号,范围是 1024～49151,例如 MySQL 3306、Redis 6379。第三类是动态端口,一般不固定分配某种服务,而是当一个系统进程或应用程序需要网络通信时,向主机申请一个端口,主机从可用端口号中分配一个供它使用。当进程关闭,同时被占用的端口号被释放。

4.1.2 TCP 和 UDP

根据应用程序的不同需求,传输层提供 TCP 和 UDP 两种不同的协议。TCP 和 UDP 在效率、报文段、流量控制、连接管理等方面均存在差异,用户需要根据不同的应用场景采用不同的传输方式。其中,TCP 提供面向连接的可靠数据传输,如果对数据的可靠性要求较高,例如,文件传输、发送和接收邮件、远程登录等场景,则需采用 TCP,因为 TCP 在传输数据时会进行校验和确认,如果发现数据有误或丢失,会自动重新发送,以确保数据的完整性;UDP 提供无连接的不可靠数据传输,如果对数据的传输速度要求较高,例如,语音、视频、直播等,则需采用 UDP,因为 UDP 不会进行校验和确认,只负责把数据发送出去,因此传输速度较快,但可靠性较低。

4.1.3 传输层的安全策略

在早期,网络上的数据以明文形式传输,这使得敏感信息存在容易被窃听和篡改的风险。1994 年,网景公司在传输层和应用层之间插入了一个中间层,被称为安全套接字层(Secure Socket Layer,SSL)。SSL 通过引入数据加密和认证机制,为用户的隐私和数据完整性提供了坚实的保护。例如,传统的 HTTP 采用明文传输数据,存在被窃取和篡改的风险。而部署了 SSL 证书的网站,就可以使用安全的 HTTPS(Hyper Text Transfer Protocol over Secure Socket Layer)进行访问。当浏览器访问"https://"开头的 URL 时,浏览器通过 SSL 连接使用 HTTP。SSL 协议会在数据传输之前对数据进行加密再进行网络传输,保证了用户数据在数据链路上的安全。

传输层安全性协议(Transport Layer Security,TLS)是因特网工程任务组 IETF 接替网景公司后,于 1999 年发布的更为安全的升级版 SSL。目前下发的 SSL 许可证书,其实都是 SSL/TLS 证书。SSL/TLS 属于传输层安全协议的范畴,任何基于 TCP 的应用程序都可以使用 SSL/TLS 进行保护。它们在传输层对网络连接进行加密,用于保障网络数据传输安全,利用数据加密技术,确保数据在网络传输过程中不会被截取及窃听。

传输层安全机制的优点是提供了基于进程对进程(而不是主机对主机)的安全服务和加密传输信道,利用公钥体系进行身份认证,安全强度高,支持用户选择的加密算法。

▍4.2 TCP 安全

TCP 是一种可靠的、面向连接的协议,用于在计算机之间进行数据通信。TCP 确保了数据的可靠性和顺序传递,以及连接的稳定性。TCP 攻击指利用 TCP 的设计缺陷或漏洞,对目标主机或网络进行攻击的行为。常见的 TCP 攻击包括 TCP SYN 泛洪攻击、TCP RST 攻击(TCP 重置攻击)和 TCP 会话劫持等。

4.2.1　TCP 报文格式

TCP 是面向连接的传输层协议,需要提供可靠的数据传输机制,TCP 的主要特点如下。

(1) 面向连接。在发送数据之前需要建立连接,等数据发送完之后,需要拆除连接。

(2) 高可靠性。确保传输数据的正确性,不出现重复、遗漏或者乱序的情况。

(3) 面向字节流。对于应用层发送数据流,TCP 根据对方给出的窗口值和当前网络拥塞的程度,可能把过长的数据块切分为小数据块传送,也可能等待积累足够多的字节后,再构成报文段发送出去。

一个 TCP 报文段分为首部和数据两部分,而 TCP 的全部功能都体现在其首部各字段中。TCP 报文段首部的前 20 字节是固定的,后面有 $4n$ 字节是根据需要而增加的选项(n 是整数)。因此 TCP 首部的最小长度是 20 字节。TCP 报文段的首部格式如图 4-1 所示。

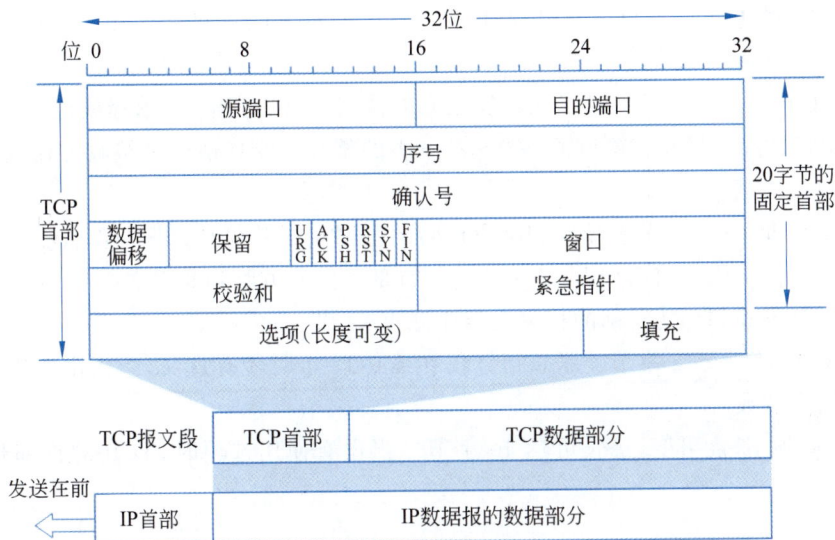

图 4-1　TCP 报文段的首部格式

(1) 源端口、目的端口:各占 2 字节。分别存放源进程端口号和目的进程端口号,传输层的复用和分用功能都通过端口号实现。

(2) 序号:占 4 字节。序号范围是 $0 \sim 2^{31}-1$,共 2^{32} 个序号。序号从 0 开始增长,并采用 mod 2^{32} 的增长方式(即到达最大值,又从零开始)。TCP 是面向字节流的,在一个 TCP 连接中,传送的字节流中的每一字节都按顺序编号。序号字段的值为报文段所发送数据的第一字节的序号。

(3) 确认号:占 4 字节。它是接收方期望收到发送方发送的下一个报文段的第一个数据字节的序号。如果此时确认号为 N,则代表到 N-1 的所有序号的数据均已正确收到。

(4) 数据偏移:占 4 位。它指出 TCP 报文段的数据起始处距离 TCP 报文段的起始处有多远,实际是指出 TCP 报文段的首部长度。由于 4 位二进制数可以表示的首部长度最大单位值为 15,数据偏移以 4 字节为单位,故 TCP 首部的最大长度为 60 字节。TCP 报文段首部的固定部分为 20 字节,因此选项字段的长度为 0~40 字节。

(5) 保留:占 6 位。保留为以后使用,目前置为 0。

（6）标志位：占 6 位。

- 紧急 URG。当 URG＝1 时，表明紧急指针字段有效，报文段中有紧急数据，应尽快传送，紧急数据在数据字段的位置由紧急指针字段给出。

- 确认 ACK。仅当 ACK＝1 时，确认号字段才有效。

- 推送 PSH。该字段在进行可交互式的应用程序中使用比较多，在应用进程进行通信时，用户希望在输入一个命令之后，能够立即得到对方的响应。当发送方 TCP 把报文段的 PSH 置 1，发送缓冲区即使有发送窗口限制，也要立即发送；接收方 TCP 收到 PSH＝1 的报文段，不需要在接收缓冲区中排队，可尽快地交付给接收应用进程。

- 复位 RST。当 RST＝1 时，表明 TCP 连接中出现严重差错，如由于主机崩溃或其他原因，必须释放连接，然后再重新建立连接。

- 同步 SYN。SYN＝1 表示这是一个连接请求或连接接收报文。当 SYN＝1 而 ACK＝0 时，表明这是一个 TCP 连接请求报文段。若对方同意建立连接，则响应报文段中 SYN＝1，ACK＝1。

- 终止 FIN。当 FIN＝1 时，表明发送方的数据已发送完毕，要求释放连接。

（7）窗口：占 2 字节。窗口值是 $0 \sim 2^{16}-1$ 的整数。窗口值作为接收方让发送方设置其发送窗口的依据。

（8）校验和：占 2 字节。校验和字段检验的范围包括首部和数据两部分。计算校验和时，要在 TCP 报文段的前面加上 12 字节的伪首部。接收方收到此报文段后，仍要加上这个伪首部来计算校验和。伪首部的相关内容详见 4.3.1 节。

（9）紧急指针：占 2 字节。紧急指针仅在 URG＝1 时才有意义，它指出本报文段中的紧急数据的字节数。

（10）选项：长度可变，最长可达 40 字节。当没有使用选项时，TCP 的首部长度是 20 字节。

4.2.2 TCP 连接

TCP 是面向连接的传输层协议。它把连接作为最基本的抽象。每一条 TCP 连接有两个端点。TCP 连接的端点叫作套接字（Socket）或插口。套接字的实质是对不同主机的进程在进行通信时的端点抽象。它允许两个进程进行通信，这两个进程可能运行在同一个机器上，也可能运行在不同机器上。

根据 RFC 793 的定义，将 IP 地址和端口号拼接到一起，即构成套接字，用于指定网络中某一台主机上的某一个进程。其表示方法是点分十进制的 IP 地址后面写上端口号，中间用冒号或逗号隔开。记为

$$套接字\ Socket ＝（IP\ 地址：端口号）$$

例如，若 IP 地址是 210.37.145.5，而端口号是 80，那么得到的套接字就是（210.37.145.5：80）。

每一条 TCP 连接唯一地被通信两端的两个端点（即两个套接字）所确定。记为

$$TCP\ 连接::＝\{socket1，socket2\} ＝ \{(IP_1：Port_1)，(IP_2：Port_2)\}$$

在该 TCP 连接中，两个端点分别通过套接字（IP_1：$Port_1$）和（IP_2：$Port_2$）进行表征。

4.2.3　TCP 连接的建立与释放

TCP 是面向连接的协议,它在数据传输前需要建立一条虚拟连接,用于传输数据,在数据传输完毕后断开该连接。TCP 正常交互的过程如图 4-2 所示。

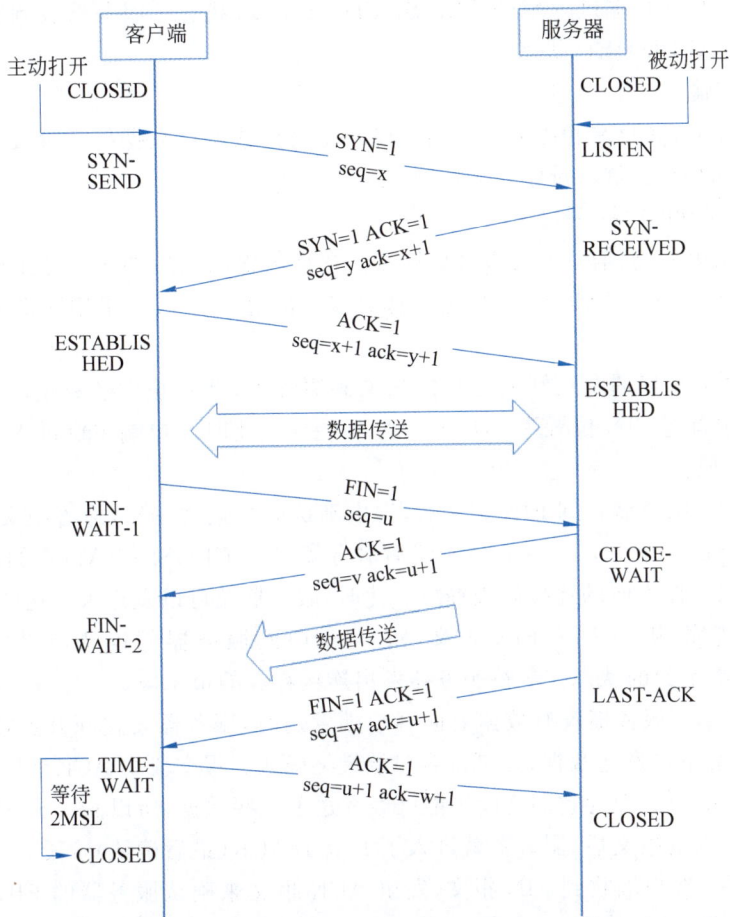

图 4-2　TCP 正常交互的过程

(1) 建立连接(三次握手)。

在 TCP/IP 中,TCP 提供可靠的连接服务,采用三次握手建立一个连接。在建立连接之前,服务端进程准备好接受来自外部的 TCP 连接,打开方式被认为是被动打开(Passive Open),然后服务端进程处于 LISTEN 状态,等待客户端连接请求。

第一次握手:客户端通过 connect 发起主动打开(Active Open),向服务器发出连接请求,请求中首部同步位 SYN=1,指示其希望建立连接,等待服务器确认。这个报文包含客户端的初始序列号(Sequence),简写为 seq=x。SYN 报文段不允许携带数据,只消耗一个序号。此时,客户端进入 SYN-SEND 状态。

第二次握手:服务器在收到客户端连接后,需要确认客户端的报文段。在确认报文段中,把 SYN 和 ACK 位都置为 1。确认号 ack 为 x+1,同时服务器还会发送服务器的初始序列号,seq=y。这个报文段也不能携带数据,但同样要消耗掉一个序号。此时,TCP 服务器进入 SYN-RECEIVED(同步收到)状态。

第三次握手：客户端收到服务器的 SYN-ACK 包，向服务器发送确认报文表示连接建立成功，确认报文中 ACK 位置 1，序号 seq＝x＋1，确认号 ack＝y＋1。TCP 规定，这个报文段可以携带数据也可以不携带数据，如果不携带数据，那么下一个数据报文段的序号仍是 seq＝x＋1。这时，客户端进入 ESTABLISHED(已连接)状态。服务器收到客户端的确认后，也进入 ESTABLISHED 状态。

（2）数据传输。

一旦连接建立，客户端和服务器之间可以开始交换数据。数据传输阶段可以持续很长时间，涉及数据的分段、重新排序和流控制。

（3）关闭连接（四次挥手）。

数据传输结束后，通信双方可以释放连接。数据传输结束后的客户端主机和服务器主机都处于 ESTABLISHED 状态，然后进入释放连接的过程。TCP 采用四次挥手来关闭一个连接。

第一次挥手：客户端发送释放连接的报文到服务器，并停止发送数据，主动关闭 TCP 连接。报文段中首部 FIN 位置为 1，序列号为 seq＝u。此时客户端主机进入 FIN-WAIT-1(终止等待 1)阶段。

第二次挥手：服务器收到 FIN 报文后，发出确认应答报文，确认应答报文中 ACK＝1，生成自己的序号位 seq＝v，ack＝u＋1。然后服务器进入 CLOSE-WAIT(关闭等待)状态，这时客户端到服务器方向的连接已被释放。此时，服务器还可以发送未发送的数据，如果服务器数据还没传完，则不发送 FIN 报文。客户端收到服务器的确认应答后，进入 FIN-WAIT-2(终止等待 2)的状态。等待服务器发出连接释放的报文段。

第三次挥手：当服务器没有数据要向客户端发送时，服务器发送断开连接的报文到客户端，告知客户端不再发送数据，并等待客户端最终确认。报文段中 ACK＝1，序列号 seq＝w，确认号 ack＝u＋1。因为它们之间可能已经发送了一些数据，所以 seq 不一定等于 v＋1。在发送完断开请求的报文后，服务器就进入了 LAST-ACK(最后确认)阶段。

第四次挥手：客户端收到 FIN 报文，发出 ACK 报文来确认服务器的 FIN 报文。在报文段中，ACK 位置 1，序列号 seq＝u＋1，确认号 ack＝w＋1。然后进入 TIME-WAIT(时间等待状态)以确保服务器收到确认。这时 TCP 连接还没有释放。必须经过时间等待计时器设置的时间 2MSL，MSL 叫作最长报文段寿命(Maximum Segment Lifetime)。一旦等待时间结束，客户端才进入 CLOSED 状态。服务器收到了客户端的断开连接确认后，就会进入 CLOSED 状态。

4.2.4　TCP 报文分析

在 Wireshark 软件中设置捕捉过滤器的过滤条件为 tcp，开始捕捉数据包，然后在客户端浏览器访问页面，即可获得有关 TCP 连接过程的数据包。

1. 建立 TCP 连接

如图 4-3 所示，该列表展示了三次握手建立 TCP 连接过程中产生的三个数据包。根据三次握手的过程，分析这三个数据包所包含的信息。

Time	Source	Destination	Protocol	Lengtl	Info
1.778686	172.20.10.3	180.101.242.227	TCP	66	8099 → 80 [SYN] Seq=0 Win=64240 Len=0 MSS=1460 WS=256 SACK_PERM
1.835826	180.101.242.227	172.20.10.3	TCP	66	80 → 8099 [SYN, ACK] Seq=0 Ack=1 Win=64240 Len=0 MSS=1400 SACK_PERM WS=128
1.835874	172.20.10.3	180.101.242.227	TCP	54	8099 → 80 [ACK] Seq=1 Ack=1 Win=131584 Len=0

图 4-3　三次握手建立 TCP 连接过程中的数据包

（1）第一次握手。

如图 4-4 所示是由客户端发往服务器的第一次握手的数据包，其中 SYN＝1，序列号（Sequence Number）＝0（客户端初始序号）。

图 4-4　第一次握手

（2）第二次握手。

如图 4-5 所示是由服务器发往客户端的第二次握手的数据包，其中 SYN＝1，ACK＝1，序列号＝0（服务器初始序号），确认号（Acknowledgment Number）＝1，表示在客户端初始序号的基础上加 1。

（3）第三次握手。

如图 4-6 所示是由客户端发往服务器的第三次握手的数据包，其中 ACK＝1，序列号＝1（客户端初始序号自加 1），确认号＝1（服务器初始序号＋1）。

2. 释放 TCP 连接

如图 4-7 所示，该列表展示了由客户端发起、释放 TCP 连接过程所需要的数据包。

（1）第一次挥手。

如图 4-8 所示是释放 TCP 连接过程中第一次挥手的数据包，先断开连接的一方（称为A）向另一方（称为 B）发送 FIN 报文段，其中 FIN＝1，ACK＝1，序列号＝316，确认号＝812。

（2）第二次挥手。

如图 4-9 所示是释放 TCP 连接过程第二次挥手的数据包，B 向 A 发送 ACK 报文段，其中 ACK＝1，序列号＝812，确认号＝317。此时 A 到 B 的连接已经关闭，B 到 A 的连接尚未关闭。

```
∨ Transmission Control Protocol, Src Port: 80, Dst Port: 8099, Seq: 0, Ack: 1, Len: 0
    Source Port: 80
    Destination Port: 8099
    [Stream index: 3]
  > [Conversation completeness: Complete, WITH_DATA (31)]
    [TCP Segment Len: 0]
    Sequence Number: 0    (relative sequence number)
    Sequence Number (raw): 3972677616
    [Next Sequence Number: 1    (relative sequence number)]
    Acknowledgment Number: 1    (relative ack number)
    Acknowledgment number (raw): 1107334328
    1000 .... = Header Length: 32 bytes (8)
  ∨ Flags: 0x012 (SYN, ACK)
        000. .... .... = Reserved: Not set
        ...0 .... .... = Accurate ECN: Not set
        .... 0... .... = Congestion Window Reduced: Not set
        .... .0.. .... = ECN-Echo: Not set
        .... ..0. .... = Urgent: Not set
        .... ...1 .... = Acknowledgment: Set
        .... .... 0... = Push: Not set
        .... .... .0.. = Reset: Not set
      > .... .... ..1. = Syn: Set
        .... .... ...0 = Fin: Not set
        [TCP Flags: ·······A··S·]
    Window: 64240
    [Calculated window size: 64240]
    Checksum: 0xf384 [unverified]
    [Checksum Status: Unverified]
    Urgent Pointer: 0
  > Options: (12 bytes), Maximum segment size, No-Operation (NOP), No-Operation (NOP), SACK permitted, No-Operation (NOP), Window scale
  > [Timestamps]
  > [SEQ/ACK analysis]
```

图 4-5   第二次握手

```
∨ Transmission Control Protocol, Src Port: 8099, Dst Port: 80, Seq: 1, Ack: 1, Len: 0
    Source Port: 8099
    Destination Port: 80
    [Stream index: 3]
  > [Conversation completeness: Complete, WITH_DATA (31)]
    [TCP Segment Len: 0]
    Sequence Number: 1    (relative sequence number)
    Sequence Number (raw): 1107334328
    [Next Sequence Number: 1    (relative sequence number)]
    Acknowledgment Number: 1    (relative ack number)
    Acknowledgment number (raw): 3972677617
    0101 .... = Header Length: 20 bytes (5)
  ∨ Flags: 0x010 (ACK)
        000. .... .... = Reserved: Not set
        ...0 .... .... = Accurate ECN: Not set
        .... 0... .... = Congestion Window Reduced: Not set
        .... .0.. .... = ECN-Echo: Not set
        .... ..0. .... = Urgent: Not set
        .... ...1 .... = Acknowledgment: Set
        .... .... 0... = Push: Not set
        .... .... .0.. = Reset: Not set
        .... .... ..0. = Syn: Not set
        .... .... ...0 = Fin: Not set
        [TCP Flags: ·······A····]
    Window: 514
    [Calculated window size: 131584]
    [Window size scaling factor: 256]
    Checksum: 0x2d0a [unverified]
    [Checksum Status: Unverified]
    Urgent Pointer: 0
  > [Timestamps]
  > [SEQ/ACK analysis]
```

图 4-6   第三次握手

No.	Time	Source	Destination	Protocol	Lengtl	Info
12	1.971753	180.101.242.227	172.20.10.3	TCP	54	80 → 8099 [FIN, ACK] Seq=316 Ack=812 Win=64128 Len=0
13	1.971792	172.20.10.3	180.101.242.227	TCP	54	8099 → 80 [ACK] Seq=812 Ack=317 Win=131072 Len=0
14	1.972131	172.20.10.3	180.101.242.227	TCP	54	8099 → 80 [FIN, ACK] Seq=812 Ack=317 Win=131072 Len=0
15	2.024675	180.101.242.227	172.20.10.3	TCP	54	80 → 8099 [ACK] Seq=317 Ack=813 Win=64128 Len=0

图 4-7   释放 TCP 连接过程的数据包

```
∨ Transmission Control Protocol, Src Port: 80, Dst Port: 8099, Seq: 316, Ack: 812, Len: 0
     Source Port: 80
     Destination Port: 8099
     [Stream index: 3]
   > [Conversation completeness: Complete, WITH_DATA (31)]
     [TCP Segment Len: 0]
     Sequence Number: 316    (relative sequence number)
     Sequence Number (raw): 3972677932
     [Next Sequence Number: 317    (relative sequence number)]
     Acknowledgment Number: 812    (relative ack number)
     Acknowledgment number (raw): 1107335139
     0101 .... = Header Length: 20 bytes (5)
   ∨ Flags: 0x011 (FIN, ACK)
        000. .... .... = Reserved: Not set
        ...0 .... .... = Accurate ECN: Not set
        .... 0... .... = Congestion Window Reduced: Not set
        .... .0.. .... = ECN-Echo: Not set
        .... ..0. .... = Urgent: Not set
        .... ...1 .... = Acknowledgment: Set
        .... .... 0... = Push: Not set
        .... .... .0.. = Reset: Not set
        .... .... ..0. = Syn: Not set
        .... .... ...1 = Fin: Set
      > [TCP Flags: ·······A···F]
     Window: 501
     [Calculated window size: 64128]
     [Window size scaling factor: 128]
     Checksum: 0x28b0 [unverified]
     [Checksum Status: Unverified]
     Urgent Pointer: 0
   > [Timestamps]
```

图 4-8　第一次挥手

```
∨ Transmission Control Protocol, Src Port: 8099, Dst Port: 80, Seq: 812, Ack: 317, Len: 0
     Source Port: 8099
     Destination Port: 80
     [Stream index: 3]
   > [Conversation completeness: Complete, WITH_DATA (31)]
     [TCP Segment Len: 0]
     Sequence Number: 812    (relative sequence number)
     Sequence Number (raw): 1107335139
     [Next Sequence Number: 812    (relative sequence number)]
     Acknowledgment Number: 317    (relative ack number)
     Acknowledgment number (raw): 3972677933
     0101 .... = Header Length: 20 bytes (5)
   ∨ Flags: 0x010 (ACK)
        000. .... .... = Reserved: Not set
        ...0 .... .... = Accurate ECN: Not set
        .... 0... .... = Congestion Window Reduced: Not set
        .... .0.. .... = ECN-Echo: Not set
        .... ..0. .... = Urgent: Not set
        .... ...1 .... = Acknowledgment: Set
        .... .... 0... = Push: Not set
        .... .... .0.. = Reset: Not set
        .... .... ..0. = Syn: Not set
        .... .... ...0 = Fin: Not set
        [TCP Flags: ·······A····]
     Window: 512
     [Calculated window size: 131072]
     [Window size scaling factor: 256]
     Checksum: 0x28a5 [unverified]
     [Checksum Status: Unverified]
     Urgent Pointer: 0
   > [Timestamps]
   > [SEQ/ACK analysis]
```

图 4-9　第二次挥手

（3）第三次挥手。

如图 4-10 所示是释放 TCP 连接过程第三次挥手的数据包，B 向 A 发送的 FIN 报文段，其中 FIN＝1，ACK＝1，序列号＝812，确认号＝317。

```
∨ Transmission Control Protocol, Src Port: 8099, Dst Port: 80, Seq: 812, Ack: 317, Len: 0
      Source Port: 8099
      Destination Port: 80
      [Stream index: 3]
    > [Conversation completeness: Complete, WITH_DATA (31)]
      [TCP Segment Len: 0]
      Sequence Number: 812     (relative sequence number)
      Sequence Number (raw): 1107335139
      [Next Sequence Number: 813     (relative sequence number)]
      Acknowledgment Number: 317     (relative ack number)
      Acknowledgment number (raw): 3972677933
      0101 .... = Header Length: 20 bytes (5)
    ∨ Flags: 0x011 (FIN, ACK)
        000. .... .... = Reserved: Not set
        ...0 .... .... = Accurate ECN: Not set
        .... 0... .... = Congestion Window Reduced: Not set
        .... .0.. .... = ECN-Echo: Not set
        .... ..0. .... = Urgent: Not set
        .... ...1 .... = Acknowledgment: Set
        .... .... 0... = Push: Not set
        .... .... .0.. = Reset: Not set
        .... .... ..0. = Syn: Not set
      > .... .... ...1 = Fin: Set
      > [TCP Flags: ·······A···F]
      Window: 512
      [Calculated window size: 131072]
      [Window size scaling factor: 256]
      Checksum: 0x28a4 [unverified]
      [Checksum Status: Unverified]
      Urgent Pointer: 0
    > [Timestamps]
```

图 4-10　第三次挥手

（4）第四次挥手。

如图 4-11 所示是释放 TCP 连接过程中第四次挥手的数据包，A 向 B 发送的 ACK 报文段，其中 ACK＝1，序列号＝317，确认号＝813。至此，B 到 A 这个方向的连接也关闭了，TCP 连接被释放。

4.2.5　TCP SYN 泛洪攻击与防御

TCP SYN 泛洪攻击利用 TCP 的三次握手机制实现上的缺陷，使得主机在接收到恶意的 SYN 连接请求后，需要维持大量的半连接状态，通过耗尽主机 TCP 连接资源的方式，达到拒绝服务攻击的目的。

1. TCP SYN 泛洪攻击原理

在 TCP 三次握手期间，当服务器收到来自客户端的 SYN 连接请求时，向客户端返回一个 SYN＋ACK 报文段，然后服务器等待客户端返回 ACK 报文段，此时该连接一直处于半连接状态（Half-Open）。若服务器无法收到客户端的 ACK 报文段，一般会超时重传（再次发送 SYN＋ACK 给客户端），并等待一段时间后丢弃这个未完成的连接，这段时间的长度称为 SYN Timeout，为 0.5～2min。在这段时间内，如果有恶意的攻击者大量模拟这种情况，被攻击主机上出现大量的半连接，服务器为了维护半连接列表将消耗非常多的资源，从

```
∨ Transmission Control Protocol, Src Port: 80, Dst Port: 8099, Seq: 317, Ack: 813, Len: 0
      Source Port: 80
      Destination Port: 8099
      [Stream index: 3]
  > [Conversation completeness: Complete, WITH_DATA (31)]
      [TCP Segment Len: 0]
      Sequence Number: 317     (relative sequence number)
      Sequence Number (raw): 3972677933
      [Next Sequence Number: 317     (relative sequence number)]
      Acknowledgment Number: 813     (relative ack number)
      Acknowledgment number (raw): 1107335140
      0101 .... = Header Length: 20 bytes (5)
  ∨ Flags: 0x010 (ACK)
        000. .... .... = Reserved: Not set
        ...0 .... .... = Accurate ECN: Not set
        .... 0... .... = Congestion Window Reduced: Not set
        .... .0.. .... = ECN-Echo: Not set
        .... ..0. .... = Urgent: Not set
        .... ...1 .... = Acknowledgment: Set
        .... .... 0... = Push: Not set
        .... .... .0.. = Reset: Not set
        .... .... ..0. = Syn: Not set
        .... .... ...0 = Fin: Not set
        [TCP Flags: ·······A····]
      Window: 501
      [Calculated window size: 64128]
      [Window size scaling factor: 128]
      Checksum: 0x28af [unverified]
      [Checksum Status: Unverified]
      Urgent Pointer: 0
  > [Timestamps]
  > [SEQ/ACK analysis]
```

图 4-11　第四次挥手

而无暇理睬客户的正常请求。从正常客户的角度来看,服务器失去响应,该情况就称作服务器端受到了 TCP SYN 泛洪攻击。TCP SYN 泛洪攻击过程如图 4-12 所示。

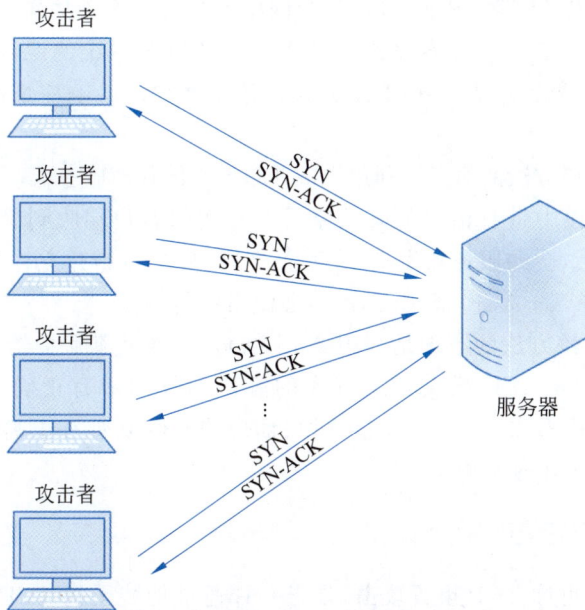

图 4-12　TCP SYN 泛洪攻击过程

2. TCP SYN 泛洪攻击的防御

对于 TCP SYN 泛洪攻击,常用的防御方法如下。

(1) SYN 缓存。

传输控制块(Transmission Control Block,TCB)存储了单个连接的所有状态信息。SYN 泛洪攻击依赖受害主机 TCP 实现的行为,它假设受害者在收到每个 TCP SYN 段时为其分配状态,并且对这种状态的数量有限制,不能在任何时候保持。当接收到连接处于 LISTEN 状态的本地 TCP 端口的 SYN 时,状态转换为 SYN-RECEIVED,并且使用来自接收到的 SYN 段的报头字段的信息初始化一些 TCB。SYN 缓存的思想是基于最小化 SYN 分配的状态量,即不立即分配完整的 TCB。完全状态分配被延迟,直到连接完全建立。实现 SYN 缓存的主机有一些从传入 SYN 段中选择的秘密位,秘密位与段的 IP 地址和 TCP 端口一起进行哈希,哈希值确定全局哈希表中存储不完整 TCB 的位置。每个哈希值都有一个桶限制,当达到该限制时,最旧的条目将被删除。SYN 缓存技术之所以有效,是因为秘密位阻止攻击者以特定哈希值为目标来溢出桶限制,并且限制了 CPU 时间和内存需求。

(2) 同步 Cookie。

与 SYN 缓存方法相比,SYN Cookie 方法的不同之处在于当服务器收到一个 SYN 报文时,不会立即为 SYN-RECEIVED 中的连接分配状态,而是利用连接的信息生成一个 Cookie,并将这个 Cookie 作为将要返回的 SYN＋ACK 报文的初始序列号。当客户端返回一个 ACK 报文,根据包头信息计算 Cookie,与返回的确认序列号进行对比,如果相同,则是一个正常连接,再分配资源并建立连接。

(3) 源认证。

针对虚假源,源认证从 SYN 报文段建立连接的行为入手,判断其是不是真实源发出的请求。抗拒拒绝服务系统(Anti-DDoS)是抵御分布式拒绝服务攻击的专业防护产品。Anti-DDoS 系统能够实现流量检测、识别及过滤,为网络设施提供全面防御。本书后续内容涉及的一些防御技术也基于 Anti-DDoS 系统。基于 Anti-DDoS 系统的源认证包括基本源认证和高级源认证,二者的思路均为 Anti-DDoS 系统依据客户端的响应情况,判断其请求的真实性。

① 基本源认证:该方法的原理为利用 Anti-DDoS 系统代替服务器,向客户端响应 SYN＋ACK 报文段后,报文段中带有错误的确认字号。真实的客户端收到带有错误确认序号的 SYN＋ACK 报文段后,会向服务器发送 RST 报文段,要求重新建立连接;而虚假源收到带有错误确认序号的 SYN＋ACK 报文段后,不会做出任何响应。

② 高级源认证:该方法的原理是利用 Anti-DDoS 系统代替服务器,向客户端响应带有正确确认序号的 SYN＋ACK 报文段。真实的客户端收到带有正确确认序号的 SYN＋ACK 报文段后,会向服务器发送 ACK 报文段;而虚假源收到带有正确确认序号的 SYN＋ACK 报文段后,不会做出任何响应。

4.2.6 TCP RST 攻击与防御

TCP RST 攻击,也称 TCP 重置攻击,是指一种通过伪装干扰 TCP 通信连接的技术方法。TCP 报文段中的标志位 RST 置 1,能够关闭一个 TCP 连接,攻击者正是利用 RST 标志发送虚假的 TCP RST 包给通信双方的其中一方,使其认为连接已经被重置,从而导致连接的异常终止。

1. TCP RST 攻击原理

TCP RST 的攻击原理如图 4-13 所示。客户端 A 和服务器 B 之间已经建立了 TCP 连接,攻击者 C 发送伪造的带有 RST 标志位的 TCP 报文,强制中断 A 和 B 的 TCP 连接。在伪造 RST 报文的过程中,需要保证端口一致并且使 RST 报文的序列号落在 B 的接收窗口之内。该报文段使 B 认为来自 A 的连接有错误,将丢弃与 A 连接缓冲区上的所有数据,并强制关闭连接,造成通信双方正常网络通信的中断,达到拒绝服务的效果。此时,如果 A 再想发送合法数据,就必须重新开始建立连接。

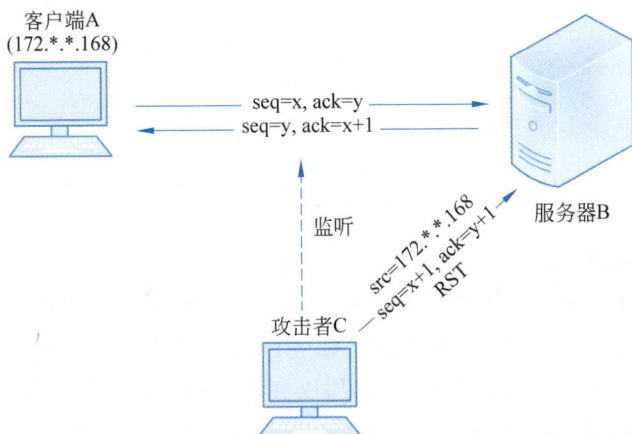

图 4-13 TCP RST 的攻击原理

需要指出的是,B 作为服务器,IP 地址和端口是已知的,故攻击者需设法获得 A 的 IP 地址、端口,以及 A 和 B 之间连接的 TCP 序列号。如果攻击者与被攻击客户端或服务器处于同一内网,可以通过欺骗或嗅探等方式得到端口和序列号;如果攻击者与被攻击客户端或服务器不处于同一内网,攻击者难以获取端口和序列号。在该情况下,攻击者可以通过伪造大量 RST 重置报文段,随机猜测端口和序列号,进行 RST 泛洪攻击。在数量巨大的 RST 报文中只要有一条命中,满足端口号一致,并且序列号落在目标的接收窗口之中,就能中断连接。

2. TCP RST 攻击的防御

对于 TCP RST 攻击,常用的防御方法如下。

(1) 防御 TCP 重置攻击,可以使用 Anti-DDoS。当带 RST 位的数据包速率超过阈值,启动会话检查。

(2) Anti-DDoS 检查 RST 报文,如果 RST 报文没有命中会话,则丢弃报文;如果命中会话,则进一步检查创建原因。如果会话是由 SYN 或 SYN-ACK 报文创建的,则允许 RST 报文通过;如果是由其他报文创建的(如 ACK 报文),则进一步检查报文序列号是否正确,序列号正确的报文可以通过,不正确的报文则被丢弃。

4.2.7 TCP 会话劫持与防御

TCP 会话劫持(TCP Session Hijacking)是指劫持通信双方已建立的 TCP 会话连接,假冒其中一方与另一方进行通信,以达到控制会话的目的。攻击者可以在正常数据包中插入恶意数据,也可以在双方的会话当中进行监听,甚至可以代替某一方主机接管会话。TCP会话劫持攻击的示意图如图 4-14 所示。

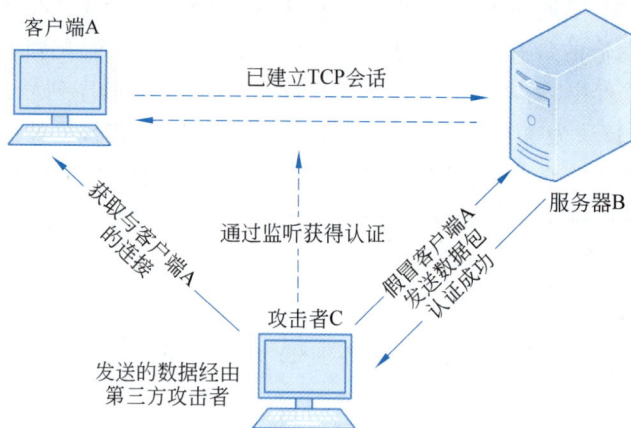

图 4-14　TCP 会话劫持攻击示意图

1. TCP 会话劫持原理

根据 TCP/IP 中的规定,使用 TCP 进行通信需要提供两段序列号,TCP 使用这两段序列号确保连接同步以及安全通信,系统的 TCP/IP 协议栈依据时间或线性地产生这些值。在通信过程中双方的序列号是相互依赖的,所以会话劫持的关键是预测正确的序列号,攻击者可以采取嗅探技术获得这些信息。基于从客户端截获的 TCP 报文,攻击者可以伪造 TCP 报文并发送给服务器,若服务器先一步收到伪造报文,并且序列号落在接收窗口之内,则服务器会将 TCP 会话连接至攻击者主机;攻击者凭借从服务器获得的 TCP 连接信息,与被攻击客户端主机建立 TCP 连接,从而完成客户端与服务器之间的会话劫持,且通信双方对此毫无察觉。

会话劫持可以让攻击者避开被攻击主机对访问者的身份验证和安全认证,使攻击者能直接访问被攻击主机的状态,对系统安全构成的威胁比较严重。例如,假设在客户端 A 访问 Telnet 服务器 B 的会话过程中,一旦攻击者 C 控制了二者之间的会话,攻击者 C 就可以让 Telnet 服务器运行攻击者 C 的命令。通过 TCP 会话劫持,攻击者 C 能够使用受害者(客户端 A)的权限在服务器 B 上运行任意命令;攻击者可以向服务器发送 rm 命令,删除受害者的任意文件。

2. TCP 会话劫持防御

对于 TCP 会话劫持,常用的防御方法如下。

(1) 防御 TCP 会话劫持的最根本的解决办法是采用加密通信,对 TCP 会话加密。如使用 SSH 代替 Telnet、使用 SSL 代替 HTTP,或者使用 IPSec/VPN。

(2) 检测 TCP 会话劫持的关键在于检测非同步状态,如果不断收到在接收窗口之外的数据或确认报文,则可以确认遭到 TCP 会话劫持攻击。

(3) 防范 ARP 欺骗。ARP 欺骗是 TCP 会话劫持中典型的获取序列号的网络嗅探技术,如果能阻止攻击者进行 ARP 欺骗,也就能进一步防御会话劫持攻击。可以停止使用 ARP,将需要的 ARP 作为永久条目保存在对应表中。

(4) 可以通过监听网络流量中 ACK 包的方法。当会话双方的其中一方接收到一个不期望的数据包后,就会返回 ACK 包并携带自己期望的序列号;而另一方同样收到不期望的数据包后,也会再次以自己期望的序列号返回 ACK 包,于是循环往复,最后导致 ACK 风暴。如果发现网络中出现大量的 ACK 包,则可能已经遭遇会话劫持攻击。

4.3 UDP 安全

视频讲解

由于 UDP 是无连接协议,没有拥塞控制机制,使得攻击者发起 UDP 泛洪(UDP Flood)攻击更加简单,且破坏力更大。UDP 反射放大攻击实现和控制过程相对简单,成本较低,且放大效果显著、追溯困难。本节将重点介绍这两种基于 UDP 的攻击与防御。

4.3.1 UDP 及报文分析

UDP 是一种无连接的、简单的传输层协议,与 TCP 不同,UDP 并不提供可靠性、流量控制或拥塞控制等功能,而专注于提供一种快速的、无连接的数据传输机制,以下是 UDP 的一些主要特点。

- 无连接。在发送数据前不需要建立连接,只需要知道对方的地址信息,就可以直接发送数据。
- 不可靠。UDP 会尽最大努力交付,即不保证可靠交付。因为没有确认机制和重传机制,如果因为网络故障无法发送到对方,UDP 协议层也不会给应用层返回任何错误信息。
- 面向报文的。对于应用层交下来的数据,既不合并,也不拆分,应用层给 UDP 多长的报文,UDP 就照样发送,即一次发一个完整报文。但有最大长度限制,UDP 数据报头部有一个长度字段,最大是 65535 字节,限制了一个完整 UDP 报文长度不能超过 64KB。

UDP 在 IP 基础上,增加了复用、分用以及差错检测的功能,UDP 的结构如图 4-15 所示。

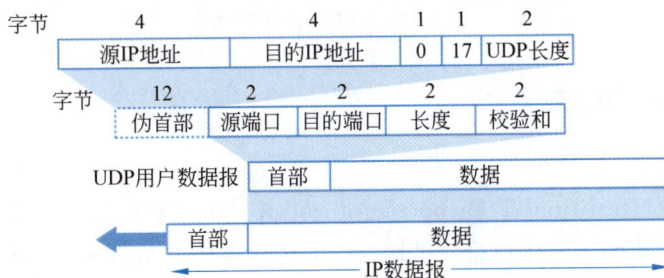

图 4-15 UDP 的结构

UDP 首部包括源端口、目的端口、长度和校验和,只有 8 字节,各字段意义如下。

(1)源端口:长度为 16 位。UDP 数据报的发送方使用的端口号,该字段是可选项,在需要对方回信时选用,不需要时该字段可置为 0。

(2)目的端口:长度为 16 位。UDP 数据报的接收方使用的端口号,在终点交付报文时必须要用到。UDP 使用端口号为不同的应用保留其各自的数据传输通道。UDP 和 ARP

正是采用这一机制实现对同一时刻内多项应用同时发送和接收数据的支持。

（3）长度：最小值是 8，代表的是 UDP 报文的整个长度。

（4）校验和：检验 UDP 用户数据报在传输过程中是否有错，有错就丢弃。

（5）伪首部：伪首部并不是 UDP 用户数据报真正的首部，只是在计算校验和时临时添加在 UDP 用户数据报前面，得到一个临时的 UDP 用户数据报。校验和是按照该临时的 UDP 用户数据报来计算的。伪首部既不向下传送也不向上递交，而只是用于校验 UDP 报文段。

图 4-15 最上方给出了伪首部各字段的内容。伪首部共有 12 字节，共 5 个字段，从左到右分别为源 IP 地址（4 字节）、目的 IP 地址（4 字节）、填充字段（1 字节，全部填充为 0）、协议字段（1 字节）、UDP 长度字段（2 字节）。伪首部的第三个字段全为 0，第四个字段中的 17 代表封装 UDP 报文的 IP 数据报首部协议字段是 17。TCP 在计算校验和时使用的伪首部格式和 UDP 的伪首部格式相同。添加伪首部计算的校验和，既校验了 UDP 用户数据报的源端口号和目的端口号以及用户数据报的数据部分，又检验了 IP 数据报的源 IP 地址和目的 IP 地址，保证 UDP 数据单元到达正确的目的地址。

需要指出的是，可以通过捕获 DNS 数据报的方式，捕获 UDP 数据报。首先设置过滤器的过滤条件为 DNS，开始捕获，然后在客户端浏览器访问某个页面，即可获得 DNS 数据报。如图 4-16 所示是一个封装在 UDP 用户数据报中的 DNS 查询报文，UDP 用户数据报的源端口是 58998，目的端口是 53，整个 UDP 用户数据报的总长度（包括首部和数据）是 47 字节，校验和是 0xd3aa。

```
∨ User Datagram Protocol, Src Port: 58998, Dst Port: 53
     Source Port: 58998
     Destination Port: 53
     Length: 47
     Checksum: 0xd3aa [unverified]
     [Checksum Status: Unverified]
     [Stream index: 0]
   › [Timestamps]
     UDP payload (39 bytes)
```

图 4-16　UDP 用户数据报

4.3.2　基于 UDP 的相关协议

1. 实时传输协议

实时传输协议（Real-time Transport Protocol，RTP）公布于 1996 年，为 IP 上的语音、图像等需要实时传输的多媒体数据提供端对端的传输服务和流同步，配合实时传输控制协议（Real-time Transport Control Protocol，RTCP）一起使用。RTCP 监控服务质量并传送会话参与者信息，服务器可利用 TRCP 数据包信息改变传输速率、负载数据类型。RTP 和 RTCP 位于传输层，通常基于 UDP，但也支持 TCP，下面以 UDP 为例进行报文分析。

RTP 报文由报头和有效载荷两部分组成，RTP 报文头格式如图 4-17 所示。其主要关键字含义如下。

（1）有效载荷类型：用于说明 RTP 报文中有效载荷的类型，如 GSM 音频、JPEM 图像等。

（2）时间戳：反映了该 RTP 报文的第一个 8 位组的采样时刻。接收者使用时间戳来去除抖动和实现同步。同一个帧的不同分片的时间戳是相同的，这样就省去了起始标志和结束标志。

（3）同步源标识符（SSRC）：同步源就是指 RTP 包流的来源。在同一个 RTP 会话中不能有两个相同的 SSRC 值。该标识符是随机选取的 RFC1889 推荐的 MD5 随机算法，是全局唯一的。

（4）参与源标识符（CSRC）：每个 CSRC 标识符占 32 位，可以有 0～15 个。每个 CSRC 标识用来标志对一个 RTP 混合器产生的新包有贡献的所有 RTP 包的源。由混合器将这些有贡献的 SSRC 标识符插入表中。SSRC 标识符都被列出来，以便接收端能正确指出交谈双方的身份。

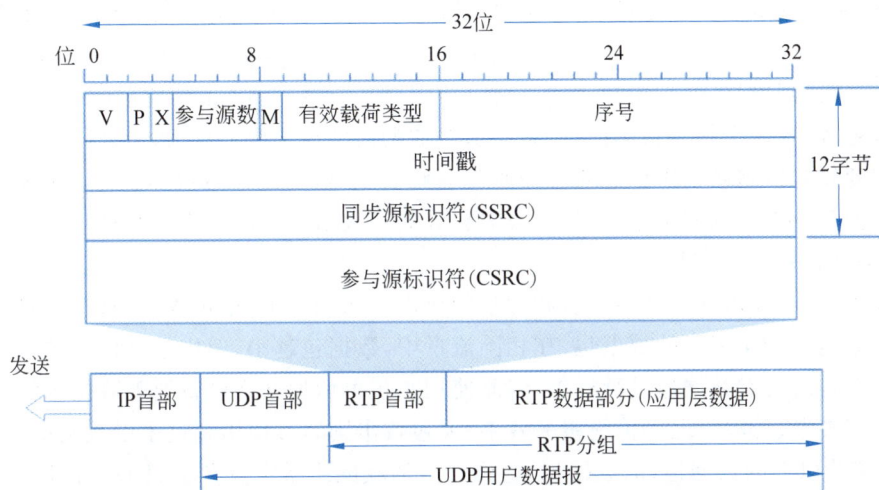

图 4-17　RTP 报文头格式

2. 快速 UDP 互联网连接协议

快速 UDP 互联网连接协议（Quick UDP Internet Connection，QUIC）是 Google 在 2013 年推出的一种新的传输协议，整合了 TCP 的可靠性和 UDP 的速度和效率。QUIC 近年来逐渐成为 Google 服务网络通信的默认协议的重要原因之一是其提升了用户体验，为用户提供更快的页面加载速度和在音视频中更少的停顿。其核心特点如下。

（1）建立连接时的低时延。HTTPS 的一次完全握手的建立连接过程需要 3 个 RTT（TCP 握手＋TLS 握手），QUIC 由于是在 UDP 的基础上增加了加密握手，实现了 0-RTT 的安全握手。

（2）改进了拥塞控制。TCP 的拥塞控制包含了慢启动、拥塞避免、快速重传、快速恢复四个算法。QUIC 在此基础上进行改进。QUIC 通过 UDP 实现丢失恢复，支持多路复用连接，将拥塞控制转移到应用程序和用户空间，使得协议能够快速演进。

（3）加密认证。TCP 头部没有任何加密和认证，需要和 SSL/TLS 结合使用实现保密性。QUIC 中几乎所有的报文都是经过认证和加密的，对 QUIC 报文进行的任何修改都能被接收端察觉。

（4）实现了连接迁移。由于客户端不可控和网络环境经常变化，导致 TCP 连接的四元组中的元素发生变化,需要重新建立 TCP 连接。连接迁移是即使 IP 和端口发生变化,连接依然能够维持,保证业务逻辑不会中断。QUIC 连接不再以 IP 及端口四元组表示,而是以一个 64 位的随机数作为 ID 来标识,只要 ID 不变,这条连接依然维持着,上层业务逻辑感知不到变化,不会中断,也就不需要重连。

4.3.3　UDP 泛洪攻击与防御

UDP 泛洪攻击是拒绝服务(Denial Of Service,DoS)攻击中最普遍的流量型攻击。UDP 泛洪攻击利用 UDP 无状态的特性,向目标主机和网络发送大量的 UDP 数据报,造成目标主机显著的计算负载提升,或者目标网络的网络拥塞,从而导致目标主机和目标网络陷入不可用的状态。

为了达到短时间内发送大量的流量,UDP 泛洪一般会采用分布式拒绝服务(Distributed Denial of Service,DDoS)攻击的方式。通过恶意代码的传播尽可能控制更多的主机,组成僵尸网络,然后由攻击者控制上传 UDP 泛洪工具,并对指定的目标实施分布式拒绝服务攻击,完全耗尽目标网络的带宽,造成彻底的拒绝服务攻击;另外,为了提高攻击的效果和变得难以追溯,UDP 泛洪攻击通常会结合 IP 源地址欺骗技术。一方面避免反馈包淹没或消耗攻击机的网络带宽,另一方面也隐藏了攻击主机的真实 IP 地址。

1. UDP 泛洪攻击方式

一般情况下,攻击者会使用小包和大包的攻击方法。其中,小包攻击是以太网传输数据值最小数据包,即 64 字节的数据包,在相同流量中,数据包越小,使用数量也就越多。同时,由于网络设备需要对数据包进行检查,因此使用小包可增加网络设备处理数据包的压力,容易产生处理缓慢、传输延迟等拒绝服务效果;大包攻击则通过使用超过了以太网最大传输单元(1500 字节以上的数据包)的数据包,达到严重消耗网络带宽资源的目的。目标服务器在接收到大包后需要进行分片和重组,因此会消耗设备性能,造成网络拥堵。

2. UDP 泛洪攻击原理

由于 UDP 是一种无连接的协议,使用 UDP 传输报文之前,客户端和服务器之间不建立连接。如果在从客户端到服务器的传递过程中出现报文的丢失,协议本身也不做任何检测或提示。这种报文处理方式决定了 UDP 资源消耗小、处理速度快,在被广泛应用的同时也为攻击者发动 UDP 泛洪攻击提供了可能。

如图 4-18 所示,传统 UDP 泛洪攻击是一种消耗攻击和被攻击双方资源的带宽类攻击方式。攻击者通过僵尸网络向目标设备发送大量伪造的 UDP 报文,这种报文一般为大包且速率非常快,通常会造成链路拥塞甚至网络瘫痪。这种攻击方式由于技术含量较低,现在已经越来越少被使用。

3. UDP 泛洪攻击的防御

UDP 泛洪攻击可以通过传入网络流量的突然激增来识别。网络运维人员定期监控网络流量,在有任何攻击迹象时,可以采取措施将损害降至最低。

(1)限流。

该方法的基本思路是利用 DDoS 防护系统对 UDP 报文进行限流,将链路中的 UDP 报文控制在合理的带宽范围之内。可以采取两种方式对 UDP 泛洪进行限流:

① 以某个 IP 地址作为统计对象,对到达这个 IP 地址的 UDP 流量进行统计并限流,超

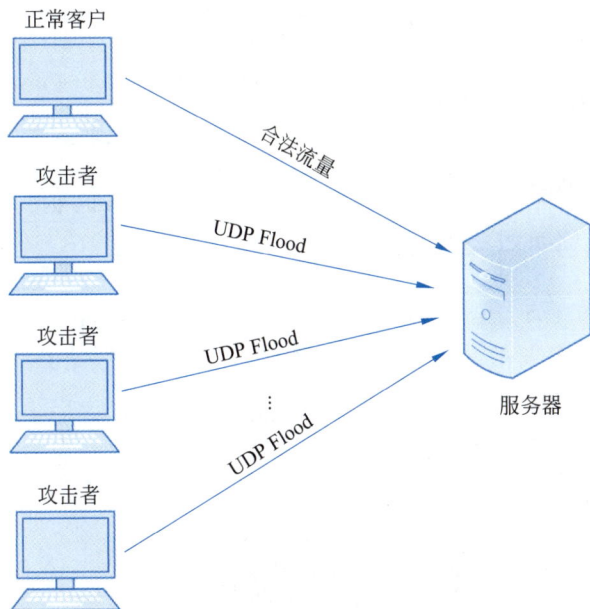

图 4-18　UDP 泛洪攻击示意图

过部分丢弃。

②　以 UDP 会话作为统计对象，如果某条会话上的 UDP 报文速率达到了告警阈值，这条会话就会被锁定，后续命中这条会话的 UDP 报文都被丢弃。

限流虽然可以有效缓解链路带宽的压力，但是这种方式简单粗暴，容易对正常业务造成误判。

（2）指纹学习。

一般来说，黑客为了加大攻击频率，快速、长时间挤占目标的网络带宽，在使用 DDoS 攻击工具实现 UDP Flood 时，会直接在内存中存放一段内容，然后高频发送到目标，所以攻击报文具有很高的相似性（例如，都包含某一个字符串，或整个报文内容一致）；而正常业务的每个 UDP 报文负载内容一般都是不一样的。所以，DDoS 防护系统可以通过收集具有相同特征的字符串来检测 UDP 泛洪攻击，这样可以有效降低误报率。

DDoS 防护系统对到达指定目的地的 UDP 报文进行统计，当 UDP 流量超过阈值时，触发指纹学习。指纹学习就是对一些有规律的 UDP 攻击报文负载特征进行识别，并且自动提取出指纹特征，然后把这个提取的特征作为过滤条件，自动应用并进行过滤。如果相同的特征频繁出现，就会被学习成指纹，后续命中该指纹的报文将被判定为攻击报文，并作为攻击特征进行过滤。如图 4-19 所示，根据指纹学习的结果丢弃匹配的用户数据报，转发未匹配指纹的数据报。目前，市面上绝大多数的 DDoS 防护系统产品均采用指纹学习的方法来防御 UDP 泛洪攻击。

4.3.4　UDP 反射放大攻击与防御

传统的 UDP 泛洪攻击中，攻击者试图消耗目标系统的带宽，但同时也不可避免地消耗自己的网络资源。UDP 泛洪攻击本质上是一场双方资源拼耗的竞争，这种攻击方式没有技

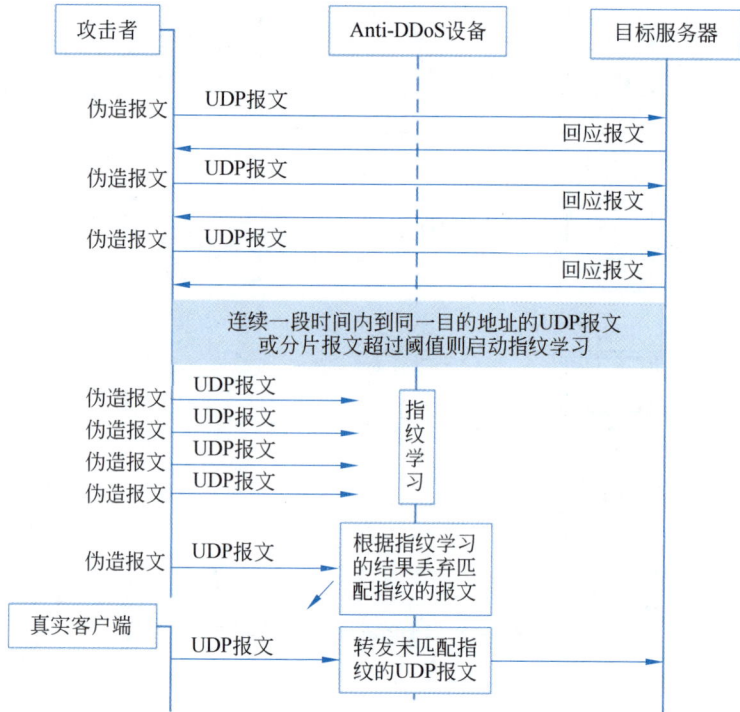

图 4-19　指纹学习

术含量。现在越来越少的黑客使用这种方式,取而代之的是 UDP 反射放大攻击。

1. 反射和放大攻击

反射攻击是指利用路由器、服务器等设施(称为反射器)对请求产生应答,从而反射攻击流量并隐藏攻击来源的一种 DDoS 攻击技术。在进行反射攻击时,攻击者使用受控主机发送大量数据包。这些数据包的目的 IP 指向反射器设施,而源 IP 地址被伪造为被攻击目标的 IP 地址。反射器收到数据包,会将响应数据发送给被攻击目标。发动反射攻击通常使用无须认证或握手的协议,因此绝大多数的反射攻击都是基于 UDP 的网络服务进行。相比直接伪造源地址的 DDoS 攻击,反射攻击由于增加了一个反射步骤,更加难以追溯攻击来源。

基于反射原理,放大攻击利用反射器提供的一些网络服务协议存在请求和响应数据量不对称的情况,响应数据量远远大于请求数据量。利用这些协议进行反射放大攻击所造成的威胁是巨大的。基于 UDP 的反射 DDoS 攻击是此类攻击的一种实现形式。攻击者不是直接发起对攻击目标的攻击,而是利用互联网中某些服务开放的服务器(如 Memcached),通过伪造被攻击者地址的方式,向该服务器发送基于 UDP 服务的特殊请求报文。数倍于请求报文的响应数据被发送到被攻击主机,从而对后者间接形成 DDoS 攻击。目前有十多种 UDP 可用于反射放大攻击,部分常见的可用于 UDP 反射放大攻击的协议及其理论放大倍数如表 4-1 所示。

2. UDP 反射放大攻击案例

下面以 Memcached 服务作为实例介绍 UDP 反射放大攻击的原理。如图 4-20 所示,Memcached 是一款开源的高性能分布式内存对象缓存系统,用于加速动态 Web 应用,

表 4-1　可用于 UDP 反射放大攻击的协议及其理论放大倍数

协　　议	端　　口	理论放大倍数	协　　议	端　　口	理论放大倍数
DNS	53	28～54	CHARGEN	19	358.8
NTP	123	556.9	TFTP	69	60
SNMP	161	6.3	NETBIOS	138	3.8
SSDP	1900	30.8	Memcached	11211	10000～50000
PORTMAP	111	7～28	WS_Discovery	3702	70～500
QOTD	17	140.3	CLDAP	389	56～70

以减轻数据库负载。它在内存中缓存数据和对象,通过查询缓存数据库,直接返回访问请求。该方式可以有效降低对数据库的访问次数,加快应用程序响应的速度。

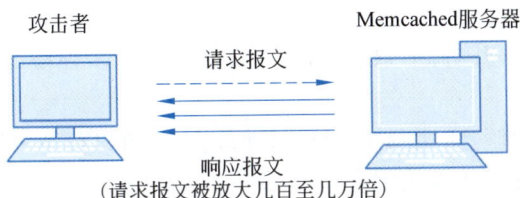

图 4-20　访问 Memcached 服务器

　　根据上述服务机制,攻击者可以借用正常服务,达到攻击的目的。由于 Memcached 支持 UDP 的访问请求,默认将 UDP 端口 11211 对外开放,故攻击者只需要通过快速端口扫描,便可以收集到全球大量的开放了 UDP 11211 端口的 Memcached 服务器,并利用互联网中的这些服务器发起攻击。如图 4-21 所示,攻击者向 Memcached 服务器的 UDP 11211 端口发送伪造源 IP(攻击目标的 IP)的小字节请求,Memcached 服务器在收到该报文后,由于 UDP 未被正确执行,故会产生数万倍大小的响应,并将这一巨大的响应数据包发送给攻击目标。攻击者通过伪造源 IP 地址,诱骗 Memcached 服务器将过大规模的响应包发送给攻击目标的 IP 地址。

图 4-21　攻击者借助 Memcached 服务器发送 UDP 反射放大攻击

　　攻击者如果利用恶意软件的传播来控制大量僵尸主机,等待攻击者或僵尸网络主控服务器发出指令,利用大量僵尸主机作为请求源,向 Memcached 服务器发起请求,并伪造数据包的源 IP 为攻击目标 IP,则向攻击目标返回的响应数据包将呈指数级上升,比原始请求数据包扩大几百至几万倍,如图 4-22 所示。

3. UDP 反射放大攻击的防御

应对 UDP 反射放大攻击,可以考虑限速、指纹学习、添加白名单、针对地理位置设置过

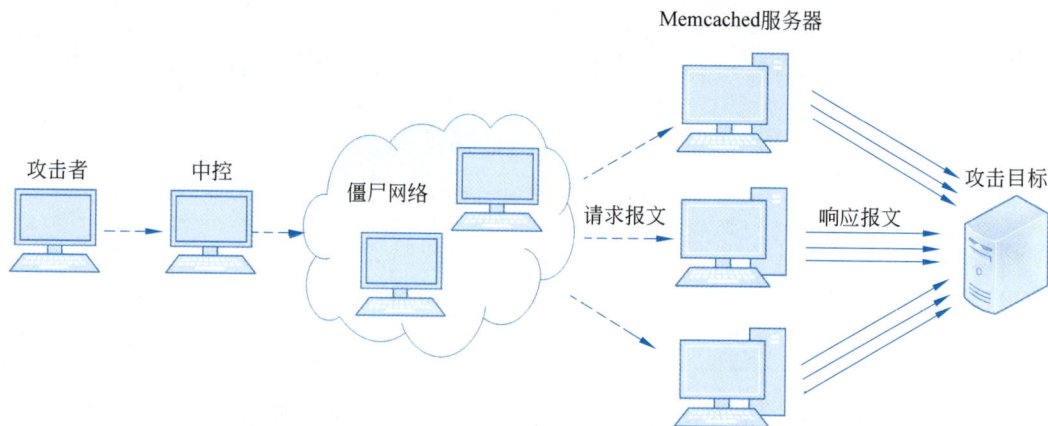

图 4-22　利用僵尸网络发动 UDP 反射放大攻击

滤器等防护方法。

（1）限速。通过对源 IP、源端口、目标 IP、目标端口的多种搭配组合进行限速控制，实现灵活有效的防护策略。

① 目标 IP＋源端口限速：用于控制反射性攻击，且可以预防未知的反射协议。

② 源 IP 限速：单个请求源 IP 的整体控制。

③ 目标 IP 限速：单个攻击目标 IP 的整体可用性控制。

④ 源 IP＋源端口限速：可以降低部分大客户源 IP 在访问请求时的副作用影响。

⑤ 目标 IP＋目标端口限速：适用于目标 IP 端口开发范围较大时，可提高业务端口可用率，降低目标整体影响。

（2）指纹学习。学习检查 UDP 报文中的负载内容，自动提取攻击指纹特征，基于攻击特征自动进行丢弃或者限速等动作。

（3）添加白名单。对于已知的 UDP 反射协议，如 DNS 服务器的 IP 地址添加为白名单，除此之外的其他源 IP 的 53 端口请求包全部封禁，使 UDP 反射放大攻击的影响面降低。

（4）设置地理位置过滤器。针对业务用户的地理位置特性，在遇到 UDP 反射放大攻击时，优先从用户量最少的地理位置的源 IP 进行封禁阻断，直到将异常地理位置的源 IP 请求全部封禁，使流量降至服务器可处理的范围之内，可有效减轻干扰流量。

4.4　SSL

SSL 协议位于传输层的面向连接的 TCP 之上，为两个通信对等实体之间提供了保密性、完整性以及鉴别服务。

（1）保密性：通过加密方式确保数据在传输过程中不被泄密。

（2）完整性校验：验证数据在传输过程中未被伪造或篡改。

（3）鉴别服务：验证通信双方身份的真实性。

4.4.1　SSL 体系结构

从协议栈层次关系来看，SSL 位于应用层和传输层之间，故基于 SSL 保护的高层应用报文需要首先封装在 SSL 报文中,然后将 SSL 报文封装在传输层报文再进行投递传输。SSL 由 4 个协议组成,分别为 SSL 握手协议、更改密码规范协议、SSL 警告协议以及 SSL 记录协议。SSL 在 TCP/IP 中的位置及其 4 个协议之间的关系如图 4-23 所示。

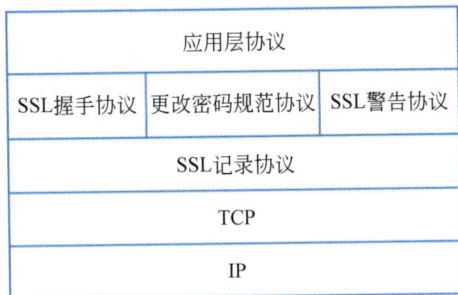

应用层协议		
SSL握手协议	更改密码规范协议	SSL警告协议
SSL记录协议		
TCP		
IP		

图 4-23 SSL 在 TCP/IP 中的地位及 4 个协议之间的关系

1. SSL 握手协议

在 SSL 握手协议(Handshake Protocol)中,客户端和服务器基于非对称加密算法相互鉴别,协商加密算法和基于对称加密算法的会话密钥,此后在记录协议中使用这个密钥来加密客户端和服务器间的通信信息。SSL 握手协议包括以下三个阶段:建立安全能力、客户端鉴别和密钥交换、握手完成。

(1)建立安全能力。客户端和服务器通过相互发送 Hello 消息,统一 SSL 连接中的参数。客户端先向服务器发送 Client Hello 消息,服务器收到客户端请求后,向客户端回复 Server Hello 消息。

(2)客户端鉴别和密钥交换。基于上一步服务器向客户端回复了 Server Hello 消息后,服务器需要给客户端发送服务器证书;在客户端收到服务器证书后,通过验证服务器证书来验证服务器是否可信任;服务器证书通过客户端验证后,进入密钥协商阶段。

(3)握手完成。客户端和服务器都产生了用于会话的对称密钥后,通过发送 Finished 消息标志握手过程结束。

2. 更改密码规范协议

更改密码规范协议(Change Cipher Spec Protocol)只包含一条消息(Change Cipher Spec)。更改密码规范协议消息是在握手过程中的安全参数协商好之后、握手协议的 Finished 消息之前发送的。客户端和服务器双方都可以发送,目的是通知对方启用协商好的安全参数,随后的消息都将用这些参数保护。

3. SSL 警告协议

警告协议(Alert Protocol)将警告消息及其严重程度传递给 SSL 会话中的主体。警告消息使用当前连接状态所指定的方式来压缩和加密。警告协议包括两种功能:一是提供了报错机制,即通信过程中若某一方发现了问题,它会利用该协议通告对等端;二是提供了安全断连机制,即以一种可认证的方式关闭连接。如果警告信息有一个致命的错误,则通信双方应立即关闭连接。双方都需要舍弃任何与该失败的连接相关联的会话标识符、密钥等。对于所有的非致命的错误,双方可以缓存信息以恢复该连接。

4. SSL 记录协议

记录协议(Record Protocol)是 SSL 的数据承载协议,建立在可靠的传输协议(如 TCP)

基础上,用来封装高层协议。它规定了 SSL 的报文格式以及对报文的处理过程,负责把上层的数据分块进行压缩,并在尾部加基于哈希的消息认证码(Hash-based Message Authentication Code,HMAC)保证数据的完整性,最后使用握手协议协商好的保密参数加密。握手报文及应用数据都要封装成"记录"的形式投递。

SSL 记录协议提供的服务包括消息的机密性和完整性等。在 SSL 记录协议中,所有的传输数据都被封装在记录协议中。记录报文由记录头和长度不为零的记录集数据组成,SSL 记录协议包括对记录头和记录数据格式的规定,如图 4-24 所示。

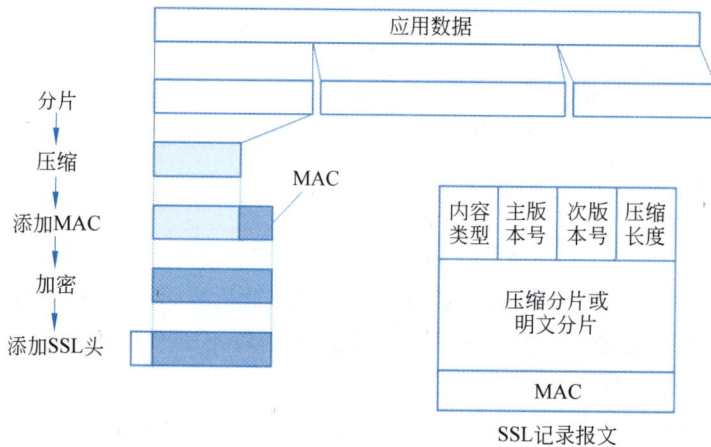

图 4-24   SSL 记录协议

记录协议对原始数据的加密过程如下:

(1) 把来自上层协议的数据进行分组。

(2) 对每个分组进行压缩,形成压缩数据。

(3) 发送端根据压缩数据和其 MAC secret 密钥计算压缩数据的消息摘要。

(4) 发送端把发送的压缩数据和消息摘要一起使用其 Write secret 加密。

(5) 在密文上增加 SSL 记录头。

4.4.2   SSL 连接与会话

SSL 中有两个重要的概念:连接(Connection)和会话(Session)。其中,SSL 连接是指能够提供合适服务类型的传输,在 OSI 分层模型中定义为传输层提供的服务。在 SSL 中,连接是点对点关系,每个 SSL 连接在特定的通信过程中存在,而且每个连接都与一个会话相关,这表示 SSL 连接是暂时的。SSL 会话是指客户端和服务器之间的 SSL 协议对等实体之间的关联。SSL 会话是由握手协议创建的,这个握手协议定义了一组密码安全参数,这些参数可以被多个连接共用。因此,一次成功的握手协议会创建一个 SSL 会话,这个会话中包含了安全通信所需的密码参数,然后多个 SSL 连接可以共享这些密码安全参数,提高效率。

SSL 的每个会话和连接都包含一些参数,连接状态参数和会话状态参数分别如表 4-2 和表 4-3 所示。

总之,SSL 连接是为了在客户端和服务器之间建立安全的传输,而 SSL 会话则是为了提高效率,通过定义一组可被多个连接共享的密码安全参数,减少重复的安全协商过程。

表 4-2　连接状态参数

参　数　名	说　　明
随机字	每个连接中服务器和客户端选择的字节序列
服务器写 MAC 密钥	服务器发送数据时用于计算 MAC 使用的密钥
客户端写 MAC 密钥	客户端发送数据时用于计算 MAC 使用的密钥
服务器写密钥	服务器对数据加密和客户端对数据解密时使用的对称密钥
客户端写密钥	客户端对数据加密和服务器对数据解密时使用的对称密钥
初始化向量	被握手协议初始化后,每个记录集密文块作为下一个记录的初始化向量
序列号	为连接的传输和接收报文生成单独的序列号

表 4-3　会话状态参数

参　数　名	说　　明
会话标识符	由服务器产生的用来确定活动或可恢复的会话状态的一个随机字节序列
对等实体证书	对等实体的 X.509v3 证书,该状态的元素可为空
压缩方法	加密前用于压缩数据的算法
加密规格	指定批量数据加密算法和用于 MAC 计算的哈希算法,指定密码属性
主控密钥	由客户端和服务器共享的 48 位密码
是否可恢复	用来确定会话是否可用于初始化新连接的标志

4.4.3　SSL 协议流程

本节以 SSLv3 为例讨论。一次典型的 SSLv3 通信过程将完成以下功能:
- 在传输应用数据之前,必须先进行协商,以便客户端验证服务器的身份,并与服务器就算法和密钥达成共识;
- 在数据传输阶段,双方利用协商好的算法和密钥处理应用数据;
- 数据传输完成后,通过可认证的方式断开连接。

整个通信过程如图 4-25 所示。客户端发起三次握手与服务器建立 TCP 连接,一旦连接建立成功,就进入 SSL 握手和数据传输阶段。

每个通信消息的功能及包含的内容如下。

(1) 客户端向服务器发送 Client Hello 消息,其中包含了客户端所支持的各种算法和一个随机数。这个随机数将应用于各种密钥的推导,并可以防止重放攻击。

(2) 服务器返回 Server Hello 消息,其中包含了服务器选中的算法及另一个随机数。这个随机数的功能与客户端发送的随机数功能相同。

(3) 服务器返回 Certificate 消息,其中包含了服务器的证书,以便客户端认证服务器的身份,并获取其公钥。

(4) 服务器发送 Server Hello Done,告诉客户端本阶段的消息已经发送完成。由于服务器方的某些握手消息是可选的,因此需要通过发送 Server Hello Done 消息以通告客户端

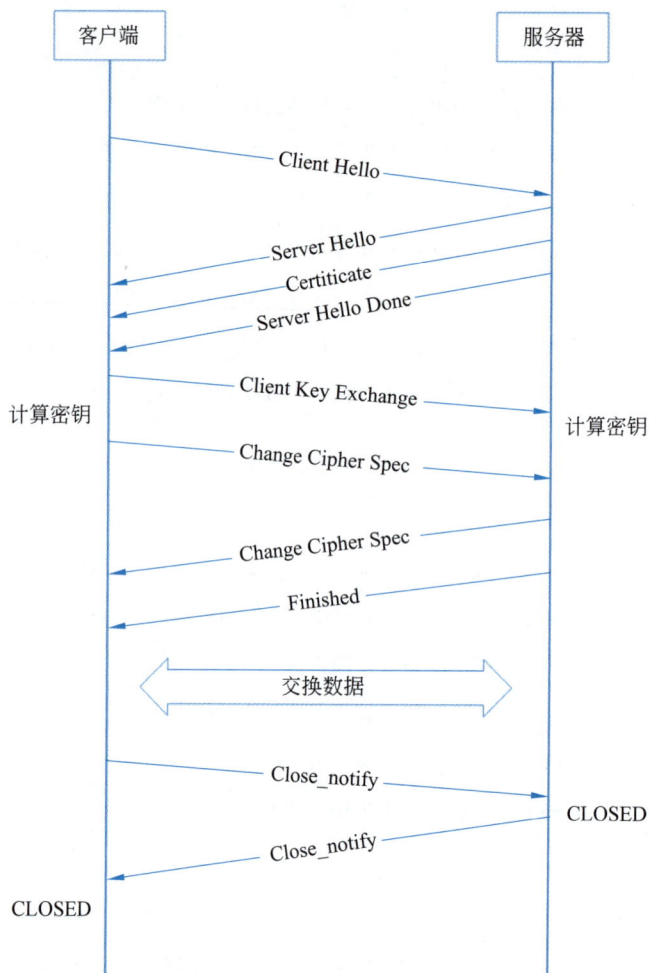

图 4-25　SSL 协议交互流程

是否发送这些可选的消息。

（5）客户端向服务器发送 Client Key Exchange 消息，其中包含了客户端生成的"预主密钥"，并使用服务器公钥进行了加密处理。

（6）客户端和服务器各自以预主密钥和随机数作为输入，在本地计算所需的会话密钥。

（7）客户端向服务器发送 Change Cipher Spec 消息，以通告启用协商好的各项参数。

（8）服务器向客户端发送 Change Cipher Spec 消息。

（9）服务器向客户端发送 Finished 消息。至此 SSL 握手阶段结束，进入数据传输阶段。

（10）客户端和服务器之间交互应用数据，它们都使用协商好的参数进行了安全处理。

（11）客户端向服务器发送 Close_notify 消息，以一种可认证的方式通告服务器要断开连接。

（12）服务器向客户端发送 Close_notify 消息。

在上述过程中，经过步骤（1）和步骤（2），通信双方就使用的各种算法达成一致；经过步骤（3）～步骤（5），通信双方共享了一个密钥，即预主密钥 pre_master_secret。它并不直接用于数据保护,而是和双方交互的随机数一起生成会话密钥以保护数据,这个过程由步骤(6)完成。截至步骤(6),算法和密钥已经获取,保护数据的条件已经建立,所以通信双方交互Change Cipher Spec 消息,互相通告对等端随后的消息都用协商好的参数进行处理。上述过程完成后,客户端和服务器分别交互 FIN 和 ACK 报文,断开 TCP 连接,该连接上的通信过程结束。

4.5　TLS

TLS 协议的前身是基于 TCP 的 SSL 协议,在结构上与 SSL 协议相同,本节重点阐述TLS 与 SSL 的不同之处。IETF 在 SSLv3.0 的基础上制定了 TLS1.0 规范,目前已经演进到 TLSv1.3 版本。TLS 基于传输层面向连接的可靠的 TCP,为上层应用提供安全保护。它包含与 SSL 协议相同的两个层和协议(唯一的区别是协议名称中的前缀 SSL 被替换为TLS)。同时,针对传输层无连接的 UDP,TLS 协议经过适配,也可以在 UDP 上运行,被称为数据包传输层安全性协议(Datagram Transport Layer Security,DTLS)。TLS 在逻辑上划分为两层:

(1) TLS 记录协议:通过握手协议建立的密钥,保护高层协议数据,承载的业务不同,加密密钥不同。

(2) TLS 握手协议:用于通信双方相互认证、协商加密模式和参数,以及建立预主密钥。在更高层,TLS 协议包括已经在 SSL 协议中知道的以下四个协议:

① TLS 更改密码规范协议;

② TLS 警告协议;

③ TLS 握手协议;

④ TLS 应用数据。

4.5.1　TLS 连接与会话

TLS 会话的状态元素基本上与 SSL 会话的状态元素相同。在连接级别,SSL 和 TLS协议的规范略有不同:TLS 连接在表 4-4 中总结的安全参数和表 4-5 中总结的状态元素之间进行区分,SSL 协议不进行这种区分,并且仅考虑状态元素。

表 4-4　TLS 连接的安全参数

参　数　名	说　　　明
连接端(Connection End)	包括"客户端"和"服务器"的信息
批量加密算法(Bulk Encryption Algorithm)	包括其密钥大小、是块密码还是流密码等
MAC 算法(MAC Algorithm)	用于消息认证的算法
压缩算法(Compression Algorithm)	数据压缩算法
主控密钥(Master Secret)	在客户端和服务器之间共享的 48 字节密钥
客户端随机(Client Random)	客户端提供的 32 字节值
服务器随机(Server Random)	服务器提供的 32 字节值

表 4-5　TLS 连接的状态元素

参　数　名	说　明
压缩状态(Compression State)	压缩算法的当前状态
加密状态(Cipher State)	加密算法的当前状态
MAC 密钥(MAC Secret)	连接的 MAC 密钥
序列号(Sequence Number)	在特定连接状态下传输的用于记录的 64 位序列号

除了上述区别,SSL 协议和 TLS 协议之间的主要区别在于实际生成所需的密钥材料的方式,TLS 通常使用一种称为 TLS PRF 的结构。还有一些更微妙的差异,这些差异指的是密码套件、证书管理、警告消息等。

4.5.2　TLS PRF

TLS PRF(TLS Pseudo Random Function)是 TLS 协议中用于生成伪随机数据的函数。PRF 主要用于生成密钥材料、初始化向量以及其他与密钥相关的参数。在 TLS 协议中,PRF 的设计是为了解决安全散列函数(Hash Function)长度不足以提供足够密钥材料的问题。TLS PRF 的设计旨在通过合并多个安全散列函数的输出来增强伪随机性。TLS PRF 组合了两个加密散列函数 MD5 和 SHA-1(仅针对 TLS1.0 和 TLS1.1,而对于 TLS1.2 和 TLS1.3 使用的哈希函数是 SHA-256)。其思想是,只要有一个底层散列函数保持安全,得到的 PRF 就应该是安全的。TLS PRF 基于辅助数据扩展函数,称为 P_hash(secret, seed)。该函数使用单个加密散列函数 hash 将密钥和种子扩展为任意长的输出值。

```
P_hash(secret, seed) =
HMAC_hash(secret, A(1) +seed) +
HMAC_hash(secret, A(2) +seed) +
HMAC_hash(secret, A(3) +seed) +...
```

在此表示法中,"+"表示字符串连接运算符,A 表示递归,定义为

```
A(0) =seed
A(i) =HMAC_hash(secret, A(i-1))
```

TLS PRF 的内部结构如图 4-26 所示,密钥被分成两半: S1 和 S2。S1 取自密钥的左半部分,S2 取自密钥的右半部分。S1、标签和种子的级联被输入 P_MD5,而 S2、标签和种子的级联被输入 P_SHA-1。最后,两个输出值都经过逐位加法模 2(XOR)。这种构造可以正式表达为

```
PRF(secret, label, seed) =P_MD5(S1,label +seed) XOR P_SHA (S2,label +seed)
```

4.5.3　TLS 报文分析

下面以访问百度为例,来分析 TLS 协议交互过程。该站点服务器的 IP 地址为 180.101.50.242。在 Wireshark 软件中设置捕捉过滤器的过滤条件为 ip host 180.101.50.242,开始捕获数据包。在客户端的浏览器地址栏中输入 https://www.baidu.com 进行访问。

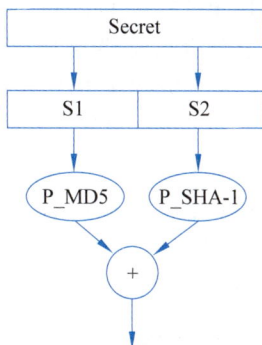

图 4-26　TLS PRF 的内部结构（用于 TLS 1.0 和 TLS 1.1）

为了更清楚地看到 TLS 握手过程，可以进一步添加过滤条件 TLS，如图 4-27 是经过筛选的与 TLS 协议相关的数据包。从抓包结果可以看到，在 TCP 连接建立以后，客户端首先发出如图 4-28 所示的客户端请求（Client Hello）记录，其中，Client Hello 记录中包含了它所支持的一系列密码加密套件（Cipher Suite）。

No.	Time	Source	Destination	Protocol	Lengtl	Info
68	4.470190	172.20.10.3	180.101.50.242	TLSv1.2	571	Client Hello (SNI=www.baidu.com)
71	4.475691	172.20.10.3	180.101.50.242	TLSv1.2	651	Client Hello (SNI=www.baidu.com)
73	4.520593	180.101.50.242	172.20.10.3	TLSv1.2	1454	Server Hello
77	4.525867	180.101.50.242	172.20.10.3	TLSv1.2	1053	Certificate, Server Key Exchange, Server Hello Done
79	4.527438	172.20.10.3	180.101.50.242	TLSv1.2	180	Client Key Exchange, Change Cipher Spec, Encrypted Handshake Message
81	4.527584	172.20.10.3	180.101.50.242	TLSv1.2	679	Application Data

图 4-27　与 TLS 协议相关的数据包

```
∨ TLSv1.2 Record Layer: Handshake Protocol: Client Hello
    Content Type: Handshake (22)
    Version: TLS 1.0 (0x0301)
    Length: 512
  ∨ Handshake Protocol: Client Hello
      Handshake Type: Client Hello (1)
      Length: 508
      Version: TLS 1.2 (0x0303)
    > Random: 390efaeaa7994935f0967d8e7d4adb816fe17c0ffa915230f96a8ad199b1ae03
      Session ID Length: 32
      Session ID: 2713b4dee719ac4d36cf0c4a75f6781065bcffa51eaad5d7f0d79f4c8c6a34c1
      Cipher Suites Length: 32
    ∨ Cipher Suites (16 suites)
        Cipher Suite: Reserved (GREASE) (0x5a5a)
        Cipher Suite: TLS_AES_128_GCM_SHA256 (0x1301)
        Cipher Suite: TLS_AES_256_GCM_SHA384 (0x1302)
        Cipher Suite: TLS_CHACHA20_POLY1305_SHA256 (0x1303)
        Cipher Suite: TLS_ECDHE_ECDSA_WITH_AES_128_GCM_SHA256 (0xc02b)
        Cipher Suite: TLS_ECDHE_RSA_WITH_AES_128_GCM_SHA256 (0xc02f)
        Cipher Suite: TLS_ECDHE_ECDSA_WITH_AES_256_GCM_SHA384 (0xc02c)
        Cipher Suite: TLS_ECDHE_RSA_WITH_AES_256_GCM_SHA384 (0xc030)
        Cipher Suite: TLS_ECDHE_ECDSA_WITH_CHACHA20_POLY1305_SHA256 (0xcca9)
        Cipher Suite: TLS_ECDHE_RSA_WITH_CHACHA20_POLY1305_SHA256 (0xcca8)
        Cipher Suite: TLS_ECDHE_RSA_WITH_AES_128_CBC_SHA (0xc013)
        Cipher Suite: TLS_ECDHE_RSA_WITH_AES_256_CBC_SHA (0xc014)
        Cipher Suite: TLS_RSA_WITH_AES_128_GCM_SHA256 (0x009c)
        Cipher Suite: TLS_RSA_WITH_AES_256_GCM_SHA384 (0x009d)
        Cipher Suite: TLS_RSA_WITH_AES_128_CBC_SHA (0x002f)
        Cipher Suite: TLS_RSA_WITH_AES_256_CBC_SHA (0x0035)
```

图 4-28　客户端请求（Client Hello）

服务器在收到客户端发来的 Client Hello 包之后,会返回一个 Server Hello 包给客户端。如图 4-29 所示,Server Hello 中包含服务器生成的 Random 随机数、TLS 协议版本、Sesssion ID 和数据压缩方法,最主要的是返回了服务器根据 Client Hello 中的参数最终选择的加密套件。

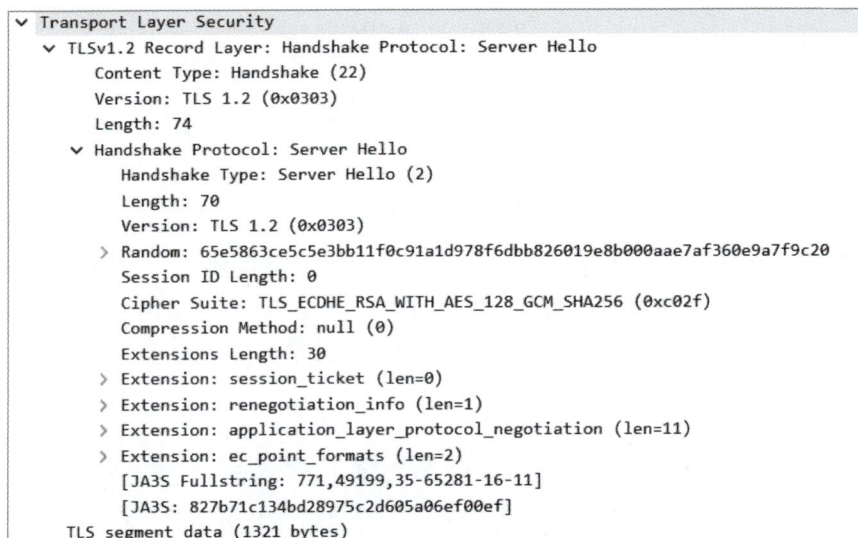

```
∨ Transport Layer Security
  ∨ TLSv1.2 Record Layer: Handshake Protocol: Server Hello
      Content Type: Handshake (22)
      Version: TLS 1.2 (0x0303)
      Length: 74
    ∨ Handshake Protocol: Server Hello
        Handshake Type: Server Hello (2)
        Length: 70
        Version: TLS 1.2 (0x0303)
      > Random: 65e5863ce5c5e3bb11f0c91a1d978f6dbb826019e8b000aae7af360e9a7f9c20
        Session ID Length: 0
        Cipher Suite: TLS_ECDHE_RSA_WITH_AES_128_GCM_SHA256 (0xc02f)
        Compression Method: null (0)
        Extensions Length: 30
      > Extension: session_ticket (len=0)
      > Extension: renegotiation_info (len=1)
      > Extension: application_layer_protocol_negotiation (len=11)
      > Extension: ec_point_formats (len=2)
        [JA3S Fullstring: 771,49199,35-65281-16-11]
        [JA3S: 827b71c134bd28975c2d605a06ef00ef]
    TLS segment data (1321 bytes)
```

图 4-29 服务器请求 Server Hello

加密套件规定了从数据交换身份验证到会话加密、消息加密的算法约定,可以看到在服务器回应的 Server Hello 中指定了之前的密码套件之一{TLS_ECDHE_RSA_WITH_AES_128_GCM_SHA256},其含义如下:

(1) TLS:表明了加密套件的协议。

(2) ECDHE(Elliptic Curve Diffie-Hellman Ephemeral):表明了密钥交换的非对称加密算法。

(3) RSA(Rivest Shamir Adleman):表明了签名加密算法、握手期间的身份认证机制,用于进行证书验证。

(4) AES_128_GCM:在 Galois/Counter 模式下具有 128 位密钥的高级加密标准,用于加密数据的对称加密算法。

(5) SHA256(Secure Hash Algorithm 256):用以验证数据完整性。

服务器在返回了 Server Hello 数据包之后,紧接着向客户端返回自己的证书 Certificate 和一个 Server Key Exchange 记录,用于密钥协商,最后再发送一个 Server Hello Done 告诉客户端 SSL 第一次握手结束了,如图 4-30 所示。

客户端在收到服务器发送来的 Sever Hello Done 包之后,开始验证证书的有效性,如果证书有效,才会继续进行下一步。证书验证通过后,客户端向服务器发送的主要有以下几个参数,如图 4-31 所示。

(1) 客户端密钥交换(Client Key Exchange)记录包含预主密钥(Pre-Master Secret)。从图中可以看到双方协议使用 EC Diffie-Hellman 进行加密传输,使用服务器公钥进行加密,发送给服务器,使用前面 Client Hello 和 Server Hello 过程中生成的随机数,结合 Pre-

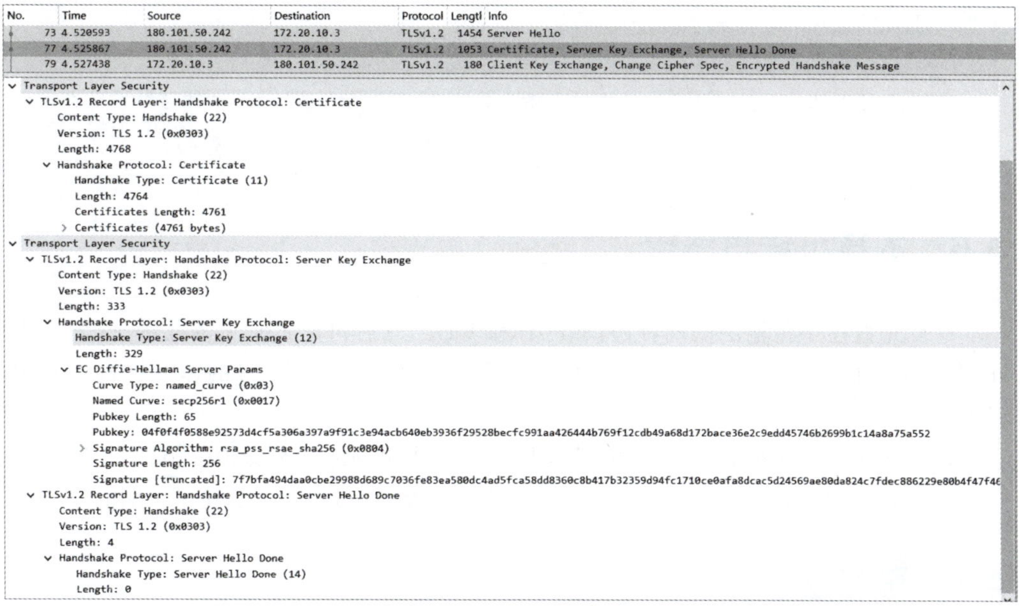

No.	Time	Source	Destination	Protocol	Lengtl	Info
73	4.520593	180.101.50.242	172.20.10.3	TLSv1.2	1454	Server Hello
77	4.525867	180.101.50.242	172.20.10.3	TLSv1.2	1053	Certificate, Server Key Exchange, Server Hello Done
79	4.527438	172.20.10.3	180.101.50.242	TLSv1.2	180	Client Key Exchange, Change Cipher Spec, Encrypted Handshake Message

```
∨ Transport Layer Security
  ∨ TLSv1.2 Record Layer: Handshake Protocol: Certificate
      Content Type: Handshake (22)
      Version: TLS 1.2 (0x0303)
      Length: 4768
    ∨ Handshake Protocol: Certificate
        Handshake Type: Certificate (11)
        Length: 4764
        Certificates Length: 4761
      > Certificates (4761 bytes)
∨ Transport Layer Security
  ∨ TLSv1.2 Record Layer: Handshake Protocol: Server Key Exchange
      Content Type: Handshake (22)
      Version: TLS 1.2 (0x0303)
      Length: 333
    ∨ Handshake Protocol: Server Key Exchange
        Handshake Type: Server Key Exchange (12)
        Length: 329
      ∨ EC Diffie-Hellman Server Params
          Curve Type: named_curve (0x03)
          Named Curve: secp256r1 (0x0017)
          Pubkey Length: 65
          Pubkey: 04f0f4f0588e92573d4cf5a306a397a9f91c3e94acb640eb3936f29528becfc991aa426444b769f12cdb49a68d172bace36e2c9edd45746b2699b1c14a8a75a552
        > Signature Algorithm: rsa_pss_rsae_sha256 (0x0804)
          Signature Length: 256
          Signature [truncated]: 7f7bfa494daa0cbe29988d689c7036fe83ea580dc4ad5fca58dd8360c8b417b32359d94fc1710ce0afa8dcac5d24569ae80da824c7fdec886229e80b4f47f46
  ∨ TLSv1.2 Record Layer: Handshake Protocol: Server Hello Done
      Content Type: Handshake (22)
      Version: TLS 1.2 (0x0303)
      Length: 4
    ∨ Handshake Protocol: Server Hello Done
        Handshake Type: Server Hello Done (14)
        Length: 0
```

图 4-30　证书、服务器密钥交换记录和服务器请求结束记录

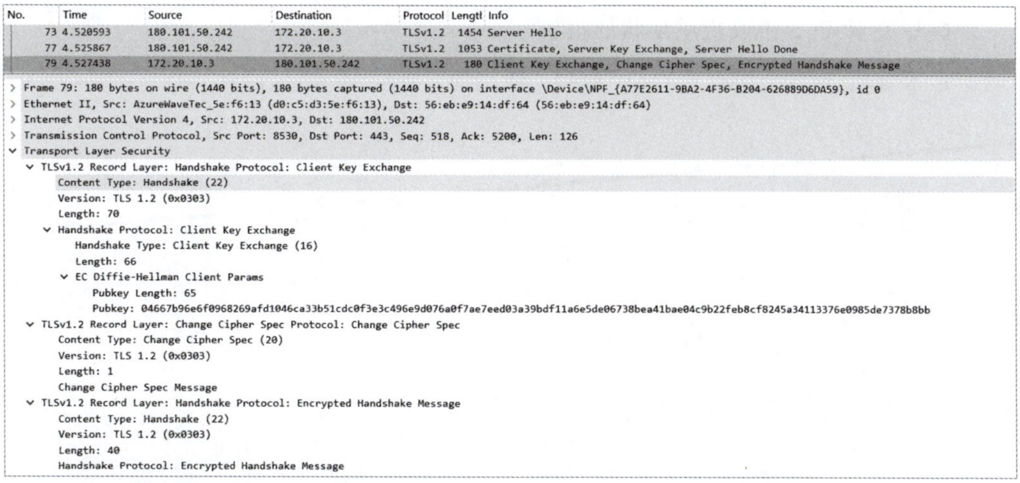

No.	Time	Source	Destination	Protocol	Lengtl	Info
73	4.520593	180.101.50.242	172.20.10.3	TLSv1.2	1454	Server Hello
77	4.525867	180.101.50.242	172.20.10.3	TLSv1.2	1053	Certificate, Server Key Exchange, Server Hello Done
79	4.527438	172.20.10.3	180.101.50.242	TLSv1.2	180	Client Key Exchange, Change Cipher Spec, Encrypted Handshake Message

```
> Frame 79: 180 bytes on wire (1440 bits), 180 bytes captured (1440 bits) on interface \Device\NPF_{A77E2611-9BA2-4F36-B204-626889D6DA59}, id 0
> Ethernet II, Src: AzureWaveTec_5e:f6:13 (d0:c5:d3:5e:f6:13), Dst: 56:eb:e9:14:df:64 (56:eb:e9:14:df:64)
> Internet Protocol Version 4, Src: 172.20.10.3, Dst: 180.101.50.242
> Transmission Control Protocol, Src Port: 8530, Dst Port: 443, Seq: 518, Ack: 5200, Len: 126
∨ Transport Layer Security
  ∨ TLSv1.2 Record Layer: Handshake Protocol: Client Key Exchange
      Content Type: Handshake (22)
      Version: TLS 1.2 (0x0303)
      Length: 70
    ∨ Handshake Protocol: Client Key Exchange
        Handshake Type: Client Key Exchange (16)
        Length: 66
      ∨ EC Diffie-Hellman Client Params
          Pubkey Length: 65
          Pubkey: 04667b96e6f0968269afd1046ca33b51cdc0f3e3c496e9d076a0f7ae7eed03a39bdf11a6e5de06738bea41bae04c9b22feb8cf8245a34113376e0985de7378b8bb
  ∨ TLSv1.2 Record Layer: Change Cipher Spec Protocol: Change Cipher Spec
      Content Type: Change Cipher Spec (20)
      Version: TLS 1.2 (0x0303)
      Length: 1
      Change Cipher Spec Message
  ∨ TLSv1.2 Record Layer: Handshake Protocol: Encrypted Handshake Message
      Content Type: Handshake (22)
      Version: TLS 1.2 (0x0303)
      Length: 40
      Handshake Protocol: Encrypted Handshake Message
```

图 4-31　客户端密钥交换记录、密码改变记录以及加密的握手消息记录

Master 计算出加密密钥。

（2）密码改变（Change Cipher Sepc）记录告诉服务器已经计算好加密密钥，后续将会采用协商的密钥进行加密传输。

（3）加密的握手消息（Encrypted Handshake Message）记录中，计算前面向服务端发送的数据生成一个 Hash 作为摘要，并且使用协商密钥加密后，发送到服务端进行数据和握手验证。

如图 4-32 所示，在应用数据（Application Data）中可以看到已经使用本次对话协商和交换好对称加密密钥交换数据。

```
✓ Transport Layer Security
  ✓ TLSv1.2 Record Layer: Application Data Protocol: Hypertext Transfer Protocol
      Content Type: Application Data (23)
      Version: TLS 1.2 (0x0303)
      Length: 2020
      Encrypted Application Data [truncated]: 00000000000000014bf4e0ec80207ee6211b7f2fb31bc0972c0eb6504780893262ccd9dc358674f54dbc7964beee09fd33392a1da344fd15ec3658
      [Application Data Protocol: Hypertext Transfer Protocol]
```

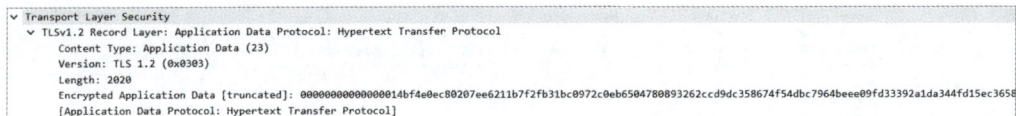

图 4-32　应用数据

‖ 4.6　本章小结与展望

本章首先概述了传输层的两种协议 TCP 和 UDP,然后讨论了常见的几种 TCP 攻击和 UDP 攻击原理及防范策略,最后介绍了传输层安全协议 SSL 和 TLS 的体系结构和基本工作流程。

随着用户对隐私保护意识的增强,传输层需要提供更强的隐私保护措施,用于防止流量分析和其他形式的隐私泄露。另外,需要考虑后量子密码学的发展,以确保长期的安全性。

‖ 4.7　思考题

1. 查找相关资料,了解针对 SSL 的攻击方法。
2. 撰写关于 TLS 协议应用现状的报告。

第 5 章 应用层协议安全

随着互联网的迅速发展和普及,各种网络应用层出不穷,而应用层协议作为网络通信的核心组件,其安全性显得尤为重要。在日常生活中,无论是浏览网页、在线购物,还是使用即时通信工具,都离不开应用层协议的支撑。本章主要探讨五种常见协议——DNS、HTTP、邮件传输协议、DHCP 和 FTP 面临的安全威胁、攻击方式和防御措施。针对每种协议,首先介绍其基本原理和功能,然后分析可能的安全风险和常见攻击手段,最后提出相应的安全防护和防御措施。

教学目标

- 理解和掌握 DNS、HTTP、邮件传输协议、DHCP 和 FTP 等应用层协议的基本原理和功能,以及它们在网络通信中的重要性。
- 识别和了解 DNS、HTTP、邮件传输协议、DHCP 和 FTP 等应用层协议面临的主要安全威胁和常见攻击方式。
- 掌握应用层协议常见的防御措施,提高应用层协议的安全性。

5.1 应用层协议概述

应用层协议是一种面向应用程序的通信协议,它位于 OSI/RM 模型的第七层,负责在网络中的不同应用程序之间传输数据。应用层协议不仅定义了数据的格式和传输方式,还提供了一些高级功能,例如错误恢复、流量控制和拥塞控制。具体来说,应用层协议的定义包括以下几点:

(1) 应用进程交换的报文类型,如请求报文和响应报文。

(2) 各种报文类型的语法,如报文中的各个字段及其详细描述。

(3) 字段的语义,即包含在字段中信息的含义。

(4) 进程何时、如何发送报文及对报文进行响应的规则。

应用层协议分为公用协议和专用协议。其中,公用协议由 RFC 文档定义,位于公共领域。例如,Web 的应用层的超文本传输协议 HTTP(RFC 2616)作为公用协议,如果浏览器开发者遵从 HTTP RFC 规则,所开发出的浏览器就能访问任何遵从该文档标准的 Web,并且服务器获取相应的 Web 页面。而专用协议则不能随意应用于公共领域。例如,P2P 文件共享系统大多数使用的是专用应用层协议。

由于应用层协议作为不同系统之间进行数据交流的桥梁,扮演着至关重要的角色。其安全性不仅关系到个体用户的隐私,更关系到整个系统和组织的稳定运行,以及抵御各种恶意攻击的能力。因此确保应用层协议的安全性成为保护信息完整性、机密性和可用性的不可或缺的一环。应用层协议安全涵盖了多方面,包括但不限于认证、授权、数据完整性、机密性和抗拒否认等安全属性。在设计和实施应用层协议时,必须综合考虑这些安全要素,以确保系统和数据的全面保护。

然而,目前应用层协议安全面临诸多挑战。首先,应用层协议涉及的安全技术复杂多样,难以统一管理和维护。不同的协议需要采用不同的安全技术,每种技术的管理和维护都需要专业知识和技能。同时,随着技术的不断发展,新的安全技术也不断涌现,这进一步增加了管理和维护的难度。其次,随着攻击手段的不断升级,应用层协议的安全漏洞也不断被发现。黑客和恶意攻击者不断发明新的攻击手段,如 SQL 注入、跨站脚本攻击、远程命令执行等,这些攻击手段可以利用协议漏洞,对应用程序进行攻击和渗透。此外,移动互联网、物联网等新兴领域的应用层协议安全问题也日益凸显。

‖ 5.2　DNS 协议

视频讲解

5.2.1　域名系统

作为实现域名和 IP 地址相互映射的分布式数据库,域名系统(Domain Name System,DNS)由三大要素组成。

(1) 域:由地理位置或业务类型而联系在一起的计算机集合。

(2) 域名:由字符和(或)数字组成的名称,用于替代主机的 IP 地址。

(3) 域名服务器:提供域名解析服务(将域名映射 IP 地址)的主机。

下面分别介绍域名结构、域名服务器以及域名解析过程。

1. 域名结构

域名的实质是标识和定位计算机或资源层次结构的名字,通常按照从右到左的顺序,由多个标号组成,标号之间用点号(.)分隔。整个域名体系是一个树状结构,从根域名开始,通过一系列的子域名形成完整的域名层次结构。例如,域名 www.baidu.com 由三个标号组成,其中,标号 com 是顶级域名(TLD),标号 baidu 是二级域名,标号 www 是三级域名。

DNS 标准规定域名由英文字母和数字构成,每个子域名的长度不超过 63 个字符,为便于记忆,建议不超过 12 个字符。域名中除了连字符(-)外,不允许使用其他标点符号。域名从左至右,级别由低至高排列,最右边是最高级别的顶级域名。整个域名的总长度不得超过 255 个字符。DNS 不限制域名包含的子域名数量,也不指定各级别域名的具体含义。各级域名由其上级域名管理机构负责管理,顶级域名则由 ICANN 统一管理。这种设计确保了每个域名在全球互联网中的唯一性,并便于构建域名查找机制。

图 5-1 展示了互联网域名体系的结构,它形似一棵倒置的树。树的顶端是根节点,但并没有具体的名称。紧接在根节点下方的一级节点,代表了最高级别的顶级域名。由于根节点本身无名,所以其直接下属的域名就被称作顶级域名。顶级域名可以继续向下划分,形成二级域名。随后,可以进一步细分为三级域名、四级域名等。

2. 域名服务器

域名服务器 DNS 是互联网中的核心组件,负责将易于记忆的域名转换为计算机能够识

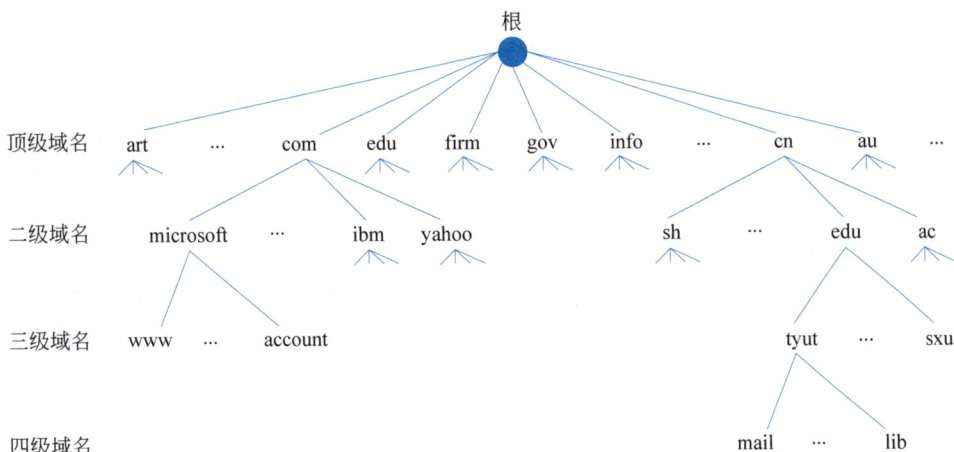

图 5-1　互联网域名体系的结构

别的 IP 地址。DNS 系统在互联网中按照层级结构组织。每个域名服务器负责管理域名体系中的特定部分。根据它们在系统中的功能,域名服务器可以分为以下四种主要类型。

(1) 根域名服务器(Root Name Server):位于域名系统的最高层级,扮演着至关重要的角色。所有根域名服务器都存储着顶级域名服务器的域名和 IP 地址信息。无论哪个本地域名服务器,在解析互联网上的域名时,如果遇到无法直接解析的情况,都会首先向根域名服务器发起查询请求。

(2) 顶级域名服务器(Top-Level Domain,TLD Server):该类服务器专门管理注册在其下的二级域名。当接收到 DNS 查询时,它们会提供相应的响应,它可能直接是查询结果,即域名对应的 IP 地址,或者指引查询者下一步应该联系的域名服务器的 IP 地址。

(3) 权限域名服务器(Authoritative Name Server):该类服务器承担着存储特定域名的 DNS 记录,并提供官方认证信息的职责。当客户端发起域名解析请求,授权域名服务器将响应这些请求,提供与域名相关的详细信息。

(4) 本地域名服务器(Local Domain Name Server,LDNS):这是用户或组织在网络内部部署的 DNS 服务器。它通常由互联网服务提供商(ISP)或企业网络管理员进行设置和配置,主要作用是为本网络内的用户设备提供域名解析服务,并且作为这些设备的首选 DNS 服务器。

为确保域名解析服务的稳定性,DNS 系统将数据在多个服务器上进行备份。其中,一个服务器作为主域名服务器(Master Name Server),负责存储和管理原始的 DNS 记录。其他服务器则作为辅助域名服务器(Secondary Name Server),用于数据备份。在主服务器发生故障时,辅助服务器能够接管服务,确保域名解析的连续性不受影响。主服务器会定期将更新后的 DNS 记录同步到辅助服务器,而所有数据的修改和更新只能在主服务器上执行,以此确保数据的准确性和一致性。

3. 域名解析过程

当主机需要查询域名对应的 IP 地址时,它会向本地域名服务器发起查询请求,这个过程通常采用如图 5-2(b)所示的递归查询的方式。递归查询的特点是:如果本地域名服务器没有存储所查询域名的 IP 地址信息,它将自动代表主机向其他上级 DNS 服务器进行查询,而不需要主机自己进行进一步的查询操作。这种查询方式确保了主机不需要直接与多个DNS服务器交互,简化了查询流程。如果查询成功,本地域名服务器将返回所查询域名的IP地址给主机;如果查询失败,即无法找到对应的IP地址,本地域名服务器则会返回一个错误信息,告知主机无法解析所请求的域名。递归查询提高了查询效率,减少了主机在域名解析过程中的等待和网络通信开销。

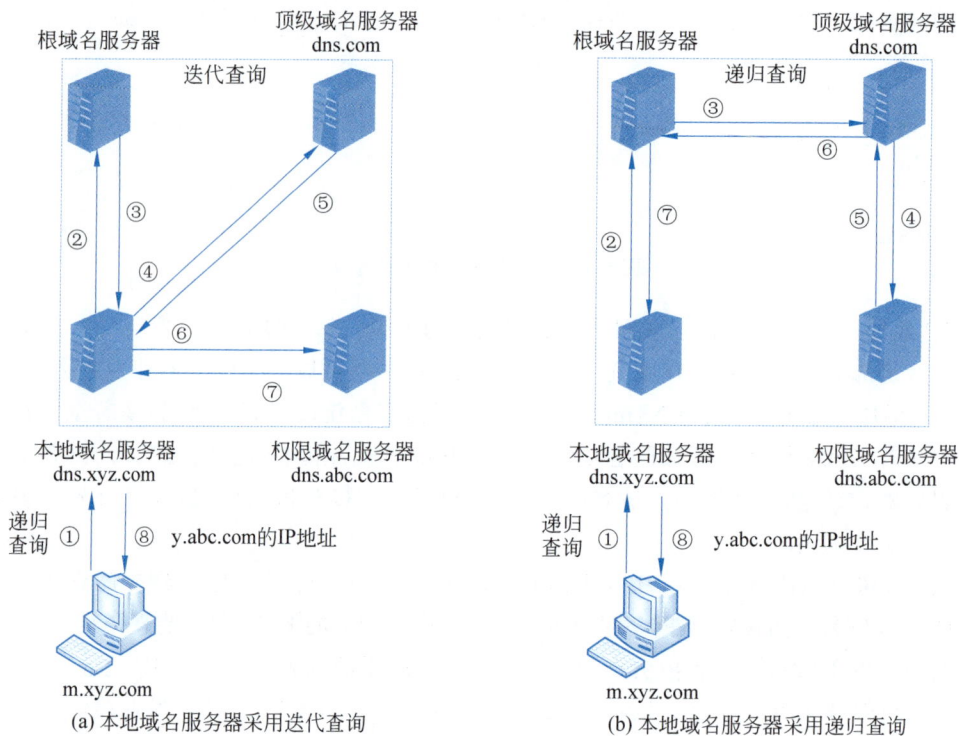

(a) 本地域名服务器采用迭代查询　　　　　　(b) 本地域名服务器采用递归查询

图 5-2　DNS 查询举例

本地域名服务器在进行域名解析时,通常采用如图 5-2(a)所示的迭代查询的方式向根域名服务器发起请求。迭代查询的工作原理是:当根域名服务器接收到来自本地域名服务器的迭代查询请求时,它将根据查询的域名提供相应的响应。如果根域名服务器拥有该域名的IP地址信息,它将直接返回这个IP地址;如果它没有这个信息,它将指导本地域名服务器下一步应该向哪个域名服务器发起查询。这种查询方式要求本地域名服务器在每次接收到根域名服务器或其他上级域名服务器的指引后,都要自行进行下一步的查询。根域名服务器一般会提供它所知的顶级域名服务器(TLD Servers)的IP地址,同理,当顶级域名服务器收到查询请求时,它也会根据情况提供IP地址或者指引本地域名服务器向相应的权限域名服务器(Authoritative Name Servers)进行查询。通过这一系列的迭代查询,本地域名服务器逐步深入查询过程,直到找到所要解析域名的IP地址,并将该结果传递回最初发起查询的主机。

图 5-2(a)描述了本地域名服务器在执行迭代 DNS 查询时的流程。在这个过程中,本地域名服务器通过连续三次迭代查询(步骤②~⑦),最终从权限域名服务器 dns.abc.com 获得了主机 y.abc.com 的 IP 地址。查询完成后,本地域名服务器将这一结果传递回最初发起查询的主机 m.xyz.com。整个查询流程共涉及 8 个 UDP 数据报,用于在服务器之间传递查

询请求和响应。图 5-2(b)展示了本地域名服务器在递归查询过程中的操作。在这种查询方式下,本地域名服务器仅需向根域名服务器发起一次查询请求。随后的查询操作则在其他域名服务器之间依次进行(步骤③～⑥)。在步骤⑦,本地域名服务器从根域名服务器获取了所需的正确地址信息。最终,在步骤⑧,本地域名服务器将查询结果反馈给主机 m.xyz.com。整个查询过程共使用了 8 个 UDP 数据报。

5.2.2 DNS 报文格式

DNS 报文是 DNS 协议中传输数据的基本单元,用于在客户端和 DNS 服务器之间传递查询请求和响应信息。DNS 报文的结构设计确保了其高效性和灵活性,如图 5-3 所示。该报文的前六个字段,即事务 ID(ID)、标志(Flags)、问题数(QDCOUNT)、回答资源记录数(ANCOUNT)、授权资源记录数(NSCOUNT)和额外资源记录数(ARCOUNT),每个字段的长度固定为 2 字节,这部分总共占用 12 字节。后四个字段,即问题区、答案区、权威区和附加信息区的记录数,它们的长度是可变的,取决于报文中实际包含的资源记录的数量和类型。

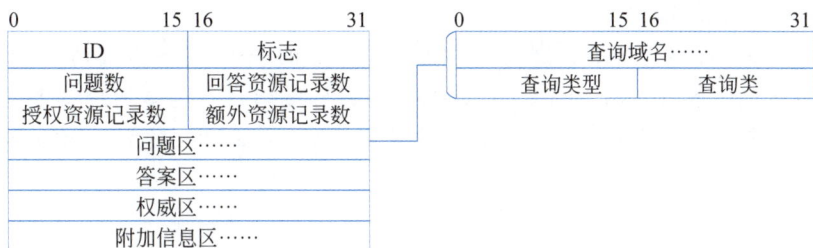

图 5-3   DNS 报文格式

DNS 报文中的四个数量指示字段分别对应报文的四个主要区域,每个区域都可能包含零个或多个资源记录,具体如下。

(1) 问题区(Question Section):这是报文的起始部分,由查询者提供,包含以下三个基本元素。

① 查询域名(QNAME):用户希望查询的域名。

② 查询类型(QTYPE):指定查询的资源类型,例如 A 记录、MX 记录等。

③ 查询类(QCLASS):指定查询的类别,通常为 IN,代表 Internet。

(2) 答案区(Answer Section):这个区域通常出现在响应报文中,包含对问题区提出查询的回答。资源记录的形式与查询请求相对应,提供了查询域名的 IP 地址或其他相关信息。

(3) 权威区(Authority Section):此区域也主要出现在响应报文中,它包括与查询域相关的权威域名服务器的信息。这些信息对于确定查询结果的权威性和进行进一步的查询非常重要。

(4) 附加信息区(Additional Information Section):这个区域提供了与问题直接相关的一些额外信息,例如,如果查询是关于邮件服务器的 MX 记录,附加信息区可能包含指向的邮件交换服务器的 A 记录。

在 DNS 响应报文中,这四个区域共同工作,提供查询所需的全部信息,确保客户端能够获得详尽的响应。问题区是每个 DNS 查询报文必须包含的部分,而后三个区域则根据查询的类型和响应的需要而出现。

5.2.3 DNS 报文分析

本节以访问"太原理工大学"的首页为例,采用 Wireshark 软件分析 DNS 查询报文和响应报文的构成。首先,假设主机 A 已经配置了 IP 地址 192.168.135.143,子网掩码为 24 位(即 255.255.255.0),而 DNS 服务器的 IP 地址配置为 192.168.135.141,同样使用 24 位子网掩码。请注意,实际的 IP 地址和其他配置信息可能会根据用户的网络环境而有所不同。接下来,在主机 A 上运行 Wireshark 软件,并设置一个捕获过滤器,过滤条件设置为"udp port 53",以便只捕获 UDP 在 53 端口上的数据包,这是 DNS 协议默认使用的端口。启动数据包捕获后,在另一个命令提示符窗口中输入"nslookup www.tyut.edu.cn"命令,以发起对"太原理工大学"首页域名的 DNS 查询。查询完成后,立即停止 Wireshark 的捕获。最后,对 Wireshark 捕获到的数据包进行详细分析,以了解 DNS 查询和响应过程中的报文结构和信息传递。

1. DNS 查询报文分析

如图 5-4 所示,序号为 7 的数据包是由客户端发起的一个 DNS 查询请求,该请求被封装在 UDP 数据报中进行传输。此 UDP 数据报的目标端口设置为众所周知的 53 号端口,这是 DNS 协议进行通信的标准端口。该查询报文由报文首部和问题部分两部分组成,具体分析如下。

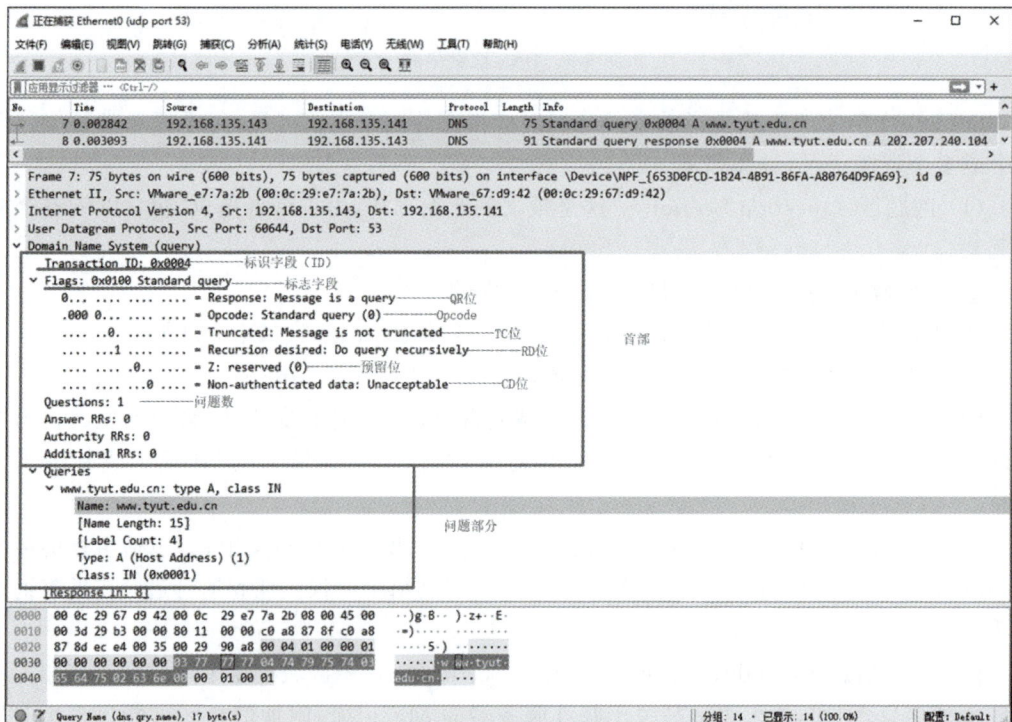

图 5-4　DNS 查询报文

（1）首部分析。

① 标识字段：其值是 0x0004，用于唯一标识这个查询请求。

② 标志字段：包含多个比特位，其中：

- QR 位：值为 0，表明这是一个查询报文而非响应报文。
- Opcode：值为 0000，代表了一个标准查询操作，意味着客户端正在请求将域名解析为 IP 地址。
- TC 位：值为 0，表示该 DNS 报文没有被截断，即报文完整且没有超出 UDP 数据报的最大长度限制。
- RD 位：值为 1，指示 DNS 服务器应尝试进行递归查询，即服务器应尽力一次性解决查询请求，而不是提供引用或额外信息让客户端进行进一步查询。
- CD 位：值为 0，表示客户端没有要求服务器进行 DNSSEC（域名系统安全扩展）验证，即客户端不要求对响应进行安全性校验。

③ 四个数量标识字段：问题数为 1，表明客户端提出了一个查询请求。由于这是一个查询报文，回答资源记录数、授权资源记录数和额外资源记录数均为 0，表示这些部分在查询报文中不存在记录。

（2）问题部分。

问题部分由一条问题记录构成，它详细说明了客户端所提出的查询请求。在该例子中，查询域名字段明确指出了需要解析的域名是 www.tyut.edu.cn。类型字段的值设置为 1，这表示查询的是 A 记录，即用于将域名转换为 IPv4 地址的资源记录类型。类字段同样被设置为 1，这指定了查询是在因特网上进行的，因为 1 代表 IN 类，即 Internet 类。这种设置确保了查询请求将在因特网的 DNS 系统中进行解析。

2. DNS 响应报文分析

如图 5-5 所示，序号 8 的数据包是由 DNS 服务器向客户端发送的 DNS 响应报文，该响应报文同样封装在 UDP 数据报中进行传输。此 UDP 数据报的源端口同样使用的是众所周知的 53 号端口，这是 DNS 协议通信的标准端口。响应报文包含首部、问题部分和回答部分，具体分析如下。

（1）首部分析。

① 标识字段：其值是 0x0004，这个值与原始查询报文中的标识字段相匹配，确保响应能够正确关联到对应的查询请求。

② 标志字段：包含多个比特位，其中：

- QR 位：其值为 1，表明这是一个 DNS 响应报文。
- Opcode：其值为 0000，表明响应是针对一个标准查询操作，即查询请求是正向解析域名以获取 IP 地址。
- AA 位：其值为 0，表明提供响应的服务器不是权威服务器，也就是说，它可能不是最终解析域名的服务器。
- TC 位：其值为 0，表示响应报文完整，没有因为超过 UDP 数据报大小限制而被截断。
- RD 位：其值为 1，表明客户端请求服务器进行递归解析，即服务器应尽力一次性完成查询请求。

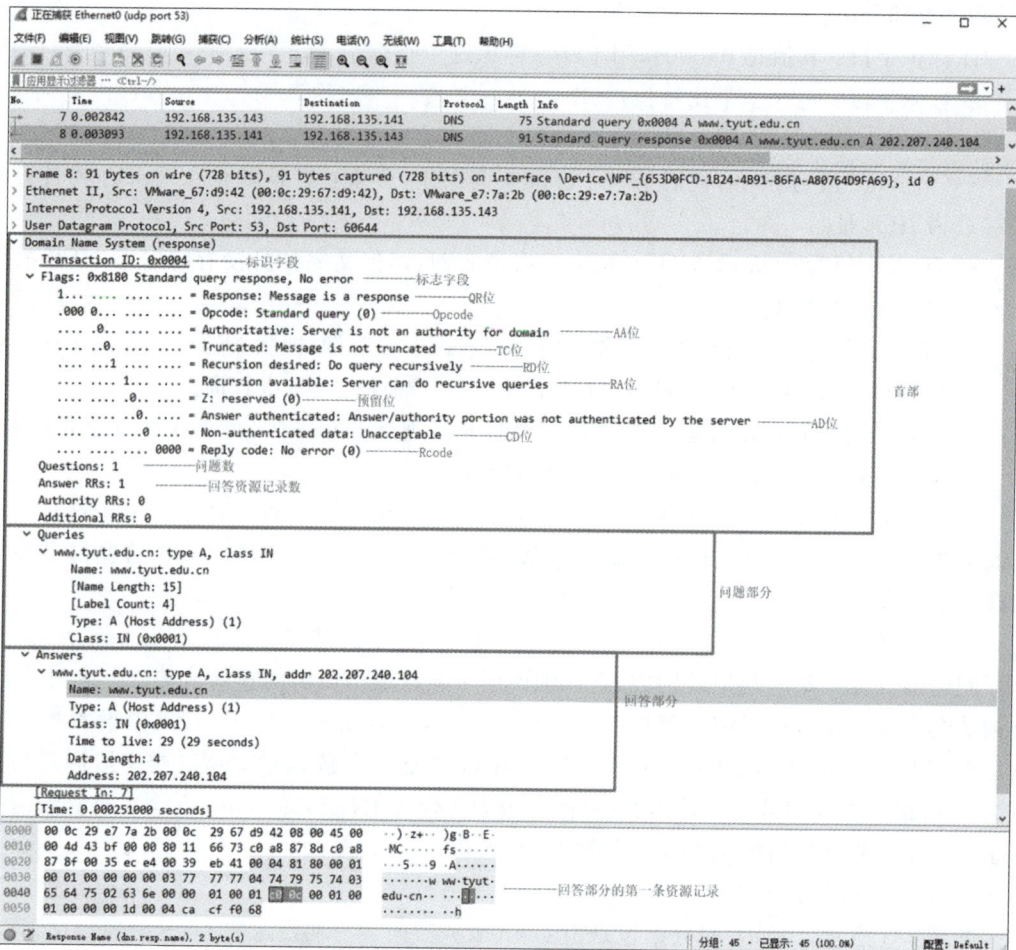

图 5-5　DNS 响应报文

- RA 位：其值为 1，表示服务器支持递归查询，即服务器能够代表客户端完成查询过程。
- AD 位：其值为 0，表示服务器在生成响应时没有对 DNSSEC 签名进行验证。
- RCode 位：其值为 0000，表示查询请求已被成功处理，没有遇到错误。

③ 四个数量标识字段：问题数为 1，表明报文中包含一个查询请求；回答资源记录数为 1，表明报文中包含一个回答该查询的资源记录；授权资源记录数和附加资源记录数的值均为 0，这可能意味着没有提供额外的权威信息或附加信息。

（2）问题部分。

问题部分详细说明了查询的具体要求，包括要查询的域名、所需的资源类型以及查询的类别。这些信息与 DNS 查询报文中的相应部分具有相同的含义和目的。

（3）回答部分。

在 DNS 响应报文中，各字段提供了关于资源记录的详细信息，以下是对这些字段的描述和分析。

① 域名字段：该字段的值是 0xC00C。转换成二进制表示为 1100000000001100。这里

的前两位"11"表明这是一个指针偏移值。接下来的 14 位(二进制的"00000000001100")转换成十进制为 12,这意味着这个偏移指向问题部分中的某字节位置,从该位置开始的字节序列构成了域名"www.tyut.edu.cn"。

② 类型字段:值为 0x0001,表明资源记录的类型是 A 记录,用于将域名映射到 IPv4 地址。

③ 类字段:同样设置为 0x0001,表明查询和响应是在因特网类别中进行的。

④ 生存时间字段(TTL):值为 0x001D,通常表示资源记录在 DNS 缓存中的有效时间为 29s。

⑤ 资源数据长度字段:值为 0x0004,表明资源记录中的数据部分长度为 4 字节。

⑥ 资源数据字段:包含一个 IPv4 地址,以十六进制表示为 0xCACFF068。转换为点分十进制形式,即域名"www.tyut.edu.cn"对应的 IP 地址是 192.207.240.104。

这些字段共同构成了 DNS 响应报文中的一个完整的资源记录,提供了域名到 IP 地址的映射信息,以及其他相关的记录元数据。

5.2.4　DNS 面临的安全威胁

DNS 作为互联网上最关键的服务之一,其安全性对于整个网络环境的稳定和用户数据的保护至关重要。然而,DNS 基于请求和响应的交互模式运行机制若被攻击者利用,通过篡改 DNS 响应,将域名的解析结果恶意指向攻击者控制的服务器或网站,就可能对用户造成严重的安全威胁。以下是 DNS 欺骗攻击的一些具体威胁细节。

1. 数据窃听和篡改

DNS 协议在传输过程中不加密,使得数据容易被截获和修改。由于 DNS 查询和响应通常使用 UDP,且 UDP 不保证数据包的完整性和安全性,攻击者可以轻易地通过网络嗅探工具捕获 DNS 流量,进而进行数据篡改,破坏数据的机密性和完整性。

2. ID 猜测和请求预测

攻击者通过预测技术构造假冒的响应。DNS 查询和响应报文中的 ID 字段用于匹配,且仅为 2 字节长,给攻击者提供了通过穷举法尝试 16384 种可能值来预测正确 ID 的理论机会。此外,尽管域名服务器通常监听 53 号端口,客户端端口号的随机性为预测增加了难度,但如果攻击者能预测客户端端口号,伪造响应的成功率将大大增加。在最坏情况下,攻击者可能需要尝试 65536 次(2^{16})来同时猜测 ID 和端口号。

3. 名字连锁攻击

名字连锁攻击,也称为 DNS 链式解析攻击,是一种利用 DNS 协议特性的复杂攻击手段。这种攻击可能依赖其他类型的 DNS 攻击,如 ID 预测和端口号猜测,来增加其成功率。名字连锁攻击依赖构造恶意的 DNS 资源记录,如 CNAME 和 NS 记录,这些记录通常用于指定域名的别名或权威域名服务器。攻击者通过在 DNS 响应的权威区或附加信息区插入这些构造的记录,企图使查询者的 DNS 缓存被错误信息充斥。当查询者执行 DNS 查询时,可能会被误导至攻击者控制的域名,进而可能遭受钓鱼攻击、恶意软件分发或其他形式的网络攻击。

4. 信任服务器背叛

DNS 客户端普遍设置有默认的域名服务器,这些服务器被客户端视为可信赖的来源以解析域名。对于大多数用户来说,他们的 DNS 服务器配置往往来自互联网服务提供商(ISP),在很多情况下,当用户使用 DHCP 自动获取网络配置时,ISP 会自动分配 DNS 服务器的地址。然而,如果 ISP 提供的 DNS 服务器遭受故障或被恶意攻击者掌控,攻击者就有可能利用这个信任关系的漏洞,向用户提供非法或错误的 DNS 响应。这种情形被称为信任服务器背叛,它为攻击者打开了进一步进行网络攻击的大门,例如,引导用户访问假冒的网站或分发恶意软件。

5. 否认域名的存在

当客户端发起 DNS 查询请求时,攻击者可能会采用策略来操纵响应,例如,通过发送一个表明查询失败的响应,或者在响应中故意省略某些资源记录。这种做法可以误导客户端,使其认为所查询的域名不存在,这种攻击方式被称为拒绝服务攻击(DoS)或域名存在性否认攻击。这种手段可能被用来隐藏网络资源的真实位置,妨碍正常的网络导航和通信。

6. 通配符

DNS 协议支持使用星号(＊)作为通配符,以简化对多个子域名的统一管理。例如,如果定义了一个如下的 MX 记录:

＊.example.com.　　　IN　　　MX　　　10　　　mailserver.example.com.

该条记录表示所有子域名如 a.example.com、b.example.com、c.example.com 等的电子邮件都将被路由至 mailserver.example.com 进行处理。这种使用通配符的方法虽然提高了配置的灵活性和效率,但也引入了一定的不确定性,因为它允许对任意子域名的邮件流量进行统一的指向。这不仅可能隐藏邮件流量的真实来源,还可能使得对邮件来源的验证变得更加复杂,增加了邮件欺诈和钓鱼攻击的风险。

5.2.5　常见的 DNS 攻击

常见的 DNS 攻击方式、攻击原理及攻击后果如表 5-1 所示。

表 5-1　DNS 攻击对比分析

攻 击 方 式	攻 击 原 理	攻 击 后 果
DNS 欺骗	修改 DNS 缓存、劫持 DNS 请求	网络钓鱼、信息窃取
DNS 隐蔽信道	利用 DNS 数据包封装信息	发送恶意指令,窃取隐私信息
DNS DDoS 攻击	直接耗尽服务器带宽资源	丧失网络服务能力
DNS 反射放大攻击	间接耗尽服务器带宽资源	丧失网络服务能力
恶意 DGA 域名	使用 DGA 生成大量恶意域名	存在大量恶意域名,破坏安全性

1. DNS 欺骗

DNS 欺骗,也被称为域名劫持,是一种网络攻击手段,它通过篡改用户请求的域名对应的 IP 地址,将用户引导到一个伪造的、恶意的网站。这种攻击可以让用户在不知情的情况下泄露个人信息。DNS 欺骗通常通过两种主要方式实施:DNS 缓存中毒和 DNS 信息劫持。这些攻击手段可以导致用户被误导至钓鱼网站,从而增加信息被盗取的风险。

在如图 5-6(a)所示的 DNS 缓存中毒攻击中,攻击者通过非法手段篡改 DNS 服务器的缓存记录,将合法域名本应指向的 IP 地址更改为一个恶意 IP 地址,诱使用户访问到一个仿冒的钓鱼网站。这种攻击具有高度传播性，一旦其他 DNS 服务器获取了这些被篡改的缓存信息，错误的缓存记录就会进一步扩散。

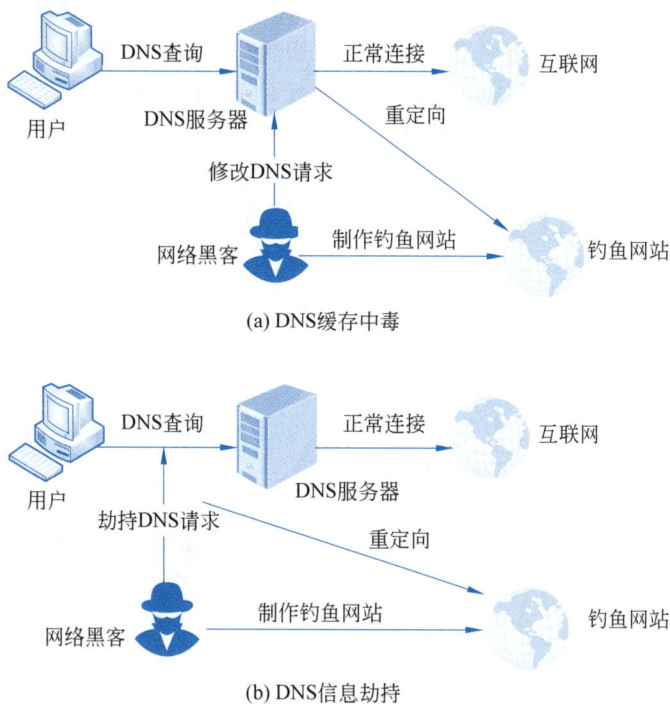

(a) DNS 缓存中毒

(b) DNS 信息劫持

图 5-6　DNS 欺骗

　　与 DNS 缓存中毒不同，DNS 信息劫持攻击并不修改 DNS 服务器的缓存记录，而是在 DNS 服务器向用户发送响应之前，通过某种方式截获并篡改用户的 DNS 请求，使其指向恶意的 IP 地址，如图 5-6(b)所示。在域名解析过程中，DNS 请求和响应是通过序列号进行匹配的。攻击者通过监听用户与 DNS 服务器间的通信，预测 DNS 服务器将要发送的响应包的序列号，然后利用这个序列号构造一个虚假的响应包，并在真正的响应到达之前发送给用户，导致用户接收到错误的 IP 地址，从而被重定向到钓鱼网站。

2. DNS 隐蔽信道

　　Lampson 首次提出了隐蔽信道的概念，将其定义为一种通信渠道。隐蔽信道违背了互联网通信协议的常规规定，通过利用网络信息载体（如网络协议和协议数据）来隐秘地传递信息。由于传统的入侵检测系统和网络防火墙通常对这些载体的监控不够严格，隐蔽信道传输的数据往往难以被检测到。因此，隐蔽信道也成为信息隐藏技术的一个重要组成部分。

　　DNS 隐蔽信道是一种报文封装技术，它通过在 DNS 数据报中隐藏信息来实现数据传输。虽然 DNS 的主要功能并非数据传输，但人们往往忽视了它也可能被用作恶意通信或数据泄露的工具。网络防火墙和入侵检测系统通常会允许 DNS 流量通过，因为阻止 DNS 流量可能会干扰到正常的远程连接。这种开放性使得 DNS 隐蔽信道成为攻击者理想的命令与控制（C&C）通道，用于秘密地接收和发送指令及数据。例如，攻击者可以利用 DNS 隐蔽信道发送恶意控制指令，或者窃取信用卡信息、登录密码以及其他敏感的个人隐私数据。

3. DNS DDoS 攻击

与其他类型的 DDoS 攻击相比,DNS DDoS 攻击具有特别显著的破坏性。这主要是因为如图 5-7 所示的 DNS 的分布式架构容易受到单点故障的影响,一旦攻击者成功攻击了某个根域,那么依赖该根域的所有网络服务都可能遭受连锁反应,导致整个网络服务的瘫痪。此外,DNS DDoS 攻击还可以被用来执行针对性的攻击。例如,在 2016 年的一次 DNS DDoS 攻击事件中,攻击者针对的是权威名称服务提供商 Dyn,该公司为超过 3000 家企业提供了 DNS 地址解析服务。这次攻击导致了包括推特、亚马逊在内的多个知名网站在长时间内无法被用户访问,造成了巨大的经济损失,并且 Dyn 因此失去了约 8% 的域名客户。

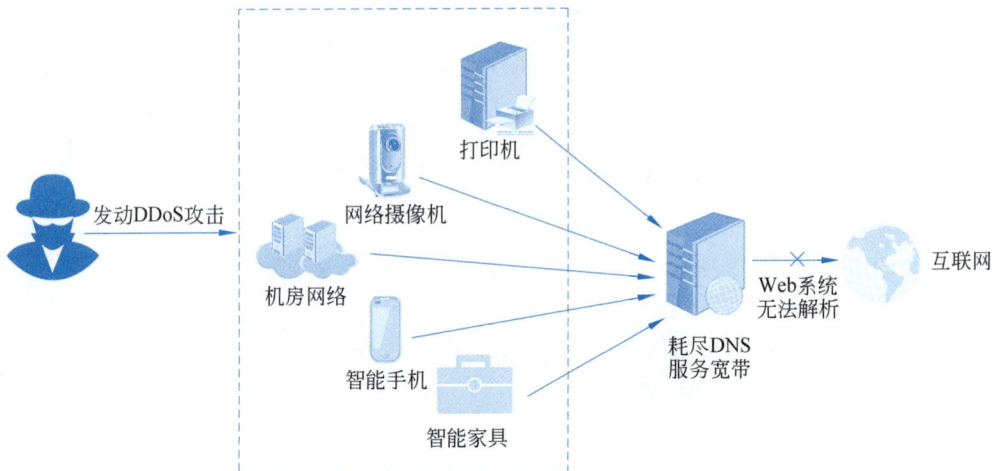

图 5-7　DNS DDoS 攻击

4. DNS 反射放大攻击

DNS 反射放大攻击是一种利用 DNS 协议特性进行的 DDoS 攻击手段,它通过利用 DNS 响应包通常比请求包大得多的特点,来耗尽目标的网络资源。与常规的 DNS DDoS 攻击不同,DNS 反射放大攻击的攻击者不是直接向目标服务器发起攻击,而是通过伪造目标的 IP 地址,向开放的 DNS 服务器发送请求。当 DNS 服务器响应这些伪造的请求时,会向实际的受害方发送大量数据,这些数据的量远远超过原始请求的大小,从而形成一种间接的 DDoS 攻击。如图 5-8 所示,DNS 请求包的大小通常在 40～60 字节,而开放 DNS 服务器的响应报文大小可能达到 4000～6000 字节,这意味着攻击流量可以被放大近 100 倍。这种放大效应使得攻击者即使只控制少量的僵尸主机,也可以发起规模巨大的 DDoS 攻击,迅速导致受害方的网络崩溃或瘫痪。

5. 恶意 DGA 域名

域名生成算法(Domain Generation Algorithm,DGA)是一种用于周期性生成大量域名的算法。恶意软件在发起攻击时,利用 DGA 迅速生成大量潜在的域名,以此来增加其隐蔽性和不可预测性。为了进一步提高隐蔽性,攻击者还会结合使用快速变化的 IP 地址技术,使得域名和 IP 地址都持续处于动态变化之中。在这种策略下,传统的黑名单过滤方法变得不再有效,因为黑名单的更新速度很难跟上 DGA 域名的生成速度。此外,防御者需要能够识别出所有由 DGA 生成的域名,才能有效切断恶意软件及其命令与控制服务器之间的通信。DGA 的使用增加了恶意软件检测的难度,对网络安全构成了重大挑战。

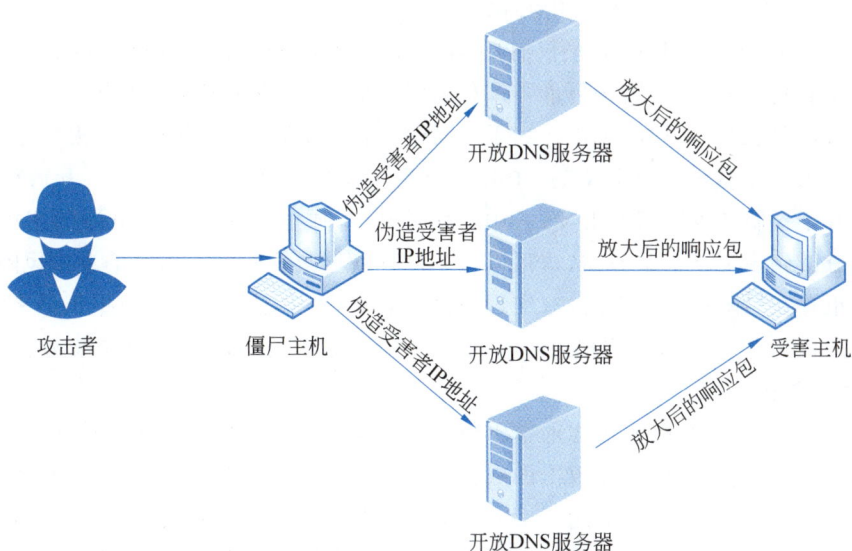

图 5-8 DNS 反射放大攻击过程

5.2.6 DNS 安全防护

DNS 作为互联网基础设施的核心组成部分,容易受到多种攻击手段的威胁。仅仅依靠传统的检测和防御措施,很难全面抵御这些复杂的 DNS 安全风险。因此,为了提高 DNS 的安全性和稳定性,业界提出了多种增强 DNS 系统自身安全性的防护方案。这些方案旨在从不同角度加强 DNS 服务的防护能力,以应对不断演变的网络攻击挑战。

1. DNS 去中心化

DNS 的树状分布结构和根域的管理模式,使其存在单点故障的风险。为了有效提升 DNS 的安全性和稳定性,一种方法是改变其目前中心化的网络结构。目前,关于实现 DNS 去中心化的技术方案主要涉及以下几方面。

(1) 基于 P2P 网络的 DNS 去中心化。

基于点对点(P2P)网络的分布式特性和负载均衡的优势,设计一种在 P2P 模式下运行的 DNS 解析系统。在 P2P 网络中,不存在单一的中心节点,所有节点在网络中的地位是平等的,网络资源和服务分布在各个节点上,从而避免了单点故障的问题,对分布式拒绝服务(DDoS)攻击具有更强的抵御能力。

(2) 基于区块链的 DNS 去中心化。

区块链技术作为一种分布式账簿,能够在不完全可信的环境中提供可靠的决策支持。它以去中心化和数据不可篡改等特性而著称。区块链的去中心化特点有助于提高 DNS 服务对 DDoS 攻击的抵抗能力,因为攻击者难以找到单一的攻击目标。同时,区块链的不可篡改性确保了 DNS 记录的安全性,有效防止了 DNS 欺骗等攻击手段。然而,基于区块链的 DNS 去中心化方案也面临一些挑战。首先,它与传统 DNS 系统存在兼容性问题,用户可能需要安装特定的解析插件才能实现与区块链 DNS 的通信。其次,区块链系统可能面临所谓的"51%攻击"风险,即如果攻击者控制了超过一半的网络算力,他们就能够对 DNS 记录进行恶意更改,这将严重威胁整个系统的安全性。

（3）基于根联盟的 DNS 根去中心化。

互联网的 DNS 系统目前依赖仅有的 13 个根服务器来进行全球网络的域名解析和通信。这种中心化的 DNS 根结构可能带来权力滥用的风险，攻击者可能利用这一点对特定群体、组织或国家发起针对性的攻击。为了应对这一问题，提出了 DNS 根域去中心化的多种方案。基于根服务器联盟的 DNS 去中心化策略主要包括递归根、伪装根、开放根、全球根等。这些基于根服务器联盟的 DNS 去中心化措施，本质上是减少根服务器的集中权威，将解析权限分散到多个子根服务器，这可以在一定程度上减轻对特定域名的攻击风险。然而，这些方案也存在局限性，它们并没有实现完全的 DNS 去中心化。根区数据仍然来源于互联网数字分配机构（IANA），因此根服务器的权力滥用风险虽然被降低，但并未完全消除。

2. DNS 加密认证

传统的开放式 DNS 解析过程通常不包含对数据真实性的校验或完整性保护机制，这使得 DNS 服务容易受到各种欺骗攻击的威胁。为了解决这一问题，随着密码学技术的不断进步，人们开始探索将加密技术应用于 DNS，以确保数据传输的安全性和可靠性。目前，用于增强 DNS 安全性的加密和认证技术主要包括域名系统安全扩展（Domain Name System Security Extension，DNSSec）加密认证、基于椭圆曲线加密算法的 DNSCurve 加密认证、DNS over TLS（DOT），以及 DNS over HTTPS（DOH）等。

3. DNS 解析限制

（1）设置开放服务器查询权限。

开放 DNS 服务器具备响应外部查询的能力，这使得它们成为网络基础设施的重要组成部分。然而，由于网络防火墙和入侵检测系统可能未能对这些服务器提供充分的保护，它们可能成为攻击者的目标。攻击者可能会利用开放 DNS 服务器发起 DNS 反射放大攻击、DNS 信息劫持、DNS 缓存中毒等恶意行为。为了降低这种风险，建议对开放 DNS 服务器实施接入权限控制。通过设置权限，可以限制只有合法和可信的来源才能向服务器发送请求，从而减少恶意 DNS 请求的数量。这种策略有助于提高开放 DNS 服务器的安全性，防止它们被用于发起恶意攻击，同时也保护了依赖这些服务的网络用户免受攻击。

（2）设置权威服务器响应速率。

权威域名服务器具备监控和统计来自同一来源的 DNS 查询请求频率的能力。利用该功能，可以设定响应计数上限，即阈值，用来控制对每个来源的响应数量。当在特定时间段内的 DNS 查询请求次数达到这个预设的阈值时，权威域名服务器将暂停对该来源的进一步响应。这种措施能有效减少服务器因大量请求而面临的 DDoS 攻击和 DNS 反射放大攻击的风险，增强了域名服务器的防护能力，保护其免受恶意流量的冲击。

视频讲解

‖ 5.3 HTTP

5.3.1 HTTP 的发展历程

HTTP 是互联网上使用最广泛的应用层协议之一。从最初的 HTTP/0.9 版本开始，经过了 HTTP/1.0、HTTP/1.1、HTTP/2 和 HTTP/3 等几个重要的发展阶段。HTTP/0.9 版本非常基础，仅支持 GET 请求方法。随后，HTTP/1.0 版本带来了全面的功能性增强。

HTTP/1.1 版本在 1999 年确立,引入了缓存控制和持久连接等特性,显著提高了网络性能,并一直被广泛使用至今。随着互联网的快速发展,特别是进入 Web 2.0 时代后,Ajax、CSS3、HTML5 等技术变得日益普及,网页内容的丰富性和信息量都有了巨大的增长。这些变化使得 HTTP/1.1 版本在处理现代网络应用时开始显得力不从心。为了应对这些挑战,2015 年推出了 HTTP/2,它吸收了大量来自 SPDY 协议的特性,优化了传输机制,减少了延迟,提高了数据传输的效率。尽管 HTTP/1.1 和 HTTP/2 在功能上有所改进,但它们仍然基于 TCP 作为其传输层协议。TCP 的高可靠性虽然保证了数据传输的稳定性,但也限制了连接的建立速度和数据传输的速率。直到 HTTP/3 的推出,将传输层协议从 TCP 更改为 UDP,使其在减少连接建立时间和提高传输效率方面取得显著效果。

5.3.2 HTTP 报文结构

HTTP 定义了两种类型的报文。

(1) 请求报文:这是由客户端发起,向服务器发送的报文,用以请求服务器中的资源或服务,如图 5-9(a)所示。

(2) 响应报文:这是服务器返回给客户端的报文,包含了对客户端请求的处理结果或所请求的资源,如图 5-9(b)所示。

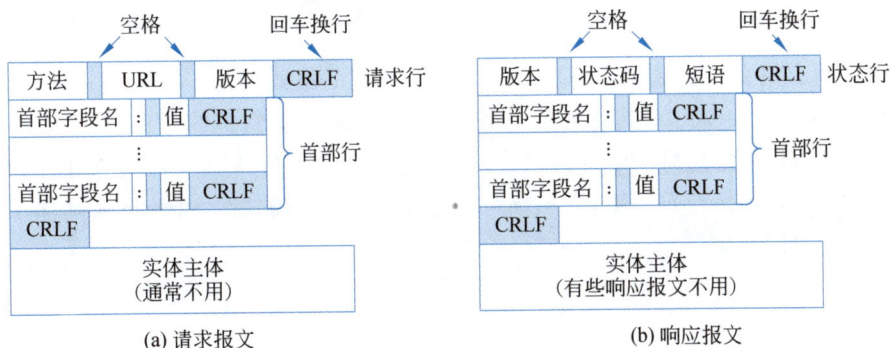

图 5-9 HTTP 报文结构

HTTP 的文本导向特性意味着报文中的所有字段都是 ASCII 编码的字符串,这使得字段的长度具有灵活性。HTTP 的请求报文和响应报文均由三个主要部分组成,它们的主要区别在于开始行的内容不同。

(1) 开始行:这部分用于区分报文是请求还是响应。

- 请求报文的开始行称为请求行(Request-Line),包含请求方法、请求的资源 URL 和 HTTP 版本。
- 响应报文的开始行称为状态行(Status-Line),包含 HTTP 版本、状态码和解释状态的简单短语。开始行的字段之间用空格分隔,行尾使用回车(CR)和换行(LF)作为结束。

(2) 首部行:包含关键的元信息,如浏览器信息、服务器信息或报文主体的属性。首部行可以有多行,也可以没有。首部行中的每行包含字段名和字段值,每行结束时使用回车和换行作为分隔。首部行结束后,有一个空行(只包含 CRLF)作为首部行和实体主体之间的分隔。

（3）实体主体（Entity Body）：在请求报文中通常不使用，但在响应报文中可能包含，如返回的 HTML 页面、图片数据等。

请求报文的第一行，即请求行，通常包含三个要素：HTTP 方法、请求资源的具体 URL 和使用的 HTTP 版本。HTTP 方法定义了要对资源执行的操作，常用的 HTTP 方法包括 GET、POST、PUT、DELETE 等，每种方法对应不同的操作语义，如表 5-2 所示。

表 5-2　HTTP 请求报文的常用方法

方　法（操作）	意　　义
OPTION	请求一些选项的信息
GET	请求读取由 URL 所标志的信息
HEAD	请求读取由 URL 所标志的信息的首部
POST	给服务器添加信息（如注释）
PUT	在指明的 URL 下存储一个文档
DELETE	删除指明的 URL 所标志的资源
TRACE	用来进行环回测试的请求报文
CONNECT	用于代理服务器

HTTP 请求报文的起始部分，即请求行，遵循特定的格式规范。在该格式中，首先出现的是 HTTP 方法，如"GET"，其后紧跟一个空格；接着是一个完整的 URL，该 URL 指定了请求的资源；URL 之后是另一个空格，然后是所使用的 HTTP 版本，通常是"HTTP/1.1"。整个请求行以回车和换行符结束，表示该行的结束并开始新的行。这种格式确保了请求的明确性和协议的标准化。

```
GET  http://www.xyz.edu.cn/dir/index.htm  HTTP/1.1
```

下面是一个完整的 HTTP 请求报文的例子。

```
GET /dir/index.htm HTTP/1.1        {请求行使用了相对 URL}
   Host:www.xyz.edu.cn             {此行是首部行的开始。这行给出主机的域名}
   Connection: close               {告诉服务器发送完请求的文档后就可释放连接}
   User-Agent:Mozilla/5.0          {表明用户代理是使用火狐浏览器 Firefox}
   Accept-Language: cn             {表示用户希望优先得到中文版本的文档}
                                   {请求报文的最后还有一个空行}
```

在提供的 HTTP 请求报文中，使用相对 URL 的原因是请求的 Host 首部字段已经指定了主机的域名。这样，服务器就能够识别请求是针对哪个主机域名的资源。以下是对请求报文和响应报文的详细解释。

（1）请求行中使用了相对 URL（如/dir/index.htm），这意味着 URL 省略了主机域名。这是因为下面的首部行（第 2 行）已经给出了主机的域名（Host：www.xyz.edu.cn），因此服务器能够明确知道请求指向的具体主机。

（2）Connection 首部字段（第 3 行）设置为 close，指示服务器在完成响应后关闭 TCP 连接，而不是保持连接开启以备后续请求使用，这通常用于非持久连接。

（3）该请求报文没有包含实体主体，因为在这个特定的请求中，客户端不需要向服务器发送任何数据，它只是请求服务器上的资源。

当客户端发送请求报文后，会收到一个响应报文。响应报文的第一行是状态行，它包含以下内容：

（1）HTTP 的版本。

（2）一个三位数字的状态码（Status-Code），用于表示请求的处理结果。

（3）状态码的简短描述性短语。状态码分为 5 大类，每类以不同数字开头。

- 1xx（信息性状态码）：表示请求已接收，继续处理中。
- 2xx（成功状态码）：表示请求正常处理完毕，其中"200 OK"是最常见的成功状态码。
- 3xx（重定向状态码）：表示需要进一步操作以完成请求，如"301 Moved Permanently"或"302 Found"。
- 4xx（客户端错误状态码）：表示请求包含错误或无法被服务器理解，如"404 Not Found"或"400 Bad Request"。
- 5xx（服务器错误状态码）：表示服务器在尝试处理请求时遇到错误，如"500 Internal Server Error"或"503 Service Unavailable"。

这些状态码为客户端提供了关于请求结果的重要信息，使得客户端能够根据响应采取适当的行动。

5.3.3　HTTP 报文分析

HTTP 报文通过 TCP 进行传输，封装在 TCP 段中。在 Web 通信中，服务器通常监听端口 80 作为 HTTP 服务的默认端口。以使用 Wireshark 这样的网络协议分析工具捕获访问 Web 网站时的数据包为例，对这些 HTTP 请求和响应报文进行详细的分析如下。

1. HTTP 请求报文分析

如图 5-10 所示的 HTTP 请求报文，首部包括多个首部字段和字段值对，分析如下。

（1）Host：此字段指明了请求的 Web 服务器域名。如果未指定端口号，将使用该服务的默认端口，对于 HTTP 通常是端口 80。

（2）Connection："keep-alive"表示希望使用持久连接，即在发送完请求和响应后，保持 TCP 连接开启，以便进行后续的请求和响应，减少连接建立和断开的开销。

（3）Upgrade-Insecure-Requests：值为 1 时，表示客户端支持 HTTPS，并请求在可能的情况下升级到安全的连接。

（4）User-Agent：字段值提供了发出请求的浏览器类型和版本信息。

（5）Accept：字段值"/"表示客户端愿意接收服务器返回的任何类型的数据。

（6）Sec-Fetch-Site：值为 none 时，表明请求可能不是由常规网页浏览行为触发的。

（7）Sec-Fetch-Mode：值为 navigate 时，表明请求是为了页面导航。

（8）Sec-Fetch-User：字段用于表示用户状态或标识，具体含义可能因浏览器而异。

（9）Sec-Fetch-Dest：字段指示浏览器期望如何使用响应，document 表示响应将作为 HTML 文档处理。

（10）sec-ch-ua：字段提供了浏览器品牌和版本信息。

（11）sec-ch-ua-mobile：字段用于指示请求是否来自移动设备，0 表示不是。

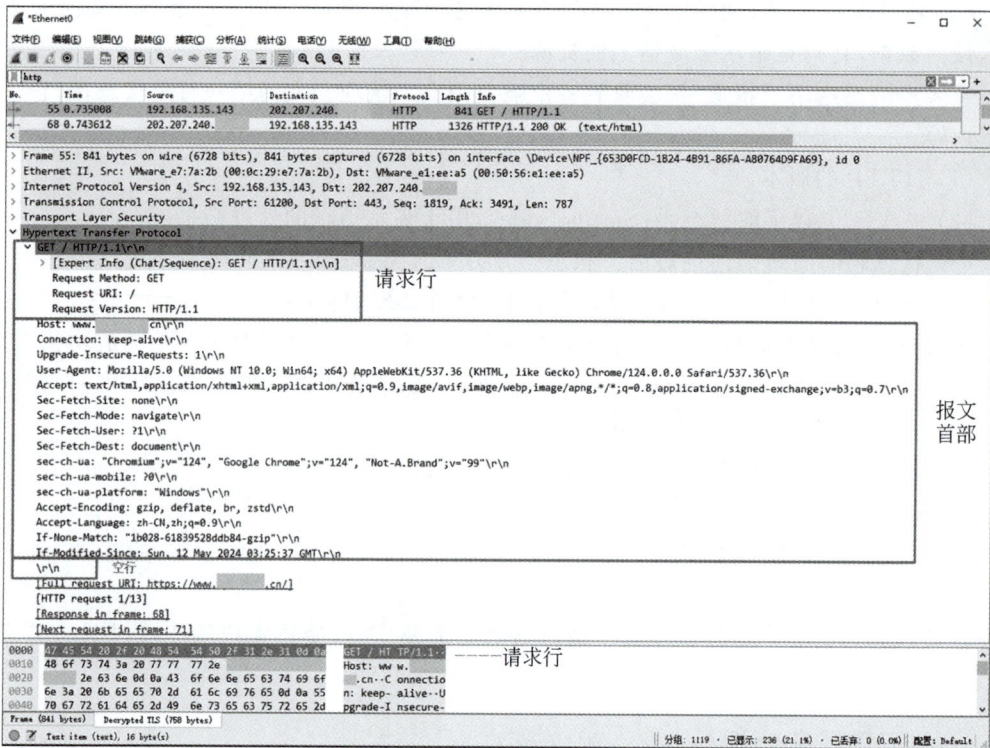

图 5-10 HTTP 请求报文

（12）Accept-Encoding：字段值 gzip、deflate、br、zstd 表示客户端支持的压缩格式。

（13）Accept-Language：字段指示客户端偏好的语言，zh-CN 代表简体中文。

（14）If-None-Match：这是一个条件请求头部字段，用于实现缓存验证。

（15）If-Modified-Since：这也是一个条件请求头部字段，包含日期和时间戳，用于验证缓存的资源是否是最新的。

此外，请求报文可能包含 Cookie 字段，用于从客户端向服务器发送 Cookie 信息，这些信息可以用于会话管理、用户追踪等。

2. HTTP 响应报文分析

如图 5-11 所示的 HTTP 响应报文首部包括多个首部字段和字段值对，分析如下。

（1）Server：这个首部字段通常由服务器添加到响应中，用于指示处理请求的服务器软件的名称和版本号。可以包括服务器的类型、软件名称以及可能的附加信息，如操作系统或特定服务器的配置。

（2）Date：此字段提供了报文创建的日期和时间，格式遵循 HTTP 日期时间格式，这里是世界标准时间（GMT），即 2024 年 5 月 12 日 06：51：08。

（3）Content-Type：这个字段指示响应主体的媒体类型（MIME 类型）。在这里，text/html 表示响应主体是 HTML 格式的文本，通常用于 Web 页面。

（4）Content-Length：此字段表示响应主体的长度，单位是字节。在这个例子中，响应主体的长度是 15195 字节。

（5）Connection：当此字段的值为 keep-alive 时，它指示服务器和客户端之间的 TCP 连

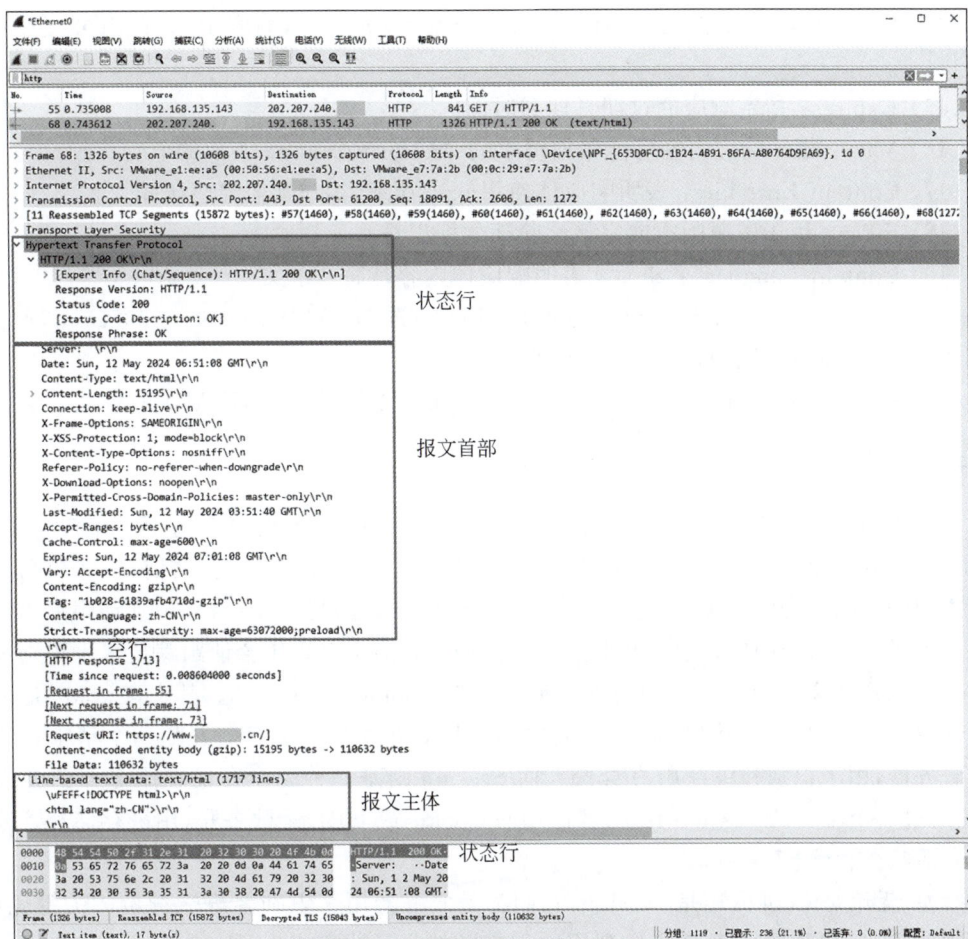

图 5-11　HTTP 响应报文

接在发送完响应后应该保持开启状态。这种持久连接允许同一个连接被用来发送多个请求和响应,减少了因频繁建立和断开连接而产生的开销。

（6）X-Frame-Options:用于防止单击劫持攻击,设置为 SAMEORIGIN 时只允许同一来源的页面嵌入资源。

（7）X-XSS-Protection:是一个非标准首部,用于启用一些旧浏览器的 XSS 过滤和阻断功能。

（8）X-Content-Type-Options:设置为 nosniff 时,防止浏览器猜测 MIME 类型,增加安全性。

（9）Referer-Policy:no-referer-when-downgrade 策略防止 HTTPS 页面在导航到 HTTP 页面时发送 Referer 头部。

（10）X-Download-Options:控制文件下载的处理方式,但不是所有浏览器都支持。

（11）X-Permitted-Cross-Domain-Policies:控制 Adobe Flash Player 加载跨域策略文件的行为。

（12）Last-Modified:指示资源最后修改时间,用于缓存和条件请求。

（13）Accept-Ranges:表明服务器支持字节范围请求,允许请求资源的部分内容。

（14）Cache-Control：控制缓存行为，"max-age＝600"表示响应 10 分钟内可直接从缓存提供。

（15）Expires：指定响应的过期日期和时间。

（16）Vary：指示响应内容可能根据请求的 Accept-Encoding 头部的值变化。

（17）Content-Encoding：表明响应体使用 gzip 压缩，客户端需要解压缩。

（18）ETag：用于资源版本或完整性验证的标识符。

（19）Content-Language：zh-CN 表明响应体内容是简体中文。

（20）Strict-Transport-Security：强制使用 HTTPS 通信，"max-age＝63072000"表示有效期约 2 年，preload 用于 HSTS 预加载列表。

报文首部后面是空行，接下来是报文主体，该报文主体是一个 HTML 文件。

5.3.4　常见的 HTTP 攻击

HTTP 在数据传输时默认不加密，因此传输的数据可能被第三方轻易截获。由于 HTTP 是一种无状态的协议，每次请求结束后，服务器不会保留任何会话信息，客户端与服务器之间的连接也会随之关闭。这意味着服务器无法仅通过连接本身来识别和跟踪用户的会话。为了解决这个问题，在用户浏览网页时，服务器通常会采用会话跟踪技术来识别客户端并保持用户状态。会话跟踪的两种常见技术是 Cookie 和 Session。其中，Cookie 是由服务器创建并发送到客户端浏览器的小型数据片段，它在客户端上存储并随每个请求自动发送回服务器，用于识别和跟踪用户身份。而 Session 则是一种完全存储在服务器的会话技术，它通过一个唯一的 Session ID 与客户端的 Cookie 或 URL 参数关联，用来存储和管理用户的会话状态和信息。

然而，无论是 Cookie 还是 Session，它们都是服务器用来识别客户端身份的关键凭证。如果这些信息泄露，攻击者可能会利用它们来劫持会话或固定会话状态，从而获取用户信息。会话劫持和会话固定是攻击者针对这两种会话跟踪技术的常见攻击手段。因此，合理保护和管理 Cookie 及 Session，以及采取适当的安全措施，对于防止这类攻击至关重要。

1. 会话劫持

会话劫持是一种网络攻击手段，攻击者通过非法途径获取用户的 Session ID，然后利用这个 Session ID 来冒充合法用户，获取目标用户的登录会话。要防范会话劫持，关键是确保 Session ID 的安全性，防止其泄露。会话劫持的攻击步骤通常包括：

（1）目标用户正常登录网站。

（2）登录成功后，用户获得由网站颁发的 Session ID，通常存储在 Cookie 中。

（3）攻击者捕获目标用户的 Session ID。获取 Session ID 的常见方法包括：

① 网络嗅探：攻击者在网络中捕获数据包，提取其中的 Session ID。

② XSS 攻击：攻击者通过 XSS 漏洞在用户浏览器中执行恶意脚本，将用户的 Cookie 等信息发送到攻击者控制的服务器。

（4）攻击者使用捕获到的 Session ID 访问网站，冒充目标用户获得合法会话。

2. 会话固定

会话固定是一种网络攻击技术，其目标与会话劫持相同，都是为了获取用户的会话权限。不同之处在于会话固定攻击中，攻击者引导受害者使用一个由攻击者预先设定的会话标识(Session ID)来创建会话。会话固定攻击的可行性依赖网站的身份验证机制。如果网站的 Session ID 生成机制不够复杂或传递方式容易被预测和复制,那么攻击者就有可能通过强行爆破或恶意构造来获取或生成有效的身份验证信息。会话固定攻击过程通常分为以下三个阶段。

(1) 会话建立:如图 5-12 中的第 1 步和第 2 步所示,攻击者在目标服务器上创建一个陷阱会话(Trap Session),并采取措施保持该会话的活跃状态,防止其超时。

(2) 会话固定:如图 5-12 中的第 3 步所示,攻击者将陷阱会话的 Session ID 传递给目标用户,使其浏览器接受并使用这个 Session ID。

(3) 会话进入:如图 5-12 中的第 4 步和第 5 步所示,攻击者利用已经被固定的 Session ID,等待或诱导用户使用该 Session ID 登录,从而获得用户会话的访问权限。

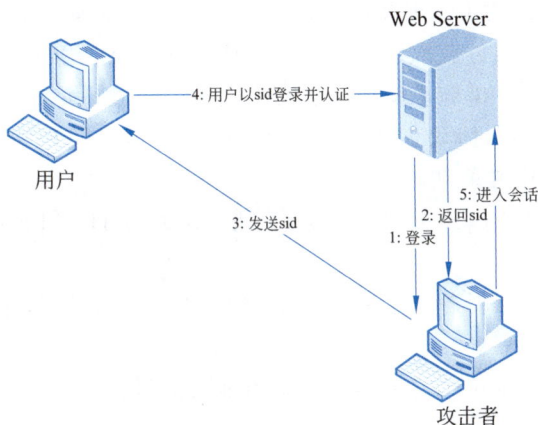

图 5-12　会话固定过程

其中,会话固定的方法包括:

(1) 建立会话和获取 Session ID:攻击者可以通过截取网络传输、预测 Session ID 生成算法或尝试蛮力破解等手段来获取 Session ID。

(2) 传递 Session ID:攻击者可以通过在 Cookie 中设置 Session ID、在 URL 参数中包含 Session ID 或在隐藏的表单字段中使用 Session ID 等方式,将陷阱会话的 Session ID 传递给用户浏览器。这可能涉及利用客户端脚本、Meta 标签或构造特殊的 URL 来实现。

(3) 利用 XSS 漏洞:如果目标网站存在 XSS 漏洞,攻击者可以在网站上注入恶意脚本,创建包含隐藏 Session ID 的表单,诱导用户提交。

一旦攻击者成功固定了用户的 Session ID,他们就可以利用这个 Session ID 来访问系统的信息和服务,就像合法用户一样。为了防范会话固定攻击,网站应该采用安全的 Session ID 生成和管理机制,例如,使用随机数生成 Session ID,设置合适的过期时间,并在可能的情况下使用 HTTPS 来加密传输。此外,网站还应该对输入和输出进行严格的验证和清理,以防止 XSS 等安全漏洞的发生。

5.3.5　HTTP 防御措施

1. 会话劫持防御措施

会话劫持是一种网络攻击手段,攻击者通过获取用户的 Session ID 来冒充用户身份。

以下是一些有效的防御措施,用于降低会话劫持的风险。

(1)更改 Session 标识符名称:在某些编程语言中,如 PHP,Session 的默认 Cookie 名称是 PHPSESSID。通过更改 Session 的默认名称,可以使 Session ID 不那么容易被识别和预测,从而提高安全性。

(2)避免 URL 中的 Session ID:不应通过 URL 传递 Session ID,这种做法被称为透明化 Session ID,它增加了 Session ID 被截获的风险。

(3)使用 HttpOnly 标志:设置 Cookie 时,将 HttpOnly 属性设置为 true 可以阻止客户端脚本(如 JavaScript)访问 Cookie,这有助于减少 XSS 攻击导致的 Session ID 泄露。

(4)引入 Token 验证机制:在客户端和服务器之间增加一个 Token 验证步骤,可以检查请求的合法性。即使攻击者获取了 Session ID,没有正确的 Token,他们也无法利用 Session ID 进行进一步的攻击。但要注意,Token 的安全性依赖其存储位置,如果 Token 存储在客户端,攻击者可能通过获取 Session ID 的相同方式获取 Token。

此外,还可以采取以下措施来增强会话安全性:

(1)使用安全的传输层协议:通过 HTTPS 来加密客户端和服务器之间的通信,防止 Session ID 在传输过程中被截获。

(2)设置 Cookie 的 Secure 属性:确保 Cookie 仅通过 HTTPS 传输,避免在不安全的 HTTP 连接中泄露。

(3)限制 Session 生命周期:为 Session 设置合理的过期时间,减少 Session ID 被滥用的机会。

(4)使用复杂的 Session ID 生成算法:采用难以预测的算法来生成 Session ID,提高会话标识的安全性。

(5)监控异常会话活动:通过监控系统检测异常的会话行为,及时发现并响应潜在的会话劫持尝试。

通过这些措施,可以显著提高 Web 应用程序的会话管理安全性,保护用户信息和系统资源不受未授权访问的威胁。

2. 会话固定的防御措施

会话固定攻击的目的是让受害者使用攻击者指定的 Session ID 来创建会话。以下是根据会话固定的过程、方法和特征,可以采取的一些安全措施。

会话建立过程的常用防御措施包括:

(1)服务器控制会话标识生成:确保服务器是会话标识的唯一生成者,不使用用户输入或可预测的值。

(2)加强会话标识的保密性:通过加密传输和使用强随机数生成器来创建难以预测的会话标识。

(3)检查 Referrer:对来源可疑的请求进行限制,例如,当 Referrer 不是来自本服务器时,拒绝会话请求。

(4)绑定会话标识与用户 IP:将 Session ID 与用户的 IP 地址绑定,以减少会话标识被滥用的风险。

(5)避免通过 GET/POST 传递 Session ID:防止 Session ID 通过 URL 泄露,不在日志和历史记录中留下痕迹。

会话固定过程的常用防御措施包括：

（1）登录后更新会话标识：用户登录成功后，服务器应生成一个新的 Session ID，避免攻击者利用旧的 Session ID。

（2）及时销毁会话：确保在用户退出或会话超时后，服务器端彻底删除会话信息。

（3）修复 Web 应用漏洞：定期检查并修复 XSS、文件上传漏洞等安全漏洞，减少攻击者利用这些漏洞进行会话固定的机会。

会话进入过程的常用防御措施包括：

（1）设置会话超时限制：为会话设置一个合理的超时时间，防止攻击者长时间维持非法会话。

（2）监控会话的一致性：在整个会话期间，检查附加信息（如源 IP 地址、User Agent）的一致性，如有异常，立即结束会话。

（3）使用安全特性：利用 Cookie 的 HttpOnly 和 Secure 属性，防止客户端脚本访问 Session ID，并确保 Session ID 的安全传输。

（4）实施多因素认证：增加额外的安全层，如短信验证码、电子邮件确认等，以提高会话的安全性。

（5）会话监控和警报：实施会话活动监控，对异常行为进行警报和响应。

▍5.4　邮件传输协议安全

5.4.1　电子邮件

1971 年，雷·汤姆林森博士奉命寻找一种电子邮箱地址的表现格式，他编写了可以把一封信从一台主机发送到另一台的一段小程序。于是，第一封电子邮件诞生了。雷·汤姆林森被称为"E-mail"之父。电子邮件是互联网上最流行和广泛使用的通信方式之一，它允许用户与全球任何拥有电子邮件地址的人进行信息交换。

1. 电子邮件的发送和接收过程

发送电子邮件通常涉及三个主要组件：用户代理（User Agent）、客户端邮件服务器（Mail User Agent，MUA）以及服务器端邮件服务器。发送邮件的过程至少涉及两种类型的邮件协议：SMTP（Simple Mail Transfer Protocol）用于发送邮件，POP3（Post Office Protocol version 3）或 IMAP（Internet Message Access Protocol）用于接收邮件。电子邮件的传输过程如图 5-13 所示。

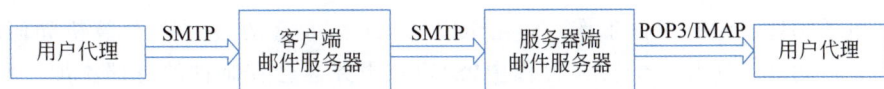

图 5-13　电子邮件的传输过程

首先，用户在其电子邮件客户端（用户代理）中撰写邮件，并使用 SMTP 发送邮件；然后，邮件发送到用户所在的客户端邮件服务器。这个服务器通常也被称为发件人的本地邮件服务器或发送方的邮件服务器。客户端邮件服务器接收邮件后，将其放入自己的邮件队列中，准备进行下一步的邮件路由。客户端邮件服务器将分析邮件的收件人地址，使用

DNS 服务(特别是 MX 记录)来确定服务器端邮件服务器的地址,一旦确定了服务器端邮件服务器的地址,客户端邮件服务器将通过 SMTP 将邮件转发到该服务器。服务器端邮件服务器,也就是收件人的邮件服务器,接收到邮件后,将其存储在服务器的本地缓冲区或邮箱账户中。邮件此时处于待命状态,等待收件人的用户代理来检索。收件人在其电子邮件客户端上配置了接收邮件的协议,通常是 POP3 或 IMAP。用户代理通过配置的协议连接到邮件服务器,进行身份验证,一旦认证成功,用户代理就可以收取、下载并显示邮件。

2. 电子邮件信息的格式

电子邮件的结构通常由两大部分构成:首部(Header)和主体(Body)。这两部分共同遵循由 RFC 822 标准定义的电子邮件格式,而 RFC 2822 则在此基础上进行了进一步的完善和更新。

(1) 首部包含了邮件的元数据,提供了邮件路由和呈现所需的信息。首部由多行组成,每行包含一个关键字和随后的具体内容,格式为"关键字:内容"。常见的首部字段包括以下几部分。

- From:邮件发送者的地址。
- To:邮件接收者的地址。
- Cc:抄送(Carbon Copy)地址,表示其他接收者也应收到邮件副本。
- Bcc:密送(Blind Carbon Copy)地址,与 Cc 类似,但其他收件人无法看到 Bcc 收件人。
- Subject:邮件的主题,提供邮件内容的简短描述。
- Date:邮件发送的日期和时间。
- Message-ID:邮件的唯一标识符。

(2) 主体:主体是邮件的主要内容部分,由用户撰写,可以包含纯文本或格式化文本(如 HTML)。主体通常在首部之后,通过一个空行(即两个连续的 CRLF,Carriage Return Line Feed)与首部分隔,这表明首部字段的结束和主体内容的开始。

电子邮件的这种结构设计使得邮件的传递和解析标准化,便于邮件客户端和服务器正确处理邮件内容。首部提供了必要的邮件处理信息,而主体则承载了用户想要传达的实际信息。这种格式也支持了邮件的国际化和多样化表达。

5.4.2 邮件传输协议

1. 简单邮件传输协议

简单邮件传输协议(SMTP)是一种运行在 TCP 之上的应用层协议,负责在互联网上发送和中转电子邮件。SMTP 的工作方式由 RFC 2821 标准定义,它指导计算机如何确定邮件的下一个目的地。在邮件的传递过程中,SMTP 服务器会在邮件的首部添加一些信息,类似传统邮局在信封上加盖邮戳,记录邮件经过的路径和处理时间。SMTP 服务器添加这些字段时,是按照从下到上的顺序,即先添加的字段会出现在后添加字段的下方。

SMTP 通信基于客户端/服务器模型,服务器默认监听 TCP 25 端口。一个完整的 SMTP 会话包括三个阶段:建立连接、邮件传输和断开连接。在 TCP 连接建立后,客户端和服务器之间会交换一系列的 SMTP 命令和响应。SMTP 命令由客户端生成并发送给服务器,而服务器则返回响应信息以确认命令的执行情况。SMTP 的通信是基于文本的,命令和响应都以文本形式交换,以 CRLF 即\r\n 作为行的结束符。

SMTP 命令的一般格式是"COMMAND<SP>[Parameter1]<CRLF>",其中:

- COMMAND 是以 ASCII 形式表示的命令名。
- SP 表示空格。
- Parameter1 是命令的参数。
- CRLF 是回车换行符。

SMTP 命令不区分大小写,但参数通常区分大小写。

SMTP 的响应信息通常只有一行,以一个三位数的响应代码开始,后面可以跟随简短的文本说明。这些响应代码允许客户端了解命令是否被成功执行,或者执行过程中遇到了什么错误。

为了捕获 SMTP,本书以网易邮箱为例。登录网易邮箱,单击"设置",选择"POP3/SMTP/IMAP"选项,开启 POP3/SMTP 服务,并记录登录授权密码,分别如图 5-14 和图 5-15 所示。

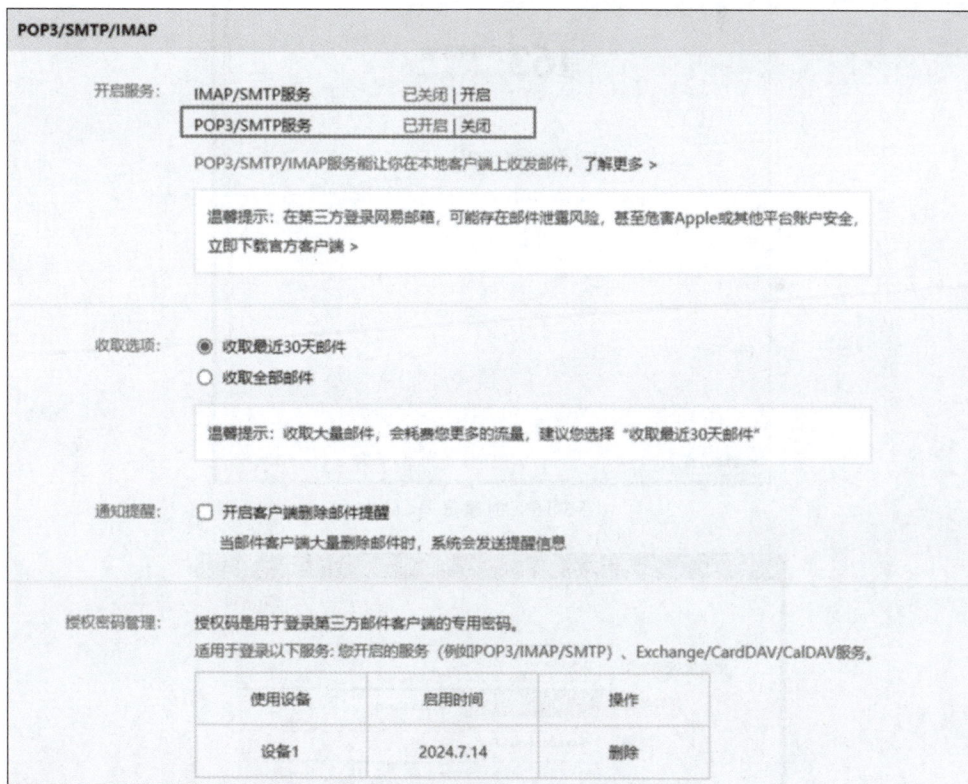

图 5-14　开启 POP3/SMTP 服务

接下来,下载安装 Foxmail 工具,并创建网易邮箱,如图 5-16 所示,密码为图 5-15 中的授权密码,单击"创建"。

然后,将"接受服务器类型"设置为"POP3",将"POP 服务器"与"SMTP 服务器"中的 SSL 选项取消勾选,单击"创建",如图 5-17 所示。

进入主界面后,如图 5-18 所示,开启 Wireshark,选择"写邮件",编辑邮件内容,并发送。

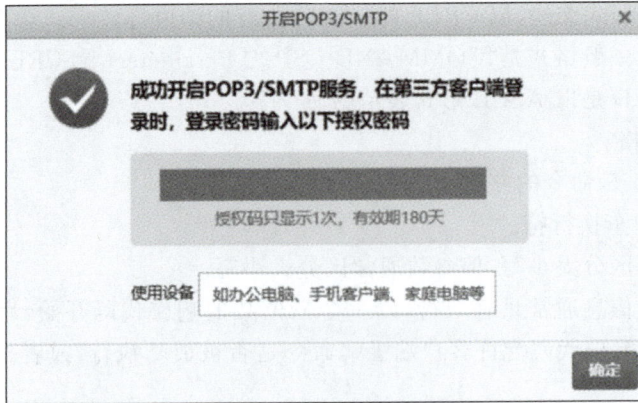

图 5-15　授权密码

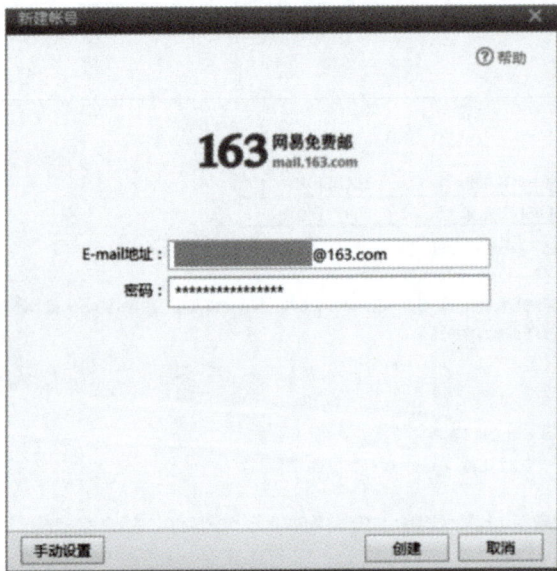

图 5-16　创建账号（1）

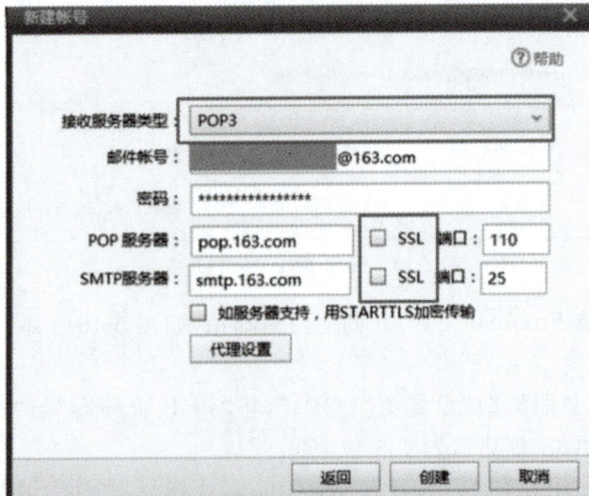

图 5-17　创建账号（2）

需要说明的是,此处为了方便捕获 POP3 协议,收件人与发件人是同一账号,如图 5-19 所示。

图 5-18　Foxmail 主界面

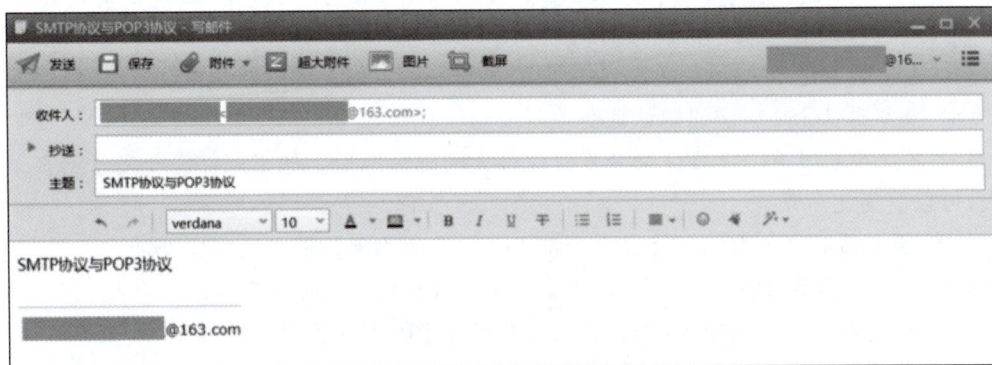

图 5-19　发送邮件

在 Wireshark 软件,先输入过滤条件"smtp",获得 SMTP 服务器的 IP 地址为"220.197. 30.210",然后输入过滤条件"ip.addr＝＝ 220.197.30.210",得到 SMTP 的基本工作流程,如图 5-20 所示。

(1) 客户端首先与 SMTP 服务器建立 TCP 连接。

(2) 服务器连接成功后,向客户端发送一个 220 响应码,表示服务器已准备好进行通信。

(3) 客户端收到服务器的响应后,发送 EHLO 命令以初始化 SMTP 会话。

(4) 服务器对 EHLO 命令做出响应,返回 250 响应码,表明邮件操作的请求已被接受。

(5) 客户端随后发送 AUTH 命令,选择认证方式。

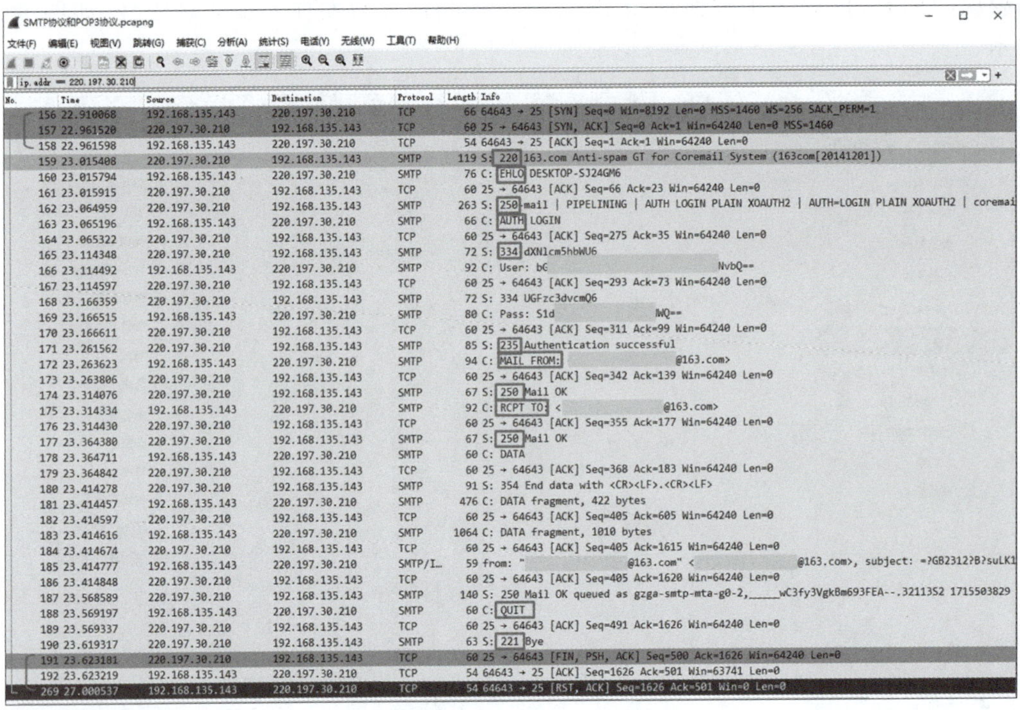

图 5-20　SMTP 的基本工作流程

（6）服务器以 334 响应码回应，要求客户端输入认证信息。客户端输入认证信息后，服务器以 235 响应码确认用户认证成功。

（7）客户端通过 MAIL FROM 命令向服务器发送发信人的邮箱地址。

（8）服务器以 250 响应码确认命令执行成功。

（9）客户端通过 RCPT TO 命令发送收件人的邮箱地址。如果邮件需要发送给多个收件人，可以重复此命令。

（10）服务器对每个 RCPT TO 命令都以 250 响应码确认请求已成功处理。

（11）客户端发送 DATA 命令，告知服务器准备开始传输邮件内容。

（12）服务器以 354 响应码回应，表示已准备好接收邮件数据。

（13）客户端开始向服务器传输邮件内容，并以连续两个 CRLF 序列标记邮件内容的结束。

（14）邮件内容传输完成后，服务器以 250 响应码确认邮件已成功接收。

（15）客户端发送 QUIT 命令，请求结束 SMTP 会话。

（16）服务器以 221 响应码告知 SMTP 服务即将关闭，并结束会话。随后，客户端和服务器关闭 TCP 连接。

2. 邮件读取协议 POP3

POP3 是一种电子邮件协议，由 RFC 1939 定义。它最初设计用于支持离线邮件处理，即邮件在服务器上接收后，客户端程序连接到服务器并下载所有未读邮件到本地，下载后邮件在服务器上会被删除。

POP3 协议基于 TCP/IP 协议栈的传输层，采用客户端/服务器模型。服务器默认监听

TCP 端口 110。一旦客户端与服务器建立 TCP 连接,就可以在连接上发送 POP3 命令并接收响应。POP3 命令的格式通常是"COMMAND <SP> [Parameter] <CRLF>"。其中:

- COMMAND 是命令名,以 ASCII 形式表示,对大小写不敏感。
- SP 代表空格。
- Parameter 是命令的参数。
- CRLF 是回车换行符,用于标记命令的结束。

服务器对客户端命令的响应由一行或多行文本组成,以 CRLF 结束。响应的首行以"+OK"或"-ERR"开头,分别表示操作成功或失败,后面跟随一些 ASCII 文本提供更多信息。

为了捕获 POP3 协议,与使用 SMTP 发送邮件的登录 Foxmail 工具一致。登录主界面后,开启 Wireshark,选择"收取",随后查看邮件内容,如图 5-21 所示。

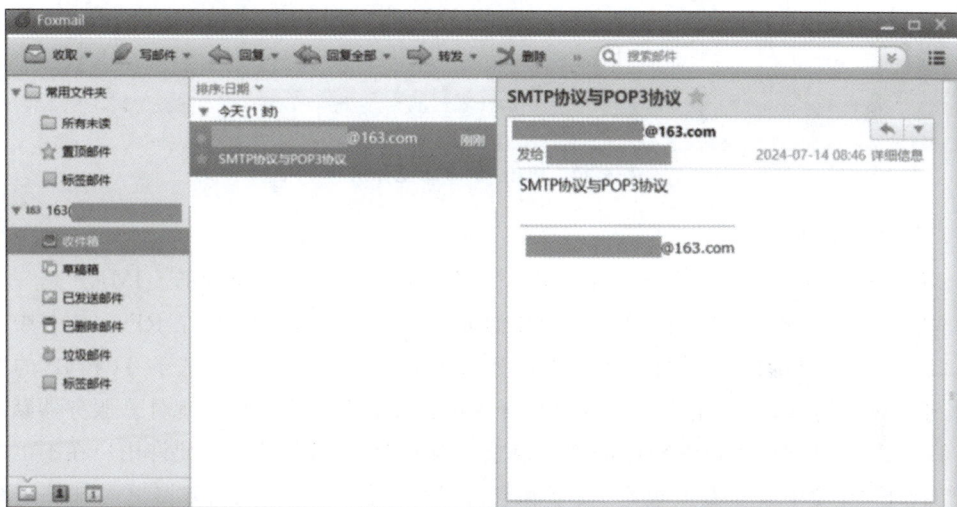

图 5-21 收取邮件

在 Wireshark 软件,先输入过滤条件"pop",获得 pop 服务器的 IP 地址为"220.197.30.207",然后输入过滤条件"ip.addr==220.197.30.207",得到 POP3 基本工作流程,如图 5-22 所示。

(1) 客户端通过 TCP 三次握手与邮件服务器建立连接,服务器在 TCP 110 端口上监听。

(2) 客户端发送 USER 命令,将邮箱用户名传递给 POP3 服务器。

(3) 客户端通过 PASS 命令将邮箱密码发送给服务器。

(4) 用户认证成功后,客户端使用 STAT 命令,请求服务器提供邮箱的统计信息。

(5) 客户端通过 LIST 命令获取服务器上邮件的数量列表。

(6) 客户端使用 RETR 命令来接收邮件。接收后,可以选择使用 DELE 命令将邮件标记为删除状态,或者选择保留邮件在服务器上的备份,不进行删除。

(7) 当客户端完成邮件操作后,发送 QUIT 命令结束会话。此时,服务器将删除所有被标记为删除的邮件。如果连接意外中断,客户端和服务器的会话也会自动结束。

图 5-22 POP3 的基本工作流程

3. 邮件读取协议

邮件读取协议(IMAP)是作为对 POP3 协议的补充和改进而设计的。IMAP 是一个用于从本地邮件客户端访问远程服务器上邮件的应用层协议,其定义在 RFC 3501 中。与 POP3 相比,IMAP 提供了更加灵活的邮件处理方式。IMAP 是一个基于 TCP/IP 的客户端/服务器模式协议,允许用户通过客户端直接在服务器上管理和操作邮件。服务器默认在 TCP 143 端口上监听,等待客户端的连接请求。与 POP3 不同,IMAP 允许用户在不下载邮件的情况下,直接在服务器上查看、搜索和管理邮件。用户可以在服务器上对邮件进行标记、移动到文件夹、搜索和删除等操作,而无须将邮件下载到本地。IMAP 支持多客户端同步,即当一个客户端对邮件进行操作时,其他客户端也会看到这些更改,如图 5-23 所示。IMAP 提供了一种更为现代和灵活的方式来访问和管理电子邮件。

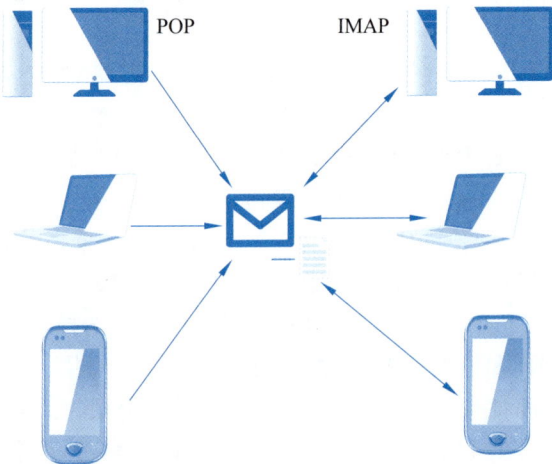

图 5-23 POP3 和 IMAP 比较图

IMAP 的这些特性使其成为现代电子邮件使用的理想选择,特别是对于需要在多个设备上同步邮件、希望节省带宽或需要高级邮件管理功能的用户。然而,为了充分利用 IMAP 的优势,用户需要确保他们的邮件客户端支持 IMAP,并且正确配置了 IMAP 设置。

4. 多用途互联网邮件扩展

随着互联网的快速发展,用户对电子邮件的期望已经超越了简单的文本交换,他们希望能够在邮件中包含图片、声音、动画和附件等多媒体内容。然而,早期的电子邮件标准如 RFC 822 和 RFC 2822 仅支持 ASCII 编码,限制了邮件内容的多样性。为了解决这个问题,多用途互联网邮件扩展(Multipurpose Internet Mail Extensions,MIME)应运而生,它定义了一套编码规则来处理非 ASCII 数据。

MIME 引入了新的邮件首部字段,特别是 Content-Type 字段,它以 type/subtype 的形式指明邮件主体的数据类型。这些类型包括但不限于文本(text)、图片(image)、音频(audio)、视频(video)、应用程序(application)、消息(message)和组合结构(multipart)。例如,text/plain 表示纯文本,而 image/jpeg 表示 JPEG 格式的图片。

multipart 类型是 MIME 中用于创建包含多个部分的复合邮件的关键类型。它允许邮件主体包含多个子报文,每个子报文都有自己的数据类型和编码。multipart/mixed、multipart/related 和 multipart/alternative 是常见的 multipart 类型,它们通过在邮件首部设置 boundary 参数来区分邮件主体中的各部分。每个子报文以--参数字符串开始,整个邮件主体以--参数字符串--结束,子报文之间用空行分隔。图 5-24 是一个 MIME 邮件示例,它包含一段纯文本信息(text/plain)和一张 TIFF 格式的图片(image/tiff)。

```
From: attacker2023@360.cn
To: university@360.cn
Subject: Test
Mime-Version: 1.0
Content-Type: multipart/mixed; boundary="boundaryofsubmessage"

--boundaryofsubmessage
Content-Type: text/plain
Content-Transfer-Encoding: 7bit


This is a test mail.


--boundaryofsubmessage
Content-Type: image/tiff
Content-Transfer-Encoding: base64
...


--boundaryofsubmessage--
```

图 5-24 MIME 邮件示例

MIME 通过其 Content-Transfer-Encoding 字段定义了邮件内容在传输过程中的编码方式,这一机制使得邮件能够携带多种类型的数据,如文本、图像、音频和视频文件。这种编码方式确保了不同格式的文件可以在电子邮件系统中无缝传输,同时保持其原始格式和内容的完整性。此外,MIME 的框架也被广泛应用于万维网的 HTTP 中,这进一步证明了其在数据传输领域的普遍性和重要性。MIME 的这些特性使得它能够在不改变现有电子邮件程序和协议的基础上,扩展电子邮件的功能,满足现代通信的需求。

5.4.3　邮件传输协议的安全风险及防范策略

1. SMTP 的安全风险及防范策略

传统的 SMTP 存在安全缺陷,因为它在设计时并未包含数据加密措施,导致通信过程容易被第三方监听。由于电子邮件在传输过程中往往会经过多个邮件服务器,这增加了数据被截获的风险。攻击者可以利用这一点,在邮件经过的任意邮件服务器上截取传输的数据包。通过技术手段,攻击者能够将截获的数据包重新组装,恢复原始的邮件内容。这一过程对用户来说是不可见的,用户可能在完全不知情的情况下,就遭受了个人信息的泄露,包括个人身份在内的敏感数据可能会因此落入攻击者手中。为了解决这一问题,现代电子邮件通信开始采用加密技术,如使用传输层安全(Transport Layer Security,TLS)协议对SMTP 会话进行加密。通过这种方式,即使数据在传输过程中被截获,攻击者也无法轻易地读取邮件内容,从而有效保护了用户的隐私和数据安全。此外,采用加密措施也有助于防止邮件内容被篡改,确保邮件的完整性和真实性。

目前,许多邮件服务器采用 TLS 协议来加密邮件传输,以增强数据传输的安全性。使用 TLS 的邮件服务通常不会影响原有邮件服务的正常运作。在邮件服务中,TLS 和 SSL 提供了一个额外的加密层,确保数据在传输过程中的保密性和完整性。为了使用 TLS 加密邮件数据,邮件客户端和服务器会通过一个不同于传统 SMTP 端口(如 25 或 587)的端口来进行加密通信,通常是端口 465。

TLS 协议主要工作过程如下。

(1)连接建立:客户端与邮件服务器建立 TCP 连接,并告知服务器支持的加密套件和 TLS 版本。

(2)证书和公钥交换:邮件服务器向客户端提供其 TLS 或 SSL 证书以及公钥,客户端对证书进行验证,以确认服务器的身份。

(3)密钥交换:客户端使用服务器的公钥加密一个随机生成的共享密钥(会话密钥),并将其发送给服务器。

(4)加密通信:一旦共享密钥交换完成,客户端和服务器都将使用这个密钥对邮件数据进行加密和解密,确保数据在传输过程中的安全。

当邮件客户端和服务器都支持 TLS 时,这种加密方式可以显著提高邮件传输的安全性。即使攻击者能够截获传输中的数据,没有正确的解密密钥,他们也无法读取邮件内容。然而,使用专门的加密端口可能会被认为是对端口资源的一种浪费。为了解决这一问题,邮件服务商推出了 STARTTLS 扩展,这是一种在现有 SMTP 端口上升级为 TLS 加密通信的方法。STARTTLS 允许在 SMTP 会话开始时通过特定的命令升级连接为 TLS 加密连接,从而避免了使用专用端口,同时仍然提供了必要的安全性。这种方法使得邮件服务在保持兼容性的同时,也能享受到 TLS 提供的加密保护。

STARTTLS 是一种安全扩展协议,它允许在现有的通信协议上增加 TLS 加密层,而无须使用单独的加密端口。这种机制支持多种协议，包括但不限于电子邮件协议（如SMTP）、文件传输协议（FTP）等。与直接使用 TLS 或 SSL 相比，STARTTLS 提供了一种更为灵活的方式来保护通信内容，允许在明文通信的基础上升级为加密通信。STARTTLS默认使用 587 端口，这个端口在 RFC 标准中被定义为邮件提交端口。在电子邮件的发展过程中，由于原始的 SMTP 使用的 25 端口可能被滥用，协议制定者引入了 TLS/SSL 加密，最初指定 465 端口作为加密邮件提交端口。随后，为了更灵活地在现有 SMTP 服务上增加安全性，587 端口被指定用于支持 STARTTLS 的邮件服务。STARTTLS 工作过程如图 5-25 所示。

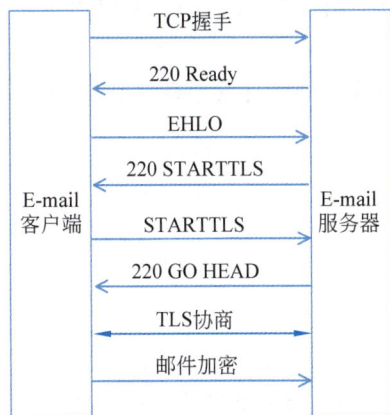

图 5-25　STARTTLS 工作过程

（1）初始连接：客户端首先与邮件服务器建立一个普通的 TCP 连接，此时通信尚未加密。

（2）发送 STARTTLS 请求：客户端通过发送 STARTTLS 命令来请求服务器升级连接为加密通信。

（3）服务器响应：如果邮件服务器支持 STARTTLS，它会向客户端发送一个响应，表明可以开始 TLS 握手过程。

（4）加密升级：客户端接收到服务器的响应后，开始 TLS 握手过程，包括证书验证、密钥交换等步骤，从而将连接升级为加密的 TLS 会话。

（5）加密通信：一旦 TLS 握手完成，客户端和服务器间的所有后续通信都将被加密。

尽管 STARTTLS 提供了一种在现有 SMTP 服务上增加加密的方法，但 SMTP 服务器在实际应用中仍可能面临一些安全问题，例如，TLS 或 SSL 证书可能过期或无效、服务器可能不支持最新的安全协议或加密套件等。

2. POP3 协议的安全风险及防范策略

在最初设计 POP3 协议时，没有对传输内容进行加密，这导致了一个明显的安全缺陷：攻击者可以截获并轻易读取传输中的明文数据，包括敏感的用户名和密码信息，这构成了严重的邮件安全风险。为了解决这一问题，加密传输成为 POP3 安全的关键补充。POP3 协议现在可以结合 TLS 或 SSL 协议来提供加密传输的安全性。此外，POP3 也能够通过STARTTLS 扩展来实现加密升级，使得原本的明文连接在通信过程中升级为加密连接。尽管加密传输提高了数据传输的安全性，但 POP3 协议本身的一些工作机制仍可能导致以下安全问题。

（1）离线访问的安全性问题：POP3 协议的设计初衷是让邮件客户端能够离线下载邮件。这意味着一旦邮件被下载到本地，用户可以在没有任何身份验证的情况下阅读邮件，这可能导致敏感信息泄露，破坏了邮件的机密性。

（2）邮件同步的问题：在早期的 POP3 服务器实现中，邮件一旦被下载，通常会从服务器上删除，这可能导致使用多个设备的用户无法在所有设备上都保留邮件副本，从而可能丢失重要邮件。尽管现代的 POP3 服务器通常允许邮件在下载后仍然保留在服务器上，但 POP3 的单向工作模式（主要设计为下载邮件到本地）并不适应现代用户多设备同步邮件的需求。

为了提高 POP3 协议的安全性和适应性，可以采取以下措施。

（1）使用加密连接：始终使用 TLS/SSL 或 STARTTLS 来加密 POP3 会话，保护传输中的数据。

（2）改进客户端设计：邮件客户端应提供更好的安全措施，如在本地存储邮件时进行加密，并在多个设备间安全同步邮件。

（3）多端同步解决方案：考虑使用支持多端同步的邮件协议，如 IMAP 可以提供更好的邮件同步和管理功能。

通过这些措施，可以在一定程度上提高使用 POP3 协议时的邮件安全性，同时满足现代用户对邮件多端同步的需求。

‖ 5.5　DHCP 安全

视频讲解

5.5.1　DHCP 概述

DHCP(Dynamic Host Configuration Protocol，动态主机配置协议）是由因特网工程任务组（IETF）基于 RFC 2131 标准开发设计的协议，采用客户机-服务器模式运行。DHCP 主要提供以下三种 IP 地址分配方式。

（1）自动分配：这是一种永久性的 IP 地址分配方法。当客户端首次从 DHCP 服务器成功获取一个 IP 地址后，该地址会被保留给该客户端，以便它在未来的通信中持续使用。

（2）手动分配：在这种方式下，DHCP 服务器的管理员会为特定的客户端或设备指定一个特定的 IP 地址。这个 IP 地址是预先设置好的，通常会为重要的设备或需要固定 IP 的客户端使用。

（3）动态分配：这是一种临时性的 IP 地址分配方法。客户端从 DHCP 服务器获取的 IP 地址仅在有限的时间内有效。一旦客户端使用完毕，IP 地址需要被释放回 DHCP 服务器的地址池中，以便其他客户端重新使用。

动态分配是 DHCP 中最常用的 IP 地址分配方式，其工作过程主要分为四个阶段：发现、提供、请求和确认。DHCP 的基本工作过程如图 5-26 所示。

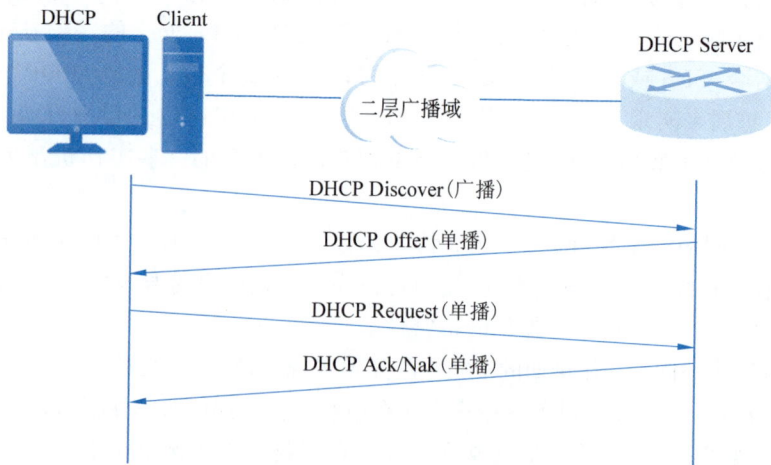

图 5-26　DHCP 的基本工作过程

（1）发现阶段：DHCP Client 通过广播发送 DHCP Discover 报文，以查找网络中的 DHCP Server，并表达其获取 IP 地址的需求。

（2）提供阶段：网络中 DHCP Server 收到 DHCP Discover 报文后，会准备一个 IP 地址提议，并在 DHCP Offer 报文中包含这个 IP 地址信息，然后通过单播方式发送给发起请求的 DHCP Client。

（3）请求阶段：DHCP Client 收到一个或多个 DHCP Offer 报文后，会选择一个 Offer（通常是第一个收到的），并向提供该 Offer 的 DHCP Server 发送 DHCP Request 报文，表明它接受提议的 IP 地址。

（4）确认阶段：当 DHCP Server 收到 DHCP Request 报文时，如果能够满足请求并分配 IP 地址，它会向 DHCP Client 发送 DHCP Ack 报文，确认 IP 地址分配成功，此时 DHCP Client 可以使用该 IP 地址。如果 DHCP Server 无法分配请求的 IP 地址，它会发送一个 DHCP Nak(Negative Acknowledgement)报文给 DHCP Client，表示 IP 地址分配失败。收到 DHCP Nak 报文的 DHCP Client 将无法获得请求的 IP 地址，并可能重新进入发现阶段，开始新的 IP 地址获取过程。

DHCP 的上述流程确保了 IP 地址的动态分配既灵活又高效，同时允许网络管理员控制 IP 地址的分配策略和租期。这个过程也支持客户端在网络中移动时保持 IP 地址的连续性，或者在地址不可用时重新获取新的地址。

DHCP 包含八种类型的报文，分别为 DHCP Discover、DHCP Offer、DHCP Request、DHCP Ack、DHCP Nak、DHCP Release、DHCP Decline 和 DHCP Inform。这些报文虽然格式相同，但可以根据报文中特定字段的不同取值来区分不同的报文类型和用途。DHCP 协议在传输层使用 UDP(User Datagram Protocol)进行通信。具体来说，DHCP 服务器监听 67 号端口，而 DHCP 客户端监听 68 号端口。DHCP 报文的封装格式是基于早期的 BOOTP(Bootstrap Protocol)报文格式，DHCP 报文格式如图 5-27 所示。

OP(报文操作类型)	Htype(硬件地址类型)	Hlen(硬件地址长度)	Hops(中继数目)
Xid(请求标识)			
Secs(消耗时间)		Flags(标志位)	
Ciaddr(客户端IP地址)			
Yiaddr(分配给客户端的IP地址)			
Siaddr(下一个DHCP服务器IP地址)			
Giaddr(第一个中继地址)			
Chaddr(客户端MAC地址)			
Sname(服务器名字)			
File(启动配置文件)			
Option(可选字段)			

图 5-27　DHCP 报文格式

其中三种主要报文的具体用途如下。

（1）DHCP Release：由客户端发送给服务器，用来主动释放先前分配的 IP 地址，通常在客户端不再需要该 IP 地址或即将离开网络时使用。

（2）DHCP Decline：客户端发送给服务器，表明客户端拒绝接受服务器提供的 IP 地址，可能因为客户端发现该 IP 地址有冲突或其他问题。

（3）DHCP Inform：客户端发送给服务器，请求服务器提供除了 IP 地址之外的其他配置信息，如 DNS 服务器地址、子网掩码等，即使客户端已经手动配置了 IP 地址。

八种 DHCP 报文共同构成了 DHCP 的消息交换机制，使得 IP 地址的自动分配、管理和错误处理成为可能。通过这些报文，DHCP 能够灵活地适应不同的网络环境和配置需求。

5.5.2　DHCP 报文分析

本节将通过捕获和分析客户端从 DHCP 服务器获取 IP 地址过程中的数据包，深入了解 DHCP 报文的交互。DHCP 服务器被配置一个静态 IP 地址，即"192.168.135.141"，子网掩码为/24，负责分配 IP 地址给网络中的客户端。客户端则配置为自动获取 IP 地址，依赖 DHCP 服务器提供的服务来获得网络参数。为了捕获 DHCP 相关报文，先在 Windows Server 2016 搭建 DHCP 服务器，流程如下。

（1）DHCP 服务器设置静态 IP 地址。在"控制面板>网络和 Internet>网络连接"中右键单击 Ethernet0 网络，选择"属性"，单击"Internet 协议版本 4（TCP/IPv4）"，设置静态 IP 地址为 192.168.135.141，如图 5-28 所示。

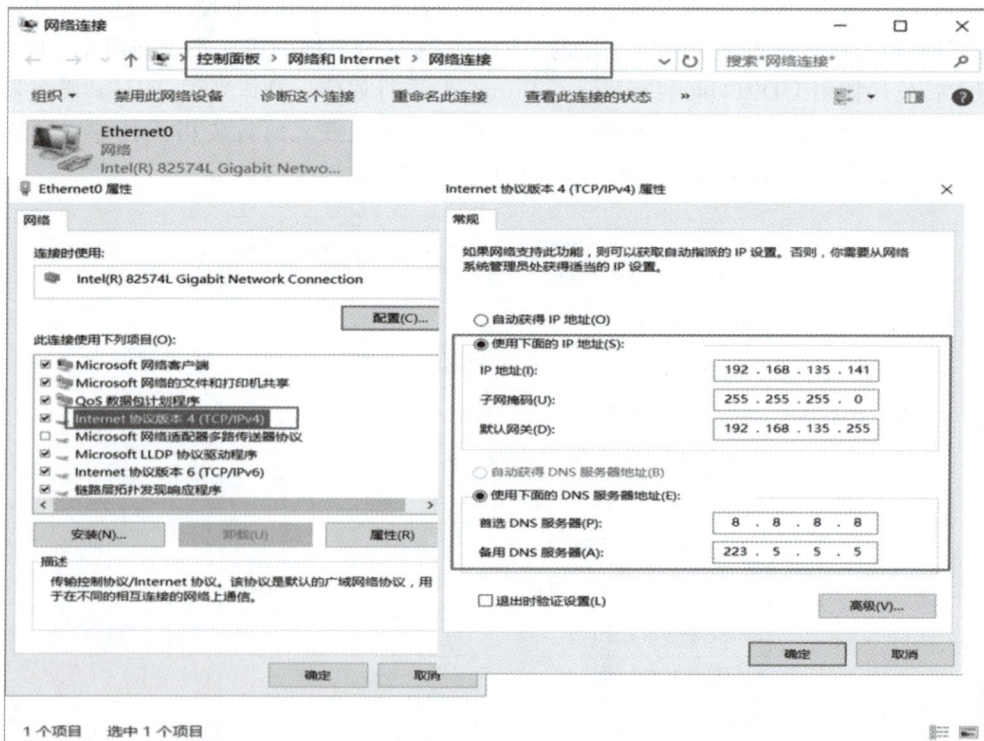

图 5-28　设置静态 IP 地址

（2）添加角色和功能。打开"服务器管理器>仪表板"，选择"添加角色和功能"，进入"添加角色和功能向导",如图 5-29 所示。随后,一直单击"下一步",直到进入如图 5-30 所示的界面,选择"DHCP 服务器"选项,按照图中步骤操作。当进入"确认"页面,如图 5-31 所示,勾选"如果需要,自动重新启动目标服务器"选项,单击"安装",进入安装界面,等待安装结束,并关闭此页面,如图 5-32 所示。

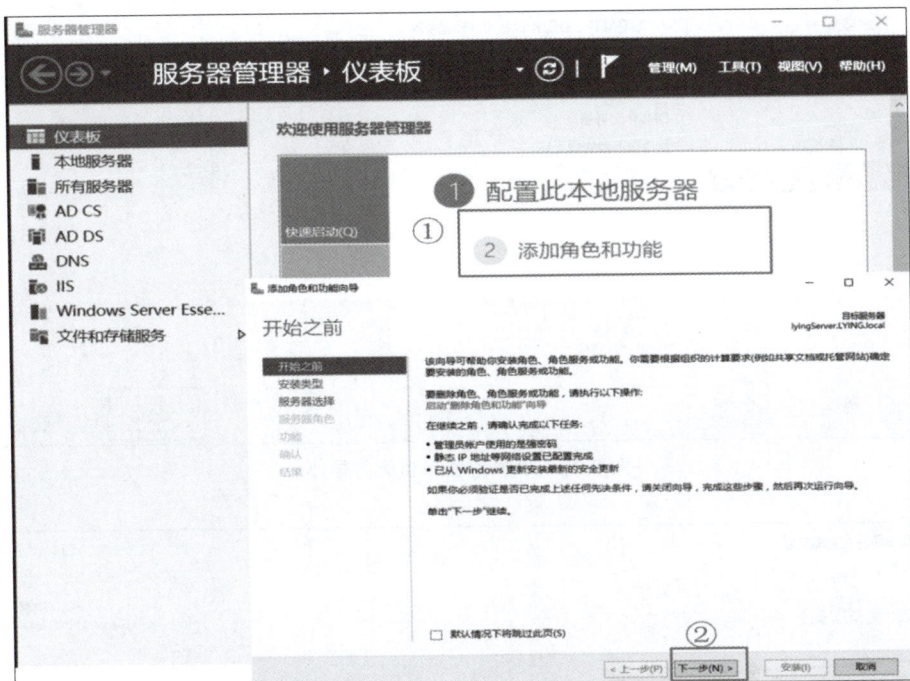

图 5-29　添加角色和功能向导(1)

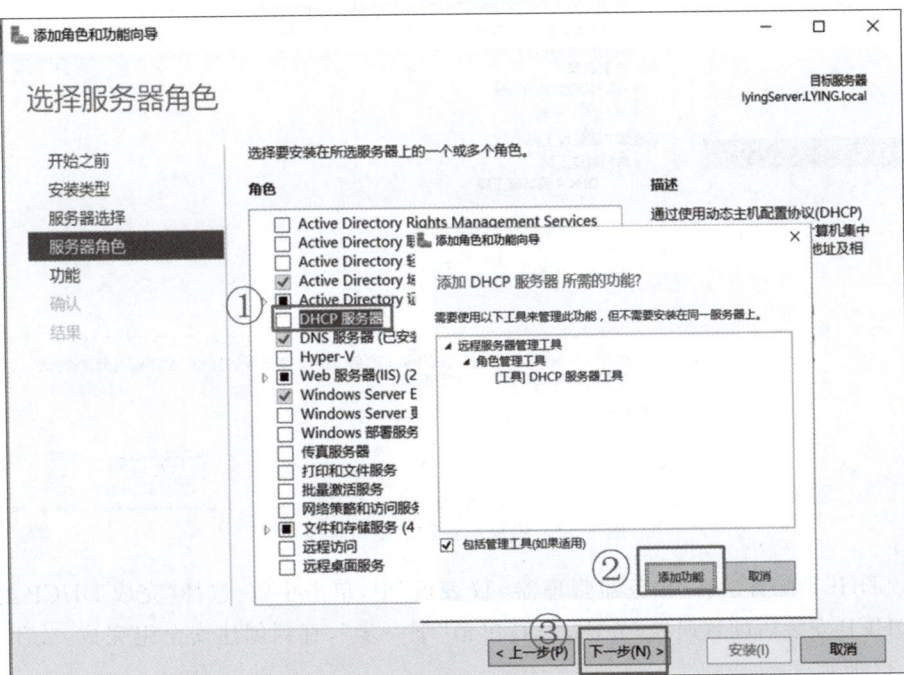

图 5-30　添加角色和功能向导(2)

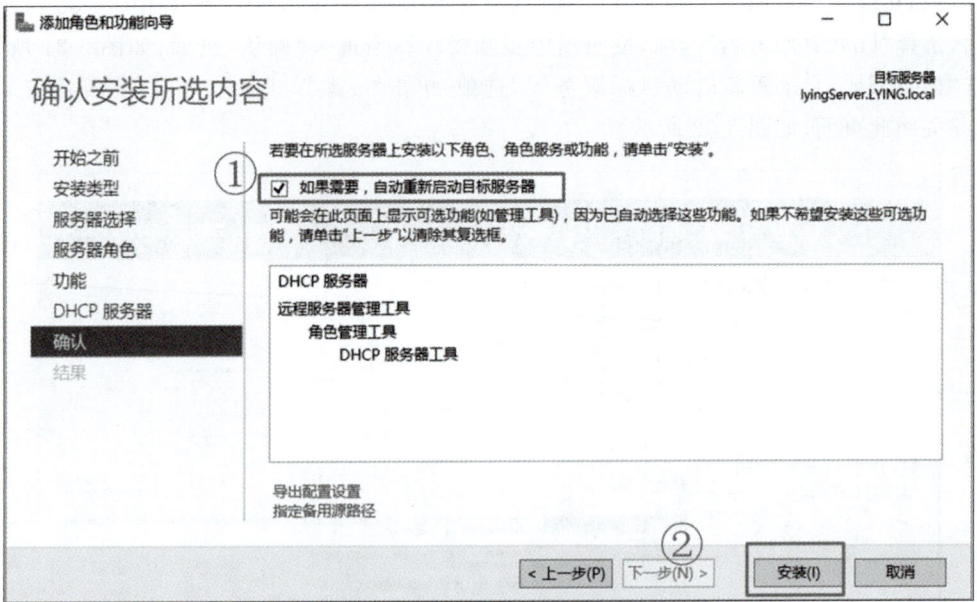

图 5-31　添加角色和功能向导（3）

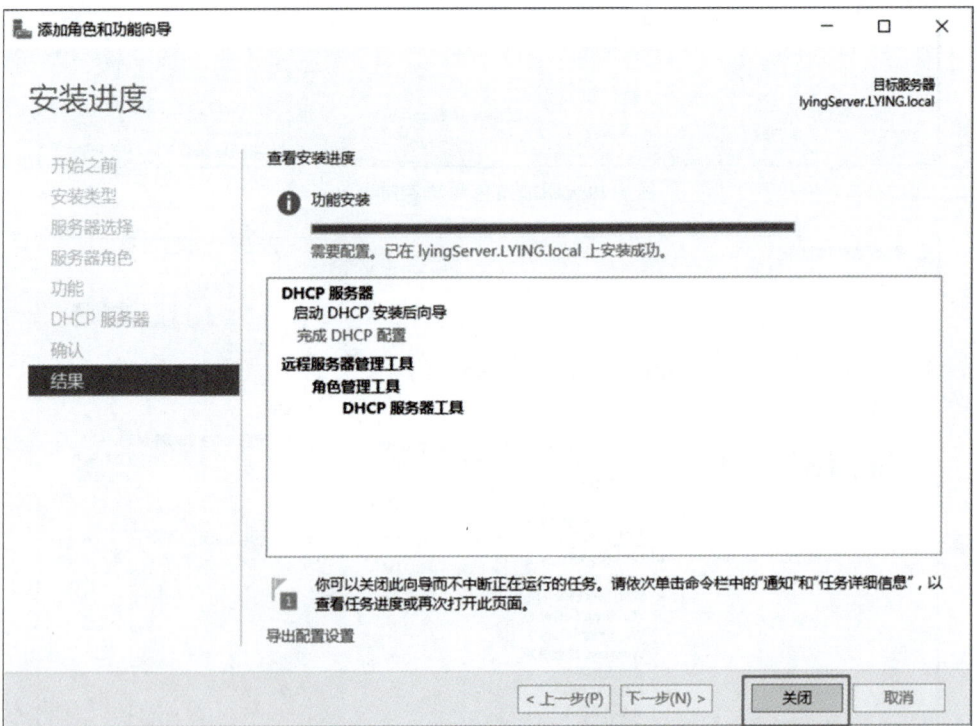

图 5-32　添加角色和功能向导（4）

（3）DHCP 配置。在"服务器管理器>仪表板"中，单击小旗，选择"完成 DHCP 配置"，进入"DHCP 安装后配置向导"界面，一直单击"下一步"，直到创建安全组完成，关闭界面，如图 5-33 所示。

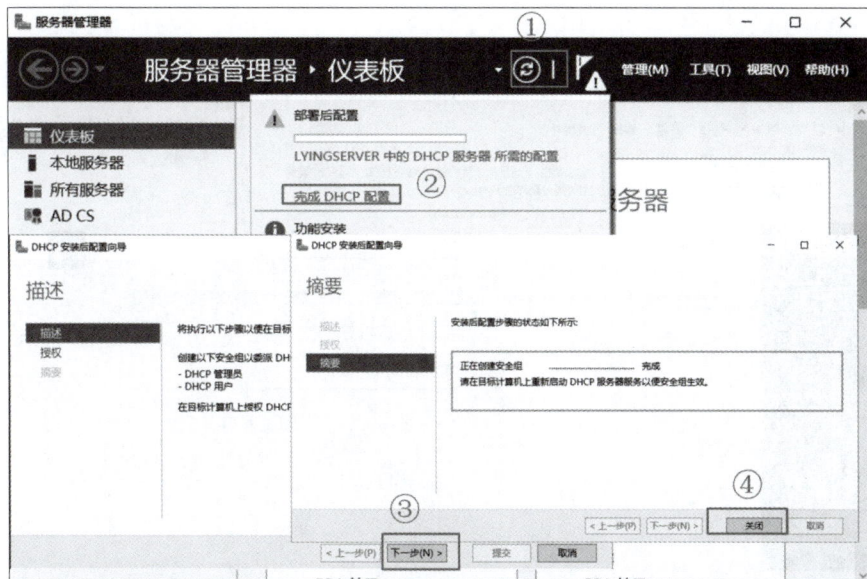

图 5-33　DHCP 配置

（4）配置 DHCP 工具。在"服务器管理器>仪表板"中，单击工具，选择"DHCP"，进入 DHCP 界面，按照图 5-34～图 5-38 步骤操作即可。

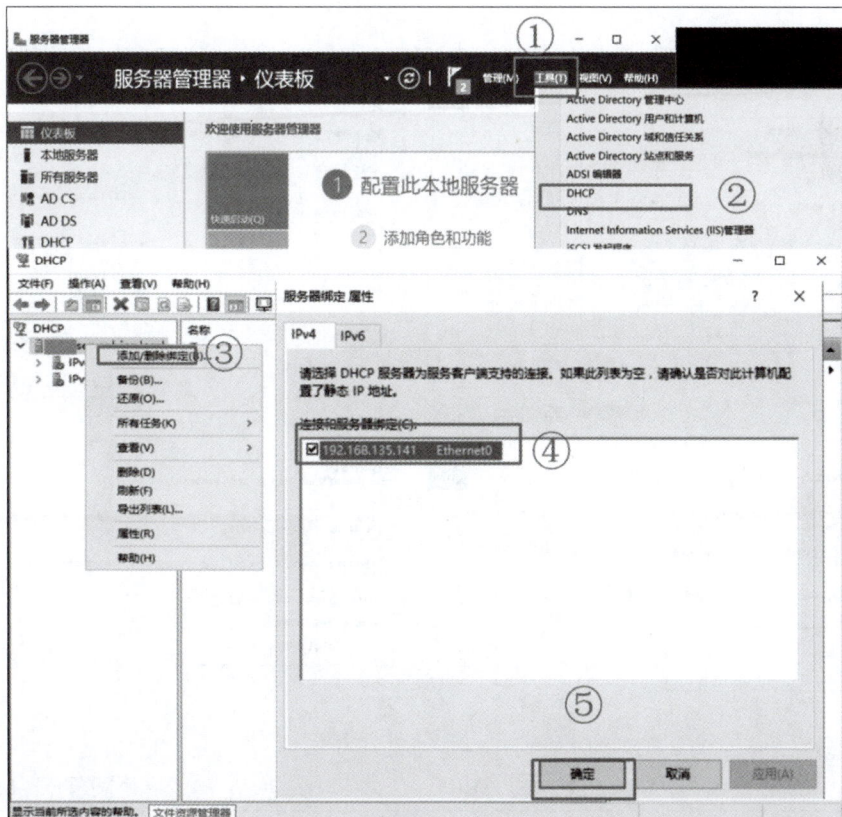

图 5-34　配置 DHCP 工具（1）

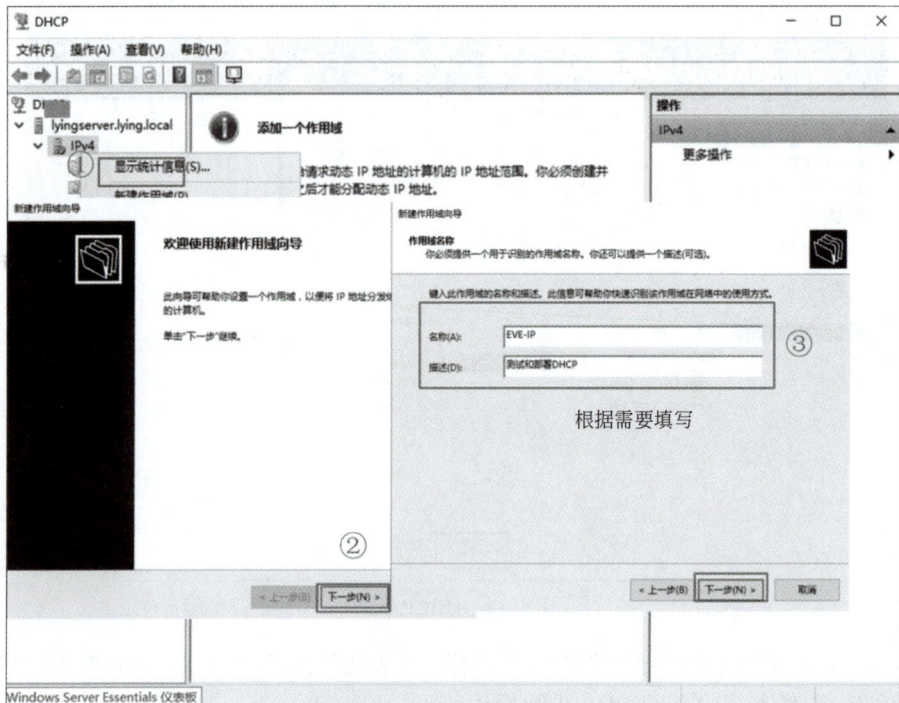

图 5-35　配置 DHCP 工具（2）

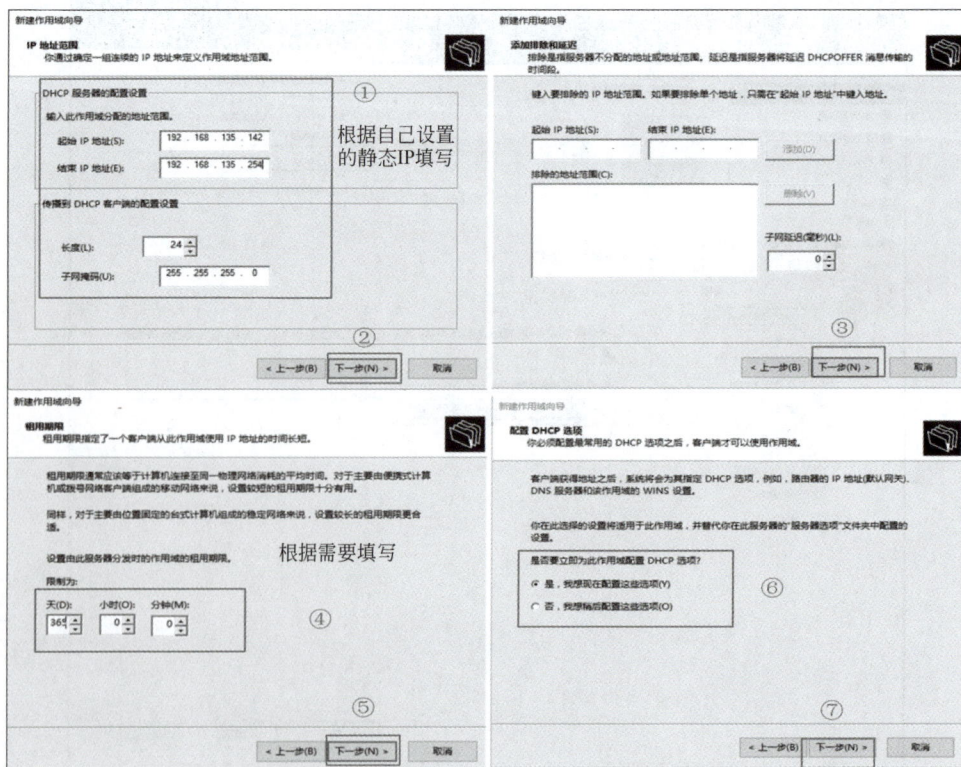

图 5-36　配置 DHCP 工具（3）

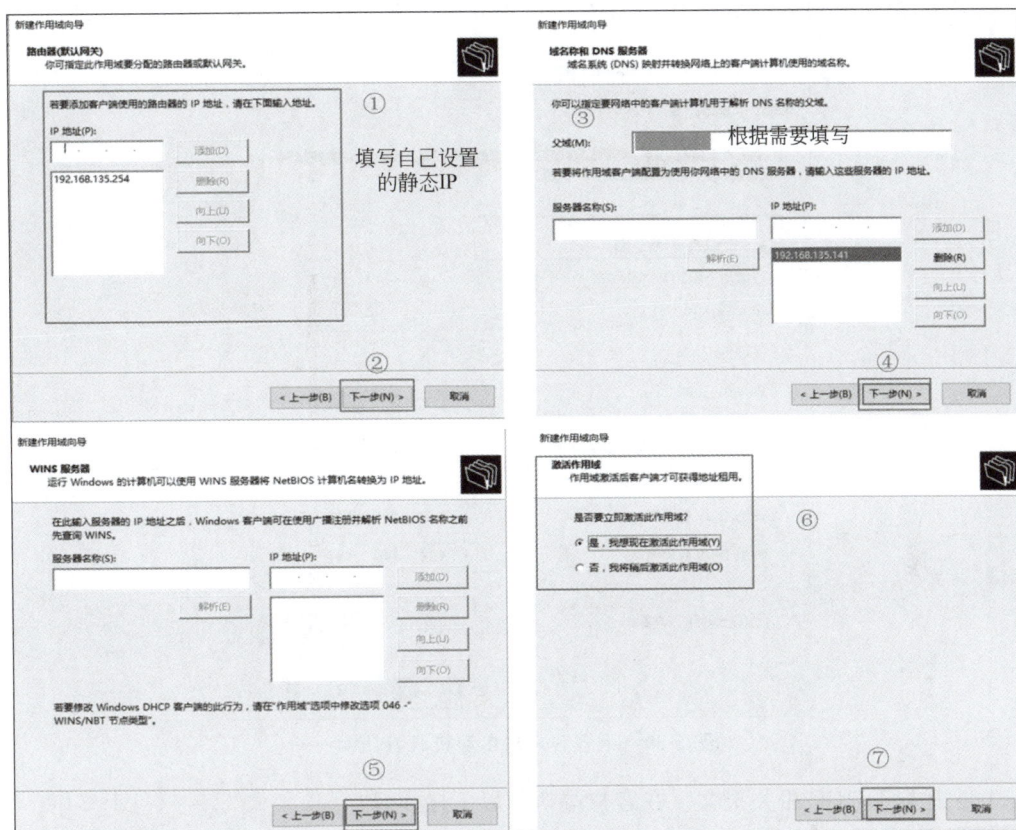

图 5-37　配置 DHCP 工具（4）

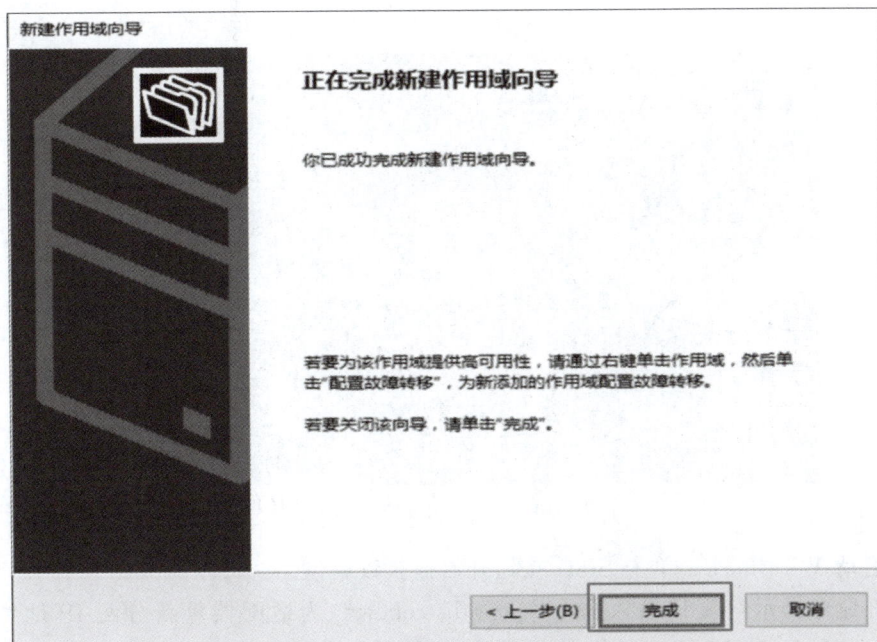

图 5-38　配置 DHCP 工具（5）

（5）配置客户端自动获取 IP。如图 5-39 所示配置客户端"自动获得 IP 地址"。

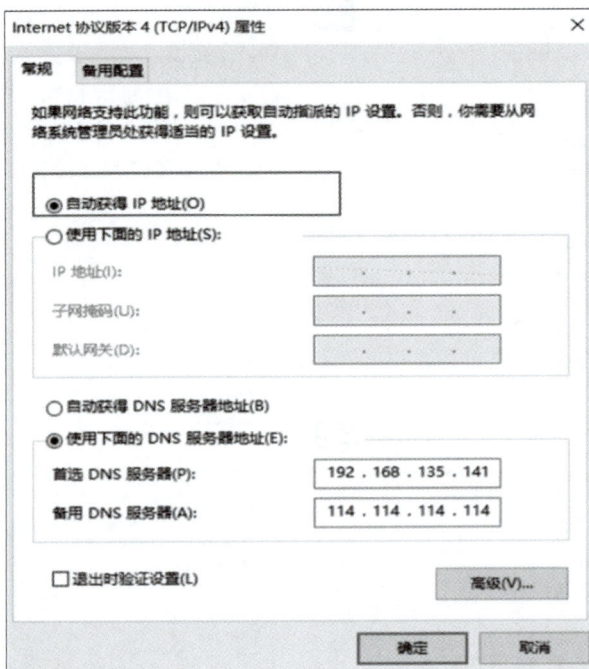

图 5-39　配置客户端自动获取 IP 地址

（6）抓取 DHCP 相关报文。在客户端执行以下操作。

① 在命令提示符窗口输入命令"ipconfig/release"（释放由 DHCP 分配的动态 IP 地址），如图 5-40 所示。

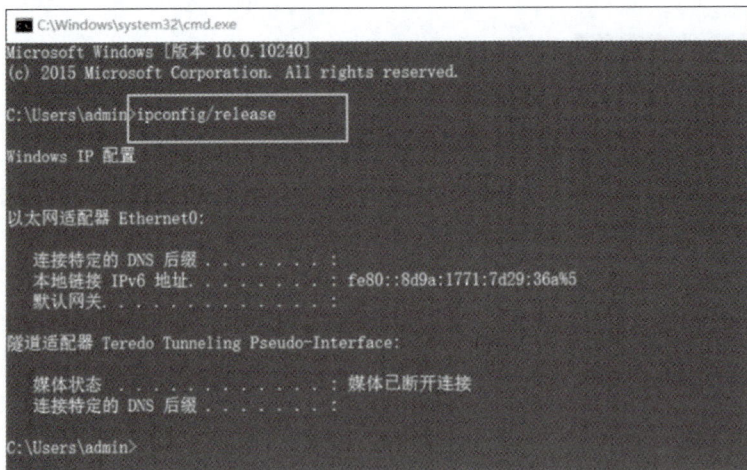

图 5-40　命令"ipconfig/release"

② 启动 Wireshark。单击 Start 按钮开始捕获数据包。

③ 在命令提示符窗口输入命令"ipconfig/renew"（为适配器重新分配 IP 地址）以及"ipconfig/all"（显示网络适配器的完整 TCP/IP 配置信息），如图 5-41 所示。

通过以上步骤，可顺利捕获 DHCP 相关报文。

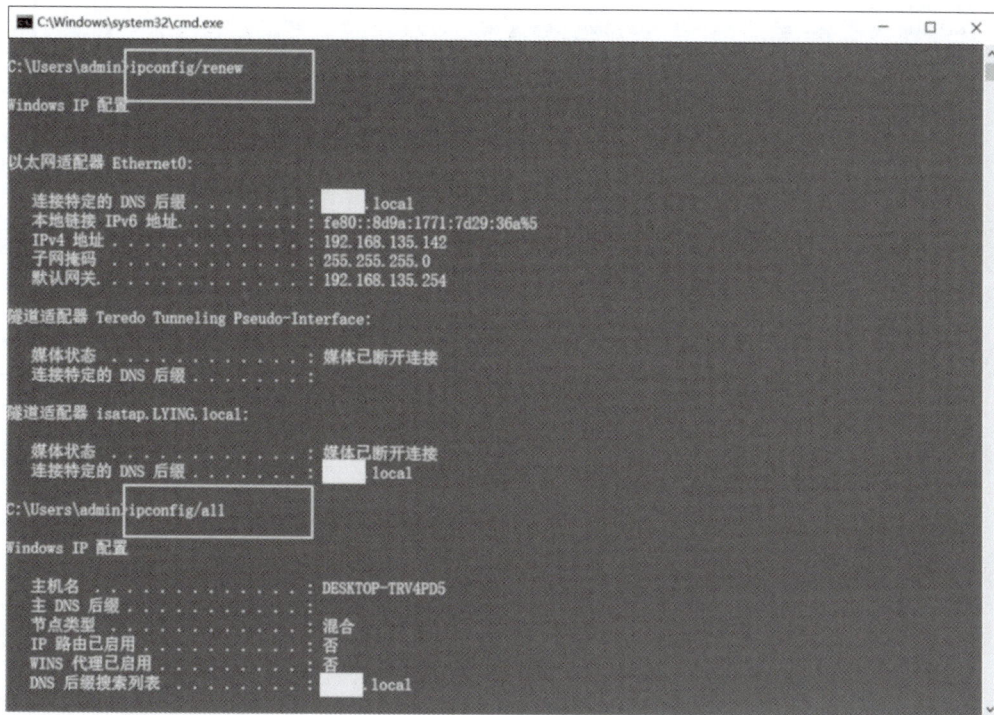

图 5-41　输入命令"ipconfig/renew"和"ipconfig/all"

（1）DHCP Discover 报文。

客户端开始其 IP 地址获取过程，通过广播一个 DHCP Discover 消息来请求一个 IP 地址。在图 5-42 中，可以看到第一个数据包即为该 DHCP Discover 消息，它包含了客户端的 MAC 地址和主机名，这些信息允许 DHCP 服务器识别发出请求的特定客户端。由于客户端在这个阶段尚未确定 DHCP 服务器的位置，因此，它通过广播方式发送 DHCP Discover 报文，确保网络中包括 DHCP 服务器的所有设备都能接收到这一请求。这是 DHCP 中动态 IP 地址分配过程的第一步，为客户端与 DHCP 服务器之间的进一步通信奠定了基础。

（2）DHCP Offer 报文。

在接收到客户端的 DHCP Discover 请求后，DHCP 服务器会做出回应，发送一个 DHCP Offer 消息，提供 IP 地址分配给客户端。如图 5-43 所示，第二个数据包即为 DHCP Offer 报文，在该报文中，服务器根据客户端的 MAC 地址，为其分配了一个特定的 IP 地址，并提供了一系列的配置选项。通过分析这个数据包，可以确定服务器为客户端分配的 IP 地址是"192.168.135.143"。这个过程是 DHCP 动态 IP 地址分配流程的关键部分，确保了客户端能够获得在网络上进行通信所需的 IP 配置。

（3）DHCP Request 报文。

在成功接收到来自 DHCP 服务器的 DHCP Offer 消息之后，客户端会向服务器发出 DHCP Request 报文，以表明它接收并希望使用所提供的 IP 地址。如图 5-44 所示，序号为 3 的数据包是一个 DHCP Request 报文，通过分析这个数据包，可以确认客户端正在请求使用的 IP 地址为"192.168.135.143"。这是 DHCP 交互流程中的下一步，标志着客户端对 IP 地址分配的确认，为最终的 IP 地址分配完成奠定基础。

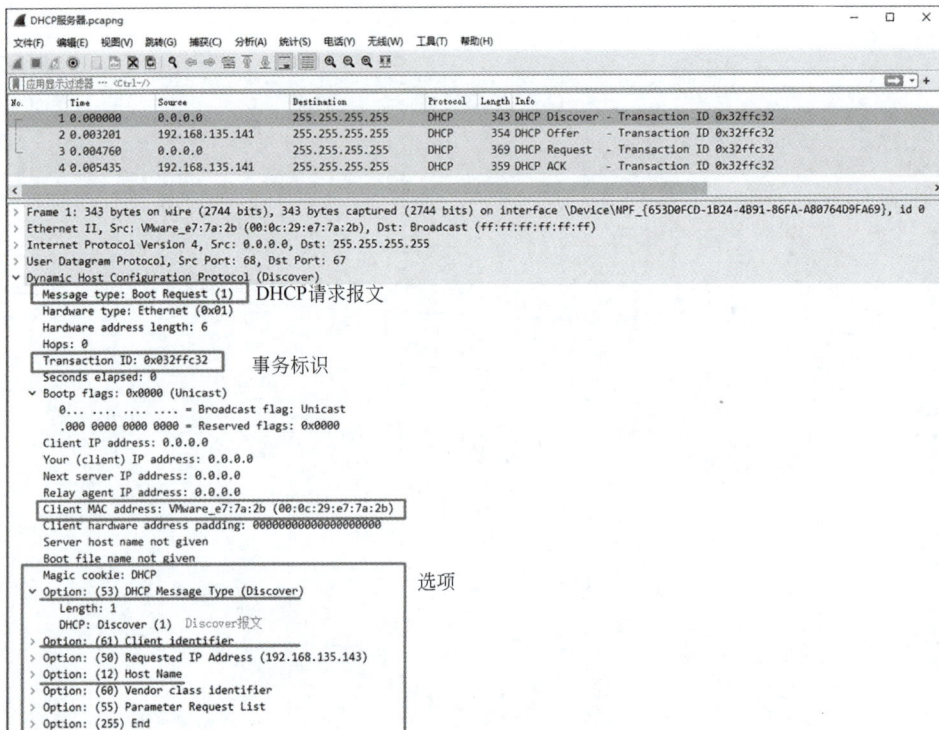

图 5-42　DHCP Discover 报文

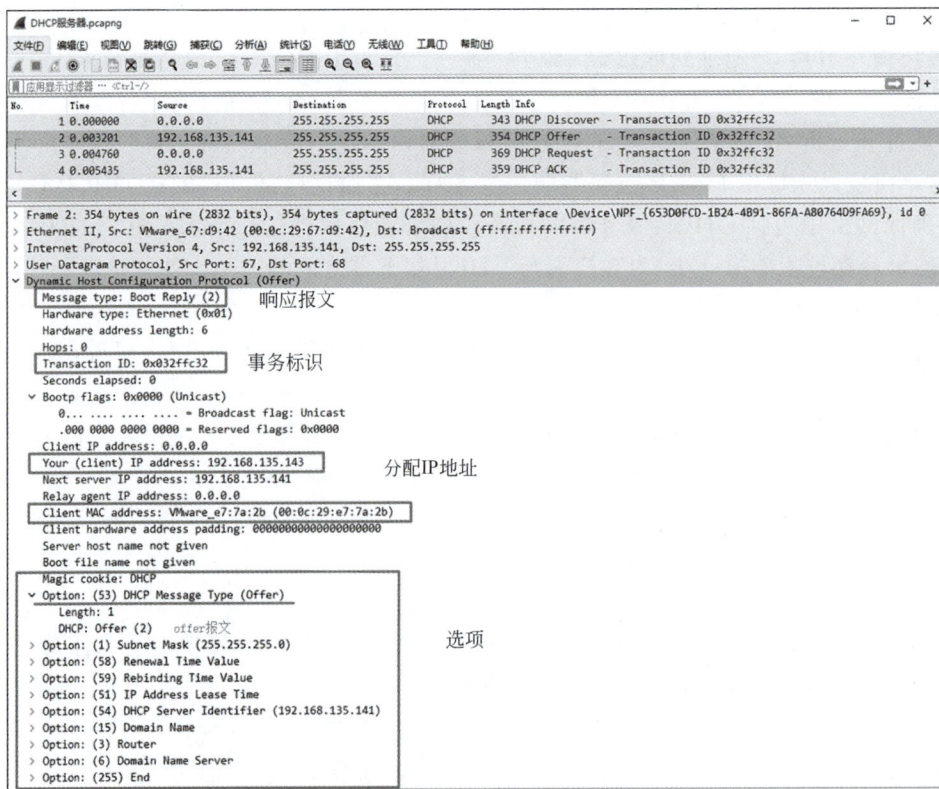

图 5-43　DHCP Offer 报文

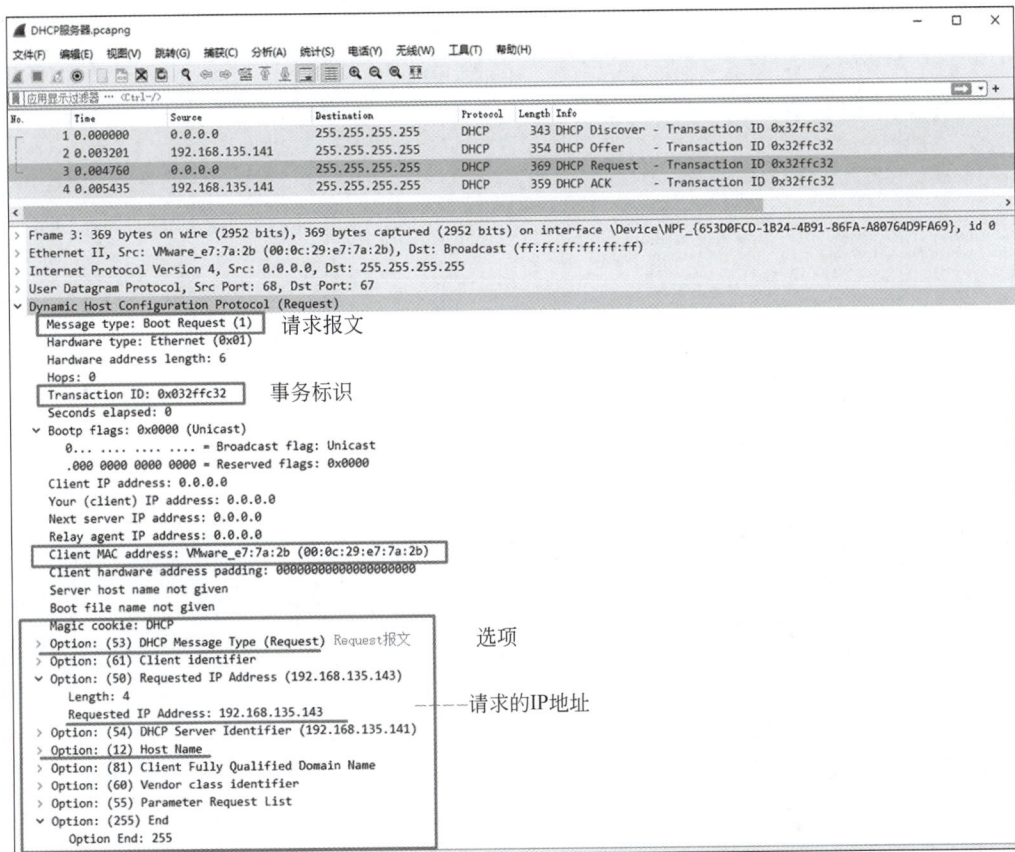

图 5-44　DHCP Request 报文

（4）DHCP Ack 报文。

服务器在接收到客户端的 DHCP Request 报文后，会发送 DHCP Ack 报文作为响应，以确认 IP 地址分配成功。如图 5-45 所示，序号为 4 的数据包即为 DHCP Ack 报文。这个报文标志着客户端现在已经正式获得了由服务器分配的 IP 地址，完成了 DHCP 动态 IP 地址分配流程。

5.5.3　常见的 DHCP 攻击

DHCP 的工作原理和报文结构虽然为网络设备提供了便捷的 IP 地址自动分配机制，但同时也存在一些潜在的安全风险，主要可以从以下两方面被利用。

（1）缺乏认证机制：DHCP 在默认情况下不包含认证机制，这意味着服务器和客户端无法验证对方的身份。该缺陷可能被恶意攻击者利用，例如通过冒充合法的 DHCP 服务器向客户端分发错误的 IP 地址或其他网络配置信息。

（2）基于 UDP 的传输：DHCP 运行在不可靠的 UDP 之上，UDP 作为一种无连接的传输层协议，不保证报文的顺序、完整性或可靠性。由于 UDP 的这些特性，攻击者可以较容易地构造虚假的 DHCP 报文，而无须担心报文的时序问题，这增加了网络遭受攻击的风险。

鉴于 DHCP 的运作机制，网络在应用 DHCP 时确实面临安全风险。如果网络内有恶

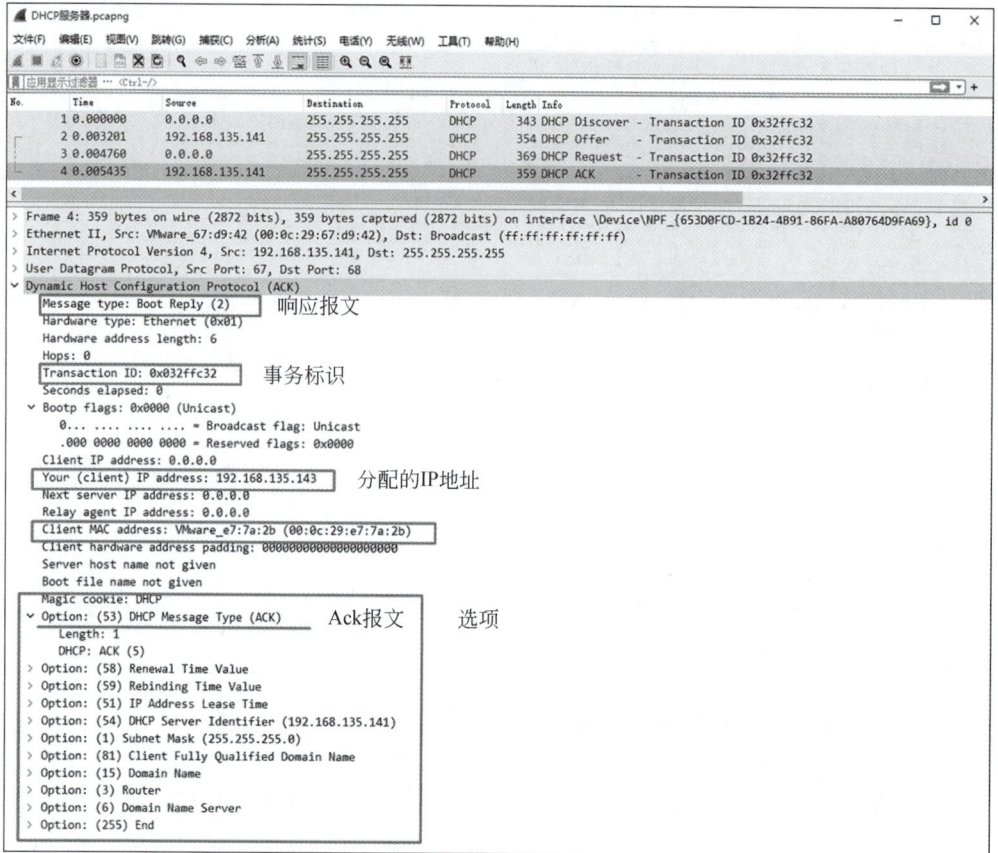

图 5-45　DHCP Ack 报文

意用户发送伪造的 DHCP 报文,客户端可能会接收到错误的 IP 配置信息,这不仅可能导致他们无法接入网络,还可能引发数据泄露或其他安全问题,给用户带来损失。主要的 DHCP 安全威胁包括下面三种典型攻击手段。

1. DHCP 饥饿攻击

DHCP 饥饿攻击的策略是攻击者不断地向 DHCP 服务器发起大量 IP 地址请求,目的在于迅速耗尽服务器的 IP 地址池。这种攻击行为导致 DHCP 服务器无法为合法的 DHCP Client 提供可用的 IP 地址,其攻击场景如图 5-46 所示。

在标准的 DHCP 流程中,客户端在发送 DHCP Discover 消息时,会在报文中的 Chaddr 字段填入自己的硬件地址,即 MAC 地址。DHCP 服务器依据这个 Chaddr 字段来识别客户端,并为之分配 IP 地址,通常情况下,每个独特的 MAC 地址都会获得一个独立的 IP 地址。然而,由于 DHCP 服务器通常不具备验证 Chaddr 字段真实性的能力,这就为攻击者提供了可乘之机。攻击者可以故意修改 Chaddr 字段,伪造成多个不同的 MAC 地址,以此冒充多个客户端向 DHCP 服务器频繁申请 IP 地址。通过这种方式,攻击者能够快速耗尽 DHCP 服务器的 IP 地址池,导致正常的 DHCP 客户端无法获得 IP 地址,最终实现 DHCP 饥饿攻击。这种攻击手法不仅消耗了服务器的地址资源,还可能引发网络服务的中断和安全风险的增加。

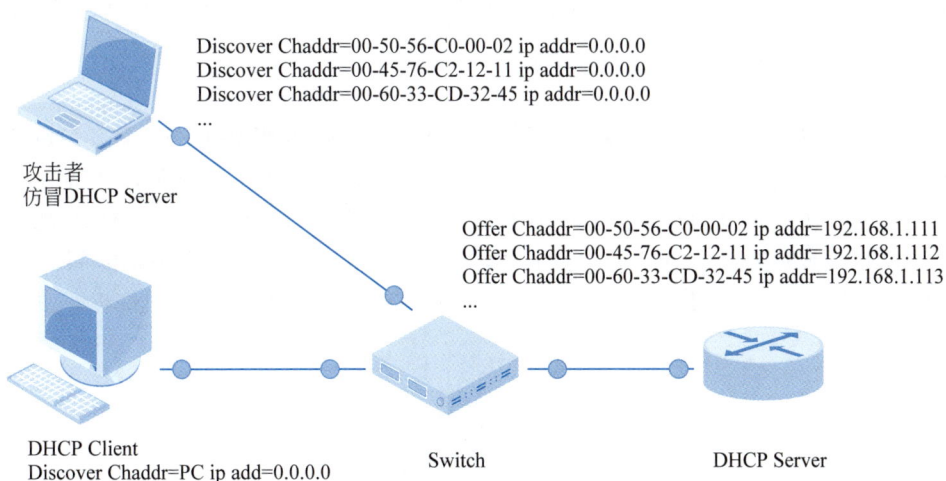

Discover Chaddr=00-50-56-C0-00-02 ip addr=0.0.0.0
Discover Chaddr=00-45-76-C2-12-11 ip addr=0.0.0.0
Discover Chaddr=00-60-33-CD-32-45 ip addr=0.0.0.0
...

攻击者
仿冒DHCP Server

Offer Chaddr=00-50-56-C0-00-02 ip addr=192.168.1.111
Offer Chaddr=00-45-76-C2-12-11 ip addr=192.168.1.112
Offer Chaddr=00-60-33-CD-32-45 ip addr=192.168.1.113
...

DHCP Client
Discover Chaddr=PC ip add=0.0.0.0

Switch

DHCP Server

图 5-46　DHCP 饥饿攻击场景

2. DHCP Server 仿冒者攻击

DHCP Server 仿冒者攻击的策略是攻击者在网络环境中设置一个伪造的 DHCP Server，模仿合法 DHCP Server 的功能。由于 DHCP Client 通常无法有效验证所接收 DHCP 报文的真实来源，如果 DHCP Client 首先接收到的是来自伪造 DHCP Server 的报文，它可能会被分配到错误的 IP 地址和其他网络配置参数。这会导致 DHCP Client 无法连接到预期的网络，或者可能被引导至攻击者控制的网络环境中。如图 5-47 所示，攻击场景描绘了这种攻击的执行方式和潜在影响。通过这种攻击，攻击者可能破坏网络的正常运作，窃取数据或实施进一步的恶意行为。

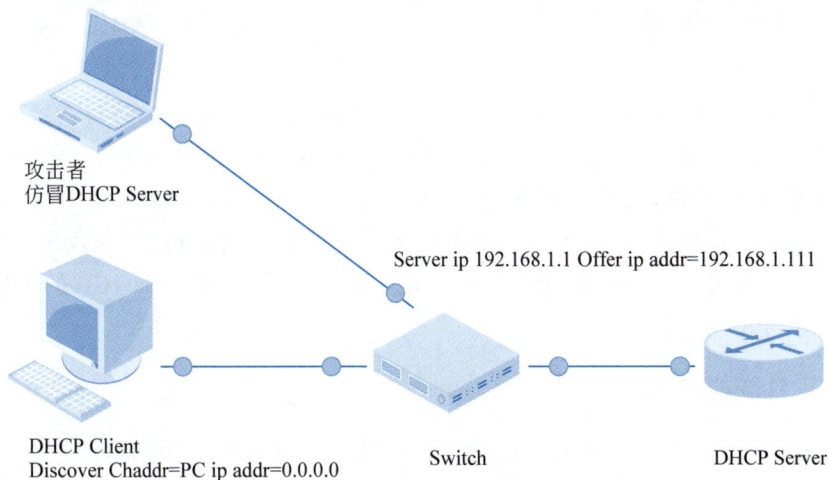

攻击者
仿冒DHCP Server

Server ip 192.168.1.1 Offer ip addr=192.168.1.111

DHCP Client
Discover Chaddr=PC ip addr=0.0.0.0

Switch

DHCP Server

图 5-47　DHCP Server 仿冒者攻击场景

在网络环境中，如果存在两个 DHCP 服务器，攻击者是否能够成功实施攻击，诱使 DHCP 客户端接收到错误的 IP 地址信息，很大程度上取决于 DHCP 客户端首先接收到的 DHCP Offer 报文是否源自攻击者设置的假冒 DHCP 服务器。为了增加攻击成功的概率，攻击者可能会采取额外的策略，例如对合法的 DHCP 服务器实施拒绝服务（DoS）攻击，目的是使其无法及时响应客户端的 DHCP 请求,从而延迟或阻止合法的 DHCP Offer 报文的发送。

3. DHCP 中间人攻击

DHCP 中间人攻击的策略涉及攻击者使用 ARP 欺骗技术来操纵 DHCP 客户端和服务器之间的通信。攻击者的目标是让 DHCP 客户端错误地将 DHCP 服务器的 IP 地址与其自己的 MAC 地址关联起来,同时也让 DHCP 服务器错误地将 DHCP 客户端的 IP 地址与攻击者的 MAC 地址关联。一旦这种欺骗成功,所有在 DHCP 客户端和服务器之间传输的 IP 数据包都将经过攻击者,使得攻击者能够截获和篡改这些数据包,其攻击场景如图 5-48 所示。

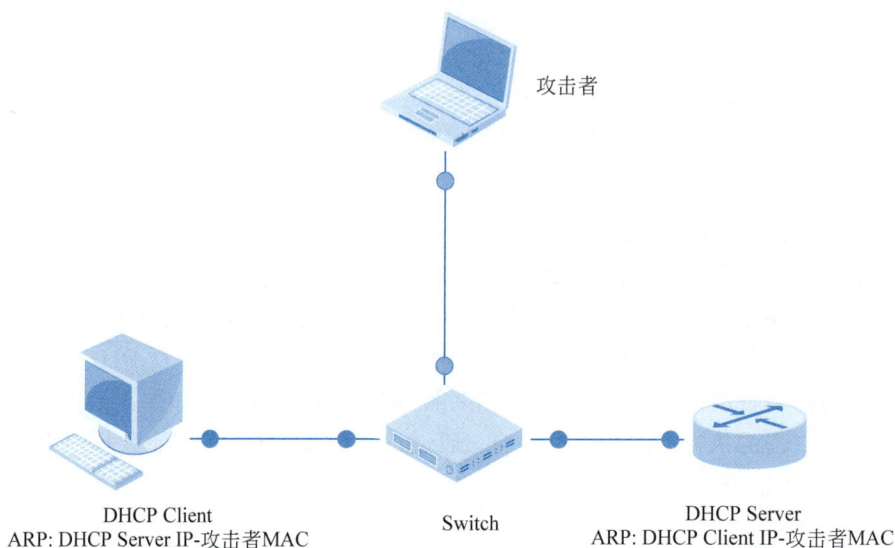

图 5-48　DHCP 中间人攻击场景

通过在 DHCP 客户端和服务器之间执行 ARP 欺骗,攻击者能够将自己置于通信路径的中间位置,扮演"中间人"的角色。这种策略使得攻击者能够轻松截获客户端和服务器之间传输的所有 IP 数据包,从而有机会读取敏感信息。此外,攻击者还可以对这些数据包进行篡改或实施其他破坏行为,例如注入恶意内容或中断数据流,以此作为攻击 DHCP 服务器的手段。这种攻击不仅威胁数据的机密性和完整性,还可能破坏 DHCP 的正常运作,导致网络服务不可用或被恶意利用。

5.5.4　DHCP 防御措施

利用 DHCP 的漏洞进行 IP 地址信息欺骗可能导致严重后果,包括网络服务中断和敏感数据泄露。为了防止这些风险并增强网络安全,可以采取以下措施来防御 DHCP 相关的攻击。

1. DHCP 饥饿攻击防御措施

DHCP 饥饿攻击是一种网络安全攻击手段,攻击者通过频繁更改 DHCP 请求中的 Chaddr 字段值,使得合法用户无法获得有效的 IP 地址。为了防御这种攻击,可以在网络交换机上启用 DHCP Snooping 功能,该功能会对 DHCP 请求报文中的源 MAC 地址与

Chaddr 字段进行比对验证。如果两者一致,交换机将允许该报文通过;如果不一致,则交换机会拒绝该报文。

2. DHCP Server 仿冒者攻击防御措施

在 DHCP Snooping 技术中,交换机端口被划分为两种类型:信任端口(Trusted Port)和非信任端口(Untrusted Port)。默认情况下,交换机上的所有端口都被视为非信任端口。通过将连接到合法 DHCP Server 的交换机端口配置为信任端口,交换机将允许从这些端口接收的 DHCP 报文正常转发,确保了合法的 DHCP Server 能够顺利分配 IP 地址和其他网络参数。相对地,交换机将自动丢弃从非信任端口接收到的所有 DHCP 报文,从而有效防止了仿冒 DHCP Server 的行为。

3. DHCP 中间人攻击防御措施

DHCP 中间人攻击通常利用 ARP 欺骗技术,因此防范此类攻击的策略是阻止 ARP 欺骗。通过在交换机上启用 ARP 与 DHCP Snooping 的联动功能,可以有效地防止中间人攻击。DHCP Snooping 交换机会建立并维护一个动态的 DHCP Snooping 绑定表,记录 DHCP 客户端和服务器间的通信信息。交换机会收集 DHCP 报文中的 Chaddr 字段来确定客户端的 MAC 地址,并通过 DHCP 服务器分配的 IP 地址来识别客户端。当检测到 ARP 报文时,交换机会验证报文中的源 IP 和源 MAC 地址是否与 DHCP Snooping 绑定表中的记录相匹配。如果不一致,交换机会拒绝该 ARP 报文,有效防止 ARP 欺骗攻击的发生。

▌5.6　FTP 安全

文件传输协议(File Transfer Protocol,FTP)是一套广泛使用的标准协议,用于在网络上进行文件的传输。FTP 工作在 OSI/RM 模型的第七层,即应用层,也对应 TCP/IP 模型的第四层。它依赖 TCP 进行数据传输,确保了传输过程的可靠性和面向连接的特性。在客户端与服务器建立连接前,需要经过"三次握手"过程,从而确保连接的稳定性和可靠性。

5.6.1　FTP 的应用场景

FTP 允许用户通过文件操作的方式(例如文件的创建、删除、修改、查询和传输等)与远程主机进行通信。用户可以利用 FTP 程序访问远程资源,实现文件的双向传输、目录管理以及邮件访问等功能,而无须真正登录到目标计算机上。即使双方计算机可能运行着不同的操作系统和采用不同的文件存储方式,FTP 也能够实现有效的数据交换。以下是 FTP 的一些主要应用场景。

(1)网站管理:FTP 是网站管理员上传网页文件、图片、脚本和其他媒体类型到服务器的标准工具。

(2)数据交换:企业和组织之间经常需要交换大量数据,FTP 提供了一种简便的交换方式。

(3)备份与存档:企业常通过 FTP 进行远程数据备份和存档,以防止数据丢失。

(4)软件分发:软件公司经常使用 FTP 服务器来发布软件更新和补丁,用户可以下载最新版本的软件。

(5)远程工作:远程工作人员可以通过 FTP 访问公司服务器,获取或上传与工作相关的文件。

尽管 FTP 在多种场景下都非常有用,但在处理敏感或私密数据时,推荐使用加密的 FTP 变种,如 SFTP(Secure File Transfer Protocol)或 FTPS(FTP over SSL/TLS),以增强数据传输的安全性。随着云服务的普及,许多传统的 FTP 使用场景正在逐渐转向更现代的、基于云的文件管理和同步解决方案,这些解决方案提供了更多的便利性和安全性。

5.6.2 FTP 的工作过程

FTP 是一种基于客户端/服务器模式的文件传输协议。它使用 TCP 来建立稳定可靠的会话,并在此会话中进行文件的传输。与许多其他应用层协议不同,FTP 需要在客户端和服务器之间建立两组连接:控制连接和数据连接。FTP 服务器必须监听两个端口,即控制端口和数据端口,以处理这两种类型的连接。

(1)控制连接。

控制连接是 FTP 会话中持续存在的连接。当 FTP 客户端发起连接请求时,它会与服务器建立一个 TCP 会话,并通过控制连接来维持这个会话,直到会话结束。控制端口的默认设置是 TCP 的 21 端口。控制连接主要用于传输 FTP 命令和响应信息,而不是用于文件数据的传输。

(2)数据连接。

数据连接是在控制连接建立之后,用于实际传输文件数据的连接。对于每个文件的传输,客户端和服务器都会建立一个新的数据连接。这种连接是临时的,仅在数据传输期间保持开放,一旦文件传输完成,数据连接就会被关闭。

FTP 提供了两种工作模式:主动模式(Active Mode)和被动模式(Passive Mode),这两种模式的主要区别在于数据连接的建立方式。

(1)主动模式。

在主动模式下,FTP 服务器主动发起到客户端的数据连接。客户端首先通过控制连接向服务器发送 PORT 命令,例如 PORT "192,168,135,143,195,185lrln"。这个命令中,前四个数字代表客户端的 IP 地址,后两个数字是客户端选择的临时端口号。端口号的计算方法是将倒数第二个数字乘以 256 后加上最后一个数字,例如在这个例子中,端口号是 195 乘以 256 加上 185,即 50105。服务器在收到 PORT 命令后,会从其固定的数据端口(通常是 TCP 的 20 端口)主动发起连接到客户端指定的端口,完成 TCP 三次握手后开始数据传输。

(2)被动模式。

在被动模式下,FTP 客户端主动发起到服务器的数据连接。客户端通过控制连接发送 PASV 命令,请求服务器进入被动模式。服务器在收到 PASV 命令后,会打开一个临时端口以监听数据连接,并通过控制连接返回一个 227 响应,如"227 Entering Passive Mode (192,168,135,141,194,41).lrln"。这个响应中,括号内的数字表示服务器的 IP 地址和开放的端口号,端口号的计算方法与主动模式相同,在这个例子中,端口号是 194 乘以 256 加上 41,即 49705。客户端随后会打开一个临时端口,并向服务器指定的端口发起连接,完成 TCP 三次握手后开始数据传输。

出于网络安全的考虑,当 FTP 客户端位于防火墙之后,而需要访问防火墙之外的 FTP

服务器时,通常推荐使用被动模式。这是因为在许多网络环境中,防火墙可能阻止来自外部的未经请求的连接,而被动模式允许客户端主动发起连接,从而绕过这一限制。

5.6.3　匿名 FTP

在使用 FTP 进行文件传输时,用户需要先通过身份验证,获得远程主机上的相应权限,才能执行文件的上传或下载操作。通常情况下,这需要用户拥有有效的用户名和密码。然而,由于互联网上有大量的 FTP 服务器,要求每个用户在每台服务器上都拥有账号是不切实际的。

为了解决这个问题,许多 FTP 服务器提供了匿名 FTP 服务。这是一种特殊的用户账号,名为"anonymous",它允许互联网上的任何用户无须注册即可下载文件。使用匿名 FTP 服务时,用户在登录时需要输入用户名"anonymous",密码则可以是任何字符串,通常是一个简单的标识,如用户的电子邮件地址。

出于安全考虑,提供匿名 FTP 服务的服务器通常会限制用户的访问范围。服务器会指定一些特定的目录对公众开放,允许匿名用户访问和下载文件。这些目录以外的其他系统目录则保持隐藏状态,以保护服务器上的数据安全和隐私。这种做法既方便了用户获取公开资源,又确保了服务器的安全性。

5.6.4　FTP 分析

下面在 FTP 用户登录和下载文件过程中捕获一系列数据包,分析 FTP 的工作过程。本例中系统配置如下:服务器运行的是 Windows Server 2006 操作系统,配置有 IP 地址 192.168.135.141,子网掩码为/24;客户端运行的是 Windows 10 操作系统,具有 IP 地址 192.168.135.143,同样使用/24 子网掩码,确保客户端和服务器在同一子网内,可以进行直接通信。

1. 主动模式

在 Windows 操作系统中,如果使用命令行工具连接 FTP 服务器,而没有特别指定模式,系统将默认采用主动模式。

为了捕获相关数据包,启动 Wireshark 软件,并在 Capture Options 中设置捕捉过滤器。在 Capture Filter 栏中输入过滤条件"ip.host == 192.168.135.141 and ip.host == 192.168.135.143",以确保只捕获涉及这两个 IP 地址的数据包。单击 Start 按钮开始捕获数据包。

在客户端机器上打开命令提示符窗口。使用 FTP 命令连接到 FTP 服务器,输入必要的账号和密码进行身份验证。一旦连接建立,执行所需的 FTP 命令,例如列出目录、上传或下载文件等,如图 5-49 所示。

在 Wireshark 中观察捕获的数据包,分析 FTP 的控制连接和数据连接的建立过程。当捕获到足够的数据包,或者完成了特定的 FTP 操作后,单击 Wireshark 中的 Stop 按钮停止捕获。

下面对捕获到的数据包进行分析,验证主动模式 FTP 通信的过程。

(1) FTP 先通过 TCP 的三次握手建立控制连接,如图 5-50 所示。

序号 1~3 的数据包展示了 FTP 通过 TCP 的三次握手建立控制连接的过程。在这个

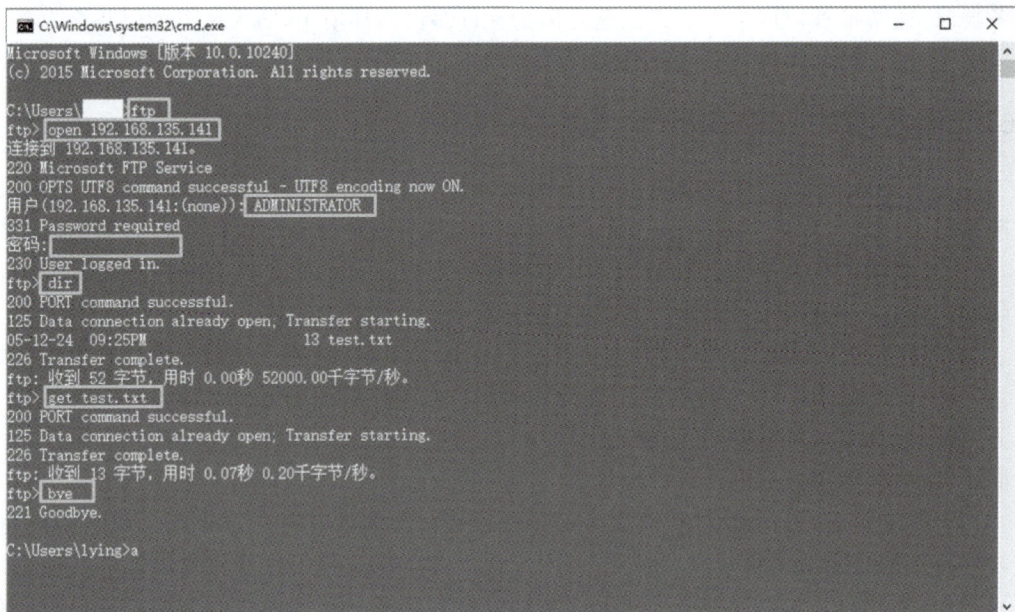

图 5-49　连接 FTP 服务器

图 5-50　主动模式 FTP 通信过程 1

过程中,客户端使用端口 50104,而服务器使用其熟知的端口 21;序号 4 的数据包是 FTP 的 220 响应,表明服务器已经准备好接收客户端的指令;序号 6～13 的数据包记录了客户端使用账号登录 FTP 服务器的过程。

(2) 客户端在命令提示符窗口输入 dir 命令,以显示当前目录的文件和子目录列表,这个过程的数据包如图 5-51 所示。

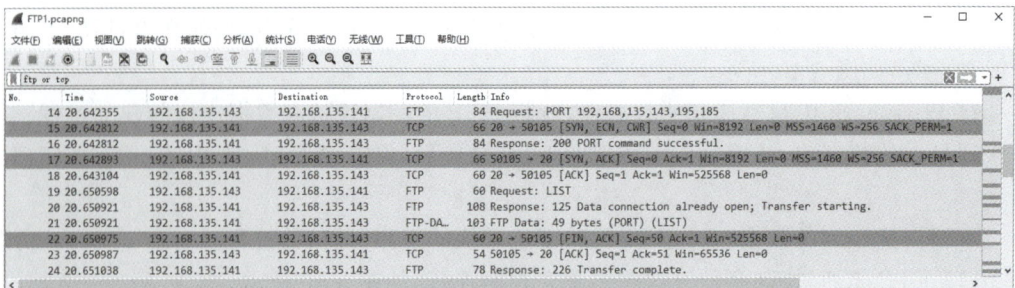

图 5-51　主动模式 FTP 通信过程 2

序号 14 的数据包是客户端发送的 FTP 命令 PORT,其中包含客户端的 IP 地址 192.168.135.143 和指定的临时端口号,计算得出为 50105。这表明客户端希望采用主动模式建立数据连接,如图 5-52 所示。

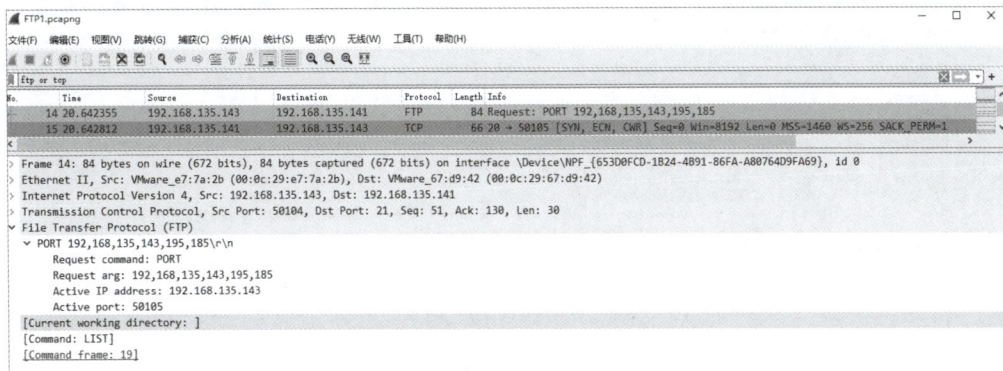

图 5-52　主动模式 FTP 通信过程 3

序号 15、17、18 的数据包展示了服务器向客户端发送 SYN-ACK 包,以确认数据连接的建立,并等待客户端的最终确认。客户端随后发送 ACK 包,完成三次握手,成功建立数据连接。

序号 16 的数据包是服务器对 PORT 命令的响应,内容为“200 PORT command successful.”,如图 5-53 所示,这表示 PORT 命令已被成功执行。

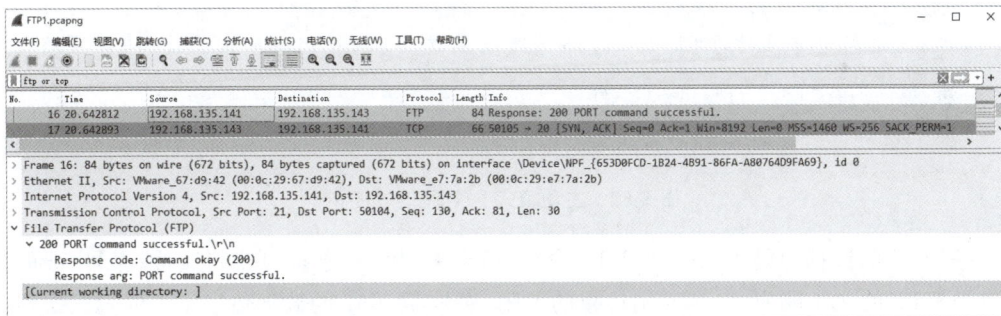

图 5-53　主动模式 FTP 通信过程 4

序号 19 的数据包是客户端发送的 FTP 命令 LIST,请求列出当前目录下的文件列表;序号 20 的数据包是 FTP 的 125 响应,表示数据连接已经建立,文件传输即将开始;序号 21 的数据包展示了在数据连接上进行的文件列表数据传输,协议标记为 FTP-DATA;序号 22 和 23 的数据包显示服务器在控制连接上发送 FIN 包,以关闭到客户端的数据传输方向。客户端回应 ACK 包,确认收到 FIN 包,随后控制连接的数据传输方向关闭;序号 24 的数据包是 FTP 的 226 响应,表示数据传输成功完成,并且数据连接已经关闭。

(3) 客户端在命令提示符窗口输入“get test.txt”命令,请求下载当前目录下的 test.txt 文件,这个过程的数据包如图 5-54 所示。

序号 33 的数据包包含 FTP 的 PORT 命令,使用主动模式,客户端 IP 地址为 192.168.135.143,临时端口号计算为 50106;序号 34、36、37 的数据包展示了服务器与客户端之间的 SYN-ACK 和 ACK 包交换,完成数据连接的建立;序号 35 的数据包是 FTP 的 200 响应,确

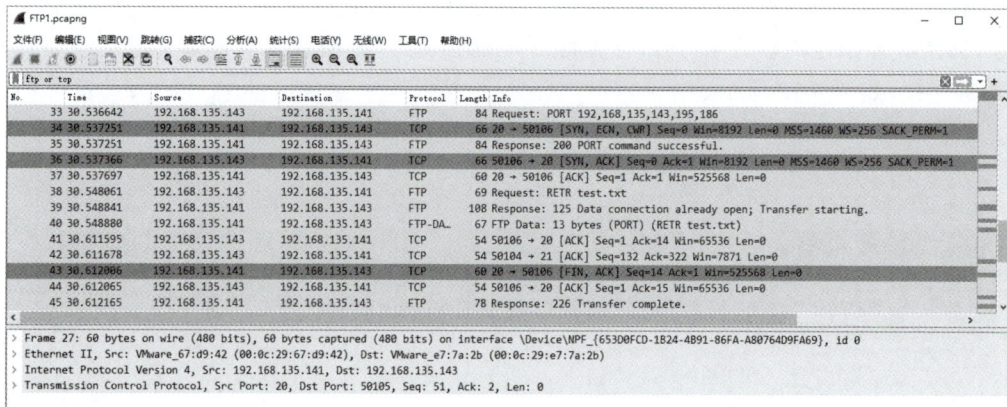

图 5-54　主动模式 FTP 通信过程 5

认 PORT 命令执行成功；序号 38 的数据包是 FTP 的 RETR 命令，用于从服务器下载指定文件；序号 39 的数据包是 FTP 的 125 响应，表示数据连接已建立，文件传输即将开始；序号 40 的数据包表示数据已在数据连接上开始传输。

（4）控制连接关闭的过程如图 5-55 所示。

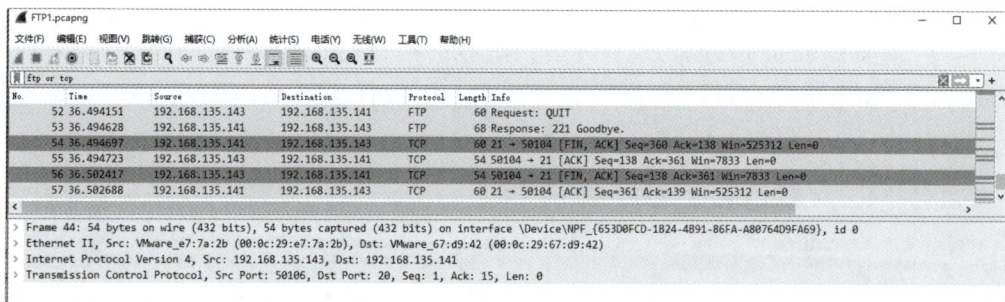

图 5-55　主动模式 FTP 通信过程 6

序号 52 的数据包是 FTP 的 QUIT 命令，请求关闭与服务器的控制连接；序号 53 的数据包是 FTP 的 221 响应，确认控制连接的关闭；序号 54～57 的数据包展示了通过四次挥手关闭 TCP 控制连接的过程。

需要指出的是，使用 Wireshark 的显示过滤器"ftp or ftp-data"，可以筛选并显示如图 5-56 所示的所有 FTP 相关数据包，这有助于观察主动模式 FTP 通信的完整过程。

2. 被动模式

在客户端计算机上，若需通过 IE 浏览器设置 FTP 的工作模式，可以按照以下步骤进行调整。

（1）打开 IE 浏览器。

（2）在浏览器的菜单栏中，单击"工具"选项，然后选择"Internet 选项"。

（3）在打开的"Internet 选项"对话框中，切换到"高级"选项卡。

（4）滚动设置列表，找到与 FTP 相关的配置项。

（5）选择如图 5-57 所示的"使用被动 FTP（用于防火墙和 DSL 调制解调器的兼容）"选项，这将配置 IE 浏览器在与 FTP 服务器通信时采用被动模式。

图 5-56　主动模式 FTP 通信过程 7

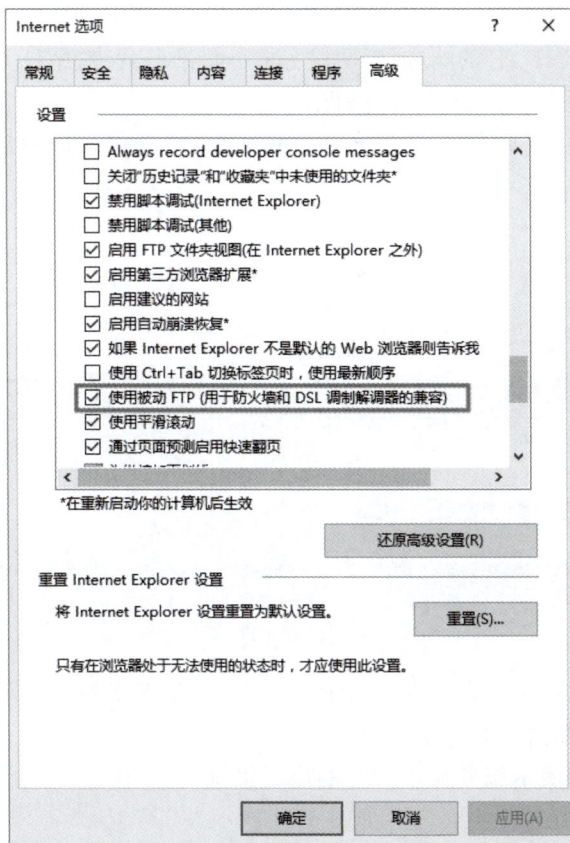

图 5-57　使用被动 FTP

（6）确认设置后，单击"确定"或"应用"按钮保存更改。

为了捕获相关数据包，启动 Wireshark 软件，并在 Capture Options 中设置捕捉过滤器。在 Capture Filter 栏中输入过滤条件"ip.host==192.168.135.141 and ip.host==192.168.135.143"，以确保只捕获涉及这两个 IP 地址的数据包。单击 Start 按钮开始捕获数据包。

在客户端的浏览器地址栏中输入"ftp://192.168.135.141",访问 FTP 服务器。单击 Stop 按钮停止捕获,分析捕获到的数据包。

(1)被动模式和主动模式以相同的方式建立控制连接。FTP 先通过 TCP 的三次握手建立控制连接,如图 5-58 所示。

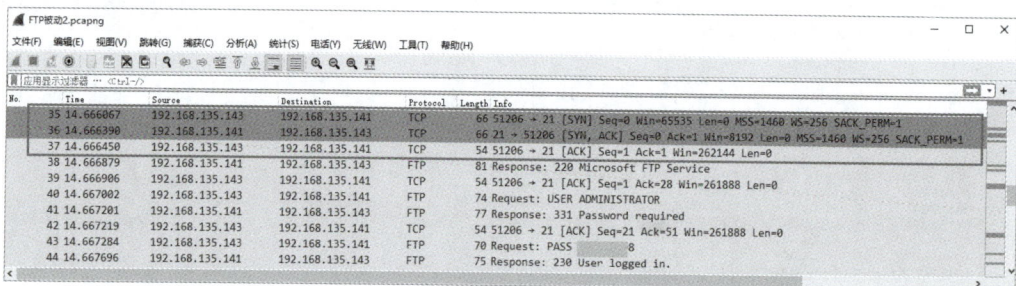

图 5-58   被动模式 FTP 通信过程 1

序号 35～37 的数据包展示了客户端端口号 51206 与服务器熟知端口 21 之间的握手过程;序号 38 的数据包是 FTP 的响应,表明服务器已经准备就绪;序号 40～44 的数据包记录了客户端利用账号登录 FTP 服务器的过程。

(2)FTP 客户端可以向服务器发送 PASV 命令,请求进入被动模式。被动模式 FTP 通信过程如图 5-59 所示。

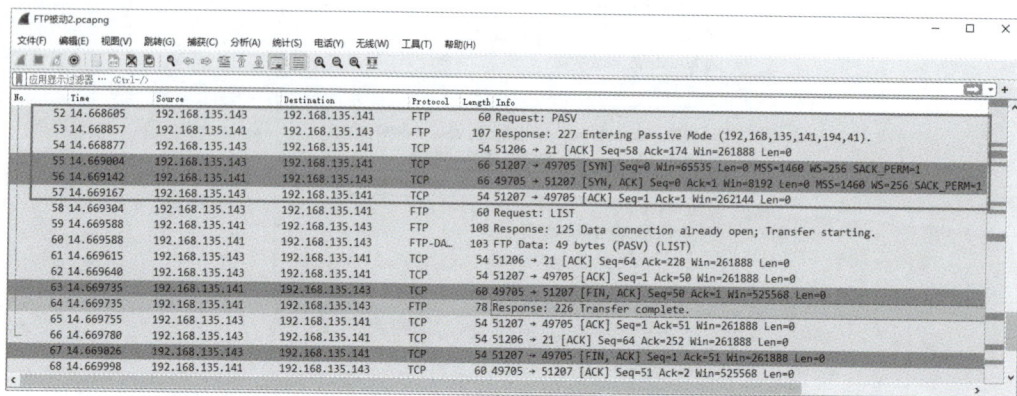

图 5-59   被动模式 FTP 通信过程 2

序号 52 的数据包展示了客户端发送 PASV 命令,请求服务器进入被动模式,等待数据连接的建立。报文详细内容如图 5-60 所示。

序号 53 的数据包展示服务器以 227 响应码提供其 IP 地址 192.168.135.141 和开放端口号 49705,用于数据连接。报文内容如图 5-61 所示。

序号 55～57 的数据包展示了客户端使用临时端口 51207 与服务器指定端口 49705 之间的数据连接建立过程;序号 58 的数据包是 FTP 的 LIST 命令,用于请求列出当前目录下的文件列表;序号 59 的数据包是 FTP 的 125 响应,表示数据连接已打开,准备开始传输;序号 64 的数据包是 FTP 的 226 响应,表示数据传输成功完成,并且数据连接已经关闭。

(3)FTP 控制连接通过 TCP 的四次挥手关闭。

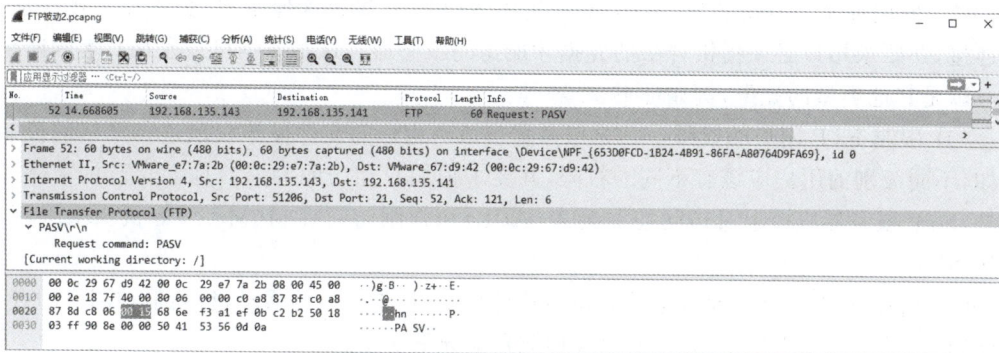

图 5-60 被动模式 FTP 通信过程 3

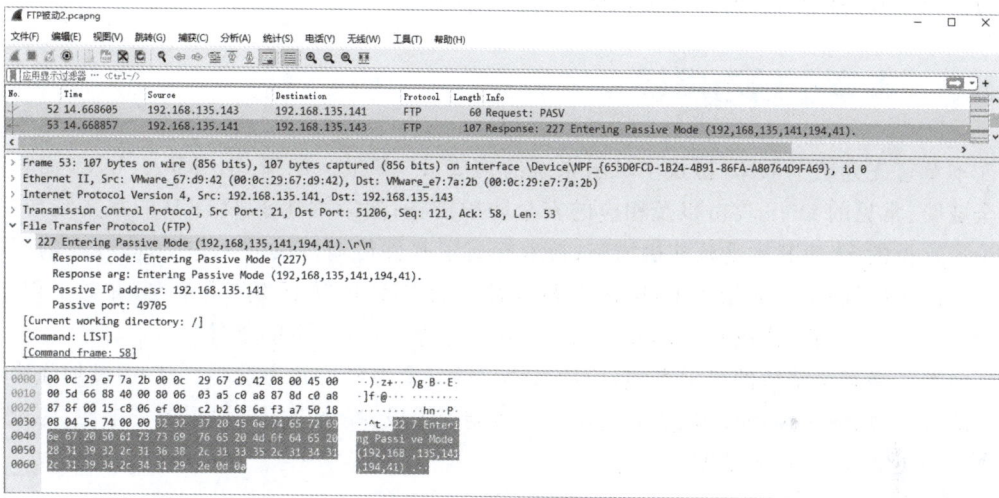

图 5-61 被动模式 FTP 通信过程 4

5.6.5 FTP 存在的安全风险及防御策略

FTP 存在以下安全风险。

（1）用户名和密码的明文传输：FTP 在传输用户凭据时不会对其进行加密或进行其他形式的加密处理，这意味着用户名和密码以明文的方式传输，容易被黑客拦截并窃取。

（2）传输数据的不安全性：FTP 传输的数据本质上是不加密的，这意味着任何人都可以窥视到正在传输的数据内容。此外，传输过程中可能会存在中间人攻击等风险，从而导致数据被篡改或者被窃取。

（3）权限管理不完善：FTP 服务器通常提供了多个权限级别，但不同级别的用户之间的文件权限可能存在重叠或者冲突，导致数据泄露或错误。

FTP 常用的防范策略包括以下几方面。

（1）采用 SFTP 代替 FTP：SFTP（Secure File Transfer Protocol）是一种基于 SSH 协议的加密文件传输协议，可以通过加密和身份验证来保护数据的传输安全。与 FTP 相比，SFTP 使用 SSL/TLS 加密协议对数据进行传输加密，使得攻击者无法截取和解密数据内容。

（2）使用加密和身份验证：如果不能使用 SFTP，则应该确保 FTP 服务器只接受加密的连接，并要求用户必须提供合法的凭据才能访问服务器。这些凭据可以是用户名和密码，也可以是其他类型的凭据，例如证书、令牌等。

（3）限制 FTP 用户的权限：FTP 服务器应该对用户的文件操作权限进行严格的控制。例如，不同级别的用户应该有不同的权限，并要求他们只能访问和修改他们自己的文件夹。此外，FTP 服务器应该通过访问控制列表（ACL）和强制访问控制（MAC）等机制来限制用户访问。

（4）监控 FTP 服务器活动：管理员应该监控 FTP 服务器的活动，包括追踪用户的登录和注销、查看用户的文件操作记录，以及检测任何异常活动。

（5）使用防火墙：在设置 FTP 服务器时，应该使用防火墙来保护它。防火墙可以限制来自未经授权的网络的访问，并提供额外的安全保护层。

5.7　本章小结与展望

本章首先介绍了 DNS 协议中域名系统的构成、DNS 报文的格式，分析了 DNS 面临的安全威胁、常见的 DNS 攻击以及相应的安全防护措施；然后阐述了 HTTP 的报文结构，并讨论了常见的 HTTP 攻击及防御措施；接着探讨了邮件传输协议的工作原理、存在的问题及安全防护措施；最后介绍了 DHCP，分析其常见的 DHCP 攻击和防御策略，并对 FTP 的应用场景、工作过程、协议存在的安全风险及应对策略，进行了简单介绍。

随着网络安全威胁的日益严峻，应用层协议的安全性显得尤为重要，可以通过加强协议设计的合理性、应用加密技术、实施身份验证机制等手段，提高应用层协议的安全性，为用户提供一个更加安全、可靠的网络环境。

5.8　思考题

1. 使用 Wireshark 软件捕获 DNS 请求和 HTTP 请求，并进行分析。
2. 通过查阅文献，写一篇关于 DHCP 应用现状的报告。

第二部分　提　高　篇

物联网协议安全

第6章 物联网协议安全概述

近年来,随着物联网的快速发展,其应用场景逐渐涵盖智慧家庭、智慧城市、智慧医疗等诸多领域。相比于传统的互联网,物联网能够将各种传感设备与网络结合起来,实现人和物的互联互通。物联网协议作为物联网的重要组成部分,由于受限于物联网端设备有限的计算资源和存储资源,诸多物联网协议考虑在功耗和安全性之间进行取舍,致使其安全性得不到保障。对此,本章首先介绍物联网的相关概念及其面临的安全问题;然后介绍物联网协议;最后重点阐述物联网协议面临的安全风险,以及常用的安全策略。

视频讲解

教学目标

- 了解物联网的概念、特征及发展历程。
- 了解物联网面临的安全威胁,以及防御方法。
- 掌握物联网协议面临的安全风险,以及常用的防范技术。

▌6.1 物联网概述

物联网(Internet of Things,IoT),顾名思义,是将所有物体连接在一起的网络。在虚拟网络中,通过将现实的任何物体(包括人)都建立与之"对应标志"的方式,实现"现实万物"与"虚拟网络"融合,从而构建虚拟的、数字化的现实物理空间。

6.1.1 物联网的定义及特征

国际电信联盟(International Telecommunication Union,ITU)在 2005 年举办的信息社会世界峰会上发布了《ITU 互联网报告 2005:物联网》。该报告将物联网定义为:物联网是通过二维码识读设备、RFID 装置、红外感应器、全球定位系统和激光扫描器等信息传感设备,按约定的协议,把任何物品与互联网相连接,进行信息交换和通信,以实现智能化识别、定位、跟踪、监控和管理的一种网络。由此可知,物联网的最终目的是要通过各种装置与技术,采集声、光、热、电、力学、化学、生物、位置等各种信息,实现任何时间、任何地点,人、机、物的泛在连接。和传统的互联网相比,物联网具有整体感知、可靠传输和智能处理三个显著特征。

(1)整体感知:利用 RFID、二维码、智能传感器等感知设备,按一定的频率周期性,随时随地获取物体的实时信息。由于感知设备的差异性,致使所捕获的信息格式存在异构性。

(2)可靠传输:通过对互联网、电信网络、移动互联网和 5G 技术的融合,可以实现对物体海量信息的准确传送。在传输过程中,需要设计兼容各种异构网络的协议,用于确保信息传输的正确性和实时性。

(3) 智能处理:采用云计算、模式识别等各种智能技术,对感知到的海量信息进行分析、加工和处理,对物体实施智能化的控制,进而发现新的应用领域和应用模式,以适应不同用户的个性化需求。

6.1.2 物联网的发展历程

作为互联网的拓展与延伸,物联网将互联网人与人的连接扩展到物与人、物与物的连接。物联网技术的发展历程大致可分为以下三个阶段。

(1) 20 世纪 80 年代至 90 年代初,由于互联网技术的商业化应用,物联网技术进入萌芽阶段。该阶段的物联网技术主要关注设备之间的通信和数据传输,使用传统的有线网络和协议进行连接。1982 年,程序员将微型开关集成到位于卡内基-梅隆大学的可口可乐自动售货机,并采用互联网“ARPANET”来查看售货机是否有货;1990 年,约翰·罗姆尼第一次通过 TCP/IP 将烤面包机连接到互联网;1995 年,比尔·盖茨在《未来之路》一书中指出,未来越来越多的物体将连入网络,同年,他设计了一套物联网系统,用于智能调控新建的房子;1999 年,麻省理工学院的凯文·阿什顿教授首次提出物联网的概念,指出物联网是建立在物品编码、射频识别(Radio Frequency Identification,RFID)技术和互联网基础之上的。

(2) 进入 21 世纪之后,随着无线通信技术和嵌入式技术的飞速发展,物联网技术在农业、工业、环境监测等领域得到广泛的应用和推广。与此同时,云计算和大数据技术的发展为物联网提供了强大的计算能力和存储能力,使得海量的设备数据可以被采集、存储和分析,从而实现更精准的控制和决策。2005 年 11 月 17 日,国际电信联盟在信息社会世界峰会上,发布了《ITU 互联网报告 2005:物联网》,从此,物联网世界的大门正式打开,人类社会正式迈入物联网时代。

(3) 近年来,移动互联网、边缘计算和 5G 通信等相关技术为物联网进一步飞速发展注入新的动力。移动互联网的普及,使得人们可以通过手机、平板电脑等移动设备与物联网设备进行交互,进而实现对物联网设备的远程控制、监测和管理;边缘计算将计算和存储能力迁移到接近物联网的边缘设备,减少了数据传输的延时和网络带宽的压力,提高了系统的响应速度和性能;5G 通信技术为物联网提供了更快速、稳定和安全的网络连接,支持更多设备的同时实现了低功耗和高可靠性的通信。上述技术促使物联网在自动驾驶、智能交通、智慧城市以及工业自动化等领域有了更广泛的应用。

6.1.3 与物联网相关的网络

作为互联网扩展和延伸的一种网络,物联网除了与互联网有密切关联性之外,与泛在网、传感网、M2M 以及移动网也有一定的关联性,它们之间的关系如图 6-1 所示。

(1) 泛在网,又被称为无所不在的网络。此概念是由美国 Mark Weiser 在 1991 年提出的。泛在网具有在任何时间(Anytime)、任何地点(Anywhere)、任何人(Anyone)、任何物(Anything)都可以实现通信的 4A 特征。该网络基于随时随地获取各种信息,实现人与人、人与物、物与物之间按需进行的信息获取、传递、存储、认知、决策、使用等服务,试图为个人和社会提供泛在的、无所不含的信息服务和应用。

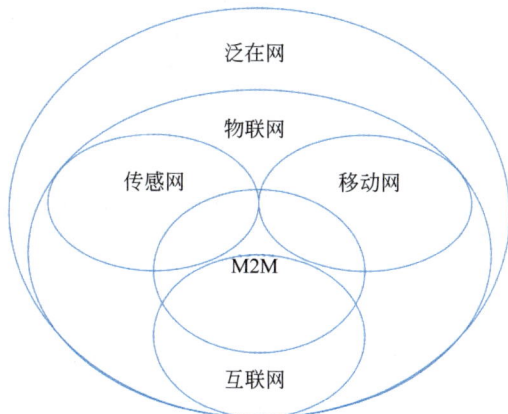

图 6-1　物联网与其他网络的关系示意图

（2）无线传感器网络（Wireless Sensor Network，WSN）是指将一系列随机分布的集成传感器、数据处理单元和通信单元的微小节点，通过自组织的无线网络进行连接，形成可以对空间分散范围内的物体信息的传输汇总，并进行相应分析和处理的无线网络。WSN 集成了计算、通信、传感器三项技术，具有较大范围、低成本、高密度、灵活布设、实时采集、全天候工作的优势，是物联网最重要的技术之一，对物联网相关产业具有显著带动作用。

（3）M2M（Machine to Machine），指机器到机器的通信，也包括人对机器和机器对人的通信。M2M 通过综合运用自动控制、信息通信、智能处理等技术，实现设备的自动化数据采集、数据传输、数据处理和设备自动控制，用于实现机器、设备和人之间的信息共享。M2M 是物联网的雏形，是现阶段物联网应用的主要表现。

（4）移动互联网是移动通信与互联网融合而成的一种网络。由移动通信运营商提供接入，互联网企业提供各种应用，继承了移动通信的随时、随地、随身的优势，以及互联网开放、共享、互动的优势，最终形成移动互联网特有的高便捷性、应用轻便和满足个性化需求等特点。

由上述概念的内涵可以得知，泛在网与最终的物联网是一致的；物联网覆盖的范围比 WSN 大，除了传感网外，还可以通过二维码、RFID 等随时随地地获取信息，也可以控制物体执行某些操作；M2M 是物联网的前期阶段，是物联网的重要组成部分；移动互联网与物联网技术的深度融合，将积极推动人与物、物与物、人与环境、物与环境等各种方式的互联互动。

‖6.2　物联网的体系结构

物联网基于感知技术，通过自组网能力，无缝连接，实现物与物、人与物之间的识别与感知，发挥智能作用。故物联网通常被分为三个层次，自底向上，分别是感知层、网络层和应用层，如图 6-2 所示。

6.2.1　感知层

感知层由传感器件和控制器件两部分构成，主要用于完成信息的采集、转换和收集，以

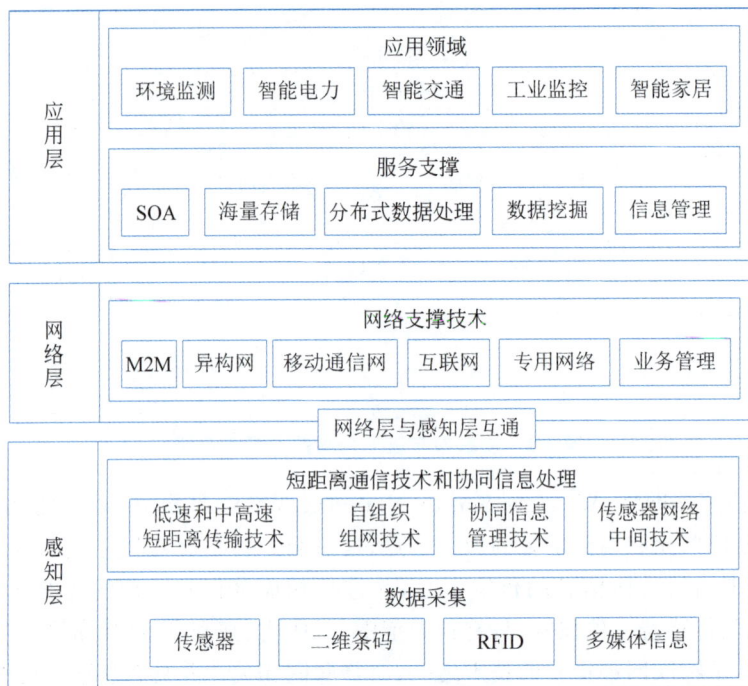

图 6-2　物联网的体系架构

及执行某些命令。其中,传感器件包括传感器、二维条码、RFID、音视频等多媒体信息,由于感知层要形成泛在化的末端感知网络,故各种传感器件需要泛在化布设,无处不在;基于自组织组网、协同信息处理和信息采集中间件等技术的短距离传输网络,将采集到的数据发送到网关或将应用平台控制命令发送到控制器件。

感知层是实现物联网全面感知的核心能力,亟待突破的问题包括如何具备更精确、更全面的感知能力,同时具备低功耗、小型化和低成本的特性等。

6.2.2　网络层

网络层也被称为传输层,其主要任务是利用核心网或者各种接入网对采集的数据进行编码、认证,传输给处理中心或用户。其中,核心网络是基于互联网,融合电信网、广播电视网等形成的面向服务、即插即用的栅格化网络,由于物联网广泛增长的信息量及信息安全要求的提高,目前业界针对 IP 网络安全性差的先天缺陷提出了多种改进方案,对核心网的健康发展起到积极推动作用;而接入网则包括 2G/3G/4G/5G、集群、无线城域网、各种宽带接入系统等,也都将是接入网的组成部分,随着感知节点的增多,海量信息的接入将对接入网带来全新的挑战。

网络层的功能开发主要包括通信方式的选择、通信方式实现的硬件设计、协议的开发、通信网络的配置和管理等。

6.2.3　应用层

应用层也被称为处理层,其主要任务是对感知层传来的数据进行处理,通过分析、处理与决策,完成从信息到知识、再到控制指挥的智能演化,实现处理和解决问题的能力,完成特定的智能化应用和服务任务。该层包括用于解决海量数据的存储、计算与挖掘的海量存储、分布式数据处理、中间件、数据挖掘、安全服务等服务支撑平台,以及基于这些公共平台开发的支持协同处理的应用系统。

应用层的根本目标是提供普适化、智能化的应用服务。将物联网技术与行业信息化需求相结合,实现广泛智能化应用的解决方案,其关键技术涉及不同行业信息的深度融合、信息资源的安全保障以及有效商业模式的合理开发等。

6.3　物联网面临的安全风险

物联网是一个多网并存的异构融合网络,不仅存在与传感器网络、移动通信网络和互联网同样的安全问题,而且也存在其特殊的安全问题,如隐私保护、异构网络认证与访问控制、信息安全存储与管理等。从物联网的信息处理过程来看,感知信息经过采集、汇聚、融合、传输、决策与控制等过程,整个信息处理的过程体现了物联网安全的特征与要求,同时也使物联网安全问题较其他网络更加复杂。

6.3.1　感知层的安全风险

感知层主要由 RFID、无线终端、各种传感器以及传感节点及网关等终端设备构成。为了获取全方位、立体化的感知信息,通常需要部署大量不同类型的感知终端节点。但与此同时,受制于感知节点的部署环境,以及感知节点有限的计算能力和存储能力,感知层易出现以下常见的安全威胁类型。

(1)物理攻击:易受到自然损害或人为破坏,导致节点无法正常工作,或者用户敏感信息泄露,影响系统安全。

(2)身份攻击:非法获取合法用户的身份信息,并冒充该用户进入系统,越权访问合法资源;替换原有的感知层节点设备,导致系统无法识别替换后的节点身份。

(3)资源攻击:恶意占用信道,导致信道被堵塞,不能正常传送数据;向节点发送大量无效请求,占用感知节点的计算、存储资源,影响节点正常工作;截获各种信息进行重放攻击,诱导感知节点做出错误的决策。

6.3.2　网络层的安全风险

网络层的主要功能是把感知层收集到的信息安全可靠地传输到信息处理层,然后根据不同的应用需求进行信息处理,实现对客观世界的有效感知及有效控制。故物联网网络层除了面临传统网络存在的安全风险之外,还存在着一些特殊安全问题。

(1)物联网终端自身安全。物联网业务终端的日益智能化增加了终端感染病毒、木马或恶意代码所入侵的渠道。同时,网络终端自身系统平台缺乏完整性保护和验证机制,平台软硬件模块容易被攻击者篡改。

(2)网络传输的脆弱性。物联网是一个多网络叠加的开放性网络,随着网络融合的加速及网络结构的日益复杂,物联网基于无线和有线链路进行数据传输面临更大的威胁。攻击者可以通过发射干扰信号使读写器无法接收正常电子标签内的数据,造成通信中断;或者随意窃取、篡改或删除链路上的数据,并伪装成网络实体截取业务数据及对网络流量进行窃听甚至篡改。

(3) 拒绝服务攻击。由于物联网中节点数量远超以往任何服务网络,且以集群方式存在,攻击者可以利用控制的节点向网络发送恶意数据包,发动拒绝服务攻击,造成网络拥塞、瘫痪、服务中断。

6.3.3 应用层的安全风险

物联网应用层是整个物联网业务系统的功能核心。感知层传感器数据收集处理、处理结果向用户界面接口反馈等基本功能都由应用层实现。此外,用户分级认证、系统维护管理、可用性监控等系统运行所必须的关键任务都由应用层完成。物联网应用层安全风险如下。

(1) 数据泄露。物联网业务系统的各种应用数据都存储在数据库中,由于用户数据高度集中,容易成为黑客攻击的目标,一旦遭受到攻击或入侵将导致数据泄露、系统业务功能被控制等安全问题。

(2) 虚拟化技术存在安全风险。目前大多数物联网业务系统都搭建在虚拟化云平台之上以实现高效的计算及业务吞吐,但虚拟化和弹性计算技术的使用,使得用户、数据的边界模糊,带来一系列更突出的安全风险,如虚拟机逃逸、虚拟机镜像文件泄露、虚拟网络攻击、虚拟化软件漏洞等安全问题。

(3) 系统漏洞。物联网业务系统自身的漏洞,如云平台漏洞、大数据系统漏洞等都会导致系统受到非法攻击。通常物联网业务系统中会设计很多组件,如操作系统、数据库、中间件、Web 应用等,这些程序自身的漏洞或设计缺陷容易导致非授权访问、数据泄露、远程控制等后果。

▌6.4 物联网安全的体系结构

物联网安全的体系结构如图 6-3 所示,可以看出,该体系结构包括感知层安全、网络层安全、应用层安全和安全管理四部分。物联网安全技术是一个有机的整体,各部分的安全技术互相联系,需要对物联网的各个层次进行有效的安全保障,对各个层次的安全防护手段进行统一的管理和控制。

6.4.1 感知层的安全策略

在感知层,由于需要将成千上万的传感器节点、RFID 读卡器部署在目标区域收集环境信息,通过相互协作来完成任务,组内传感器节点相互协作收集、处理和聚集数据,并采用多跳方式传递信息给基站或者基站发送控制信息给传感器节点。因此,在传感器网络基站和节点之间,需要通过加/解密及认证技术,用于满足感知层节点抗干扰、节点认证、抗旁路攻击和安全的通信机制等安全需求。感知层常见的安全策略如下。

(1) 身份鉴别机制:网络内部节点之间的鉴别、节点对用户的鉴别、消息鉴别。

(2) 访问控制机制:以控制用户对 IoT 感知层的访问为目的,能防止未授权用户访问感知层的节点和数据。

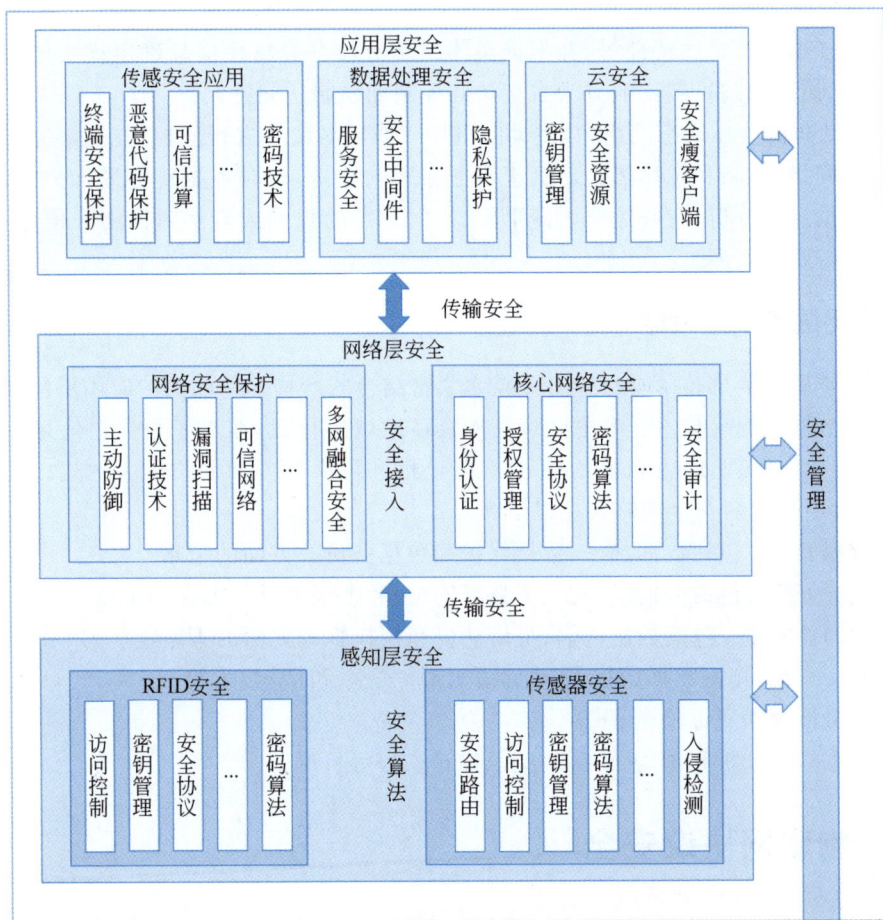

图 6-3　物联网安全的体系结构

（3）安全数据融合机制：通过加密、安全路由、融合算法的设计、节点间的交互证明、节点采集信息的抽样、采集信息的签名等机制实现。

（4）容侵容错机制：判定疑似恶意节点、针对疑似恶意节点的容侵机制、通过节点协作对恶意节点做出处理决定。

6.4.2　网络层的安全策略

由于物联网网络层的网络环境异常复杂，DoS、假冒攻击、中间人攻击、跨异构网络等网络攻击层出不穷，因此对于入侵和攻击的检测防范难度在不断加大。考虑到跨网络架构的安全需求，需要建立不同网络环境的认证衔接机制。综合来说，网络层安全防护主要涉及如下安全机制。

（1）密码学机制。用于保证通信过程中信息的机密性，采用加密算法对数据或通信业务流进行加密。它可以单独使用，也可以与其他机制结合起来使用。加密算法可分成对称密钥系统和非对称密钥系统。

（2）数字签名机制。用于保证通信过程中操作的不可否认性，发送者在报文中附加使用自己私钥加密的签名信息，接收者使用签名者的公钥对签名信息进行验证。

（3）身份认证和访问控制机制。通信双方相互交换实体的特征信息来声明实体的身份，如口令、证书以及生物特征等，并根据实体的身份及有关属性信息确定该实体对系统资源的访问权，访问控制机制一般分为自主访问控制和强制访问控制。

（4）主动防御。在动态网络中，主动防御用于对网络信息进行监控，并能够完成吸引网络攻击蜜罐网络，牵制和转移黑客对真正业务往来的攻击，并对数据传输进行控制，对捕获的网络流数据进行分析，获取黑客入侵手段，依据一定的规则或方法对网络入侵进行取证，对攻击源进行跟踪回溯。

6.4.3 应用层的安全策略

物联网应用是信息技术与行业专业技术紧密结合的产物。物联网的应用层涉及业务管理、中间件、数据挖掘等技术。考虑到该层涉及多领域多行业，在对海量数据信息分析和处理，实现智能化的管理、应用和服务时，将在安全性和可靠性方面面临巨大挑战。针对上述安全需求，该层常用的安全策略包括以下几点。

（1）数据安全：包括数据加密、数据保护和数据备份等方面的策略。

（2）服务安全：包括传输级安全、消息级安全、数据级安全等方面的策略。

（3）中间件安全：包括数据传输、身份认证和授权管理方面的策略。

（4）密文查询、秘密数据挖掘、安全多方计算、安全云计算技术等。

（5）入侵检测和病毒检测。

（6）恶意指令分析和预防，访问控制及灾难恢复等机制。

▌6.5 物联网协议安全

通信对物联网来说是至关重要的，无论是近距离无线传输技术还是移动通信技术，都影响着物联网的发展。而在通信中，通信协议尤其重要，它是指双方实体完成通信或服务所必须遵循的规则和约定。由于智能家居、智能交通、工业自动化等物联网应用场景的出现，诞生了众多物联网无线协议：近距离通信协议的 RFID、低功耗蓝牙；中距离通信协议的 ZigBee、BLE、Wi-Fi 技术；远距离通信协议的 LoRa、NB-IoT 技术。

考虑到物理网设备只拥有受限的计算和存储资源，故在设计物联网协议时，需在功耗和安全性之间进行取舍，从而导致物联网协议面临诸多安全威胁。由于物联网协议的安全性对于整个系统的稳定运行和数据安全具有重要意义，所以必须采取一系列措施，用于加强对物联网系统的安全防护。

6.5.1 物联网协议安全的风险

物联网协议安全面临的主要威胁包括黑客攻击、重放攻击、数据泄露等。除此之外，由于物联网协议自身的特性，攻击者也会利用漏洞、弱密码等，试图破解协议的密钥，对协议发起拒绝服务攻击，通过各种方式入侵物联网设备，达到减短设备寿命、对设备和系统造成损害目的等。常见的安全风险如下。

（1）网络窃听：指攻击者通过设备抓取网络中传输的数据包，进而读出数据包的内容。物联网协议通信的广播特性，使得任何处于该通信环境内的同种协议设备都能够捕捉到数据包,极易受到数据窃听攻击。

（2）重放攻击：在通信过程中,如果攻击者在捕获到数据包后,向端设备重复发送此数据包,由于该数据包的校验码是正确的,设备需对数据包进行解密处理。然而,如果设备接收大量该类的数据包,就会耗尽其处理能力,对设备造成拒绝服务攻击或者欺骗攻击。

（3）暴力破解：绝大多数物联网协议都会采用加密保护数据的机密性,防止攻击者窃听消息,而设备会在固件中存储密钥的相关信息,攻击者在获得与生成密钥的相关信息后,则存在重新生成密钥的可能。

（4）损耗电池的攻击：指在设备拥有者不期望的情况下,攻击者控制终端设备的计算资源,用于处理垃圾数据,从而将设备的电池资源耗尽。

（5）射频干扰：指为了故意干扰无线介质的正常工作,在物理和接入层面,通过向物理信道不断地注入数据从而使信道被占满,导致数据传输和接收的异常和错误。最简单的实现方式就是连续发射信号干扰无线信道,使合法流量完全被阻塞,对设备造成拒绝服务攻击。

攻击者通常采取上述的五种攻击方法对物联网协议造成有效的攻击,每种攻击对无线协议所造成的危害如表 6-1 所示。

表 6-1　无线协议攻击

无 线 攻 击	危害的安全属性
窃听	消息机密性
重放攻击	反重放能力、消息完整性
破解密钥	安全的认证过程、机密性
电池耗尽攻击	安全认证
射频干扰	抗干扰能力

6.5.2　物联网协议安全的防御技术

考虑到物联网设备的计算资源和存储资源受限性,故物联网协议的设计需要在低功耗的基础上确保数据的安全性,保证实体间的安全通信。在通信协议的安全防护方面,需要采用安全的加密算法和认证机制,确保数据的机密性和完整性；在传输方式的安全防护方面,需要加强传输过程中的数据加密和访问控制,防止数据被窃取或改动。

（1）访问控制与权限管理：对物联网设备进行身份认证,确保只有授权设备可以接入网络,防止非法设备接入；对不同设备或用户分配不同的权限,限制其访问和操作范围,防止越权操作；对设备的访问和操作行为进行审计和追溯,便于发现问题并追责。

（2）加密技术与密钥管理：为了确保数据传输过程中的安全性,防止数据被恶意窃取或篡改,需要采用高强度的加密算法,通过建立完善的密钥管理体系,确保密钥的生成、存储、分发和更新过程的安全,防止密钥泄露,同时,采用足够长的密钥,并定期更新密钥,以增加破解难度,提高物联网协议的安全性。

（3）入侵检测与防御系统：收集并分析物联网威胁情报,了解最新的攻击手段和漏洞利用方式；建立入侵检测与防御系统,实时监测物联网网络流量和行为,发现异常行为及时报警并处理；根据威胁情报，制定相应的防御策略，提高物联网协议的安全性。

（4）安全审计与漏洞扫描：对物联网设备进行定期的漏洞扫描和安全审计，发现安全隐患和漏洞，根据安全审计和漏洞扫描结果，持续改进物联网协议的安全性；建立完善的补丁管理体系，及时修复物联网设备的漏洞和安全隐患；制定有效的更新机制，确保物联网设备能够及时获取最新的安全补丁和功能更新。

（5）应急响应与恢复计划：建立应急响应机制，对物联网设备遭受的攻击和安全事故进行及时响应和处理；制订详细的恢复计划，指导在遭受攻击或安全事故后如何快速恢复正常运行；对重要的数据进行备份，防止数据丢失或损坏，确保数据的完整性。

‖ 6.6　本章小结与展望

本章首先介绍物联网的发展历史、基本概念和体系结构，并从感知层、网络层、应用层三个层次分析物联网所面临的安全挑战，介绍物联网安全的体系结构，同时阐述对应的关键技术；最后重点介绍常用的物联网协议、存在的安全风险以及防范技术。

由于物联网应用的不断普及，使得物联网安全在广域覆盖、资源受限等场景面临严峻挑战。而智能化、主动化安全技术不仅可实现安全威胁的快速感知、主动捕获、关联预测、动态对抗，而且支持轻量化、场景定制化、全局安全联动部署，在未来的物联网安全防护中将凸显重要价值。

‖ 6.7　思考题

1. 除了传统的网络安全问题之外，物联网存在哪些方面的特殊安全问题？
2. 调研区块链技术在物联网安全中的应用。

第7章 RFID 协议安全

由于射频识别(Radio Frequency Identification,RFID)技术在各种恶劣环境中,可以同时识别多个高速运动的物体,实现远程读取,故被认为 21 世纪最具潜力的高新技术之一。在物联网中,人与物、物与物能够进行"交流"的关键是利用 RFID 技术。RFID 系统如同物联网的触角,可以自动识别物联网中的每一个物体,是构建物联网的基础。本章首先介绍 RFID 协议的相关概念和工作原理;然后讨论经典 RFID 报文帧结构并分析其安全需求以及存在的安全隐患;最后介绍 RFID 协议相关安全防范方法。

教学目标

- 了解 RFID 协议的相关概念、发展历程及标准体系。
- 掌握经典 RFID 报文帧结构及其存在的安全隐患。
- 了解 RFID 协议面临的安全风险及防范措施。

7.1 RFID 概述

物联网感知层的自动识别技术主要包括条形码、磁卡、接触 IC 卡、RFID 等。由于 RFID 具有的精确高效识别、低成本低功耗、抗污染、耐磨损等优势,为物联网应用中"实现被动智能""全局唯一识别""低成本互联"等核心问题提供了有效的解决方案。故其广泛应用于国家公共安全、智能化医疗、生产制造、交通运输、证件防伪、食品安全、物流溯源等诸多领域。

7.1.1 RFID 的相关概念

RFID 是一种无线通信技术,又称无线射频识别,它利用无线射频方式进行非接触的双向数据通信,在读写器与标签或读写器与读写器之间完成信息的传输,以实现身份认证、物体追踪和信息存储等目的的,具有实时、快速、高效等优点,是物联网的关键技术之一。

RFID 系统主要由电子标签(Tag)、阅读器(Reader)和后台服务器(Back-end Sever)三个主要部分组成。其中,电子标签主要由天线和芯片两部分构成,天线负责与读写器通过射频信号进行通信,芯片负责存储被标识物体的相关信息。

当进入磁场后,电子标签利用无线信道与阅读器进行双向的数据传递,阅读器把解码后的数据转发给后台服务器,用于进一步的存储、处理或者应用。RFID 的主要特征如下。

(1)非接触式的自动快速识别:RFID 标签通过反向散射能量的方式返回数据,有效通信范围通常可以达到 6～10m。RFID 系统使用有效的防冲突机制读取标签,实现对大量标签的快速识别。根据不同的工作频率,RFID 可分为不同的频段,如表 7-1 所示。

表 7-1　RFID 的工作频段

频率范围	频率等级	读取范围(m)	数据速率
120kHz～150kHz	低频(LF)	0.1	低速
13.56MHz	高频(HF)	1	低速～中速
433MHz	特高频(UHF)	1～100	中速
868MHz～870MHz	特高频	1～2	中速～高速
2450MHz～5800MHz	微波(Microwave)	1～2	高速
3.1GHz～10GHz	微波	最高 200	高速

(2)永久存储一定数量的数据:RFID 标签内部自带用户存储区,可以存储 1KB～10KB 的用户数据。

(3)简单的逻辑处理:RFID 内部拥有数量非常有限的逻辑门,仅能进行简单的逻辑处理。但是 RFID 系统能够借助标签上基本的逻辑处理能力实现一些有效的协议与算法,提升系统的运行效率与安全性能。

(4)抗干扰能力差:由于 RFID 标签自身是无源设备,必须借助反向散射来调制反馈信号,因此,RFID 标签反射信号的强度易受周围环境的影响,包括距离、阅读器功率、信号干扰、标签部署密度等。

(5)成本低廉:RFID 标签往往采用印刷电路进行大规模批量生产,因此,制造成本可以大幅度降低。目前一枚 RFID 标签的成本可以控制在 10 美分左右。

综上所述,RFID 因其具有无屏障读取和远距离穿透、快速扫描、高存储量、抗污染能力、可重复使用、安全保密性好等优势,成为物联网中最主要的自动识别技术。

7.1.2　RFID 的发展历程

RFID 技术最早起源于英国,在第二次世界大战中用于辨别敌我飞机的身份,自 20 世纪 60 年代开始商用。美国国防部规定,2005 年 1 月 1 日以后,所有军需物资都要使用 RFID 标签;美国食品与药品管理局建议制药商从 2006 年起利用 RFID 跟踪药品。Walmart、Metro 等零售业企业应用 RFID 技术的一系列行动更是推动了 RFID 在全世界的应用热潮。RFID 技术的发展大致可以分为以下几个阶段。

(1)技术储备期:1937—1940 年,美国海军研究实验室开发了敌我识别协同,并成功应用于军事实践;1941—1950 年,雷达的改进和应用催生了 RFID 技术;1951—1960 年,RFID 技术的探索主要处于实验室实验研究阶段。

(2)商业化期:1961—1980 年,RFID 技术研发处于飞速发展时期,该技术已被应用到交通运输、安全和医疗相关领域;1981—1990 年,RFID 技术进入商业应用阶段。

(3)标准化期:1991—2000 年,随着 RFID 产品的广泛采用,其标准化问题日趋得到重视;2000 年至今,RFID 技术的理论得到了极大的丰富和完善。多国及组织制定了一系列相关标准,且产品得到了广泛应用。

7.2 RFID 的标准体系

为了规范电子标签及读写器的开发工作,解决 RFID 系统的互联和兼容问题,实现对世界范围内的物品进行统一管理,各个国家及国际相关组织都在积极参与和推进 RFID 技术标准的制定。主流的 RFID 相关规范包括 ISO 制定的 RFID 标准体系、EPCglobal 标准体系和日本的 Ubiquitous ID 标准。

7.2.1 ISO 制定的 RFID 标准体系

根据国际标准化组织 ISO/IEC 联合技术委员会 JTC1 子委员会 SC31 的标准化工作计划,RFID 标准可以分为四方面:数据标准(如编码标准 ISO/IEC 15961、数据协议 ISO/IEC 15962、ISO/IEC 15963,解决了应用程序/标签和空中接口多样性的要求,提供了一套通用的通信机制);空中接口标准(ISO/IEC 18000 系列);测试标准(性能测试标准 ISO/IEC 18047 和一致性测试标准 ISO/IEC 18046);实时定位(RTLS,ISO/IEC 24730 系列应用接口与空中接口通信的标准)方面的标准。RFID 标准的逻辑框架结构如图 7-1 所示。

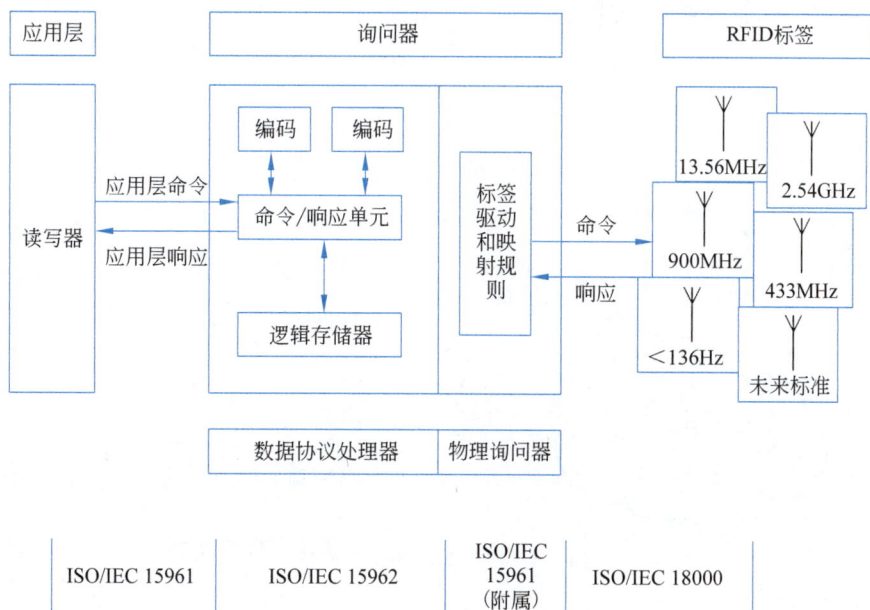

图 7-1 RFID 标准的逻辑框架结构

7.2.2 EPCglobal 标准体系

与 ISO 通用性 RFID 标准相比,EPCglobal 标准体系是面向物流供应链领域的,可以看成是一个应用标准。EPCglobal 的目标是解决供应链的透明性和追踪性,透明性和追踪性是指供应链各环节中所有合作伙伴都能够了解单件物品的相关信息,如位置、生产日期等。为此,EPCglobal 制定了 EPC(Electronic Product Code)编码标准,它可以实现对所有物品提供单件唯一标识;也制定了空中接口协议、读写器协议。这些协议与 ISO 标准体系类似。

在空中接口协议方面,EPCglobal 的策略尽量与 ISO 兼容,如 Gen2 UHF RFID 标准递交 ISO 将成为 ISO 18000 6C 标准。但 EPCglobal 空中接口协议有它的局限范围,仅仅关注 UHF 860MHz～930MHz。

除了信息采集以外,EPCglobal 为供应链各方的 EPC 信息共享提供了一个共同的平台,通过该平台实现信息的共享与交互,并制定了相关物联网标准,包括 EPC 中间件规范、对象名解析服务(Object Naming Service,ONS)、物理标记语言(Physical Markup Language,PML)。这样从信息的发布、信息资源的组织管理、信息服务的发现以及大量访问之间的协调等方面做出规定。

EPC 系统由 EPC 编码标准、射频识别系统、EPC 中间件、ONS、EPC 信息服务(EPCIS)组成。EPC 系统的工作流程如图 7-2 所示。在 EPC 系统中,读写器读出的 EPC 只是一个信息参考(指针),由这个信息参考从 Internet 找到 IP 地址,并获取该地址中存放的相关的物品信息,并采用分布式的 EPC 中间件处理由读写器读取的一连串 EPC 信息。由于在标签上只有一个 EPC 代码,计算机需要知道与该 EPC 匹配的其他信息,这就需要 ONS 来提供一种自动化的网络数据库服务,EPC 中间件将 EPC 代码传给 ONS,ONS 指示 EPC 中间件到一个保存着产品文件的服务器(EPCIS)查找,该文件可由 EPC 中间件复制。因而,文件中的产品信息就能传到供应链上。

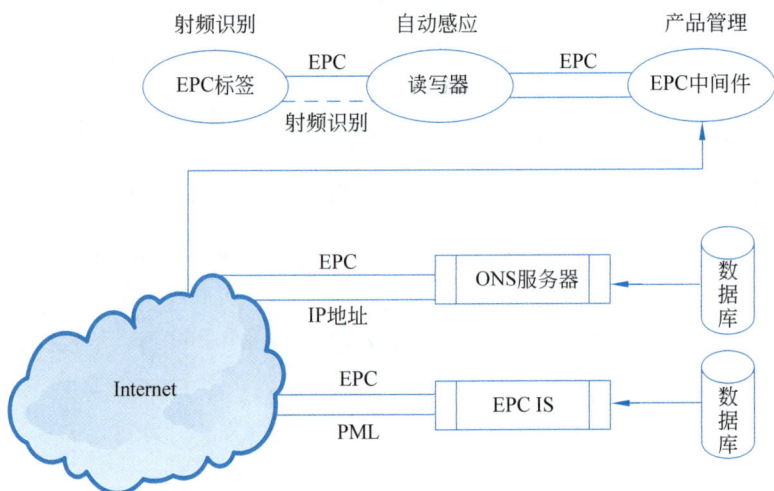

图 7-2　EPC 系统的工作流程

7.2.3　Ubiquitous ID 标准体系

日本泛在 ID(Ubiquitous ID,UID)中心制定 RFID 相关标准的思路类似 EPCglobal,目标也是构建一个完整的标准体系,即从编码体系、空中接口协议到泛在网络体系结构,但是每部分的具体内容存在差异。

为了制定具有自主知识产权的 RFID 标准,在编码方面制定了 Ucode 编码体系,它能够兼容日本已有的编码体系,同时也能兼容国际上其他的编码体系。在空中接口方面积极参与 ISO 的标准制定工作,也尽量考虑与 ISO 相关标准的兼容性。在信息共享方面主要依赖日本的泛在网络,它可以独立于因特网实现信息的共享。

泛在网络与 EPCglobal 的物联网存在一定的区别。EPC 采用业务链的方式,面向企业和产品信息的流动(物联网),比较强调与互联网的结合。UID 采用扁平式信息采集分析方式,强调信息的获取与分析,比较强调前端的微型化与集成。

UID 的核心是赋予现实世界中任何物理对象唯一的泛在识别号(Ucode)。它具备了128 位(bit)的充裕容量,可以提供 340×10^{36} 个编码,更可以用 128 位为单元进一步扩展至256 位、384 位或 512 位。Ucode 的最大优势是能包容现有编码体系的元编码设计,可以兼容多种编码,包括 JAN、UPC、ISBN、IPv6 地址,甚至电话号码。Ucode 标签具有多种形式,包括条码、射频标签、智能卡、有源芯片等。泛在识别中心把标签进行分类,并设立多个不同的认证标准。

7.2.4 RFID 中国标准化情况

我国目前已经从多方面开展了相关标准的研究制定工作。制定了《集成电路卡模块技术规范》《建设事业 IC 卡应用技术》等应用标准,并且得到了广泛应用;在频率规划方面,已经做了大量的实验;在技术标准方面,依据 ISO/IEC 15693 系列标准已经基本完成国家标准的起草工作。此外,中国 RFID 标准体系框架的研究工作也已基本完成。

根据中华人民共和国信息产业部 2007 年发布的《800/900MHz 频段射频识别(RFID)技术应用规定(试行)》的规定,中国 800/900MHz RFID 技术的试用频率为 840MHz~845MHz 和 920MHz~925MHz,发射功率为 2W。

7.3 RFID 系统组成及工作原理

7.3.1 RFID 的系统组成

典型的 RFID 系统由电子标签、读写器、系统高层三部分组成,如图 7-3 所示。

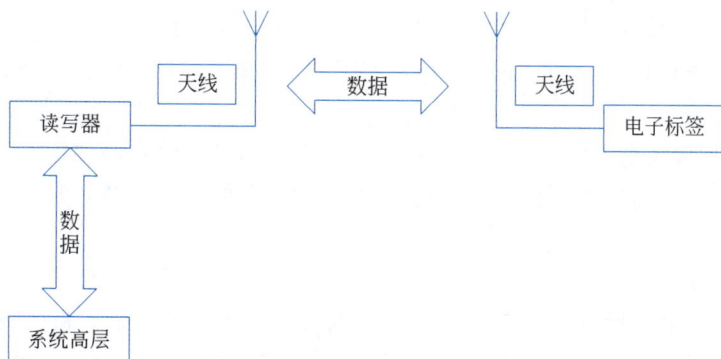

图 7-3 RFID 的基本组成

1. 电子标签

电子标签(Electronic Tag)又称为应答器或射频卡。电子标签附着在待识别的物品上,每个电子标签具有唯一的电子编码,是 RFID 的数据载体。电子标签是 RFID 系统的核心,读写器则是根据电子标签的性能设计的,电子标签和读写器通过射频信号进行通信。电子标签包括被动式标签(无源电子标签)、主动式标签(有源电子标签),以及电池辅助式无源标签(半有源电子标签)。其中,被动式标签没有电池,它使用阅读器发射的无线电波的能量来为自身供电,所以体积更加小巧,价格也更便宜;主动式标签内置电池,会周期性地发射识别信号;电池辅助式无源标签内置电池,只有在位于射频阅读器附近时才会触发。

(1) 电子标签结构。

电子标签由 IC 芯片和无线通信天线组成,RFID 标签芯片对接收到的信号进行解调、解码等各种处理,对需要返回的信号进行编码、调制等各种处理。不同频段的电子标签芯片的结构基本类似,一般包含射频前端/模拟前端、数字电路等模块,如图 7-4 所示。

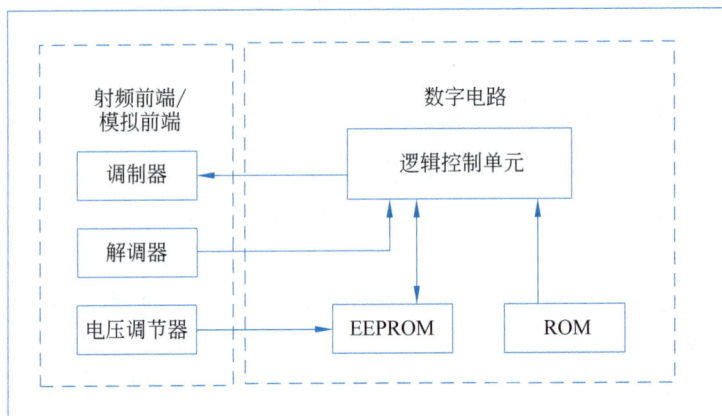

图 7-4　电子标签结构示意图

① 射频前端连接电子标签天线与芯片数字电路部分主要用于对射频信号进行整流和调制解调;逻辑控制单元传出的数据只有经过射频前端的调制后,才能加载到天线上,成为天线传送的射频信号,解调器负责将经过调制的信号加以解调,获得最初的信号;电压调节器主要用于将从读写器接收到的射频信号转换成电源,通过稳压电路来确保稳定的电压供应。

② 逻辑控制单元主要用于对数字信号进行编码/解码以及防碰撞协议的处理,另外还对存储器进行读写操作;存储器用于存储被识别物体的相关信息,常用的存储器有 ROM 和 EEPROM 等。

③ 电子标签天线主要用于收集读写器发射到空间的电磁信号,并把电子标签本身的数据信号以电磁信号的形式发射出去。常见的电子标签天线主要有线圈型、微带贴片型、偶极子型等几种基本形式。

(2) 电子标签形式。

常见的 RFID 电子标签一般有卡片形电子标签、标签类电子标签和植入式电子标签。卡片形电子标签被封装成卡片的形状,通常称为射频卡,如第二代身份证、城市一卡通和门禁卡等都属于这种形式的电子标签。标签类电子标签形状多样,有条形、盘形、钥匙扣形和手表形等,可以用于物品识别和电子计费等,如航空行李用标签、托盘用标签等,其特点是携带方便。有些标签类电子标签还具有粘贴功能,可以在生产线上由贴标机粘贴在箱、瓶等物品上,也可以手工粘贴在物品上。植入式电子标签一般很小,如果将电子标签做成动物跟踪电子标签,可以将其嵌入动物的皮肤下,这称为"芯片植入"。这种电子标签采用注射的方式植入动物两肩之间的皮下,用于替代传统的动物牌进行信息管理。

2. 读写器

读写器又被称为阅读器或询问器,是读取和写入电子标签数据的设备,它可以是单独的个体,也可以被嵌入其他系统中。读写器也是构成 RFID 系统的重要部件之一,它能够读取电子标签中的数据,也能够将数据写入电子标签中。读写器还可以与系统高层进行连接,以通过系统高层完成数据信息的存储、管理与控制,是电子标签与系统高层的连接通道。

(1) 读写器的基本组成。

读写器由射频模块、控制处理模块和天线组成,如图 7-5 所示。

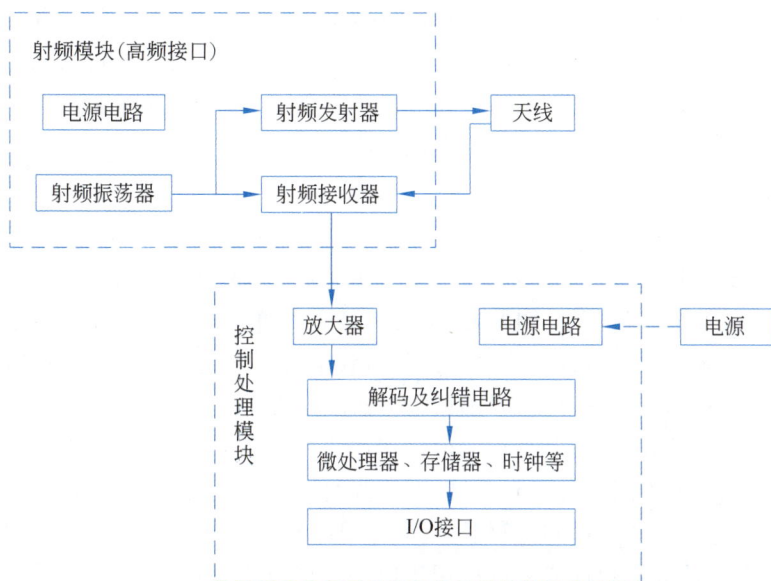

射频模块(高频接口)

电源电路 → 射频发射器 → 天线

射频振荡器 → 射频接收器

控制处理模块

放大器　　电源电路 ← 电源

解码及纠错电路

微处理器、存储器、时钟等

I/O接口

图 7-5　RFID 读写器结构示意图

① 射频模块用于将射频信号转换为基带信号,对天线接收的信号进行解调,对控制处理模块需要发送的数据进行调制。

② 控制处理模块是读写器的核心,是读写器芯片有序工作的指挥中心。其主要功能是:与系统高层中的应用系统软件进行通信;执行从应用系统软件发来的动作指令;控制与电子标签的通信过程;对基带信号进行编码与解码;执行防碰撞算法;对读写器和电子标签之间传送的数据进行加密和解密;进行读写器与电子标签之间的身份认证;对键盘、显示设备等其他外部设备进行控制。控制处理模块最重要的功能是对读写器进行控制操作。

③ 天线是一种能将接收到的电磁波转换为电流信号,或将电流信号转换成电磁波发射出去的装置。在 RFID 系统中,读写器必须通过天线来发射能量,形成电磁场,通过电磁场对电子标签进行识别。天线可以是一个独立的部分,也可以被内置到读写器中。

(2) 读写器的结构形式。

读写器没有固定的模式,根据天线与读写器模块是否分离,读写器可分为集成式读写器和分离式读写器;根据读写器外形和应用场合,读写器又可分为固定式读写器、原始设备制造商(Original Equipment Manufacturer,OEM)模块式读写器、手持便携式读写器、工业读写器和读卡器等。

固定式读写器一般将天线与读写器的主控机部分分离,主控机部分和天线可以分别安装在不同位置,可以有多个天线接口和多种 I/O 接口。读写器没有经过外壳封装,以 OEM 模块的形式嵌入应用系统中,构成了 OEM 模块式读写器。手持便携式读写器是将天线、射频模块和控制处理模块封装在一个外壳中,适合用户手持使用的电子标签读写设备。手持便携式读写器一般带有液晶显示屏,配有输入数据的键盘,常用在巡查、识别和测试等场合。与固定式读写器不同的是,手持便携式读写器可能会对系统本身的数据存储量有要求,并要求能够防水和防尘等。

工业读写器是指应用于矿井、自动化生产或畜牧等领域的读写器,一般有现场总线接口,很容易集成到现有设备中。工业读写器通常与传感设备组合在一起。读卡器也称为发卡器,主要用于电子标签对具体内容的操作中,例如建立档案、消费纠错、挂失、补卡和信息修正等。读卡器可以与计算机上的读卡管理软件结合使用。读卡器实际上是一个小型电子标签读写装置,具有发射功率小、读写距离近等特点。

3. 系统高层

对于某些简单的应用,一个读写器就可以独立满足应用的需要。但对于大多数应用来说,RFID 系统是由许多读写器构成的综合信息系统,每个读写器要同时对多个电子标签进行操作,并须实时处理数据信息,因此,系统高层是必不可少的。读写器可通过标准接口与系统高层连接,系统高层可将许多读写器获取的数据有效地整合起来,实现查询、管理与传输数据等功能。系统高层一般由中间件和应用软件构成。

中间件是介于 RFID 读写器与后端应用程序之间的独立软件,可以与多个读写器和多个后端应用程序相连,中间件位于客户机、服务器的操作系统之上,管理计算资源和网络通信。应用程序通过中间件连接到读写器,读取电子标签中的数据。这样的好处在于,即使存储电子标签信息的数据库软件或后端应用程序增加或改由其他软件取代,或者 RFID 读写器种类增加等情况发生时,应用端不需要修改也能处理,减轻了设计和维护的负担。

7.3.2 RFID 的工作原理

RFID 的基本原理是利用射频信号的空间耦合(电磁感应或电磁传播)传输特性,实现对静止的或移动的待识别物品的自动识别。RFID 系统的工作原理如图 7-6 所示。由读写器通过发射天线发送特定频率的射频信号,当电子标签进入有效工作区域时产生感应电流,

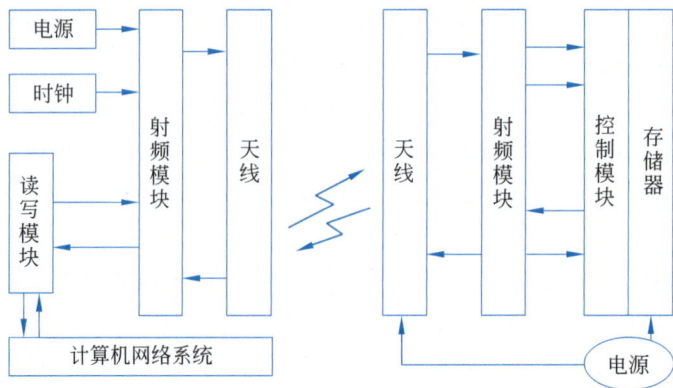

图 7-6　RFID 系统的工作原理

从而获得能量被激活,使电子标签将自身编码信号通过内置射频天线发送出去;读写器的接收天线接收到从标签发送来的调制信号,经天线调节器传送到读写器信号处理模块,经解调和解码后将有效信号送至后台系统高层进行相关处理;系统高层根据逻辑运算识别该标签的身份,针对不同的设定做出相应的处理和控制,最终发出指令信号控制读写器完成对电子标签不同的读写操作。

RFID 阅读器通过天线与 RFID 电子标签进行无限通信,可以实现对电子标签识别码和内存数据的读出和写入操作。当电子标签进入由阅读器产生的射频信号区域时会获得能量(即电子标签被激活),然后向阅读器发送存储信息及数据。

阅读器发出编码后的射频信号来"询问"电子标签,电子标签在收到射频信号后发出自身的识别信息进行应答。识别信息既可以是电子标签自身的串行号,也可以是相关产品的其他信息,如物料编号、生产信息、批数或批号,亦或其他特定的信息。根据不同的工作频率,RFID 可分为不同的频段,如表 7-2 所示。

表 7-2 RFID 的工作频段

频 率 范 围	频 率 等 级	读取范围(m)	数 据 速 率
120kHz～150kHz	低频(LF)	0.1	低速
13.56MHz	高频(HF)	1	低速～中速
433MHz	特高频(UHF)	1～100	中速
868MHz～870MHz	特高频	1～2	中速～高速
2450MHz～5800MHz	微波(Microwave)	1～2	高速
3.1GHz～10 GHz	微波	最高 200	高速

7.3.3 RFID 卡的分类

根据工作原理和用途不同,将基于 RFID 技术所衍生的 RFID 卡分为 IC 卡、ID 卡和 M1 卡三大类。

(1) IC 卡:又称智能卡、集成电路卡,是指粘贴或嵌有集成电路芯片的一种便携式卡片。IC 卡中包含微处理器、I/O 接口及存储器,提供了数据运算、访问控制及存储功能。常见的 IC 卡有电话 IC 卡、身份 IC 卡。此外,一些交通票证和存储卡也是 IC 卡。

(2) ID 卡:又称身份识别卡,是一种不可写入的感应式卡。ID 卡拥有一个固定的卡号,且卡号在写入后不可修改,从而确保了卡号的唯一性和安全性。在门禁或者停车场等系统中,可以使用 ID 卡来识别用户的身份。由于 ID 卡没有密钥安全认证机制,且不能重复写卡,因此很难实现一卡通功能,同时也不适合在消费系统中使用。

(3) M1 卡:是 NXP(恩智浦)公司生产的一种卡片,两种常用的型号分别是 S50 和 S70。M1 卡属于非接触 IC 卡,具有认证功能,且能实现数据的读写,其安全性高于 ID 卡,但是依然能被破解。M1 卡的价格相对较贵,且感应距离较短,比较适用于门禁、停车场系统等。在日常生活中,最常见的就是 M1 卡,接下来针对 M1 卡的 S50 型号进行重点讲解。

NXP Mifare S50 卡的工作频率为 13.56MHz,每张卡都有独一无二的 UID。NXP Mifare S50 卡有 16 个扇区(Sector),每个扇区都有独立的密钥,且每个扇区都由四个块

（Block）构成，每个块可以存储 16 字节的内容，由此可以算出，每张卡可以存储 1024 字节的数据。在图 7-7 所示的 NXP Mifare S50 卡的扇区构成中可以看到，第 0 个扇区的第 0 块是特殊的数据块，用于存储设备制造商的代码，且该代码不可修改。第 4 个扇区存放的是密钥（KEYA，KEYB）和控制位。

NXP Mifare S50 在与阅读器传输数据之前，需要进行三次认证，具体过程如图 7-8 所示。

图 7-7　S50 卡的扇区

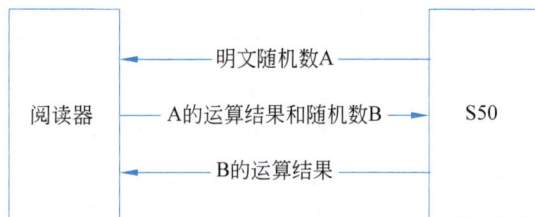

图 7-8　M1 卡与阅读器之间的认证流程

在图 7-8 中可以看到，NXP Mifare S50 卡先向阅读器发送一个明文随机数 A（Challenge），然后阅读器用约定的有密钥参与的算法对随机数 A 进行运算，并把运算的结果（Response），连同一个随机数 B（Challenge）一起返给 NXP Mifare S50 卡。后者在收到返回的数据后，先检查阅读器对随机数 A 运算后的结果，如果正确则使用 S50 卡的算法（该算法与阅读器使用的算法相容）对 B 进行运算，然后将运算后的结果返回给阅读器。

由于 S50 卡使用的加密算法为 Crypto-1，而在卡片的具体硬件实现中，用于实现加密功能的随机数产生器使用了 LFSR（线性反馈移位寄存器），而该寄存器产生的随机数是可预测的，因此可以通过对随机数进行预测的方法对 S50 卡发起嗅探攻击。

7.4　经典的 RFID 报文帧结构

RFID 通信协议报文按照长度可分为等长帧和扩展帧。本节以 ISO 14443-A 通信报文为例，分析这两种帧的结构。

7.4.1　RFID 通信协议的报文格式

ISO 14443-A 协议最常见的标签为 Mifare 类高频标签，常见的校园卡、交通卡和门禁卡就是采用该协议。典型的 RFID 高频协议消息格式通常由五部分组成，如图 7-9 所示。

图 7-9　典型的 RFID 高频协议消息格式

在 ISO 14443-A 和上位机通信的报文中，通常包含四个主要部分：前导码、帧头、帧内容(包含指令位、数据位和校验位)以及后导码,图 7-10 为 ISO 14443-A 通信报文的普通帧格式。

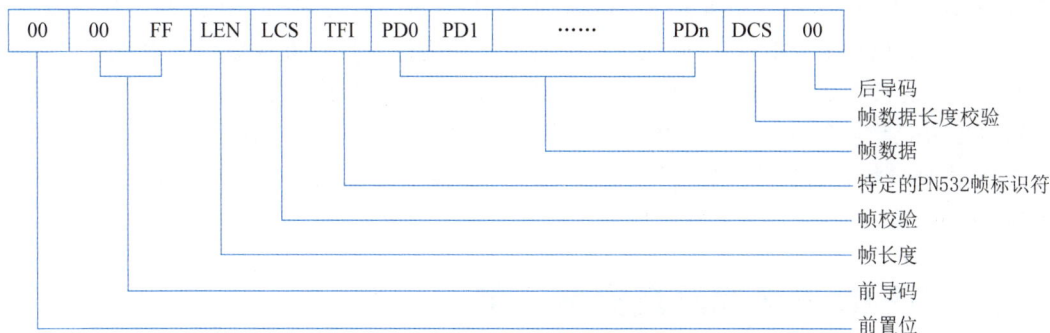

图 7-10　ISO 14443-A 通信报文的普通帧格式

　　其中,前导码是长度为 1 字节的十六进制字符"0x00"。帧头为 2 字节的十六进制字符 "0x00FF"。其后为 1 字节的帧长度。1 字节的帧长度和帧校验以及 1 字节的 PN532 帧标识符。之后为帧数据,通常包含从标签中读取的存储数据或向标签中写入的数据。随后是帧数据长度校验。最后为 1 字节的后导码"0x00"。

　　扩展帧在普通帧的基础上允许有更长的帧数据长度,其格式如图 7-11 所示。在普通帧的基础上,将普通帧长度和校验和设为"0xFF",并在其后面添加了 2 字节的扩展帧长度和扩展帧长度校验。

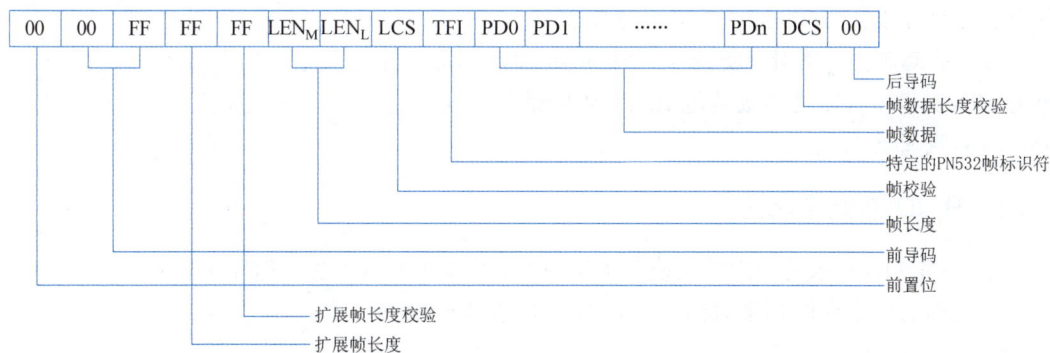

图 7-11　ISO 14443-A 通信报文的扩展帧格式

7.4.2　RFID 协议通信报文的特点

　　通过对 ISO 14443-A 通信过程的分析,可以得到如图 7-12 所示的 RFID 报文通用帧结构。

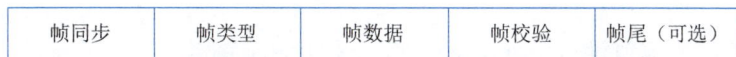

帧同步	帧类型	帧数据	帧校验	帧尾（可选）

图 7-12　RFID 报文通用帧格式

　　RFID 报文帧主要分为帧同步和帧主体两部分,其中帧主体可根据报文的功能和目的划分为不同类型。帧同步通常由固定字符串或比特流构成,例如,在无线网络协议中,开头处的帧同步通常由连续的"1"组成,而 RFID 通信报文中,一般为"0x00"开头。帧类型关键字在报文结构中位置一般是固定的,常出现在帧同步结束之后,一般情况下只有数种常用取值,例如,在 Mifare 卡指令中可分为控制帧(如 UID 获取)、管理帧(如 ACK 帧)、数据帧。

帧同步的识别十分重要,正确地识别帧同步能够确保通信双方从数据流中对帧进行正确的划分。通常大部分的帧同步位于帧的起始位置,但也有少数位于帧结尾,还有某些协议在帧的两端都包含同步序列。绝大多数情况下,协议采用固定的比特序列或字符序列作为同步,因此其统计特性作为区分同步序列的一种数学依据。同理,由于相同帧类型的消息序列结构相同。因此采用分类算法可以对消息序列实现字段划分。

7.5 RFID 安全隐患及安全需求

RFID 安全问题是由在标签与读写器之间的无线通信所引起的,由于读写器的无线功率远大于标签的无线功率,读写器的通信范围可能覆盖多个标签,也可能与其他读写器的通信范围重叠,再加上标签受成本的制约,其防护能力较弱,这样非常容易遭受物理攻击、拒绝服务攻击等主动攻击,或者标签哄骗、窃听等被动攻击。

(1)主动攻击:获得的射频标签实体,通过物理手段在实验室环境中去除芯片封装,使用微探针获取敏感信号,进行射频标签重构的复杂攻击;通过软件,利用微处理器的通用接口,扫描射频标签和响应读写器的探寻,寻求安全协议和加密算法存在的漏洞,删除射频标签内容或篡改可重写射频标签内容;干扰广播、阻塞信道或其他手段,构建异常的应用环境,使合法处理器发生故障,进行拒绝服务攻击等。

(2)被动攻击:采用窃听技术,分析微处理器正常工作过程中产生的各种电磁特征,获得射频标签和读写器之间或其他 RFID 通信设备之间的通信数据;通过读写器等窃听设备,跟踪商品流通动态。

7.5.1 RFID 的安全隐患

基于图 7-13 所示的 RFID 系统基本构成,可以得知 RFID 系统的安全隐患主要来自三个不同层面的安全保障环节,即标签、读写器和通信链路。

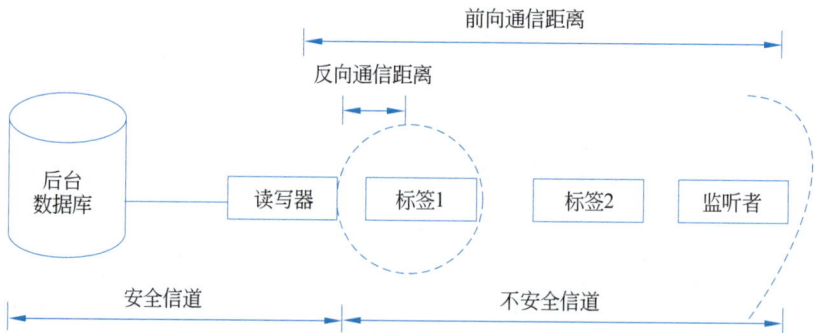

图 7-13 RFID 系统基本构成

(1)标签制造的缺陷:由于受成本的限制,标签本身很难具备足够的安全保障能力。因此,非法用户可以利用合法的阅读器或自制的阅读器,直接与标签进行通信,获取标签内所存的数据,并可能破解和复制数据。

(2) 读写器的缺陷:在读写器中,除了中间件完成数据筛选、时间过滤和管理之外,只能提供用户业务接口,而不能提供能够让用户自行提升安全性能的接口,缺乏防非法读写、防软件跟踪等技术保障。

(3) 通信链路的开放:RFID 的数据通信链路是无线通信链路。由于链路中的信号是开放的,且未进行加密处理,这就给攻击者带来了方便。攻击者可以窃听通信数据,实施拒绝服务攻击、欺骗攻击等。

7.5.2　RFID 的安全需求

在 RFID 系统设计时,必须对系统提出相应的安全需求,即要求应具备保密性、完整性、可用性、认证性和隐私性等基本特点。

(1) 保密性:一个 RFID 电子标签不应当向未授权阅读器泄露任何敏感的信息。由于从读写器到标签之间有较长的过道,如果存取控制没有实现的话,标签的存储就可能被偷听者读取。

(2) 完整性:数据完整性能够保证接收者收到的信息在传输过程中没有被攻击者篡改或替换。

(3) 可用性:RFID 系统的安全解决方案所提供的各种服务能够被授权用户使用,并能够有效防止拒绝服务攻击。

(4) 认证性:阅读器要能确信消息是从正确的电子标签处发送过来的。这种标签一般不具有阻止篡改的功能。

(5) 隐私性:UID 标签可以随时随地跟踪一个人或一个带有标签的物体,被跟踪者毫无察觉,采集到的信息可以归并和链接以便产生个人资料。

‖ 7.6　RFID 的安全防范措施

有效的安全机制可以防范上面所述的信息安全问题,但是 RFID 的技术特点和应用场合决定了其基本功能是要实现廉价和自动识别。因此,标准的安全机制受成本的限制很难得以实施,下面针对 RFID 系统的特点,分别从物理安全机制和安全逻辑方法两方面阐述RFID 的安全策略。

7.6.1　物理安全机制

使用物理的方法来保护标签安全性的机制,主要有 Kill 命令、夹子标签、假名标签等物理安全机制。

(1) Kill 命令的主要功能是在需要的时候让标签失效。标签接收到这个命令后,便终止其功能,再也无法发射和接收数据。

(2) 夹子标签是 IBM 公司针对 RFID 隐私问题开发的新型标签,消费者能够将 RFID天线扯掉或者刮除,缩小标签的可阅读范围,使标签不能被随意读取。

(3) 假名标签采用了二进制树状查询算法,它通过模拟标签 ID 来干扰算法的查询过程。该方法的优点是 RFID 标签本身价格便宜,基本不需要修改,也不必执行密码运算,这使得阻塞标签通常被作为一种有效的隐私保护工具。

7.6.2 安全逻辑方法

在 RFID 安全技术中,常用逻辑方法也可以说是软方法,与基于物理方法的硬件安全机制相比,利用各种成熟的密码方案和机制来设计和实现符合 RFID 安全需求的密码协议,更容易受到人们更多的青睐。目前常用的安全逻辑方法包括哈希(Hash)锁方案、随机 Hash锁方案、Hash 链方案等。

1. Hash 锁方案

抵制标签未授权访问的安全隐私技术,采用 Hash 散列函数给标签加锁,成本较低。该方案的工作机制如下。

(1)锁定标签。如图 7-14 所示,读写器随机产生一个标签 K,计算 metaID=Hash(K),并将 metaID 发送给标签;标签将 metaID 存储下来,进入锁定状态;读写器将(metaID,K,ID)存储到数据库,并以 metaID 为索引。

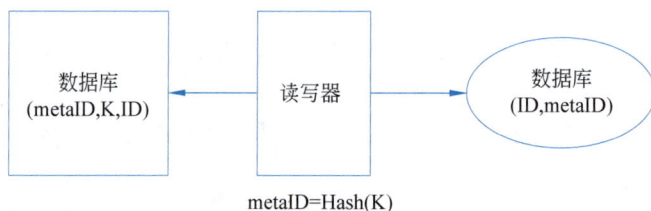

metaID=Hash(K)

图 7-14　锁定标签示意图

(2)解锁标签。如图 7-15 所示,读写器询问标签(Query),标签回答 metaID(开始发送的是 metaID);读写器查询数据库,找到对应的(metaID,K,ID),再将 K 值发送给标签;标签收到 K,计算 Hash(K),并与自身存储的 metaID 比较,若 Hash(K)=metaID,标签解锁并将其 ID 发送给阅读器(最后发送的是 ID)。

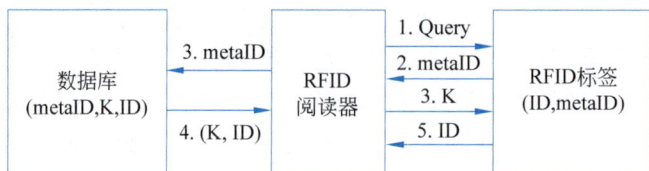

图 7-15　Hash 锁方案解锁标签示意图

2. 随机 Hash 锁方案

随机 Hash 锁方案的本质是改良版的 Hash 锁,用于解决标签位置隐私问题,读写器每次访问标签的输出信息不同。该方案的工作机制如下。

(1)锁定标签:向未锁定标签发送锁定指令,即可锁定该标签。

(2)解锁标签:如图 7-16 所示,读写器向标签 ID 发出 Query,标签产生一个随机数 R,计算 Hash(ID||R)(|| 表示将 ID 和 R 进行连接)。将(R,Hash(ID||R))数据传送给读写器;读写器收到数据,从数据库取得所有标签的 ID 值;读写器分别计算各个 Hash(ID$_k$||R)的值,并和收到的 Hash(ID||R)比较,若相等,则向标签发送 ID$_k$;标签收到 ID$_k$=ID,解锁。

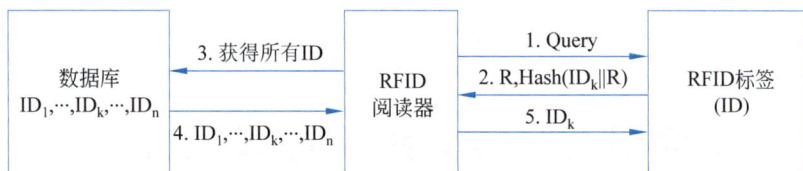

图 7-16　随机 Hash 锁方案解锁标签示意图

3. Hash 链方案

Hash 链方案用于解决可追踪性,标签使用 Hash 函数每次读写器访问后自动更新标识符,实现前向安全性。该方案的工作机制如下。

(1) 锁定标签:对于标签 ID,读写器随机选取一个 S1 发送给标签,并将(ID,S1)存储到数据库,标签收到 S1 进入锁定状态。

(2) 解锁标签:在第 i 次事物交换中,读写器发出 Query 标签,标签输出 $ai=Gi$,并更新 $Si+1=H(Si)$,其中 G 和 H 为单向 Hash 函数;读写器收到 ai 后,搜索数据库所有(ID,Si-1)数据对,并为每个标签递归计算 $ai=G(H(Si-1))$,比较是否等于 ai,若相等,则返回相应的 ID。

▌7.7　本章小结与展望

本章介绍 RFID 协议的相关概念、发展历程、工作原理及 RFID 的标准体系;阐述了 RFID 系统组成及工作原理;重点分析了经典 RFID 报文帧结构及其存在的安全隐患;讨论了常见的 RFID 安全防范措施。

随着 RFID 技术的飞速发展和广泛应用,RFID 安全技术正朝着更加安全化和标准化的方向发展,以满足不断增长的市场需求和应对新兴的挑战。一方面,如何确保用户数据的安全和隐私,防止数据泄露和滥用,成为亟须解决的问题;另一方面,统一的标准和规范有助于解决不同厂商设备间的兼容性问题,推动 RFID 技术的协同发展和广泛应用。

▌7.8　思考题

1. 分析 RFID 系统的安全隐患。

2. 查阅文献,列举在保护用户隐私和数据安全的前提下,可以推动 RFID 技术健康发展的策略。

第8章 ZigBee 协议安全

ZigBee 网络是一种自组织的无线数据传输网络。由于 ZigBee 的网络信号容易被侦测，故其安全问题尤其重要。ZigBee 安全涉及数据安全与网络安全。ZigBee 协议与 IEEE 802.15.4 协议分层实现网络与数据的安全。本章首先介绍 ZigBee 协议的相关概念以及 ZigBee 设备及网络拓扑方式；然后介绍 ZigBee 协议的特点以及各协议层的功能；最后介绍 ZigBee 协议存在的安全漏洞以及相应的安全措施。

教学目标

- 掌握 ZigBee 协议的原理。
- 了解 ZigBee 协议安全面临的风险。
- 掌握 ZigBee 协议的相关安全措施。

‖ 8.1 ZigBee 协议概述

在传统的无线协议很难适应无线传感器的低花费、低能量、高容错性等要求的情况下，ZigBee 协议应运而生。ZigBee 是一种短距离、低复杂度、低功耗、低速率、低成本的双向无线通信技术，可以嵌入各种设备，主要用于在间隔距离不远且传输速率不高的低功耗电子设备之间进行数据传输，而且数据传输可以是周期性的数据传输、间歇性的数据传输以及低反应时间的数据传输。该协议底层采用 IEEE 802.15.4 标准规范的媒体访问与物理层，对网络层协议和 API 进行了标准化。

8.1.1 ZigBee 的发展历程

ZigBee 协议是由 ZigBee Alliance 制定的无线通信标准。ZigBee 协议又称紫蜂协议，源于蜜蜂的八字舞。借鉴蜜蜂(Bee)靠飞翔和"嗡嗡"(Zig)地抖动翅膀的"舞蹈"来与同伴传递花粉所在方位信息的行为，ZigBee 协议类似蜂群的通信网络。在使用 ZigBee 技术搭建的无线传感网络中，最多可以由 65000 个 ZigBee 无线数据传输模块组成，在这个网络范围中，每个 ZigBee 传输模块相互之间可以进行通信，通信距离一般在几十米左右。

目前，ZigBee 工作在 2.4GHz(全球)、868MHz(欧洲)和 915MHz(美国)这 3 个频段上，分别具有最高 250kbit/s、20kbit/s 和 40kbit/s 的传输速率，它的传输距离为 10m～75m。

8.1.2 ZigBee 的特性

由于 ZigBee 网络之间可以相互连接，所以只要有 ZigBee 网络覆盖，那么它的传输距离就会很远。ZigBee 是主要为了自动化控制数据传输而建立的低速传输网络,并且成本低。ZigBee 的技术特性如下。

(1) 低功耗:在低功耗待机状态下,两节 5 号干电池可以使用 6～24 个月,从而免去了充电或频繁更换电池的麻烦。相比较,蓝牙能工作数周、Wi-Fi 可工作时间短。

(2) 低速率:ZigBee 以 20kbit/s～250kbit/s 的较低速率工作,满足低速率数据传输的应用需求。

(3) 短时延:ZigBee 的响应速度快,从睡眠状态切换到工作状态通常仅需要 15ms,节点访问网络仅需要 30ms,从而进一步节省了能源。相比较,蓝牙需要 3s～10s,Wi-Fi 需要 3s。

(4) 近距离:有效覆盖范围为 10m～100m,基本可以覆盖普通的家庭或办公环境。

(5) 大容量:ZigBee 可以采用星型、树状和网状的网络结构,最多可以形成 65000 个节点的大型网络。

(6) 低成本:ZigBee 的简单而紧凑的协议大大降低了其对通信控制的要求,并且 ZigBee 免收协议专利费。

(7) 高安全:ZigBee 提供了三级安全模式,包括无安全设定、访问控制清单(ACL)以及 AES-128 加密算法。

8.1.3　ZigBee 的应用场景

ZigBee 技术得益于其低功耗、短距离通信和大量设备连接等特性,在许多领域都有广泛的应用,它的主要应用场景如下。

(1) 智能家居:可以用于智能家居系统中,通过无线方式连接家中的各种设备,包括智能照明、智能插座、智能温控器、智能门锁、智能家电、智能窗帘等。这使得用户可以通过智能手机或其他控制设备轻松地监控和控制家居设备。

(2) 工业自动化与控制:在工业领域中,ZigBee 被用于构建传感器网络和控制系统,实现设备间的数据传输、监测和协同工作,有利于实现对设备的远程控制,进而降低成本。

(3) 智慧城市:在智慧城市应用中,ZigBee 被用于连接城市基础设施,如智能路灯、垃圾桶、停车传感器等,有助于提高城市的能效、安全性和可持续性。

(4) 医疗监护:ZigBee 技术被应用于医疗设备和健康监测系统,例如可穿戴设备、医疗传感器和远程健康监测装置,使得被监护的人也可以比较自由地行动,医护人员也可以实时监测患者的身体状况,一旦发生问题,可以及时做出相应的反应。

(5) 消费电子:ZigBee 被应用到一些消费电子产品中,例如通过 ZigBee 实现对智能音响和智能电视等电器的遥控。

8.2　ZigBee 设备及网络拓扑方式

ZigBee 网络结构中有协调器、路由器和终端节点三种设备类型。目前 ZigBee 网络有星型、树状和网状三种架构。

8.2.1 ZigBee 的设备类型

ZigBee 规范定义了协调器、路由器和端节点三种类型的设备,每种设备完成特定的功能要求。

(1) ZigBee 协调器(ZigBee Coordinate,ZC)。ZC 用于保持间接寻址用的绑定表格,支持关联,同时还能设计信任中心和执行其他活动。它在网络中起了网络搭建和网络维护的功能。ZC 是整个网络的中心枢纽,是等级最高的父节点。一个 ZigBee 网络只允许有一个 ZC。

(2) ZigBee 路由器(ZigBee Router,ZR)。ZR 是一种支持关联的设备,能够将消息转发到其他设备。ZigBee 网状或树状网络可以有多个 ZR。ZigBee 星型网络不支持 ZR。ZR 在 ZigBee 网络中既可以充当父节点,也可以充当子节点。

(3) ZigBee 端节点(ZigBee End-Device,ZED)。在 ZigBee 网络中,ZED 的功能最为简单,只能加入网络,是最末端的子节点设备。只能与其父节点进行通信,如果两个终端之间需要通信,必须经过父节点进行多跳或者单跳通信。ZED 是 ZigBee 网络中可允许存在的数量最多的节点,也是唯一允许低功耗的网络设备。

8.2.2 ZigBee 的网络拓扑方式

ZigBee 拥有强大的组网功能,可以利用组网形成星型网络拓扑、树状网络拓扑和网状网络拓扑。可以根据实际项目需要选择适当的 ZigBee 网络拓扑。

(1) 星型网络拓扑。

在图 8-1 所示的 ZigBee 星型网络中,包括一个协调器和一系列终端设备。这是最简单的拓扑方式。每个网络都有一个 ZigBee 协调器,用于控制网络,并负责启动和维护网络。所有其他设备充当终端设备。该结构网络中,每个附属节点只能与中心节点通信,如果需要两个附属节点之间通信,必须经过中心节点进行数据转发。

(2) 树状网络拓扑。

在图 8-2 所示的树状网络中包括一个协调器、多个路由器以及一系列终端设备。其中,ZigBee 协调器负责启动网络并选择特定的关键网络参数,不过网络可以通过 ZigBee 路由器进行扩展。路由器使用树型路由策略通过网络来路由数据和控制消息。节点之间的信息只能沿着树的路径向上传递到共同的父节点,再由共同的父节点向下转发给目的节点。如果路由器发生故障,则会导致该路由器下的终端设备受到影响。

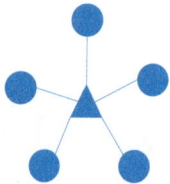

▲ 协调器　● 终端设备　　　　▲ 协调器　● 终端设备　■ 路由器

图 8-1　ZigBee 星型网络　　　　　　**图 8-2　ZigBee 树状网络**

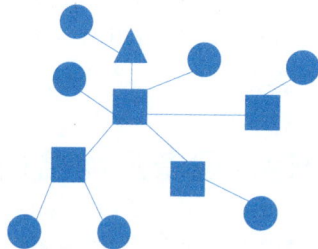

（3）网状网络拓扑。

ZigBee 网状网络与树状网络相似，由一个协调器、多个路由器以及一系列终端设备组成，如图 8-3 所示。

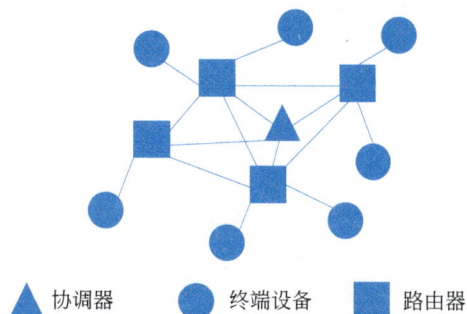

图 8-3　ZigBee 网状网络

8.3　ZigBee 协议栈

ZigBee 的协议栈是在 IEEE 802.15.4 的基础上建立的，ZigBee 协议分为两部分：IEEE 802.15.4 定义了物理层（PHY）和介质访问控制层（MAC）技术规范。ZigBee 联盟定义了网络层（NWK）、应用程序支持层（APS）、应用层（APL）技术规范。ZigBee 协议栈就是将各个层定义的协议都集合在一起，以函数的形式实现，并给用户提供 API，用户可以直接调用。因此，ZigBee 协议层从下到上分别为物理层、介质访问层、网络层、应用支持子层和应用程序，如图 8-4 所示。

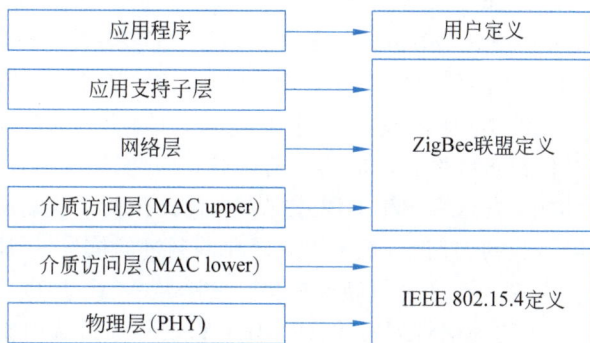

图 8-4　ZigBee 协议层

在 ZigBee 协议栈中，每一层都为上层提供服务，同时依赖下层的功能。这种分层的设计使得 ZigBee 协议栈具有很好的模块化和可扩展性，便于开发和维护。图 8-5 展示了 ZigBee 各层次以及它们之间的交互关系，包括数据流的方向和每层的主要功能。在实际应用中，ZigBee 协议栈的不同实现可能会有所差异，但基本的层次结构和功能保持一致。

下面着重讨论一下物理层、介质访问层和网络层的层级结构和具体功能。

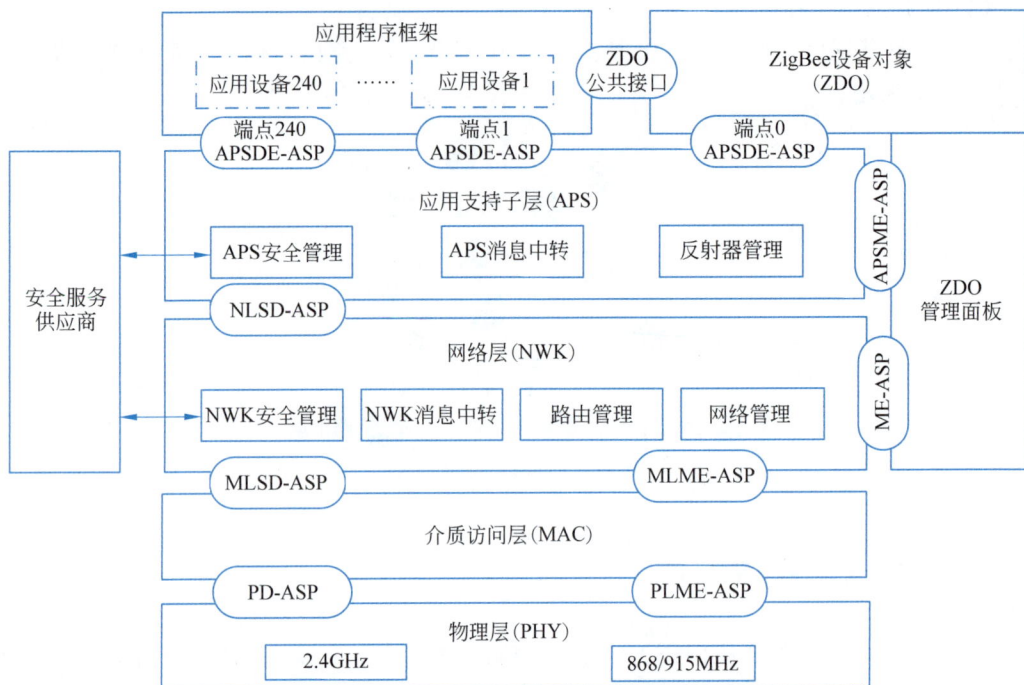

图 8-5　协议栈体系结构

8.3.1　物理层

ZigBee 物理层是整个 ZigBee 协议栈的基础,负责在物理媒介上实现无线信号的传输和接收。它指定了 ZigBee 使用的是 2.4GHz 物理层和 868/915MHz 物理层,均基于直接序列扩频(Direct Sequence Spread Spectrum,DSSS)技术。而 DSSS 技术有如下两个特点。

(1) DSSS 使用一串连续的伪随机码(Pseudo Noise,PN)串行,用相位偏移调制的方法来调制信息。这一串连续的伪随机码称为码片(Chips),其每个码的持续时间远小于要调制的信息位。即每个信息位都被频率更高的码片所调制。因此,码片速率远大于信息位速率。

(2) DSSS 通信架构中,发送端产生的码片在发送前已经被接收端所获知。接收端可以使用相同的码片来解码接收到的信号,解调用此码片调制过的信号,还原为原来的信息。

ZigBee 物理层通过射频固件和射频硬件提供了一个从 MAC 层以物理层无线信道的接口。在物理层中,包含一个物理层管理实体(PLME),该实体通过调用物理层的管理功能函数,为物理层管理服务提供其接口,同时,还负责维护由物理层所管理的目标数据库,该数据库包含物理层个域网络的基本信息。物理层参考模型如图 8-6 所示。

在 MAC 中,存在数据服务接入点和物理层实体服务接入点,通过这两个服务接入点提供如下两种服务:① 通过物理层数据服务接入点(PD-SAP)为物理层数据提供服务;② 通过物理层管理实体(PLME)服务的接入点(PLME-SAP)为物理层管理提供服务。

该层最主要的任务就是在两个对等 MAC 实体间提供可靠链路,它提供 PHY 数据服务和 PHY 管理服务两种服务。PHY 数据服务使 PHY 能通过物理无线信道传输和接收 PHY 协议数据单元(PPDU);PHY 管理服务为 PLME(一个管理该层的实体,可以通过调用它提供的接口对该层进行管理)提供接口。

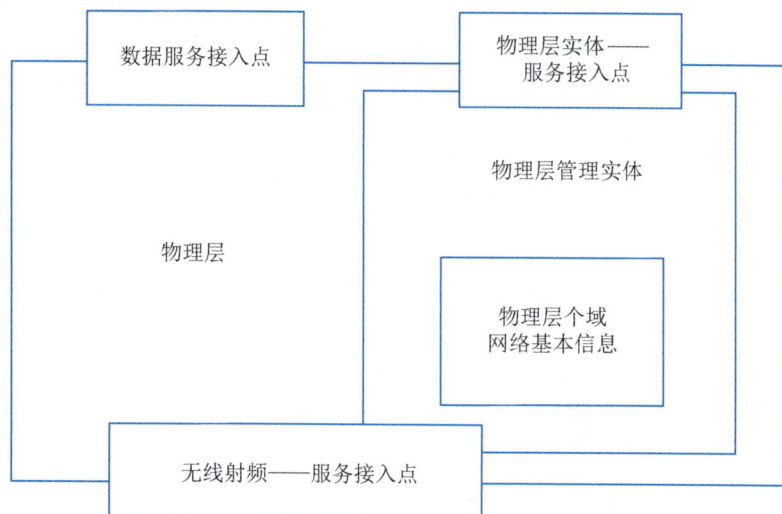

图 8-6　物理层参考模型

8.3.2　介质访问层

ZigBee 的介质访问层(MAC)是 ZigBee 协议栈中负责管理无线介质访问和数据传输的关键层。MAC 层位于物理层之上,网络层之下,它确保了数据在无线网络中的有效和可靠传输。MAC 包括一个称为 MLME 的管理实体;MLME 提供了层管理服务接口,通过该接口可以调用层管理功能;MLME 还负责维护与 MAC 有关的被管理对象的数据库,该数据库被称为 MAC PIB。

ZigBee MAC 层支持两种主要的工作模式:Beacon-enabled(信标启用模式)和 Beacon-less(非信标模式)。信标启用模式下,网络协调器定期发送信标信号以同步网络,而非信标模式则不使用信标,适用于低功耗和低延迟的应用。ZigBee MAC 层通过 CSMA/CA(多点接入、载波监听、碰撞避免)的方式避免冲突。

针对 MAC 的安全性问题,MAC 的上层通常将 MAC 层的默认密钥设置为网络的密钥,而 MAC 层则会将上层的链接密钥设置为自己的链接密钥。MAC 层上使用的是 AES 加密算法,通常为 AES-128 位,根据上层提供的钥匙的级别,可以保障不同水平的安全性。如表 8-1 所示的 MAC 帧的一般格式,涉及安全的相关选项,主要在帧头帧控制部分和帧尾。

表 8-1　MAC 帧的一般格式

字节 0-2	1	0/2	0/2/8	0/2	0/2/8	可变长度	2
帧控制	帧序号	目的 PAN 标识码	目的地址	源 PAN 标识码	源地址	帧有效载荷	FCS
		地址信息					
MAC 帧头(MHR)		MAC 有效载荷					MAC 帧层(MFR)

(1)帧控制:占 2 字节,由 1 字节的帧列号域和最多 20 字节的地址域组成。其中,帧控

制域指明了 MAC 帧的类型、地址域的格式以及是否需要接收方确认等控制信息；帧序号域包含了发送方对帧的顺序编号，用于匹配确认帧，实现 MAC 子层的可靠传输；地址域采用的寻址方式可以是 64 位的 IEEE MAC 地址或者 8 位的 ZigBee 网络地址。帧控制包含的字段数及功能如表 8-2 所示。

表 8-2 帧控制包含的字段数及功能

0～2	3	4	5	6	7～9	10～11	12～13	14～15
帧类型	安全使能	数据待传	确认请求	网内/网际	预留	目的地址模式	预留	源地址模式

① 帧类型：占 3 位，当值为 000 时表示此帧是信标帧，当值为 001 时表示是数据帧，当值为 010 时表示是应答帧，当值为 011 时表示是命令帧。

② 安全使能：占 1 位，体现在该帧是否有密锁保护 MAC 的有效载荷。

③ 数据待传：占 1 位，当值为 1 时表示当前数据还没传输完成，发送端还要接着传输数据给接收端，因此接收设备还需要发送请求来获取数据。

④ 确认请求：占 1 位，当值为 1 时表示接收设备在接收到该帧时，需要回复一个确认帧来表述接收到数据。

⑤ 网内/网际：占 1 位，表示是否在同个 PAN 网络中传输数据。

⑥ 目的地址模式：占 2 位，当值为 00 时表示没有目的地址，当值为 01 时表示预留，当值为 10 时表示 16 位的短地址，当值为 11 时表示 64 位长地址。

⑦ 源地址模式：占 2 位，当值为 00 时表示没有源地址，当值为 01 时表示预留，当值为 10 时表示 16 位的短地址，当值为 11 时表示 64 位长地址。

（2）帧序号：占 1 字节，值为 0～255 的递增数值，用于为每个传输的帧提供一个唯一的序列号，用于检测重复帧和确保数据的顺序。

（3）地址信息：目的 PAN 标识码与源 PAN 标识码各占 2 字节，它用于标识目的设备/源设备的 PAN 网络。PAN 标识码帮助设备识别和管理网络中的通信，确保数据帧被发送到正确的网络中。源地址和目的地址各占 2 字节（如果使用 16 位短地址），或者 8 字节（如果使用 64 位长地址），值为设备的网络地址或 IEEE EUI-64 地址，用于标识帧的发送者和接收者，确保数据能够被正确地送达目的地。

（4）帧有效载荷，其长度可变，不同的帧类型包含不同的信息，如 MAC 子层业务数据单元（MAC Service Data Unit，MSDU）；但整个 MAC 帧的长度应该小于 127 字节，其内容取决于帧类型。IEEE 802.15.4 的 MAC 子层定义了 4 种帧类型：广播（信标）帧、数据帧、确认帧和 MAC 命令帧。只有广播帧和数据帧包含了高层控制命令或者数据，确认帧和 MAC 命令帧则用于 ZigBee 设备间与 MAC 子层功能实体间控制信息的收发。

（5）FCS 字段：占 2 字节，是对 MAC 帧头和有效载荷计算得到的 16 位 CRC 校验码。根据 FCS 校验，可以判断是否为侵入的数据包或者数据传输过程中是否出错。

8.3.3 网络层

ZigBee 网络层（NWK）是 ZigBee 协议栈中非常关键的一部分，它位于 MAC 层之上，负责构建和维护整个网络的拓扑结构，以及确保数据包在网络中的有效路由。

网络层提供了 802.15.4 的 MAC 层和应用层之间的服务接口。网络层数据实体 (NLDE)和网络层管理实体(NLME)是网络层的两个实体。其中,网络层数据实体主要负责生成网络层协议数据单元(NPDU)。它通过增加一个适当的协议头,从应用支持层协议数据单元中生成网络层协议数据单元。除此之外,NLDE 还负责指定拓扑传输路由,还可以确保通信的真实性和机密性;网络层管理实体提供网络管理服务,并允许应用与堆栈相互作用。网络层向上通过 NLDE 与应用层联系,通过 NLME 管理该层,主要包括配置新设备、启动网络、执行加入网络、重新加入网络和离开网络的功能,提供寻址功能、邻居发现、路由发现、接收控制和路由等功能。安全性方面主要是 AES-CCM*。

ZigBee 网络层的设计充分考虑了无线网络的特点,如动态拓扑变化、信号干扰和能量限制。通过高效的路由算法、安全性保护和能耗管理,网络层为 ZigBee 网络的稳定运行和数据传输提供了坚实的基础。

8.4　ZigBee 中存在的安全风险

ZigBee 中各协议层虽然提供了一些基本的安全服务,但实际应用中,仍存在诸多的安全问题。下面重点介绍介质访问层、网络层的安全风险。

8.4.1　介质访问层的安全风险

(1) 重放攻击。

重放攻击是一种网络攻击方式,攻击者通过截取和复制合法的通信数据,然后在适当的时间重新发送这些数据,以达到欺骗系统、执行未授权操作的目的。这种攻击利用了网络协议中缺乏对消息执行次数的控制和对消息内容的时间敏感性不强的弱点。如果 MAC 层的帧计数器未被正确管理,可能会受到重放攻击的威胁。

(2) 篡改攻击。

篡改攻击是指攻击者截取正在传输中的数据,并对数据进行修改或篡改,然后再将修改后的数据发送给接收方。这种攻击可以用于更改消息内容、执行恶意操作或引起系统错误。

(3) 拒绝服务攻击。

拒绝服务攻击是一种破坏性攻击,其目的是使目标系统或网络无法正常提供服务。攻击者通过向目标系统发送大量请求或发送特定的数据包,消耗其资源(如网络带宽、处理器时间或内存),导致合法用户无法访问服务。

8.4.2　网络层的安全风险

在实际应用中,ZigBee 网络层可能会存在攻击者可能通过不断发送伪造的 Rejoin 命令,使得协调器的子节点表占满,导致无法加入新设备,从而耗尽路由表的路由表耗尽攻击;攻击者可能截取网络中传输的数据包,尤其是当数据传输未加密时的数据包嗅探攻击等。下面着重了解一下密钥传输攻击以及密钥漏洞。

(1) 密钥传输攻击。

密钥传输攻击是针对无线通信网络,特别是像 ZigBee 协议的一种常见安全威胁。在 ZigBee 网络中,密钥用于加密数据传输,确保数据的机密性和完整性。如果密钥在传输过程中未得到充分保护,攻击者可能会截获这些密钥,并利用它们来解密网络中的通信,进而进行数据篡改、重放攻击或其他恶意行为。

(2) 密钥漏洞。

ZigBee 标准具有开放信任的安全模型,但是在该安全模型下却存在密钥漏洞。

① 默认链接密钥:ZigBee 标准为链接密钥提供了默认值,以确保不同的制造商的 ZigBee 设备之间的互操作性。因此,攻击者可以使用默认链接密钥加入网络。

② 未加密的链接密钥:当没有预配置网络密钥的设备尝试加入网络时,信任中心会向设备发送未加密的默认链接密钥,攻击者可以通过嗅探 ZigBee 网络间的通信来获取该密钥。

③ 重复使用链接密钥:ZigBee 标准允许重复使用链接密钥来重新加入网络。在这种情况下,攻击者可以通过冒充已建立链接的设备来欺骗信任中心。因此,信任中心将向攻击者发送已建立过链接的设备的链接密钥。

‖ 8.5 ZigBee 协议的安全措施

针对 ZigBee 协议在介质访问层以及网络层可能存在的安全问题,下面介绍对应的防范措施。

8.5.1 介质访问层的防范措施

1. 重放攻击的防范措施

(1) 使用帧计数器:ZigBee 网络中的每个节点都包含一个 32 位帧计数器,该计数器在每次数据包传输时递增。每个节点还跟踪它所连接的每个设备(节点)的上一个 32 位帧计数器。如果节点从具有与上一个接收的帧计数器值相同或更小的帧计数器值的相邻节点接收到分组,则丢弃该分组。此机制通过跟踪数据包并在节点已接收它们时丢弃它们来启用重放攻击保护。帧计数器的最大值可以是 0XFFFFFFFF,但是如果达到最大值,则不能进行传输。帧计数器重置为 0 的唯一时间是更新网络密钥。

(2) 时间戳:在消息中包含时间戳,确保消息在一定时间范围内有效。

2. 篡改攻击的防范措施

(1) 数据加密:使用加密算法对传输的数据进行加密,即使数据被截获和篡改,攻击者也无法轻易理解或使用修改后的数据。

(2) 完整性校验:使用消息完整性校验机制(如消息认证码 MAC 或数字签名)来确保数据在传输过程中未被篡改。

3. 拒绝服务攻击的防范措施

(1) 流量监控和过滤:使用防火墙和入侵检测系统来监控和过滤恶意流量。

(2) 资源冗余:确保有足够的资源冗余,如带宽和处理能力,以应对攻击。

(3) 网络分割:将关键系统与其他网络区域隔离,减少潜在的攻击面。

8.5.2 网络层的防范措施

1. 密钥传输攻击的防范措施

IEEE 802.15.4 提供了抵御来自其他网络的干扰的特性,并使用具有 128 位密钥长度

（16 字节）的 AES（高级加密标准）来实现。

（1）数据安全性：通过加密数据有效负载和执行。

（2）数据完整性：使用消息完整性代码（MIC）或消息验证代码（MAC）实现，该代码附加到要发送的消息中。此代码可确保附加的 MAC 头和有效负载数据的完整性（它是通过使用 128 位密钥加密 IEEE MAC 帧的部分而创建的）。

2. 密钥破解攻击

（1）信任中心主动更改网络密钥：信任中心生成一个新的网络密钥，并通过使用旧网络密钥对其进行加密，将其分发到整个网络中。更新后，所有设备将在短时间内继续保留旧网络密钥，直到网络上的每个设备都切换到新网络密钥。此外，设备在接收新网络密钥时将其帧计数器初始化为零。

（2）网络干扰保护：在低成本的 ZigBee 节点中，由于成本或节点大小的限制，使用带选择滤波器可能是保护网络不受干扰的一种选择。然而，IEEE 802.15.4 和 ZigBee 网络的基本特性，如低射频传输功率、低占空比和 CSMA/CA 信道接入机制，有助于降低 ZigBee 无线网络对附近其他系统的影响，反之亦然。提高 ZigBee 网络共存性能的途径有两种——协同性和非协同性。

① 在协同方法中，ZigBee 网络和其他网络（例如，IEEE 802.11b/g 网络）的某些操作被一起管理。每当一个网络处于活动状态时，另一个网络将保持非活动状态以避免数据包冲突。在该方法中，ZigBee 网络和其他网络之间必须存在通信链路以实现和管理协作。

② 非协同方法是任何 ZigBee 网络可以遵循的程序，可以在不知道附近干扰无线设备的操作机制的情况下提高其共存性能。该方法基于检测和评估干扰并尽可能避免干扰。

3. 数据包嗅探的防范措施

虽然 IEEE 802.15.4 提供了安全措施，但它并未指定如何管理密钥或应用的身份验证策略的类型。这些问题由 ZigBee 管理。ZigBee 标准支持以下可选安全服务。

ZigBee 帧可以选择使用安全套件 AES-CCM* 进行保护，以提供数据机密性、数据认证和数据完整性。AES-CCM* 是 AES（高级加密标准）的微小变体，具有修改的 CCM 模式（具有 CBC-MAC 的计数器）。

图 8-7 显示了 AES-CCM* 数据身份验证和机密性原理。在发送器端，128 位数据块形式的明文进入 AES-CCM*。AES-CCM* 的职责是加密数据并生成相关的 MIC，该 MIC 与帧一起被发送到接收器。接收器使用 AES-CCM* 对数据进行解密，并从接收到的帧中生成自己的 MIC，以便与接收到的 MIC 进行比较（数据完整性）。与 CRC 相比，MIC 提供更强的真实性保证。CCM* 生成的 MIC 用于检测故意的和未经授权的数据修改以及意外错误。

CCM* 被称为通用操作模式，它结合了数据加密、数据认证和数据完整性。CCM* 仅提供加密和完整性功能。该过程中使用的随机数是一个 13 字节的字符串，使用安全控制、帧计数器和辅助头的源地址字段构建。MIC 的大小可以是 32 位、64 位或 128 位。

通过上述措施的实施，ZigBee 网络的安全性可以得到全面的加强，为抵御各种潜在的网络攻击提供坚实的保障。同时，这也需要网络管理员、设备制造商、安全专家和最终用户的共同努力，以形成一个安全、可靠的 ZigBee 网络环境。

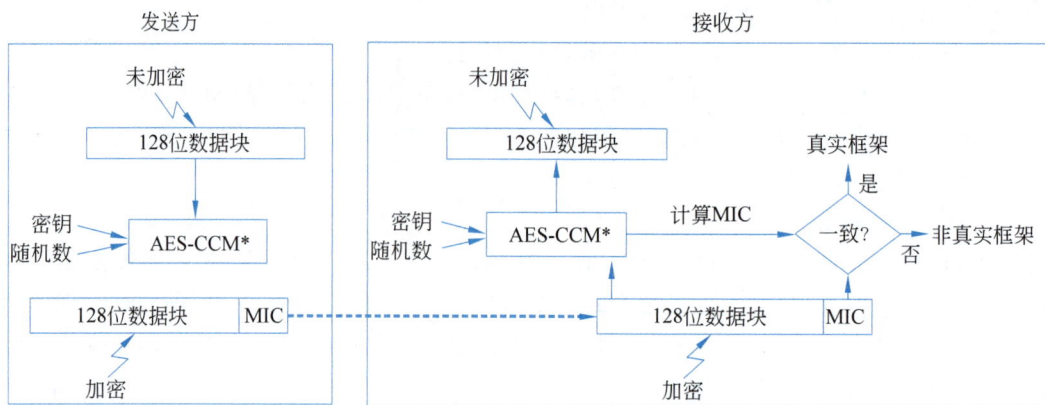

图 8-7　AES-CCM* 数据身份验证与机密性原理

‖ 8.6　本章小结与展望

本章介绍了 ZigBee 协议的概念、发展和主要标准，RFID 技术与物联网的关系；阐述了 RFID 的起源与发展、工作原理和技术特点；讨论了 ZigBee 的协议层，ZigBee 节点类型及网络拓扑方式；重点介绍了 ZigBee 协议存在的安全隐患，以及对应的防范措施。

随着物联网应用的深化，ZigBee 技术将更加侧重于与 5G、AI 等新技术的融合，用于提升网络的智能化水平和数据处理能力。另外，安全性和隐私保护问题一直是 ZigBee 网络需要解决的重要问题之一，未来的 ZigBee 安全技术将更加侧重于增强的加密技术、身份验证机制的引入，以提供更高级别的安全保障。

‖ 8.7　思考题

1. 简述 ZigBee 安全密钥的生成过程以及存在的安全隐患。
2. 撰写 ZigBee 安全性分析报告。

第9章　BLE协议安全

低功耗蓝牙(Bluetooth Low Energy,BLE)是由蓝牙技术联盟设计和推出的个人局域网技术,旨在用于医疗保健、运动健身、安防、家庭娱乐等领域的新型应用。与经典的蓝牙相比,BLE可以在保持同等通信范围的同时,显著降低功耗和成本。本章首先介绍BLE协议的相关概念;然后介绍BLE协议栈以及通用属性配置文件;最后介绍BLE存在的安全隐患以及相应安全措施。

教学目标

- 掌握BLE协议的概念、特点及发展历程。
- 了解BLE协议栈及各层含义。
- 了解BLE通用属性配置文件。
- 理解BLE协议的安全风险及安全措施。

9.1　BLE协议概述

蓝牙(Bluetooth)是面向消费类电子产品的短距离无线通信的解决方案,全球已有大量设备可支持蓝牙。BLE凭借低功耗等性能进一步延伸了传统蓝牙的功能和适用范围,除了为传感器、手表等现有设备拓展了广阔的市场外,BLE还能利用其连接小型设备与手机,创造全新应用,如在居家环境中让手机连接并控制电视、空调甚至温度计、体重计等不同电器、医疗与健身设备等。

9.1.1　蓝牙技术

蓝牙技术是一种无线通信技术标准,用来让固定与移动设备在短距离间交换资料,以形成个人局域网(Personal Area Network,PAN),其使用短波特高频无线电波,经由2.4GHz~2.485GHz的ISM频段来进行通信,由蓝牙技术联盟负责维护。目前蓝牙技术已广泛应用到生活中,例如,手机与蓝牙耳机互连传输声音,通过蓝牙传输并打印文件。随着蓝牙应用设备的不断更新换代,其对带宽的要求也日益增高。蓝牙技术的发展如表9-1所示。

从表9-1中可以看出,蓝牙4.0之前的版本演进主要聚焦通信速度,而4.0及其之后的版本演进,主要关注低功耗/低成本等物联网(IoT)特性,故可以更好地适应物联网的发展。其中蓝牙1.0技术为基本码率(Basic Rate,BR),物理层最大的传输速率为1Mb/s;蓝牙2.0技术为增强码率(Enhanced Date Rate,EDR),物理层最大的传输速率增加到3Mb/s;蓝牙3.0

表 9-1　蓝牙技术发展

版　　本	主　要　功　能
1.1	传输速率为 748kb/s～810kb/s,易受同频率之间的类似通信产品干扰,影响通信质量;单工
1.2	传输速率为 748kb/s～810kb/s,但增加了抗干扰跳频功能;单工
2.0	1.2 的改良升级版,传输速率为 1.8Mb/s～2.1Mb/s;可以有双工
3.0+HS	蓝牙高速版,传输速率可达 24Mb/s
4.0	支持低功耗,AES-128 加密;将传统蓝牙、高速蓝牙和低功耗蓝牙技术集为一体
4.1	IoT 相关特性增强
4.2	支持 IPv6,隐私保护,加密算法升级,DLE 支持
5.0	现阶段最高级的蓝牙协议标准,低功耗模式传输速率上限为 2Mb/s

技术又增加了交替射频技术(Alternative MAC PHY,AMP),物理层的数据传输速率增加到了 24Mb/s;蓝牙 4.0 是一个综合性协议规范,蓝牙 4.0 版本以后的技术模式分为低功耗蓝牙(BLE)和经典蓝牙(BR/EDR)两种,BLE 是其子集;蓝牙 6.0 于 2019 年 1 月发布,采用了更高效的通信方式,需要专门的芯片支持,故没有得到广泛应用,本书暂不详述。

蓝牙核心规范将蓝牙系统划分成两部分:控制器(Controller)和主机(Host)。其中控制器由硬件设备和底层协议栈固件组成,主机由与控制器相连的物理总线固件、上层协议栈以及相关软件组成,主机与控制器间定义了标准的物理接口及数据接口,被称为主机控制器接口(Host Controller Interface,HCI)。根据主机和控制器的组成关系,蓝牙芯片的三种功能配置如图 9-1 所示。常见的蓝牙芯片分为以下两种。

(1) 单模蓝牙芯片:包括单一传统蓝牙的芯片、单一低功耗蓝牙的芯片,即 1 个 Host结合 1 个 Controller。

(2) 双模蓝牙芯片:同时支持传统蓝牙和低功耗蓝牙的芯片,即 1 个 Host 结合多个Controller。当前市场芯片多数为仅支持 BLE 的单模蓝牙芯片,也有两者都支持的(双模蓝牙芯片)。

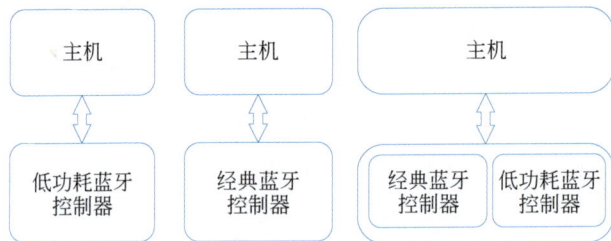

图 9-1　蓝牙芯片的三种功能配置

9.1.2　低功耗蓝牙技术

针对传统蓝牙技术无法满足物联网设备的需求,蓝牙 4.0 之后推出低功耗蓝牙技术,BLE 不是经典蓝牙的升级,而是一种专注于以较低速率传输少量数据的新技术。与经典蓝牙相比,它不仅增加了数据的传输速率,在降低功耗这一层面也得到了进步,也就是说,在传输速率方面,它可能不会达到很高的传输速率,但是在连接时间方面,将会得到延长。当前无线通信技术主要有 Wi-Fi、ZigBee、蓝牙技术和其他无线射频的通信方式,其中低功耗蓝牙技术功耗最低,更适合物联网场景的应用。

BLE 具有超低功耗、低成本、低接入延迟、良好的安全性和互操作性等特点。它的出现绝非偶然,早在 2004 年,诺基亚就推出了蓝牙低端扩展(Bluetooth Low End Extension,BLEE)技术,成为 BLE 的前身,随后该技术曾以 Wibree 商标单独发布。2007 年,蓝牙技术联盟宣布将 Wibree 技术纳入蓝牙技术,致力于创造超低耗电的蓝牙无线传输技术。低功耗蓝牙最终成为 2010 年发布的蓝牙核心规范 4.0 版本的一个重要部分。

2016 年 6 月 16 日,第五代蓝牙技术在华盛顿问世,由蓝牙技术联盟(Special Interest Group,SIG)发布,简称蓝牙 5.0 技术。蓝牙 5.0 技术在各项性能上都要优于蓝牙4.0 技术。蓝牙 5.0 技术的传输速度更快,是蓝牙 4.0 技术的两倍;传输的有效距离则是蓝牙 4.0 技术的四倍,数据传输的距离大大增加。不仅如此,蓝牙 5.0 技术对于不需要配对的位置信息也支持,传输率在之前的基础上提高了整整八倍。与此同时,对于物联网来说,蓝牙 5.0 技术还对其进行了底层优化,这就使得传输速率不仅更快,而且也降低了功耗,同时性能也得到了大幅度的提升,很受智能家居的青睐。蓝牙 5.0 技术的新特性如下。

(1) BLE 的带宽提高了两倍:除了支持蓝牙 4.2 技术的 1Mbit/s 的 PHY,同时还支持 125Kbit/s 的 Coded PHY 和 500Kbit/s 的 Coded PHY;蓝牙 5.0 技术和蓝牙 4.2 技术差异最大的是还支持 2Mbit/s 的 PHY。

(2) BLE 的通信距离提高了四倍:蓝牙 5.0 技术通过减少带宽、提高通信距离的方式,使得最大的输出功率从之前的 10mW 提升至 100mW,功率足足提高了十倍,但是功耗保持不变。

(3) BLE 的广播数据容量提高了八倍:蓝牙 4.2 技术只支持 31 字节,但是蓝牙 5.0 技术可以支持 255 字节。

另外,BLE 频带更宽,因此 BLE 设备可以在更短时间内发送更多信息;在不发送数据时,BLE 设备可以进入功耗模式,更加适用于低功耗的待机状态,达到极低的功耗性能。

▍9.2　BLE 通信协议

通信协议是指双方实体若想顺利完成通信,从而实现某项服务时,必须要遵守的规则。通常包括通信数据的单元格式、信息单元代表的信息含义、通信的连接方式以及信息在接收和发送时的时序问题,从而保证数据在通信时能够顺利的传输,BLE 协议是低功耗蓝牙网络系统的核心。

9.2.1　BLE 协议栈

协议栈(Protocol Stack)指对某个协议的实现代码,BLE 协议栈实质为实现低功耗蓝牙协议的代码。它采用分层的实现方式,自底向上,由控制器层、主机层和应用层组成。与经典蓝牙相比,BLE 协议栈得到了大大简化,其中上层可以调用下层提供的函数,来实现需要的功能。

BLE 协议栈中包含的组件如图 9-2 所示。在 BLE 协议栈的控制器层中,主要包含链路层、物理层和直接测试模式,这三者通常被归为一个子系统——蓝牙控制器,它通常是一个物理设备,能够发送和接收无线电信号,并懂得如何将这些电信号翻译成携带信息的数据包,控制器与外界通过天线相连;主机层称为蓝牙主机,包括通用访问规范、通用属性规范、属性协议、安全管理器、逻辑链路控制和适配协议。而蓝牙主机要想与蓝牙控制器进行通信,则需要主机控制器接口来实现;蓝牙系统中的各种具体应用则建立在蓝牙主机之上,由此构成了 BLE 协议栈的应用层。

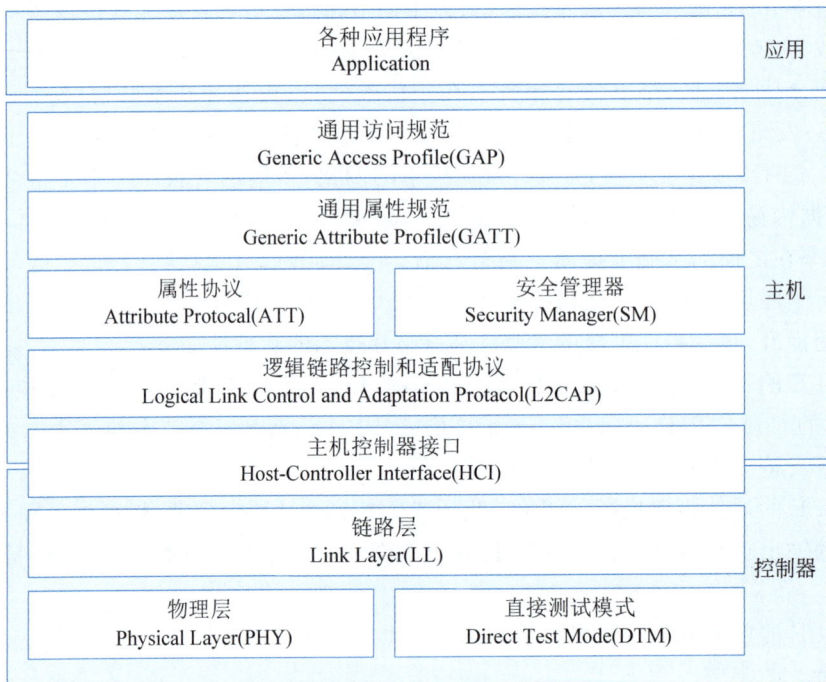

各种应用程序 Application	应用
通用访问规范 Generic Access Profile(GAP)	
通用属性规范 Generic Attribute Profile(GATT)	
属性协议 Attribute Protocal(ATT) 　 安全管理器 Security Manager(SM)	主机
逻辑链路控制和适配协议 Logical Link Control and Adaptation Protacol(L2CAP)	
主机控制器接口 Host-Controller Interface(HCI)	
链路层 Link Layer(LL)	控制器
物理层 Physical Layer(PHY) 　 直接测试模式 Direct Test Mode(DTM)	

图 9-2　BLE 协议栈

(1) 物理层(PHY):负责传输和接收电磁辐射。BLE 的物理层使用 GFSK(高斯频移键控)来调制无线信号,将 2.4GHz 频段划分成 40 个射频信道(包括 3 个广播信息与 37 个数据信道)。

(2) 直接测试模式(DTM):通过测试仪器直接连接蓝牙设备控制接口,自动完成与蓝牙模块之间的交互命令和蓝牙参数的设定,从而对蓝牙模块进行测试。

(3) 链路层(LL):BLE 协议栈的核心。定义逻辑通道并为通道选择调频技术,控制设备的射频状态(等待、广播、扫描、发起连接等)和角色;控制数据包的发送时机、完整性等。

(4) 主机控制器接口(HCI):为主机和控制器提供统一的通信接口。这一层的功能可以通过软件 API 来实现,也可以使用硬件外设来实现。

(5) 逻辑链路控制和适配协议(L2CAP):定义了设备配对与密钥分配的方式,并为设备之间的安全连接和数据交换提供服务。

(6) 安全管理器(SM):定义了设备配对与密钥分配的方式,并为设备之间的安全连接和数据交换提供服务。

(7) 属性协议(ATT):定义了访问服务端设备数据的规则(比如读、写)等。数据存储在属性服务器的属性(Attribute)中,供属性客户端执行读写操作。

（8）通用属性规范（GATT）：负责处理设备的访问模式和程序，具体包括定义蓝牙设备的角色、通信操作模式和过程，定义蓝牙地址、蓝牙名称等与蓝牙相关的参数。

（9）通用访问规范（GAP）：主要用来控制设备连接和广播。通用访问规范可使用户的设备被其他设备发现，并决定了用户的设备是否可以或者怎样与交互设备进行通信。

（10）各种应用程序：基于蓝牙协议的应用程序。

需要说明的是，虽然协议是统一的，但协议的具体表现形式是变化的，即不同厂商提供的协议栈是有区别的。例如，函数名称和参数列表可能有区别。

9.2.2　通用属性配置文件

通用属性配置文件规定了如何通过 BLE 连接来交换所有配置文件和用户数据，还为所有基于 GATT 的配置文件提供了参考框架和精确的比例，以确保不同供应商生产的设备之间的互操作性。因此，所有标准的 BLE 配置文件都以 GATT 配置文件为基础，并且必须遵守 GATT 配置文件才能正常运行。

GATT 将 ATT 层定义的属性打包成不同的属性实体，包括服务项、特征项和描述符，这些属性实体组合在一起成为 GATT 规范。其中，GATT 规范是服务项的集合，服务项是特征项的集合，特征项携带了属性参数和数据，描述符协助特征项描述特征值的形式和功能。本节主要针对 GATT 配置文件中的属性和数据层进行讲解。

蓝牙规范在 ATT 层中定义了属性，但定义的这些属性是与 ATT 相关的。ATT 依靠这些属性中公开的所有概念来提供一系列精确的协议数据单位（PDU），以允许客户端访问服务器上的属性。其中一个属性包括属性句柄、属性类型、属性值和属性权限。句柄用于指定具体的属性，有效范围在 0x0000～0xFFFF，对端设备通过句柄来访问该属性；属性类型用 UUID 表示，UUID 是指从时间尺度和空间尺度都具有唯一性的一串 128 位的数字，该数字串在全球范围内不会重复；属性值包含了属性的具体数据，可以是一个数字或一个字符串；属性权限决定了属性是否可读可写。属性协议数据单位如表 9-2 所示。

表 9-2　属性协议数据单位

字　段	操　作　码	属　性　参　数	认　证　签　名
长度	1 字节	可变	0 或 12 字节

在表 9-2 中，操作码第 0～5 位表示该属性的具体类型；第 6 位表示命令标志位，如果该位为 1，表示该操作码对应一个命令；最后 1 位表示认证签名标志位，如果该位为 1，表示该 PDU 的最后一个字段包含 12 字节的认证签名；属性参数字段长度为 0～ATT_MTU-x，如果认证签名位为 1，则此处 x 等于 13，否则等于 1；认证签名是可选字段，只有写命令才需要认证签名，此外，如果链路进行加密，则无须添加认证签名。

GATT 在 ATT 的基础上进一步建立了严格的层次结构（见图 9-3），以可重用和实用的方式来组织属性，并允许使用一组简洁的规则在客户端和服务器之间访问与检索数据，而这些规则共同构成了所有基于 GATT 的配置文件使用的框架。

在 GATT 服务器中，属性被分组为服务（Service），每个服务可以包含零个或多个特征（Characteristic），不同的特征之间用唯一的 UUID 区分，这些特征又可以包括零个或多个描

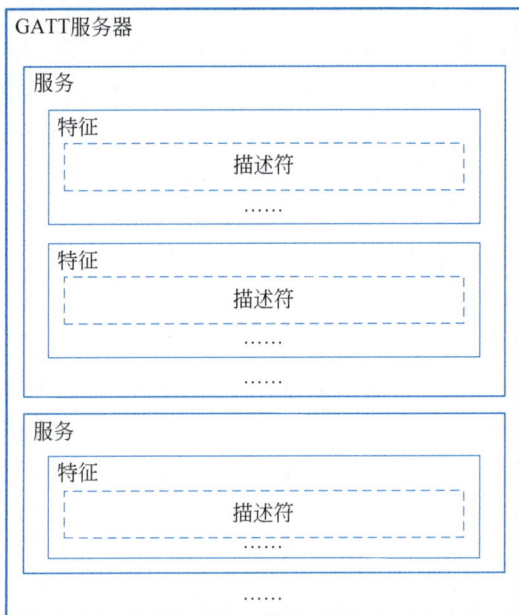

图 9-3　GATT 中引入的层次结构

述符(Descriptor)。其中,服务和特征都属于属性实体,它们携带了通信中传输的数据。服务分为主要服务和次要服务,主要服务可以引用(Include)另一个主要服务或次要服务,客户端设备可以通过"主要服务发现过程"获取主要服务信息。在绝大多数情况下均可以不使用次要服务项,仅使用主要服务;特征是 GATT 数据的载体,包括一个声明、配置、数据和描述符。特征始于该特征的声明,结束于下一个特征的声明;描述符也是一种属性,它是特征的一部分,用以提供特征值的额外信息,用于描述特征的数据如何被访问和展示;规范、服务项和特征项之间有明确的包含关系,一个 GATT 规范中可以包括多个服务项,一个服务项中可以包括多个特征项。对于声称与 GATT 兼容的任何 BLE 设备来说,都具有相应的层次结构。

9.2.3　BLE 协议的报文

　　BLE 协议栈负责对应用数据进行层层封包,以生成一个满足 BLE 协议的数据包,链路层(LL)是整个 BLE 协议栈的核心,也是 BLE 协议栈的难点和重点,本节重点介绍 LL 层的数据封装。LL 层要做的事情非常多,例如,具体选择哪个射频通道进行通信,怎么识别空中数据包,具体在哪个时间点把数据包发送出去,怎么保证数据的完整性,ACK 如何接收、如何进行重传,以及如何对链路进行管理和控制等。LL 层只负责把数据发出去或者收回来,对数据进行怎样的解析则交给上面的 GAP 或者 GATT。

　　报文是链路层的基石,是 BLE 通信的基础设施,它包含四个字段:前导码、访问地址、协议数据单元(PDU)和循环冗余校验(CRC)。在广播、扫描或建立连接的过程中使用广播通道 PDU 传输广播包,而用于与连接器件交换数据的数据包是通过数据通道 PDU 传输的。链路层数据包的格式如图 9-4 所示。

　　(1) 前导码(Preamble):1 字节,只有 0x55(0b01010101)和 0xAA(0b10101010)两种选

前导码	访问地址	报头	长度	数据	CRC校验码

Header (16bits)	Payload (1~255octets)

Header (16bits or 24bits)	payload	MIC (32bits)

PDU Types (4bits)	RFU (1bit)	ChSel (1bit)	TxAdd (1bit)	RxAdd (1bit)	Length (8bits)

广播报文

Header							
LLID (4bits)	NESN (1bit)	SN (1bit)	MD (1bit)	CP (1bit)	RFU (2bits)	Length (8bits)	CTEInfo (8bits)

数据报文

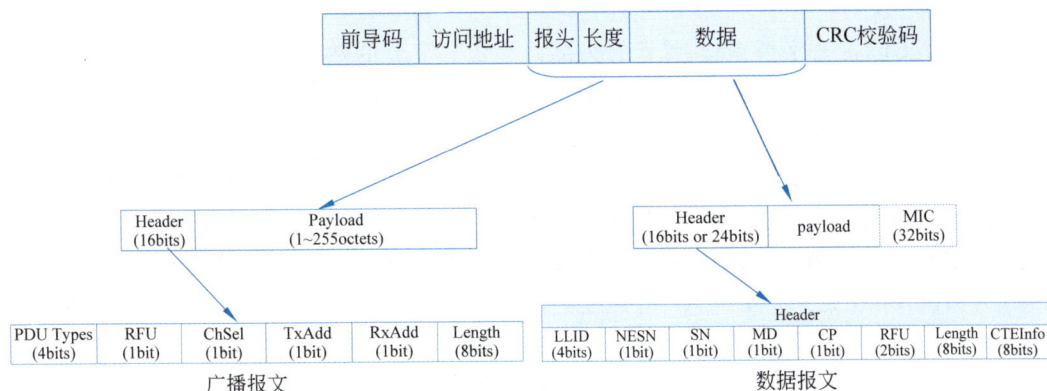

图 9-4　链路层数据包的格式

择,假如访问地址的首位是 1,则选择 0xAA,反之选择 0x55。

（2）访问地址（Access Address）：4 字节,分为广播接入地址和数据接入地址。广播接入地址为固定的 0x8E89BED6,数据接入地址则为随机数。

（3）协议数据单元（PDU）：对等层次之间传递的数据单位,包含一个 16 位的头文件（Header）,一个长度可调的有效负载（Payload）。

（4）循环冗余校验（CRC）：24 位,是一种差错校验码,用来检测或校验数据传输或保存后可能出现的错误。

在图 9-4 中,报文内容自底向上,层层嵌套,最外层通用,而在访问地址与 CRC 之间的内容则根据是广播报文还是数据报文确定的。其中两类报文具有完全不同的用途,设备利用广播报文发现、连接其他设备,一旦连接建立后,则开始使用数据报文。两类报文由其传输所在的信道决定,广播报文会在 37、38、39 这三个广播信道上循环发送,数据报文会使用自适应跳频算法,在 0~36 这 37 个数据信道中挑选可用的信道。另外由数据包格式可知,广播包的报头与数据包的报头内容不同。

1. 广播报文

广播报文包含 2 字节的头部,1~255 字节的数据,其中报头包含广播报文类型、未使用字段（RFU、ChSel）、发送地址类型、接收地址类型、Payload 长度。

（1）广播报文类型（PDU Type）：4 位,表示 PDU 的类型,主要分为通用广播（ADC_IND）、定向广播（ADV_DIRECT_IND）、不可连接广播（ADV_NONCONN_IND）、可扫描广播（ADV_SCAN_IND）、扫描请求（SCAN_REQ）、扫描响应（SCAN_RSP）、连接请求（CONNECT_REQ）。

（2）未使用字段（RFU）：1 位。

（3）未使用字段（ChSel）：1 位。

（4）发送地址类型（TxAdd）：1 位,表示发送地址的类型,0 为公有地址,1 为随机地址,其中静态随机地址最高两位为 11,不可解析私有随机地址最高两位为 00,可解析私有随机地址最高两位为 10。

（5）接收地址类型（RxAdd）：1 位,表示接收地址的类型,规则与 TxAdd 一样。

（6）Payload 长度（length）：8 位,表示报文负载的长度,取值范围为 1~255。

2. 数据报文

数据报文包含 2 字节或 3 字节的头部，1～251 字节的数据，4 字节的消息完整校验 MIC(可选)。数据包的报头包含逻辑链路标识符、下一个预期序列号、序列号、更多数据、保留(RFU)、长度。

(1) 逻辑链路标识符(LLID)：2 位，用来判断数据报文的类型，主要分为发给链路层的控制包(LLID=11b)、空包、发给上层 L2CAP 的数据包(LLID=01b/10b)，当 L2CAP 的数据包很大时，可以拆分多次进行发送，有起始包(LLID=01b)、延续包(LLID=10b)。其中，0b00 为保留，0b01 是来自 L2CAP 的延续帧，或者是一个空包，0b10 是来自 L2CAP 的开始帧或者是一个完整的报文，0b11 为链路层控制报文，用于管理连接。

(2) 下一个预期序列号(NESN)：1 位，表示数据包预期的序列号。

(3) 序列号(SN)：1 位，表示当前序列号。

(4) 更多数据(MD)：1 位。

(5) CTEInfo Present (CP)：1 位，指示头部是否包含 CTEInfo。

(6) 保留(RFU)：3 位，未使用的字段。

(7) 长度(length)：表示数据包的长度。

(8) CTEinfo：8 位，指明 Constant Tone Extension 的类型和长度。

9.3 BLE 协议的安全风险

BLE 的广泛使用给人们的生活带来了便利，但是当前市场上大部分 BLE 设备与其他蓝牙设备通信时存在许多安全风险，例如窃听风险、中间人攻击风险、流量嗅探与重放攻击风险等，这些安全风险给保护用户隐私带来了巨大挑战，需要引起广泛重视。

9.3.1 BLE 的配对绑定

配对(Paring)和绑定(Bonding)是实现蓝牙射频通信安全的一种机制，它实现的是蓝牙链路层的安全，对应用来说完全透明。配对绑定的过程分为 3 个阶段。

(1) 发起配对绑定请求，得到配对应答，实际上是配对特征交换得到临时密钥(Temporary Key，TK)值。

(2) 使用安全管理层协议(SMP)进行各种中间密钥的传送和计算，实际上是身份确认以及短期密钥(Short Term Key，STK)生成。

(3) 在第二个阶段的基础上进行密文通信，交换各种所需要的密钥，例如，长期密钥(Long Term Key，LTK)、身份解析密钥(Identity Root Key，IRK)和连接签名解析密钥(Connection Signature Resolving Key，CSRK)，或者是三者的组合密钥。配对绑定的具体流程如图 9-5 所示。

第一阶段：通过配对请求和应答命令可以共享临时密钥 TK，TK 有 3 种来源方式，第 1 种是默认的仅工作(Just Works)模式，这种模式默认的共享密钥为 0；第 2 种共享 TK 的方式是口令输入(Passkey Entry)，通过一个设备显示出 6 位数字，然后将这 6 位数字人为地输入另一个设备，从而达到共享的目的；第 3 种方式是通过带外传输(Out of Band)，也就是借助第三方进行 TK 共享，例如 NFC(Near Field Communication)。

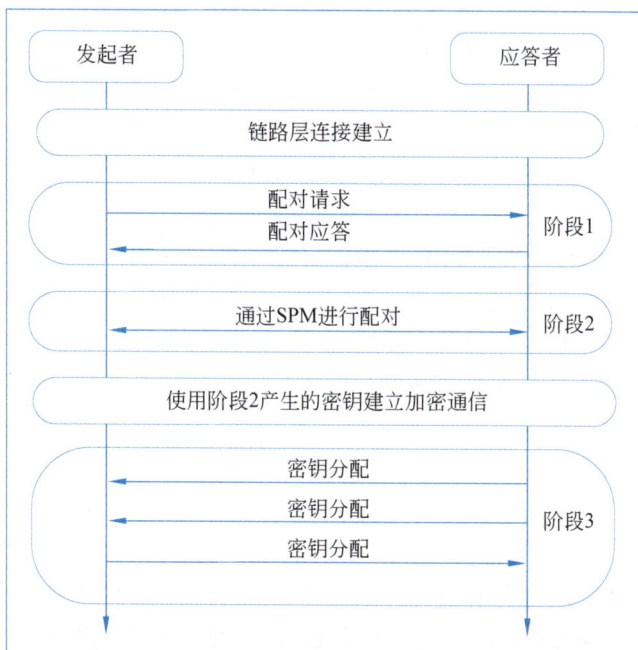

图 9-5　配对绑定阶段流程图

第二阶段：这一阶段通过各种方式确认对方不是一个攻击者，或者一个伪设备。这里用到了临时密钥 TK 以及确认值计算函数。首先主机发送确认值给从机，从机也发送确认值给主机，之后主机发送随机数给从机，当从机接到随机数后，开始计算确认值，当计算的确认值和主机发过来的确认值一样，则从机也发送随机数给主机，因为通信有可能受到攻击。如果主从机都交换了计算确认值的随机数后，相当于得到了计算短期密钥（Short Term Key，STK）的两个参数，分别是主机发送给从机的主随机数 Mrand 和从机发送给主机的从随机数 Srand，通过计算就可以得到密钥 STK，接着就是三次握手通信。在三次握手过程中，计算出会话密钥（Session Key，SK），并且 SK 即为真正的加解密密钥。

第三阶段：该阶段已经是全密文通信了，这个过程中将 LTK 等密钥进行共享，这已经是密文传输，所以一定是安全的。

9.3.2　BLE 的安全风险

在 BLE 配对绑定的 3 个阶段中，最为薄弱的环节就是第一个阶段临时密钥 TK 的共享，因此为了 BLE 通信的安全，尽量不要在公共场合进行 BLE 设备的配对绑定操作，因为一旦配对绑定过程被第三方监听，那么这个第三方也能和设备进行密文通信，造成隐私数据的泄露。

例如，BLE 流量嗅探与重放攻击，其实就是对 BLE 设备的流量进行抓包，然后通过分析数据包中的 GATT 协议，修改其中的字段值，进行重放攻击的。首先攻击者通过监听蓝牙低功耗设备之间的无线通信，捕获和分析传输的数据包。由于蓝牙通信的广播特性，攻击者可以在一定范围内捕获到蓝牙设备发送和接收的数据。一旦攻击者成功捕获数据包，他们就可以尝试解码和分析这些数据，以获取敏感信息，如身份验证凭据、设备标识符、服务数据等,以此达到流量嗅探的目的;攻击者捕获通信数据包后,在稍后的时间将其重新发送,以欺骗目标系统并执行未经授权的操作。在 BLE 通信中,如果攻击者能够捕获到认证凭据或其他关键信息,他们就可以尝试重放这些数据包来绕过身份验证机制,从而访问目标设备或服务,以此实现重放攻击。

因此,BLE 安全最关键的一步是如何保证临时密钥 TK 的值进行安全共享。BLE 安全管理机制中使用了 AES 加密算法,只要没有监听到配对绑定的过程,那么之后是无法破译通信数据的。当前市场上大部分 BLE 设备在与其他蓝牙设备通信时,并没有通过协议中的安全管理协议层(SMP),导致通信容易被窃听、设备无法抵抗数据重放,甚至能轻易复制出一模一样的设备,从而窃取通信内容。所以为了 BLE 设备的安全通信,建议不要在公共场所进行蓝牙设备的配对绑定,并将蓝牙设备设置为不可见状态,使其不会被附近设备检测,以此减少被嗅探的风险。

‖ 9.4　BLE 的安全防范

BLE 协议的配对绑定过程存在许多安全风险,需要采取相应的安全措施进行防范,BLE 的安全防范主要涉及多方面,包括加密、认证、授权以及安全模式的选择等,本节介绍了 BLE 的 5 种安全机制,并在技术层面提供了相应的安全措施,保证用户的隐私安全。

9.4.1　BLE 的安全机制

低功耗蓝牙的安全机制不同于传统蓝牙的安全机制,传统蓝牙采用安全简单配对协议(Secure Simple Pairing),具有很强的安全保护机制。低功耗蓝牙采用了类似的安全协议,但是提供的保护程度却有所不同,为了实现低功耗的目标,低功耗蓝牙在安全性方面做出了一定的妥协。低功耗蓝牙的安全机制主要有 5 方面:连接模式、密钥生成功能、加密功能、数字签名功能和隐私保护功能。

(1) 连接模式。

低功耗蓝牙技术提供了三种连接模式,分别是立即工作(Just Works)、万能钥匙进入(Passkey Entry)和带外连接(Out of Band)。这些连接模式在某种程度上与传统蓝牙的安全简单配对机制有相似之处,但也存在一些特殊情况。需要注意的是,立即工作和万能钥匙这两种模式并不提供任何针对被动窃听的保护,这是因为传统蓝牙的安全简单配对采用了椭圆曲线密钥协商方案,而低功耗蓝牙没有采用。每个连接模式的选择主要是基于设备的输入和输出能力,以此为基础进行使用,这一点与安全简单配对方式类似。

(2) 密钥生成功能。

低功耗蓝牙的密钥生成是独立的,每个设备的主机会生成自己的密钥,而该设备与其他的 BLE 设备相互独立,密钥在设备间不共享。低功耗蓝牙根据了为满足数据保密性、设备认证、未加密数据认证、设备识别等的不同安全需求,会使用多个密钥。在 BLE 中,单个链接密钥是通过来自各设备的资源和配对过程中生成的多个密钥整合而生成的。

(3) 加密功能。

低功耗蓝牙采用高级加密标准(Advanced Encryption Standard,AES)算法来执行加密操作。在 BLE 中,有一个关键的密码块组件,其本质为一个单向函数,作用是生成密钥、执行数据加密以及提供数据的完整性检查。该密码块采用 128 位的密钥和 128 位的明文块，生成一个 16 字节的密码块。

（4）数字签名功能。

低功耗蓝牙可支持两台建立了信任关系的设备之间发送和接收未经加密的认证数据。为了实现这一功能，需要使用连接签名解析密钥（CSRK）对数据进行签名。发送设备对数据进行签名，接收设备则会验证这个签名，如果签名通过验证，接收设备则认为数据是来自可信源。这种签名包括了由属性协议中签名算法生成的消息认证码和一个计数器。其中，计数器的主要作用是防御重放攻击，它会被添加至已签名的发送数据上。

（5）隐私保护功能。

隐私保护功能是低功耗蓝牙支持的一项新功能，旨在通过频繁更换地址来降低 BLE 设备被跟踪的风险。为了使 BLE 设备在启用隐私保护后仍然能与已知设备重新连接，保密功能被激活时所使用的设备地址（私人地址）必须可分解至其他设备的身份，这种私人地址是在绑定过程中通过更换设备的识别密钥生成的。隐私保护功能定义了允许被绑定设备进行重新连接的地址，同时还实现了设备过滤，以确保只有已知设备能够连接。在每次连接时，两台设备会交换重新连接地址，由于重新连接地址仅在连接期间有效且会随之更改，因此设备过滤可以有效缩短处理大量连接请求的时间。

9.4.2　BLE 的安全措施

根据 BLE 目前的安全机制，以及 BLE 本身并不提供基于用户身份验证的局限性，从技术角度出发，提出以下安全措施，以提升蓝牙使用的安全级别。

（1）更改蓝牙设备的默认设置。默认设置安全性欠佳，应对这些设置进行审查，确保它们符合组织机构安全策略。例如，默认的设备名称通常应该被更改为非描述性，以避免泄露平台类型。

（2）安全 PIN 码的选择。为了增强安全性，应选择随机性、长度和保密性更佳的 PIN 码，同时要避免使用固定或简单的 PIN 码，如 0000 等，从而减少被破解的风险。

（3）避免使用立即工作（Just Works）关联模型。Just Works 关联模型不提供抵抗中间人（Man-in-the-MiddleAttack，MITM）保护，其只支持 Just Works 的设备（例如设备无输入/输出能力），不宜工作在高安全要求的工作场景中。

（4）尽量选择安全级别更高的模式。在选择蓝牙连接模式时，应优先考虑高级别的安全模式，它能够提供更全面的安全服务，包括抵抗中间人攻击和窃听攻击。如果需要与早期蓝牙版本设备进行配对，应尽量选择在安全区域，以确保连接过程的安全性。

（5）增加身份验证和加密功能。在蓝牙应用层实施应用程序级身份验证和数据加密，以确保敏感数据通信的安全性。该措施为 BLE 通信增加了一个额外的安全层，提供了更为丰富的安全服务。例如，使用生物识别和智能卡等方式对蓝牙用户进行身份验证。

BLE 的安全不容忽视，在进行 BLE 协议相关的开发工作时，必须加强对广播内容的加密处理，以确保信息安全。同时，为了防止恶意攻击者对设备进行探测和分析，应在 BLE 设备配对前为物理设备开启身份确认机制。这些安全措施能够有效提升 BLE 的安全性和防护能力。

‖ 9.5　本章小结与展望

　　本章主要介绍了低功耗蓝牙技术的概念及发展历程、面临的安全风险,以及对应的安全措施。首先概述了低功耗蓝牙技术的概念及发展历程;然后介绍了 BLE 协议栈的层次结构,详细分析了通用属性配置文件的组成,以及链路层报文结构;接着对 BLE 协议面临的安全威胁,如网络嗅探与重放攻击进行了介绍;最后详细描述了 BLE 的安全机制以及对应的安全措施。

　　BLE 一直致力于提高数据传输效率、降低功耗并扩大连接范围,蓝牙 5.0 的推出使得 BLE 设备的连接性能和稳定性有了显著提升,目前 BLE 技术已广泛应用于多种场景,包括智能手表、健康监测设备、运动健康、智能家居等领域。随着技术的不断创新和应用领域的拓展,BLE 未来的发展前景将更加广阔,为人们的生活和工作带来更多便利。

‖ 9.6　思考题

　　1. 使用身边的蓝牙设备,尝试对其进行流量嗅探与重放攻击。

　　2. 通过调研及参考资料,写出一份 BLE 协议安全的具体分析报告。

第 10 章 NB-IoT 协议安全

窄带物联网（Narrow Band Internet of Things，NB-IoT）是物联网领域基于蜂窝通信的新兴技术，属于低功耗广域网（Low Power Wide Area Network，LPWAN）技术之一，具有低功耗、低成本、长距离、广连接等优势，适合远程抄表、资产跟踪、智慧医疗、智慧农业等诸多应用领域。本章首先介绍 NB-IoT 协议的相关概念以及相关背景；然后分析 NB-IoT 协议面临的安全风险；最后介绍对应的安全防范措施。

教学目标

- 了解 NB-IoT 协议的概念、特征。
- 理解 NB-IoT 协议面临的威胁。
- 掌握 NB-IoT 协议的安全措施。

10.1 引言

NB-IoT 是一种专为物联网应用而设计的低功耗、广覆盖、低成本的无线通信技术，通过在现有蜂窝网络基础设施上进行软件升级，利用现有的移动网络运营商频段，将物联网设备连接到互联网。NB-IoT 提供了更大的覆盖范围、更低的功耗和更低的连接成本，为各种物联网应用提供了理想的解决方案。

10.1.1 低功耗广域网技术

针对 WLAN 物联网受限于覆盖范围和功耗的问题，低功耗广域网 LPWAN 概念被提出。LPWAN 是一种无线网络，运用物联网终端和传感器之间以低速率进行远程通信，支持 10～1000 字节的数据包，上行链路速度高达 200kb/s。但是 LPWAN 不是指单一技术，而是一种包含各种低功耗广域网的技术。LPWAN 的特点主要有以下几点。

（1）远距离：LPWAN 技术的工作范围从城市地区的几千米到农村地区的十几千米不等。它还可以在以前无法实现的室内和地下位置实现有效的数据通信。

（2）低功耗：针对功耗进行了优化，LPWAN 收发器可以使用小型且廉价的电池运行长达 20 年。

（3）低成本：LPWAN 的简化、轻量级协议降低了硬件设计的复杂性并降低了设备成本。它的远距离与星型拓扑相结合，减少了昂贵的基础设施要求，并且使用免许可或许可频段降低了网络成本。

（4）更少的接入点：需要更少的接入点（基站、网关）来覆盖城市甚至国家等广阔区域。

（5）良好的传播和穿透性：通常在 Sub-GHz ISM 频段（未授权频谱）中运行，该频段具有良好的传播特性，可以在密集区域提供良好的覆盖范围，并可穿透建筑物和墙壁。某些 LPWAN 技术（例如 NB-IoT）在频谱的许可部分运行。

（6）高安全性：蜂窝 LPWAN 技术提供不同级别的安全性，多数包括用户或设备身份验证、身份保护、网络身份验证、消息机密性和密钥配置、更密集的设备网络支持等。

（7）较小的数据传输包：蜂窝 LPWAN 支持智能农业解决方案的资产跟踪。蜂窝 LPWAN 支持以小的间歇数据包进行数据传输。这些数据包的大小范围通常为 10～1000 字节，使蜂窝 LPWAN 成为多种行业应用的理想选择，包括智能公用事业、智慧城市、互联医疗保健、智能家居和建筑、智慧农业、远程信息处理、资产追踪等。

LPWAN 的两个重要特点为低功耗和广覆盖，相比其他网络类型（WLAN、2G/3G/4G/5G），LPWAN 的定位是完全不同的，如图 10-1 所示。LPWAN 强调的是覆盖，牺牲的是速率，因此也把 LPWAN 叫作蜂窝物联网，这体现了它和 2G/3G/4G/5G 这种蜂窝通信技术之间的共性，即都是通过基站或类似设备提供信号的。

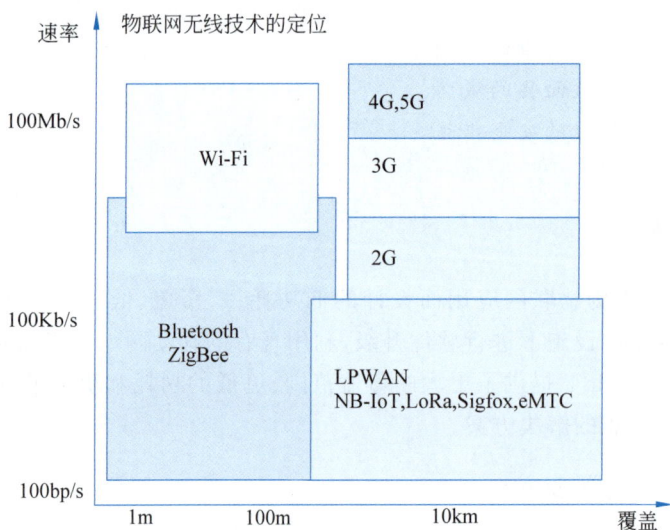

图 10-1　LPWAN 的定位

LPWAN 物联网包括许多技术标准（协议），目前比较主流的有 NB-IoT、LoRa、Sigfox、eMTC。这些技术标准都是由不同的厂家或通信机构组织提出的，在竞争过程中，NB-IoT 协议脱颖而出，和 LoRaWAN 协议一样，是将设备接入互联网的物理层/数据链路层的协议。可以和 NB-IoT 势均力敌的是增强型机器类型通信（enhanced Machine Type of Communication，eMTC）。但是 eMTC 和 NB-IoT 的应用场景不同，eMTC 适合于对速度和带宽有要求的物联网应用。而 LoRa 和 Sigfox 因为频谱的限制需要独立建网，所以没有竞争优势，因此 NB-IoT 成为主流的物联网协议，更能满足当下物联网应用的需求，方便推广和建设。常见的物联网协议特点如表 10-1 所示。

表 10-1　常见的物联网协议特点

名　称	特　点
NB-IoT（国际标准）	低成本、电信级、高可靠性、高安全性
eMTC（国际标准）	高速率、电信级、高可靠性、高安全性
LoRa（私有技术）	独立建网、非授权频谱
Sigfox（私有技术）	独立建网、非授权频谱

10.1.2　NB-IoT 协议

NB-IoT 是 3GPP 标准组织于 2015 年提出的窄带蜂窝物联网技术，是一种长距离无线通信技术。采用授权频段 180kHz 带宽，可直接部署于 GSM、UMTS 或 LTE 网络，支持低功耗设备在广域网的蜂窝数据连接，具有广覆盖、支持海量连接、低功耗、低成本等技术特点。目前，NB-IoT 已经成为物联网的重要分支及新兴技术，在智慧城市、农业生产与环境等应用领域具有重要意义，备受全球范围内各行各业关注。

NB-IoT 属于低功耗广域网 LPWAN，其设计原则都是以物联网特点和使用场景为基础，物联网主要有以下三大特点。

- 懒：终端都很"懒"，大部分时间在"睡觉"，每天传送的数据量极低，且允许一定的传输延迟（如智能水表）。
- 静止：不是所有的终端都需要移动性，大量的物联网终端长期处于静止状态。
- 上行为主：与人的连接不同，物联网的流量模型不再是以下行为主，可能是以上行为主。

上述三大特点支撑了 NB-IoT 低速率和传输延迟上的技术折中，从而实现覆盖增强、功耗降低、成本减少的蜂窝物联网，如图 10-2 所示。

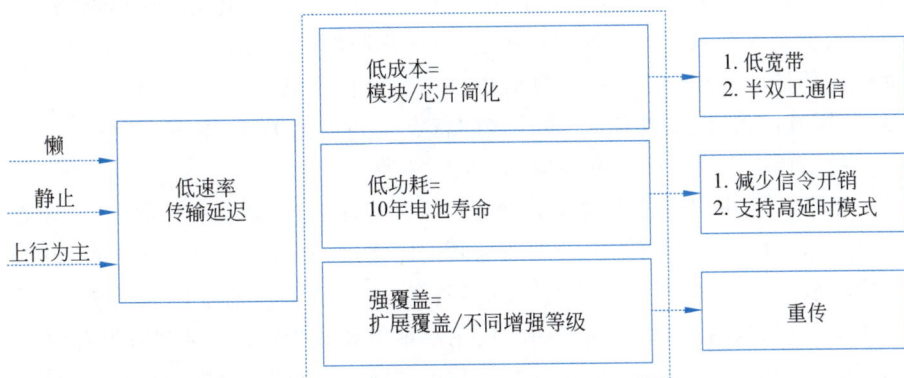

图 10-2　NB-IoT 三大特点

NB-IoT 在我国受到多方追捧。除了华为之外，运营商们对 NB-IoT 也是青睐有加。因为 NB-IoT 是运营商建网，不像 LoRa 这样的网络是企业独立建网。想要使用 NB-IoT 的终端，必须使用运营商的 NB-IoT 网络，因此，运营商积极推动 NB-IoT。更重要的一点是政府也在大力支持 NB-IoT 网络的发展，为此还专门下发过很多文件，指定划分了专门的频谱，推动行业标准的规范化。

在功耗方面，NB-IoT牺牲了速率，换回了更低的功耗。采用简化的协议、合适的设计，大幅提升了终端的待机时间，部分窄带终端设备，待机时间可以达到10年；在信号覆盖方面，NB-IoT有更好的覆盖能力（20dB增益），就算设备埋在井盖下面，也不影响信号收发；在连接数量方面，每小区可支持5万个终端；最重要的是成本价格，NB-IoT通信模块成本很低，有利于大批量采购和使用。

NB-IoT的具体技术特点如下。

（1）广覆盖：NB-IoT的广覆盖能力是因为应用了窄带技术，能够调度小颗粒资源，通过窄带可以获得17dB增益，另外通过重传技术获得额外的9dB～12dB（8～16次重传）。因此，NB-IoT比现有的GSM/LTE网络增益20dB。覆盖面积扩大100多倍，且室内覆盖效果更优，有效提升了网络覆盖范围。

（2）支持海量连接：基于NB-IoT业务对时延不敏感，可以设计更多的用户接入；另外，由于NB-IoT基于窄带技术，调度颗粒小很多，资源利用率高，因此能够实现每个扇区支持10万个连接，为业务的海量接入提供契机。

（3）低功耗：基于NB-IoT技术，物联网终端在发送数据包之后，立刻进入休眠状态，等到有上传数据请求时，会唤醒自己，随后发送数据，然后又进入休眠。按照NB-IoT终端的行为习惯，会达到99%的时间在休眠时间，使得功耗非常低，经实验室模拟其待机时间可长达10年，能够有效降低维护成本，有利于大规模终端部署。

（4）低成本：NB-IoT能够在现有的网络基础上直接部署，有效地降低终端部署成本；且功耗低，使用年限及维护成本低，为NB-IoT的大规模应用提供有力支持。

10.1.3　NB-IoT体系架构

物联网具有形式多样、技术复杂等特点，其体系架构按照功能不同，自上而下可分为顶层（应用层）、中间层（网络层）、底层（感知层）。应用层提供丰富的基于物联网的应用，是物联网发展的根本目标；网络层是实现物联网的基础设施，即广泛覆盖的通信网络，负责将感知层采集的数据接入互联网并传输到应用层，连接物联网的感知层和应用层；感知层实现物联网全面感知的核心技术，包括数据的感知、采集、分析及处理。NB-IoT作为物联网领域的新兴技术，因其广覆盖、低功耗、海量连接的特点受到广泛关注，本节介绍具有"云-管-端"全方位布局的NB-IoT物联网体系架构，如图10-3所示。

（1）云端即应用层，集中部署了One NET综合管理平台，融合了大数据、云计算和模糊识别等先进技术。应用层向下接入分散的物联网网络层，有效汇集并管理各种传感数据，同时向上层应用服务提供商提供了应用开发的基础性平台和面向底层网络的统一数据接口，支持具体的基于传感数据的物联网应用。应用层能够提供"海量连接""数据存储""设备管理""应用孵化""能力输出""信息发布""数据监控""数据分析"等功能，目前接入设备已超过千万，应用范围广泛，已覆盖交通物流、智能安防、智慧城市等8大行业。

（2）管道侧即网络层，基于NB-IoT无线技术实现智能连接，包括NB-IoT基站和NB-IoT核心网，建立物联网专网，提供多样化的网络接入方式。它向上连接应用层，高效地传输数据并下发各种操作指令，向下为感知层设备分配网络地址，并为获取的信息数据提供稳定、高效的数据传输通道，具有开放式互联特点，这也使得网络层可能会面临网络攻击等多种安全威胁。

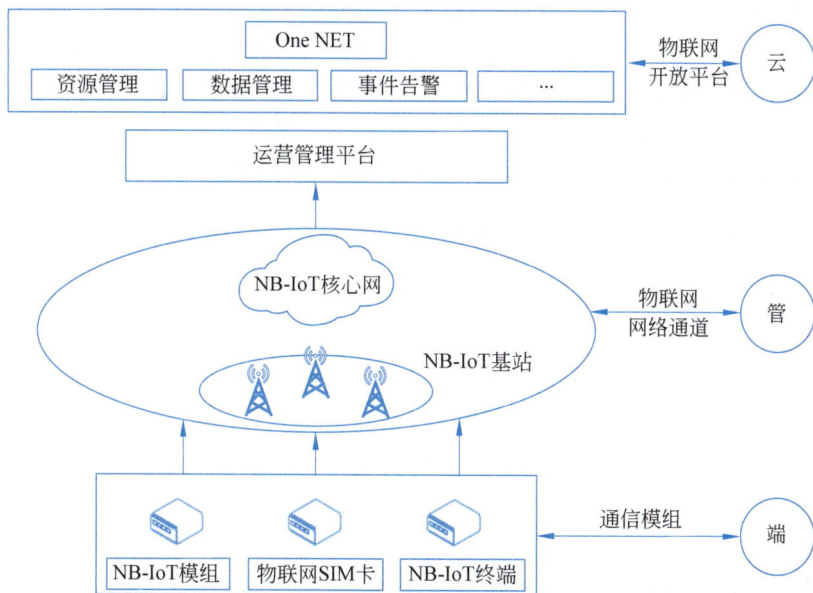

图 10-3　NB-IoT 物联网体系架构

（3）端侧即物联网感知层，主要由终端设备和节点设备构成，包括 NB-IoT 通信模组集成芯片、外围电路、各类接口等，并内置了嵌入式软件。这些终端设备能够高效地收集和处理信息，完成数据的感知和采集。通过发送和接收数据包，能够有效与应用层进行交互，处理并反馈结果，从而提供强大的 NB-IoT 通信能力，能够广泛应用于智慧城市、公共产业、农业等场景。随着物联网技术的不断革新，NB-IoT 终端将进行大规模部署，然而 NB-IoT 终端本身防护能力较弱，会面临恶意节点伪造及攻击等安全问题。

10.2　NB-IoT 协议的结构

NB-IoT 协议是物理层/链路层的协议，构成 NB-IoT 网络的核心基础。该协议的主要目标是支持低功耗设备在广域网的蜂窝进行数据连接。接下来，本节将深入探讨 NB-IoT 协议栈架构以及数据封装方式。

10.2.1　NB-IoT 协议栈架构

NB-IoT 协议栈主要围绕无线接口展开。无线接口指的是用户终端（User Equipment，UE）和接入网之间的接口，又称空中接口，或称 Uu 接口。在 NB-IoT 技术体系中，UE 和 eNB 基站之间的 Uu 接口是一个开放的接口，意味着只要设备遵循 NB-IoT 标准，不同生产商之间的设备都能实现相互通信。

在 NB-IoT 的 E-UTRAN（即 eNodeB）无线接口协议架构由三个层次构成：物理层（L1）、数据链路层（L2）和网络层（L3）。在该架构中，NB-IoT 协议规划了两条数据传输的途径，分别是控制平面（CP）和用户平面（UP）。其中，用户平面主要完成用户终端的业务数据传输，并保证数据传输的安全性和完整性；而控制平面负责控制用户面业务数据和相关信令的传输。接下来将分别介绍控制平面协议栈和用户平面协议栈。

　　在用户终端侧,控制平面协议栈主要负责无线接入网接口的管理和控制,包含无线资源控制(Radio Resource Control,RRC)子层协议、分组数据汇聚(Packet Data Convergence Protocol,PDCP)子层协议、无线链路控制(Radio Link Control,RLC)子层协议、介质访问控制(Media Access Control,MAC)子层协议、PHY 物理层协议和非接入层(Non-Access Stratum,NAS)控制协议。控制平面协议栈结构如图 10-4 所示。

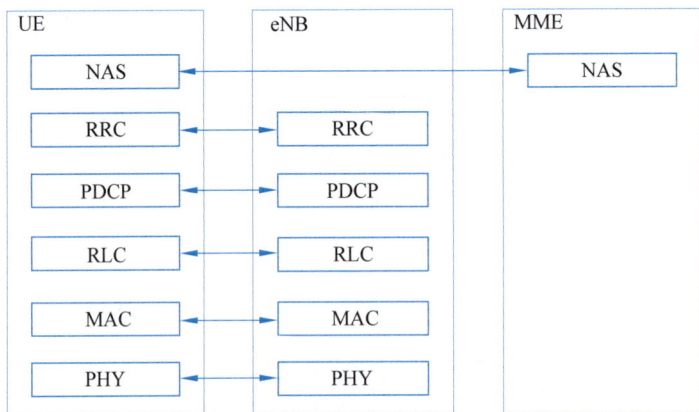

图 10-4　控制平面协议栈结构

　　无线资源控制子层(RRC)主要负责处理用户终端(UE)和 eNB 基站之间控制平面的第三层信息。它承载着建立、修改、释放数据链路层和物理层协议实体需要的所有参数,是 UE 和 E-UTRAN 之间控制信令的主要部分,RRC 的主要作用是发送相关信令和分配无线资源,同时也携带了非接入层的一些信令。在接入层中,RRC 协议实现控制功能,负责建立无线承载,并配置 eNB 和 UE 中间的 RRC 信令控制。

　　用户平面协议栈包括 PDCP 子层协议、RLC 子层协议、MAC 子层协议和 PHY 物理层协议,作用有报头压缩、加密、调度、自动重传请求(Automatic Repeat reQuest,ARQ)和混合自动重传请求(Hybrid Automatic Repeat reQuest,HARQ)。用户平面协议栈结构如图 10-5 所示。

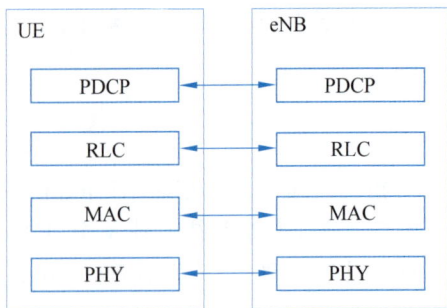

图 10-5　用户平面协议栈结构

　　数据链路层通过物理层(PHY)实现数据传输,PHY 层负责为介质访问控制(MAC)子层提供传输信道的服务,MAC 子层则为无线链路控制(RLC)子层提供逻辑信道的服务。分组数据汇聚(PDCP)子层属于 Uu 协议栈的第二层,负责处理控制平面上的无线资源控制(RRC)消息和用户平面上的 IP 数据包。

　　在用户平面上,PDCP 子层首先收到上层的 IP 数据分组,然后对 IP 数据包处理,再将其传递到 RLC 子层。在控制平面上,PDCP 子层不仅负责传递无线资源控制(RRC)信令,还负责完成信令的加密和一致性保护,除此以外,还包括 RRC 信令的解密和一致性检查。

10.2.2　NB-IoT 协议的数据封装

NB-IoT 协议是一种物理层/链路层的通信标准,这种协议主要是将设备接入互联网,本身并不运行在 IP 网络上,而是构建和运行在蜂窝网络上,它可直接在已有的 GSM、UMTS 和 LTE 网络中部署,从而充分利用已有的基础设施。NB-IoT 通过在现有基站上增加软件、硬件或者单独设置基站来实现,在 NB-IoT 网络中,数据的封装可将原始数据转换成适合在 NB-IoT 网络上传输的格式,确保数据的有效传输。

NB-IoT 协议栈的物理层采用了窄带调制技术,此技术能实现更远的传输距离,提升室内覆盖能力。与 LTE 循环前缀(Normal CP)物理资源块一样,NB-IoT 在频域上由 12 个子载波构成,每个子载波宽度为 15kHz。在时域上,它则由 7 个 OFDM 符号组成一个 0.5ms 的时隙,这种设计保证了与 LTE 的相容性,对于在现有频段内部署 NB-IoT 至关重要。NB-IoT 信号帧结构如图 10-6 所示。其中,每个时隙为 0.5ms,2 个时隙合并就组成了一个子帧(SF),10 个子帧组成一个完整的无线帧(RF)。

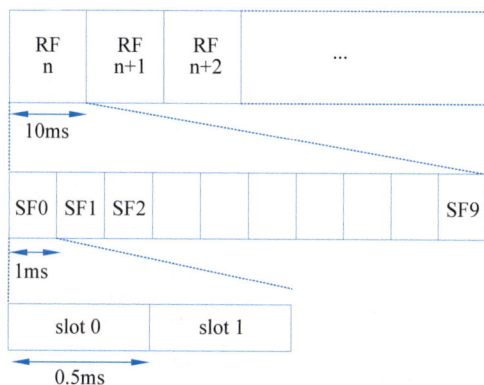

图 10-6　NB-IoT 信号帧结构

分组数据汇聚(PDCP)协议层是 NB-IoT 协议栈数据链路层的重要部分,其核心任务是发送或接收对等 PDCP 实体的分组数据。该子层主要执行以下几种功能:IP 包头的压缩与解压缩、数据与信令的加密,以及信令的完整性保护。头压缩功能放在 PDCP 层,不仅能够处理来自无线资源控制(RRC)层的信令消息和控制面数据包,同时又能在用户面直接与 IP 层对接,为来自 IP 层的数据包服务,具体流程如图 10-7 所示。

IP 层数据包是一种可变长度的数据分组,它由首部和数据两个主要部分构成。首部长度一般在 20~60 字节,其中前 20 字节格式是固定的,而后 40 字节是可选的,长度不固定。数据负载部分的长度一般也是可变的,整个 IP 数据包的最大长度为 65535 字节。压缩前的 IP 数据包格式如图 10-8 所示。

(1)版本:占 4 位,指 IP 协议的版本,包括 IPv4 和 IPv6,通信双方使用的版本必须一致,例如,IPv4 表示为 0100。

(2)首部长度:占 4 位,指 IP 数据包头部的长度(不包括数据),最少 20 字节,长度取决于可选项。

(3)服务类型(TOS):占 8 位,用于表示数据包的优先级和服务类型。通过在数据包中划分一定的优先级,用于实现服务质量的要求。

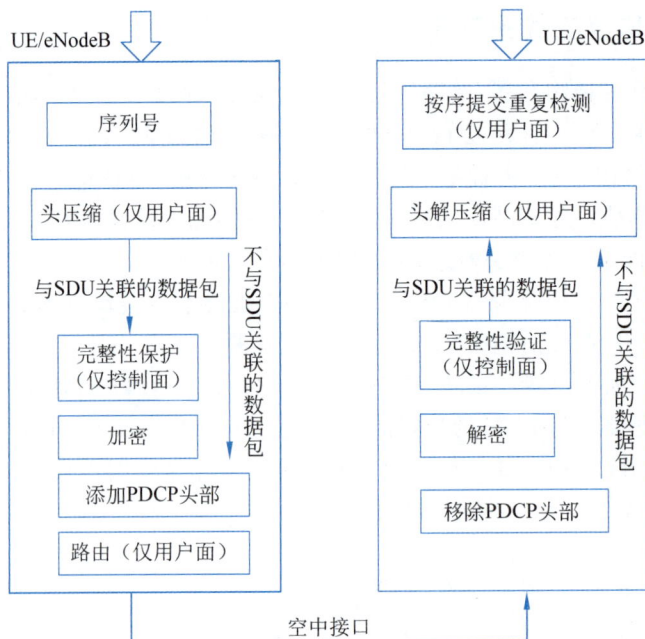

图 10-7　PDCP 层基本流程

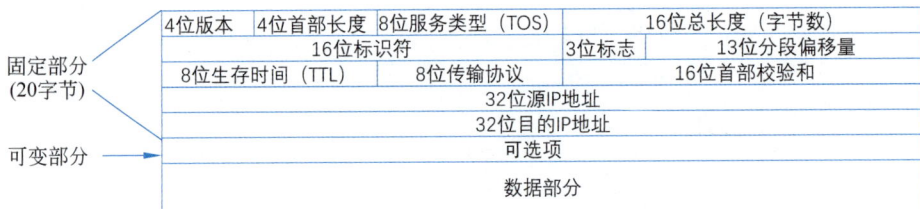

图 10-8　IP 数据包格式

（4）总长度：占 16 位，指 IP 数据包的总长度，最长为 65535 字节，包括包头和数据。

（5）标识符：占 16 位，用于表示数据包的标识，被分片的数据拥有一个统一的标识符，用于区分不同文件数据。当 IP 层对上层数据进行分片时，给多余的分片数据分配一组编号，然后将这些编号放入标识符字段中，保证分片不会被错误地重组。标识符字段用于标志一个数据包，以便接收节点可以重组被分片的数据包。

（6）标志：占 3 位，和标识符一起传递，当前的包不能分片（从一个以太网发送到另一个以太网时），或当一个包被分片后，用于指示不可以被分片或最后一个分片是否已发出。

（7）片偏移：占 13 位，指分片后的某片在原分组中的相对位置，用于区分同一文件分片后的顺序，保证分片序列中各分片按顺序重新组合。

（8）生存时间（TTL）：占 8 位，表示数据包在网络中可通过的路由器数的最大值。可以防止一个数据包在网络中无限循环地转发下去，每经过一个路由器 -1，当 TTL 的值为 0 时，该数据包将被丢弃。

（9）协议：占 8 位，指出此数据包携带的数据使用何种协议封装，TCP 的协议号为 6，UDP 的协议号为 17，ICMP 的协议号为 1。

（10）首部校验和：占 16 位，差错校验，防止修改。这个字段只检验数据包的首部，不包括数据部分,这是因为数据报每经过一次路由器,都要重新计算一下首部校验和(因为一些字段可能发生变化,如生存时间、标志、片偏移等)。

（11）源 IP 地址:占 32 位,表示数据包从哪里发出。

（12）目的 IP 地址:占 32 位,表示数据包将要发向哪里。

（13）可选项:该字段根据实际情况可变长,可以和 IP 一起使用的选项有多个。例如,可以输入数据包的创建时间等。

（14）数据部分:该数据包携带的上层数据内容。

10.3 NB-IoT 协议安全风险

NB-IoT 应用环境具有一定开放性,无线信道易受窃听和干扰,同时物联网设备存在接入鉴权、隐私保护、非授权访问等安全威胁,并且物联网终端数量巨大、种类多、计算能力弱、电池资源受限,传统的安全防护手段无法部署。目前国内很多 NB-IoT 应用提供商采用"软防护"推出一些解决方案,但这些方案在终端计算能力普遍较弱的情况下,仅完成数据加密的问题,对于物联网系统的安全防护作用有限。因此需要进一步研究基于 NB-IoT 技术的物联网安全防护技术,保障系统安全和正常运行。

NB-IoT 业务种类繁多、访问数据碎片化、终端接入设备海量,面临的安全威胁也更加复杂,和传统物联网有很多相似之处,同时也存在若干区别,本节主要从体系架构的三个层面进行安全风险分析。

10.3.1 感知层安全风险

NB-IoT 感知层位于架构的最底层,是所有上层架构和服务的基础。然而,目前大多数终端计算能力弱、通信间隔时间长、升级比较困难,因此这些设备容易遭受多种安全威胁,如拒绝服务攻击、虚拟节点、伪造数据、源代码安全等威胁,具体有以下几种。

（1）物理风险。不少终端设备部署在户外,处于 24 小时无人看守和监管的状态,因此可能会面临发生丢失、损毁、恶意破坏等风险。攻击者可以通过更换硬件设备来获取网络接入权限,进而注入恶意代码发起网络攻击。

（2）低运算能力风险。出于成本控制的考虑,不少终端设备生产厂商选择直接在设备上沿用第三方的嵌入系统,然而这种嵌入系统运算能力低、存储空间小,无法支撑起必要的安全防护功能。同时,由于加密、解密功能未能得到及时部署,因此终端设备的整体安全防护能力相对薄弱,这无疑给 NB-IoT 系统埋下了较大的安全隐患。

（3）节点风险。在 NB-IoT 系统中,绝大多数传感器节点都依赖电池供电,并采用循环睡眠模式以延长电池的使用寿命。然而攻击者可能通过不断唤醒节点,增加节点能耗,从而加速电池消耗,最终导致节点因电量耗尽而关闭。

（4）自身风险。为了简化终端设备的调试和升级流程,大多数终端设备都没有设置访问密码,或者是将密码以明文形式进行传输。这种做法使得攻击者可以轻易抓取网络流量信息,进而模拟固件升级维护过程。一旦攻击成功,他们便能获取终端设备的控制权限,甚至可能通过穷举法获取整个 NB-IoT 系统的控制权限。

10.3.2　网络层安全风险

NB-IoT 网络层主要由各大运营商负责构建和维护，很少有人自建 NB-IoT 网络。然而由于 NB-IoT 隶属无线通信网络，其自身的脆弱性使其容易遭受多种形式的网络攻击，如信号干扰、DDoS 攻击、流量嗅探、中间人攻击等，具体如下。

（1）异构风险。由于 NB-IoT 接入的终端设备数量庞大且类型各异，设备网络中各类节点的安全协议也参差不同，攻击者可以控制多个设备节点，并发起拒绝服务攻击，通过制造大量无效请求导致系统网络超负荷运行，最终可能会造成网络瘫痪。

（2）非法接入风险。攻击者可能采用流量嗅探、中间人攻击等手段绕过身份认证机制，从而非法接入网络，一旦成功，他们可能会窃取敏感的内部信息（如配置信息、用户信息等），或非法占用网络资源来攻击特定的网络目标。

（3）无线传输自身脆弱性风险。无线网络通常依赖无线射频信号进行通信，攻击者可以通过发射杂音射频信号来干扰正常的通信过程，导致节点无法正常工作，特别是当这种干扰针对的是关键节点时，就能构成一种拒绝服务攻击。此外，攻击者还有可能劫持、窃听甚至篡改网络传输中的数据，从而破坏汇聚数据的完整性和可用性。

10.3.3　应用层安全风险

NB-IoT 应用层负责向下接入网络传输层，以汇集传感数据并对这些数据进行挖掘、分析和整理，同时向上为用户提供应用程序（App）和用户界面（UI）等服务。由于应用层连接着大量的设备，汇集海量的数据信息，因此容易成为黑客潜在的攻击目标，应用层可能面临未授权访问、口令破解、后门账号等安全风险，具体有以下几种。

（1）虚拟化风险。新技术的应用必然会带来新的安全风险，目前大多数的 NB-IoT 业务系统都部署在虚拟化服务器上，以实现计算能力、业务吞吐量的提升。然而，这种弹性技术的应用也使得用户和平台的边界更加模糊。不规范的平台设计或用户的误操作等都有可能导致虚拟机发生溢出、跳跃、崩溃等现象。另外，在虚拟服务器进行迁移或备份的过程中，相互之间的通信也会增加黑客攻击和渗透的风险。

（2）业务逻辑风险。开放过多的 API 接口可能会引入新的安全风险，随着新业务的不断拓展，如果平台前期的开发者没有完全考虑到新业务流程的安全性，就有可能出现未授权的 API 接口被调用的情况，进而导致用户标识被篡改，或者越权访问其他用户的数据，造成系统敏感性数据的泄露。

（3）业务组件漏洞风险。操作系统、中间件、数据库、App 等组件是云计算、大数据等服务平台的重要组成部分，然而这些组件自身存在的缺陷，或者相互组合使用时产生的新缺陷都可能成为潜在的攻击点，这些安全漏洞一旦被利用，就可能导致数据泄露、系统被非法远程控制等严重安全风险。

‖ 10.4　NB-IoT 的安全防范

NB-IoT 体系架构的感知层、网络层、应用层存在着不同的安全风险，为了保证数据传输的机密性、完整性、可用性，采取有效的安全防护措施至关重要。本节将介绍 NB-IoT 的安全防护架构，并针对各层面临的具体安全风险，提出相应的安全防范措施，全面提升 NB-IoT 的安全防护能力。

10.4.1　NB-IoT 安全防护架构

基于对 NB-IoT 网络安全防护的分析研究，并结合"云-管-端"体系架构和物联网"应用、网络、感知"三层结构，提出了一种基于 NB-IoT 网络的物联网安全防护架构模型，如图 10-9 所示。安全防护架构模型分为 NB-IoT 感知层、NB-IoT 网络层和 NB-IoT 应用层，每层都具有针对性的安全防护措施。

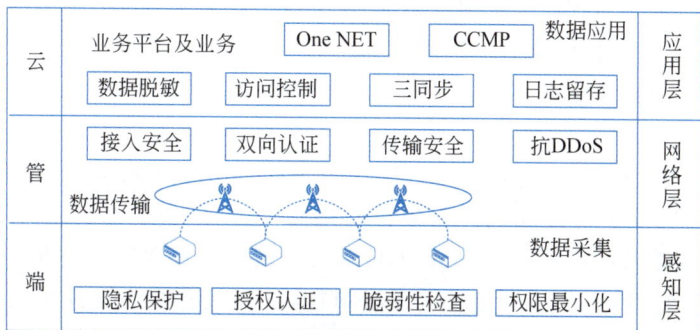

图 10-9　安全防护架构模型

（1）NB-IoT 感知层主要负责采集物联网终端设备的数据，这一层涉及的安全防护主要针对物联网终端，考虑到物联网终端设备可能存在物理硬件安全隐患、相关系统及应用版本较低、未对用户敏感信息有效管控等问题，感知层应采取隐私保护、授权认证、脆弱性检查和权限最小化等策略，以确保物联网终端设备的安全性。

（2）NB-IoT 网络层是物联网安全防护架构模型的核心，主要负责对物联网终端设备所采集的数据进行接入和传输，考虑到该层可能面临接入认证不强、传输数据被窃取或泄露、拒绝服务攻击等安全风险，网络层须加强接入安全和传输安全，应采用双向认证技术来提高接入认证的安全性，并部署抗 DDoS 攻击清洗设备以有效抵御拒绝服务攻击，从而确保网络层数据的安全传输。

（3）NB-IoT 应用层主要负责对所采集的数据进行应用和管理，主要包括业务平台及各项业务的运营。为了确保数据安全和业务稳定性，本层应实施一些安全管理和防护措施，具体包括对数据进行脱敏处理以保护敏感信息，实施严格的访问控制策略以防止未经授权的访问，确保数据安全同步以维持数据的一致性和完整性，进行日志留存以便事后审计和追踪。通过这些措施，可以有效提升应用层的安全防护能力。

10.4.2　NB-IoT 的安全防范措施

为了规避 NB-IoT 物联网体系架构中各层面临的安全风险，确保整个 NB-IoT 系统的安全性，需要针对不同层面的安全风险采取相应的防范措施，从而构建一个全面而有效的安全防护体系。

1. 感知层的防范措施

物联网终端设备位于"云-管-端"架构的感知层，处于 NB-IoT 网络的底层，是最直接接触用户的部分,因此容易发生客户信息及用户数据泄露风险。此外,由于 NB-IoT 终端设备容易存在硬件、系统、应用等方面的漏洞,因此为提高感知层的安全防护能力,需要加强对敏感信息的管控,并建立日常安全检测手段,以确保终端设备的安全运行和用户数据的保密性。感知层防范措施具体如下。

(1) 为保证终端设备长时间稳定工作,采取防火、防盗、防雷等八防措施确保运行环境的物理安全。

(2) 设置严格的黑白名单机制,杜绝非法设备的接入,同时采用轻量级加密认证方式,对终端设备进行身份识别与鉴别。

(3) 通信节点采用非规律性配置标识,确保节点信息无法通过穷举被推算出来,并将密钥和配置属性等关键信息永久性地固化到设备内部,以防止任何篡改行为。

(4) 明确划分异构设备网络的边界,缩小风险发生的范围。

2. 网络层的防范措施

NB-IoT 网络是"云-管-端"体系架构中网络层重要的无线连接方式,是连接业务平台与终端设备的桥梁,它负责将终端设备采集的数据高效、准确地传输到相关业务平台。NB-IoT 网络安全主要涉及网络介入安全、数据传输安全及网络异常流量等方面,为了有效提高 NB-IoT 网络的安全性,应加强网络接入认证机制,确保只有合法设备才能接入网络,并提高传输通道的安全性,以保证数据在传输过程的机密性、完整性、可用性。网络层防范措施具体如下。

(1) 明确网络的整体结构,合理划分网络安全区域,同时部署防火墙等设备增强网络边界的保护,防止潜在的外部威胁。

(2) 在网络节点和物联网设备之间设置密钥协议或者身份认证协议,确保通信双方的身份真实可靠,并对传输的关键消息和操作指令进行加密,确保数据的保密性,防止数据泄露或被篡改。

(3) 对设备节点接入行为采取严格的身份认证机制和接入控制策略,限制节点设备通信的目标地址,确保其仅与授权的设备进行通信,还能防止 DDoS 等恶意攻击,确保网络的稳定性和可用性。

(4) 完善入侵检测机制,实时检测恶意节点注入的非法信息,一旦发现异常行为及时拦截和纠正,避免各类入侵攻击对网络造成负面影响。

3. 应用层的防范措施

物联网业务平台位于"云-管-端"体系架构的应用层,处于 NB-IoT 网络的上层,该平台的安全防护主要涉及业务平台安全和业务安全两方面,旨在确保平台的稳定运行和业务的正常开展。应用层防范措施具体如下。

(1) 提供整体数据的容灾备份机制,确保数据在意外情况下不会丢失,同时提供异构数据的统计、分析和校验,保证业务平台的数据的可用性和完整性,为决策提供准确的数据支持。

(2) 部署身份认证和访问控制等机制,确保只有授权用户才能访问敏感数据和执行关键操作,并对系统操作流程进行安全审计,对日志文件进行总结分析,对异常行为进行倒查,确保平台自身的运行安全。

(3) 明确用户和平台之间的通信边界,划分安全区域,明确操作范围,这有助于实现用户和平台信息交换的可控性,防止未经授权的访问和数据泄露,确保整个通信过程的安全性和可靠性。

综上所述,只有解决 NB-IoT 在应用层、网络层和感知层等各方面的安全问题,确保数据在采集、接入、传输及存储等方面的保密性、完整性和可用性,才能保证 NB-IoT 技术的安全可靠,促进物联网的健康发展,推动 NB-IoT 的商用部署进程。

10.5 本章小结与展望

本章主要介绍了 NB-IoT 技术的概念及特点,面临的安全威胁与相应的安全措施。首先概述了物联网技术与无线通信技术的发展历程,然后介绍了具有"云-管-端"全方位布局的 NB-IoT 物联网体系架构、NB-IoT 协议栈及物理层结构,最后详细分析了各层的安全风险以及相应的安全措施,并对安全防护架构模型进行了介绍。通过本章内容的学习,可以加深对 NB-IoT 协议安全的理解。

随着 NB-IoT 的不断发展,该技术在推广过程中面临功耗、网络覆盖、商用盈利模式、信息安全等挑战。另外,伴随着 5G 技术的飞速发展,将 NB-IoT 与 5G 技术融合,可以利用 5G 网络的高速、低时延特性为 NB-IoT 设备提供更加可靠的连接,从而有效推动物联网技术在各行业的广泛应用。

10.6 思考题

1. NB-IoT 协议存在哪些安全威胁? 有哪些安全防范措施?
2. 通过调研及参考资料,撰写 NB-IoT 协议安全的分析报告。

第三部分　拓　展　篇

工业互联网协议安全

第 11 章　工业互联网协议安全概述

工业互联网是"新基建"的七大领域重点建设内容之一,已成为国家关键信息基础设施的重要组成部分,是繁荣数字经济的新基石和实现数字化转型的重要途径。然而,新一轮科技革命和产业变革快速发展打破了传统工业系统相对封闭可信的制造环境,导致大规模工业控制系统和生产系统成为网络攻击的重点目标。目前,工业互联网安全面临诸多严峻的挑战。本章首先介绍工业互联网安全的发展历史及相关概念,然后介绍工业互联网的网络体系结构,接着重点阐述工业互联网安全面临的风险,最后讨论工业互联网协议的类型、潜在的安全风险以及常见的防范措施。

视频讲解

教学目标

- 掌握工业互联网安全的概念、特征、目标及内容。
- 了解工业互联网安全面临的威胁。
- 了解工业互联网协议安全面临的风险。

▎11.1　工业互联网概述

近年来,云计算、边缘计算、工业大数据、5G、人工智能等新技术与传统工业互联网技术的融合,使得工业经济由数字化向网络化、智能化深度拓展,互联网创新发展与新工业革命形成历史性交汇,催生了工业互联网(Industrial Internet)。2012 年,美国通用电气公司在发布的白皮书《工业互联网:打破智慧与机器的边界》中,最早提出工业互联网的概念,并于2014 年,由其牵头,联合 AT&T、思科、IBM 和英特尔四家巨头级的公司,在美国宣布成立了全球非营利性组织——工业互联网联盟(Industrial Internet Consortium, IIC)。IIC 对通用电气公司的 Predix 平台、AT&T 的 M2M 解决方案、思科万物连接方案、IBM 的智慧地球解决方案、英特尔的物联网芯片等技术产业化应用起到重要的推动作用,同时将工业互联网这一概念大力推广开来。目前,美国、欧洲和亚太是当前工业互联网平台发展的焦点地区。

11.1.1　工业互联网定义

工业互联网是新一代 IT(Information Technology)与先进 OT(Operation Technology)深度融合的全新工业生态、关键基础设施和新型应用模式,通过人、机、物的全面互联,构建起覆盖全产业链、全价值链的全新制造和服务体系,为工业乃至产业数字化、网络化、智能化发展提供了实现途径,是第四次工业革命的重要基石。

工业互联网不是"工业＋互联网",而是整个产业的数字化、信息化、智能化转型,具有更为丰富的内涵和外延。它包含了网络、平台、数据、安全四大体系,以网络为基础、平台为中枢、数据为要素、安全为保障,既是工业数字化、网络化、智能化转型的基础设施,也是互联网、大数据、人工智能与实体经济深度融合的应用模式,同时也是一种新业态、新产业,将重塑企业形态、供应链和产业链。

当前,工业互联网融合应用向国民经济重点行业广泛拓展,形成平台化设计、智能化制造、网络化协同、个性化定制、服务化延伸、数字化管理六大新模式,赋能、赋智、赋值作用不断显现,有力地促进了实体经济提质、增效、降本、绿色、安全发展。

11.1.2　工业互联网的发展历程

工业互联网被许多人称为下一次工业革命,工业将最大限度地从这次技术革命中获益。然而工业互联网并非一蹴而就,而是在如图 11-1 所示的漫长的工业革命发展中逐步演进并成型的。

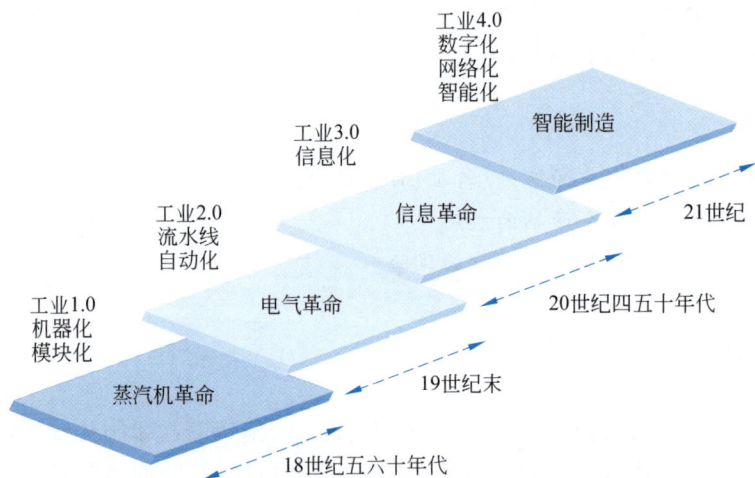

图 11-1　工业革命演进史

从图 11-1 中可以看出,18 世纪 60 年代蒸汽机的发明和广泛使用,引发了第一次工业革命,标志人类进入了机器时代;19 世纪末的第二次工业革命,使得生产方式进入自动化,人类也由此进入电气时代;从 20 世纪 50 年代开始的第三次工业革命,使得生产方式变为电子化,人类迈进了信息化时代;21 世纪的第四次工业革命是以互联网产业化、工业智能化、工业一体化为代表的又一次科技革命。工业 4.0 的本质是产业互联网。作为工业 4.0 的关键组成部分,工业互联网是指基于互联网技术,将工业设备、生产线、企业内外各种资源进行连接和融合,打破了传统生产中存在的信息孤岛,使生产过程更加数字化、网络化、自动化、智能化。

近年来,随着我国智能制造和工业互联网推进政策的不断出台,政府及企业开始逐步重视对工业互联网安全的投入,工业互联网市场呈现快速增长的趋势。根据工信部发布的《"十四五"信息化和工业化深度融合发展规划》要求,"到 2025 年,我国工业互联网平台普及率达 45%,系统解决方案服务能力明显增强,形成平台企业赋能、大中小企业融通发展新格局"。目前,我国工业互联网产业规模已达到万亿级别,工业互联网庞大的市场规模及高速的发展态势,也将进一步推动对工业互联网安全保障需求的快速升级。

11.1.3　工业互联网的体系架构

在第四次工业革命蓬勃发展的大趋势下,全球各国在将制造业数字化作为强化本国未来产业竞争力的战略方向的同时,纷纷把设计工业互联网参考架构作为重要抓手。例如,美国的工业互联网参考架构 IIRA(Industrial Internet Reference Architecture)、德国的工业 4.0 参考架构 RAMI4.0(Reference Architecture Model Industrie 4.0)、日本的工业价值链参考架构 IVRA(Industrial Value Chain Reference Architecture),以及我国的《工业互联网体系架构》。尽管上述几个工业互联网参考架构的出发点、思考问题的角度和所关注的应用领域各有差异,但具有很强的互补性,对于加快工业互联网和智能制造的发展,加强国际合作起到积极推动作用。本节重点介绍我国的《工业互联网体系架构》。

2016 年 8 月,中国工业互联网产业联盟(Alliance of Industrial Internet,AII)发布了如图 11-2 所示的工业互联网体系架构 1.0。该体系架构从工业智能化发展角度出发,以基于全面互联而形成数据驱动的智能为核心,把网络体系、数据体系、安全体系作为工业和互联网的共性基础与支撑。其中,网络体系是基础,主要作用是通过物联网、互联网等技术把各个工业要素、工业环节连接起来,以支持数据的充分流动和无缝集成,具体包括网络互联、标识解析、信息交互;数据体系是核心,通过工业数据全周期的感知、采集、流动、共享、汇聚,形成基于数据的各种智能化应用;安全体系是保障,通过和工业互联网发展同步规划、同步部署,构建涵盖工业全系统的安全防护体系,用于保障工业智能化的实现。建设好三大体系工业互联网发展的核心任务之一。

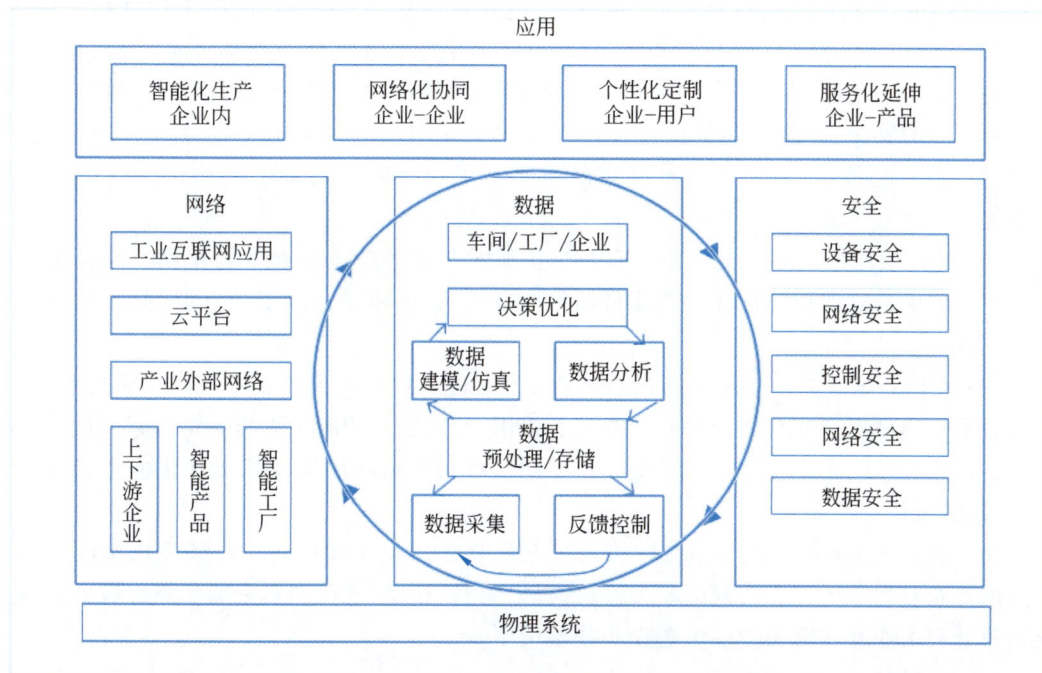

图 11-2　工业互联网体系架构 1.0

（1）网络体系。网络体系是工业系统互联和工业数据传输交换的支撑基础，包括网络互联体系、标识解析体系和应用支撑体系。通过泛在互联的网络基础设施、健全适用的标识解析体系、集中通用的应用支撑体系，实现信息数据在生产系统各单元之间、生产系统与商业系统各主体之间的无缝传递。在网络体系中，对 IT/CT/OT（信息技术/通信技术/操作技术）进行了深度融合，扩大了工业互联网的外延，使得工业控制系统与各种业务系统的协作成为可能，工业设备、人、信息系统和数据的联系越来越紧密。

（2）数据体系。通过数据汇聚和大数据分析等技术，设计海量数据的采集交换、集成处理、建模分析、决策优化和反馈控制等功能模块，实现对生产现场状况、协作企业信息、市场用户需求的精确计算和复杂分析，从而形成企业运营的管理决策以及机器运转的控制指令，驱动从机器设备、运营管理到商业活动的智能和优化。

数据体系包括三大优化闭环：①生产控制闭环的核心是基于对机器操作数据、生产环境数据的实时感知和边缘计算，实现机器设备的动态优化调整，构建智能机器和柔性产线；②生产运营优化闭环的核心是基于信息系统数据，制造执行系统数据，控制系统数据的集成处理和大数据建模分析，实现生产运营管理的动态优化调整，形成各种场景下的智能生产模式；③整个产业链价值链闭环的核心是基于供应链数据、用户需求数据、产品服务数据的综合集成与分析，实现企业资源组织和商业活动的创新，形成网络化协同、个性化定制、服务化延伸等新模式。

（3）安全体系。安全体系包括设备安全、网络安全、控制安全、数据安全和应用安全。该体系用于避免网络设施和系统软件受到内部和外部攻击，降低企业数据被未经授权访问的风险，确保数据传输与存储的安全性，实现对工业生产系统和商业系统的全方位保护。

为了支撑工业企业获得更全面、更系统、更具体的指导性框架，进而实现规模化的推广应用，2020 年 4 月，AII 发布了如图 11-3 所示的工业互联网体系架构 2.0。该架构继承了架构 1.0 的网络、数据、安全三大功能体系，并利用工业互联网平台代替了数据功能降低架构 1.0 的冗余，通过弱化数据传输以及数据安全等功能加强数据的集成、分析、优化功能，从业务、功能、实施等三个角度重新定义了工业互联网的参考架构，具有以下三个特点。

（1）构建层层递进的完整体系：从工业互联网在促进产业发展中的作用与路径出发，指引企业明确自己的数字化转型商业目标与业务需求，进而确定其工业互联网的核心功能与实施框架。

（2）突出数据智能优化闭环的核心驱动作用：进一步明确了工业互联网在实现物理空间与数字空间虚实交互与分析优化中的核心作用，定义了其功能层级与关键要素，以此指导企业在设备、产线、企业、产业等不同层级、不同领域构建精准决策与智能优化能力，推动产业智能化发展。

（3）指导行业应用实践与系统建设：在充分考虑企业现有基础与转型需求基础上，结合国内外企业大量已开展实践的相关经验，提出网络、标识、平台和安全的实施部署方式，指导企业开展工业互联网关键系统建设和技术选型。

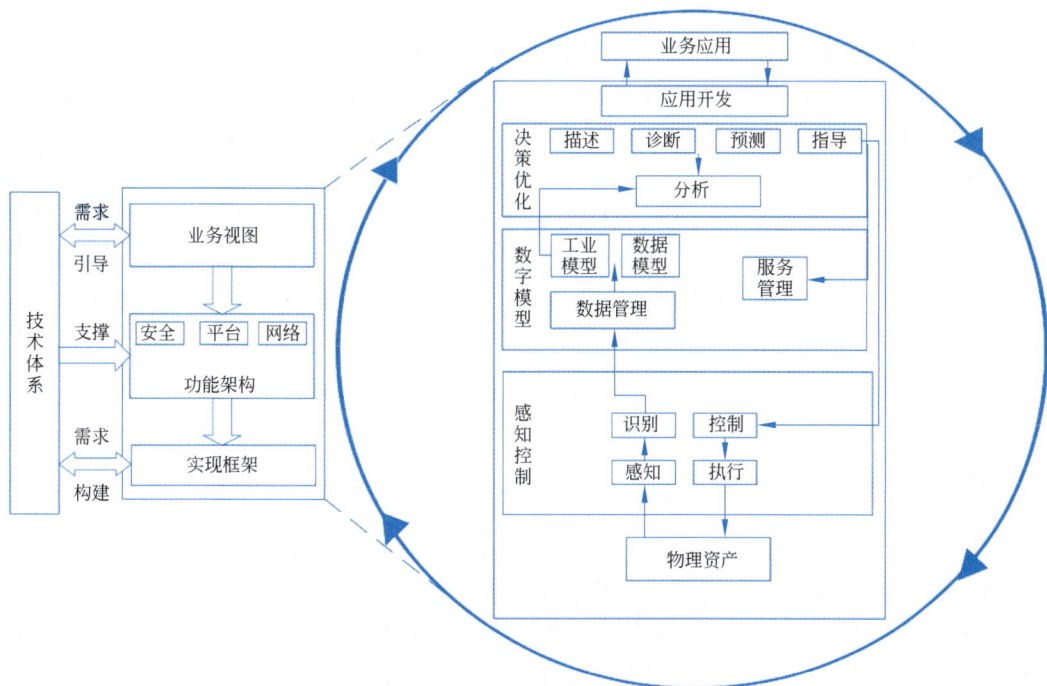

图 11-3　工业互联网体系结构 2.0

▍11.2　工业互联网的安全风险

作为新一代信息技术与工业经济深度融合的产物,工业互联网具有泛在互联、全面感知、智能优化、安全稳固等鲜明特征。它打破了传统工业相对封闭但可信的制造环境,有力提升了产业融合创新水平,加快了制造业数字化转型步伐。然而,工业互联网在改变生产方式和产业生态的同时,也面临日益严峻复杂的网络安全威胁和挑战。一旦受到网络攻击,可能会遭受巨大的经济损失,甚至危及社会安全、公众安全和国家安全。

11.2.1　工业互联网的脆弱性

工业互联网改变了传统的产业生态,将 IT、OT 网进行深度融合,带来了各种安全威胁,包括网络入侵、恶意软件、网络攻击、网络漏洞、人为威胁、自然威胁和意外威胁等。此外,工业互联网在平台架构、平台设备、工业控制通信协议和网络运维上也存在脆弱性,这些都给工业互联网安全带来了巨大挑战。

(1)设备的脆弱性:在没有进行数字化转型之前,传统工业企业物理边界的存在使之游离于互联网之外,主要关注点偏向于生产效率、产能等方面。而随着"两化融合""互联网+"等概念的推进,工控系统与互联网的信息交互变得日益频繁,由于设备自身的安全性考虑不足,导致设备中隐藏的风险、漏洞被黑客利用,进而实施攻击。

(2)工控系统的脆弱性:传统的工业控制系统强调的是工业自动化程度及对相关设备的智能控制、监测与管理能力,更为关注系统的实时性与业务连续性,缺乏对工控系统安全能力的整体性考量,致使其存在着各种安全风险点,包括身份验证不足,许可、授权与访问控制不严格等。

（3）工业控制系统协议的脆弱性：由于早期的工业控制系统运行在物理隔离的环境下，独立于传统互联网，因此，相关设计与操作人员很少考虑到网络攻击的可能。这导致大量协议在设计方面缺乏认证、加密等安全机制；在实现方面也对异常的协议数据考虑不充分，容易留有安全隐患。在"工业4.0"的时代背景下，工业控制系统越来越多地采用标准化解决方案。然而，这打破了工控系统原有的专用性和封闭性，使其面临更广泛的攻击威胁。

（4）人员管理的脆弱性：工业控制系统提供商通常重点关注系统的可用性和实时性，而忽略对系统的防护措施以及运维策略的考虑，导致管理者和操作人员缺乏工业互联网安全专业化系统培训，难以对企业工业生产系统中存在的潜在风险进行排查和整改等；建立的应急预案不完善，难以应对日益复杂的信息安全威胁；缺少专业应急救援队伍对应急预案的定期演练和修订工作。

11.2.2　工业互联网的风险评估

工业互联网风险评估是从风险管理的角度，运用科学的方法和手段，系统分析工业互联网所面临的威胁及其存在的脆弱性，评估安全事件一旦发生可能造成的危害程度，为防范和化解工业互联网所面临的风险或者将风险控制在可接受的水平，制定有针对性的抵御威胁的防护对策和整改措施，最大限度地为保障工业互联网提供科学依据。

2021年11月，工业和信息化部、国家标准化管理委员会联合印发的《工业互联网综合标准化体系建设指南（2021版）》中，对于专门应用于工业互联网风险评估的标准还处在"待制定"状态。目前，主要依据2022年11月1日起正式实施的通用标准《信息安全技术　信息安全风险评估方法》(GB/T 20984—2022)，开展风险评估。目前，业界较为常用的工业互联网风险评估方法主要包括以下几种。

（1）定性风险评估方法。基于专家判断和经验的风险，通过对工业互联网系统进行详细的分析，识别并评估系统中存在的安全风险，并根据风险的严重性和发生概率对风险进行定性评估。该方法简单易行，但评估结果的主观性强，受专家经验和判断的影响较大。

（2）定量风险评估方法。基于数学模型和数据分析，通过对工业互联网系统进行建模，并利用历史数据和统计方法来计算系统中安全风险的发生概率和影响程度，从而对风险进行定量评估。该方法可以提供更加客观和准确的风险评估结果，但建模和数据收集过程复杂，评估成本较高。

（3）混合风险评估方法。将定性风险评估方法和定量风险评估方法相结合，综合考虑专家判断和数据分析的结果，对工业互联网系统中的安全风险进行评估。该方法既可以充分利用专家经验和知识，又可以借助数据分析来提供更加客观和准确的评估结果，是目前较为常用的工业互联网风险评估方法。

（4）威胁风险评估方法。基于工业互联网系统面临的安全威胁的风险，通过对工业互联网系统进行详细的分析，识别并评估系统中存在的安全威胁，并根据威胁的严重性和发生概率对风险进行评估。该方法可以帮助组织了解其工业互联网系统面临的安全威胁和漏洞，并制定相应的安全措施来降低风险。

‖ 11.3　工业互联网的安全防护

工业互联网涵盖工业互联网网络、工业传感与控制、工业互联网软件、工业互联网平台、安全保障以及系统集成服务等六大重点领域。安全作为其中的重要环节之一，是工业互联网发展的前提和保障，只有从制度建设、国家能力、产业支持等更全局的视野来统筹安排，构建覆盖工业互联网各防护对象、全产业链的安全体系，完善满足工业需求的安全技术能力和相应管理机制，才能有效识别和抵御安全威胁，化解安全风险，进而确保工业互联网健康有序发展。

11.3.1　工业互联网安全框架

作为工业互联网安全体系的顶层设计和实施纲要，工业互联网安全框架是业界专家在工业互联网安全防护方面达成的共识，旨在为开展工业互联网安全防护措施的部署、实施和评估提供指导，为工业互联网数字化、网络化、智能化发展构建安全可信的环境。下面介绍几种典型的工业互联网安全框架。

1. 美国工业互联网框架 IISF

2016 年 9 月 19 日，美国工业互联网联盟 IIC 正式发布工业互联网安全框架 IISF 1.0 版本（Industrial Internet of Things：Volume G4：Security Framework 1.0）。IISF 从功能视角出发，定义了如图 11-4 所示的包含三层六个安全功能的框架：顶层包括端点保护、通信和连接保护、安全监测和分析以及安全配置和管理四个功能，为工业互联网中的终端设备及设备之间的通信提供保护，对用于这些设备与通信的安全防护机制进行配置，并监测工业互联网运行过程中出现的安全风险；在四个功能之下是一个通用的数据保护层，对这四个功能中产生的数据提供保护；最下层是覆盖整个工业互联网的安全模型和策略，它将上述五个功能紧密结合起来，实现端到端的安全防护。

IIC 聚焦于 IT 安全，侧重于安全实施，通过 IISF 框架的发布，为工业互联网安全研究与实施提供理论指导，对于工业互联网安全框架的设计具有很好的借鉴意义。

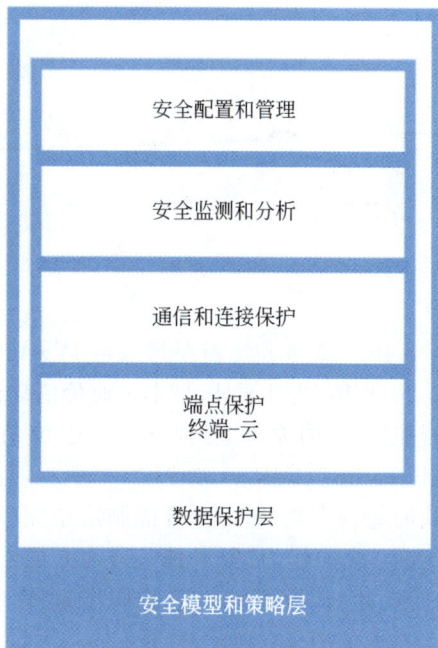

图 11-4　美国工业互联网安全框架 IISF

2. 德国工业 4.0 安全框架

2015 年，德国工业 4.0 平台公布了实现工业 4.0 所描述工厂场景的参考框架 RAMI 4.0（Reference Architecture Model Industrie 4.0）。RAMI 4.0 从信息物理系统（Cyber Physical Systems，CPS）的功能视角、全生命周期价值链视角和全层级工业系统视角三个视角构建了如图 11-5 所示的工业 4.0 参考架构。从 CPS 功能视角看，安全应用于所有不同层次，因此安全风险必须做整体考虑；从全生命周期价值链视角看，对象的所有者必须考虑全生命周期的安全性；从全层级工业系统视角看，需要对所有资产进行安全风险分析，并对资产所有者提供实时保护措施。RAMI 4.0采用的分层安全管理思路，对工业互联网安全框架的设计具有借鉴意义；从实施的角度将管理与技术相结合的方法，对工业互联网企业部署安全策略有重要的指导意义。

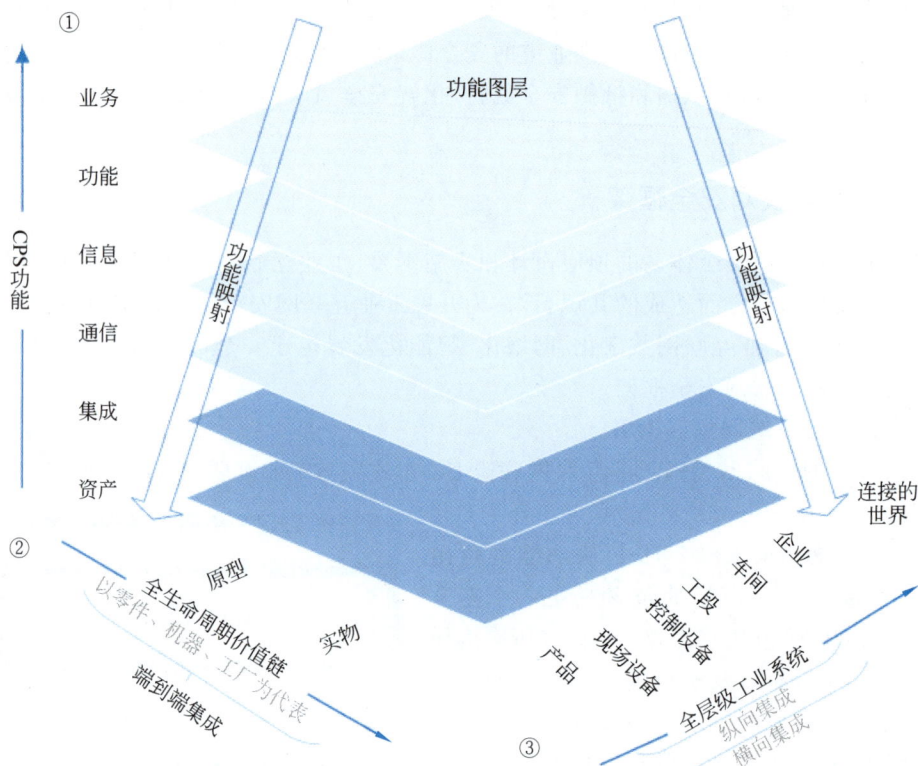

图 11-5　工业 4.0 参考架构（RAMI 5.0）

3. 日本工业价值链参考架构 IVRA

2016 年 12 月 8 日，日本工业价值链促进会（Industrial Value Chain Initiative，IVI）推出了智能工厂的基本架构——工业价值链参考架构（Industrial Value Chain Reference Architecture，IVRA），如图 11-6 所示，与 RAMI 4.0 类似，IVRA 也是一个 3 维模式。3 维模式的每一个块被称为"智能制造单元（SMU）"，将制造现场作为 1 个单元，通过 3 个轴进行判断：纵向作为"资产轴"，分为人员层、工序层、产品层和设备层；横向作为"活动轴"，分为计划、执行、检查和改进；内向作为"管理轴"，分为质量、成本、交付和环境。

与 RAMI 4.0 相比，IVRA 的一大特征是通过 SMU 等形式，纳入了包括具体的员工操作等在内的"现场感"。日本制造业以丰田生产方式为代表，一般都是通过人力最大化，来提升现场生产能力，实现效益增长。IVI 向全世界发布的智能工厂新参考架构嵌入了"日本制造业"的特有价值导向，期望成为世界智能工厂的另一个标准。

4. 我国工业互联网安全框架

2018 年 2 月，我国工业互联网产业联盟发布了《工业互联网安全框架（中国版-讨论稿）》。如图 11-7 所示，工业互联网安全框架从防护对象、防护措施及防护管理三个视角构

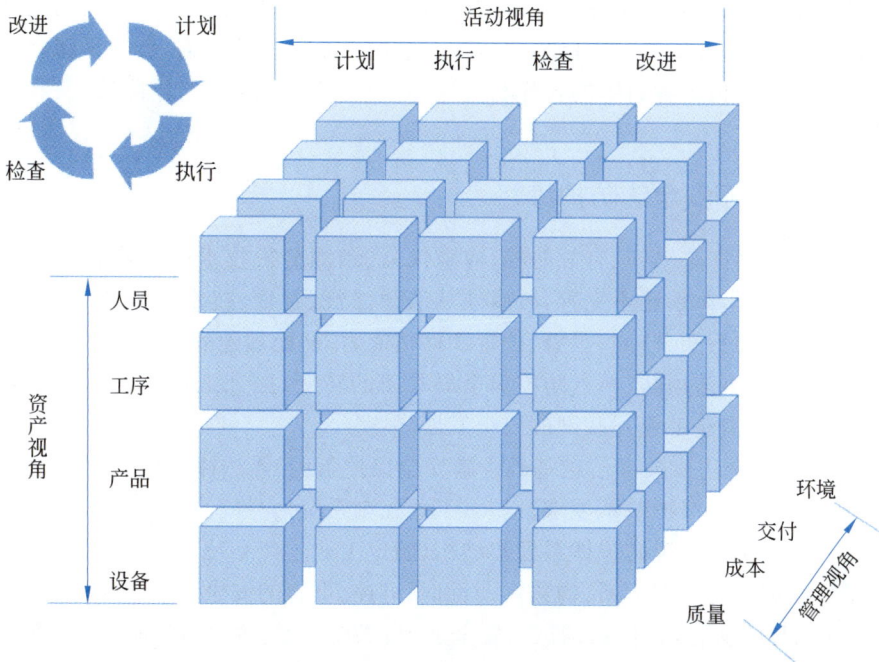

图 11-6　日本工业价值链参考架构 IVRA

3. 防护管理视角：安全目标、风险评估、安全策略

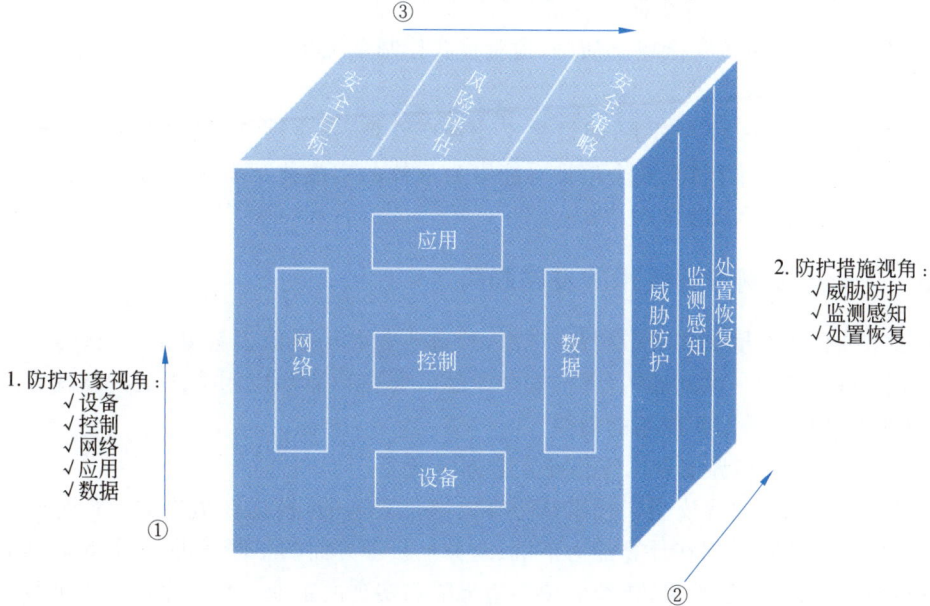

图 11-7　工业互联网安全框架

建。其中,防护对象视角包括设备、控制、应用、网络、数据 5 个层面,防护措施视角包括威胁防护、监测感知和处置恢复 3 个层面,防护管理视角包括安全目标、风险评估和安全策略 3 个层面。与美国工业互联网安全防护框架相比较,维度更加全面,分类更加清晰。

我国的工业互联网安全框架是在充分借鉴传统网络安全框架和国外相关工业互联网安

全框架的基础上,并结合我国工业互联网的特点提出的,旨在指导工业互联网相关企业开展安全防护体系建设,提升安全防护能力。工业互联网安全框架的提出,有助于深化我国工业互联网产业联盟与其他国际组织的合作与交流,对于促进我国企业与国际接轨、开拓海外市场也具有积极意义。

11.3.2　工业互联网安全的防护策略

由于工业互联网态势感知、有效防控、应急恢复、预测分析技术的保障能力还处于初级水平,其安全保障技术体系还不完善,故亟须从法律法规、管理、技术和服务等多角度出发,增强工业安全生产的感知、监测、预警、处置和评估能力,从而加速安全生产从静态分析向动态感知、事后应急向事前预防、单点防控向全局联防的转变,提升工业互联网的安全防护和保障能力,进而共同构建工业互联网的安全发展环境。

(1) 以《网络安全法》《关键信息基础设施安全保护条例》等法律法规为背景,基于《信息安全技术网络安全等级保护基本要求》以及《工业控制系统信息安全防护指南》为设计标准,深入研究设计工业生产系统防护体系框架结构,制定工业生产系统的安全防护策略,通过建设安全技术体系和安全管理体系,构建一个可信、可控、可管的安全动态防御体系。

(2) 基于商用密码,通过渗透测试的安全加固、工控蜜罐、数据丢失防护、网络空间拟态防御、PLC 代码安全审计等技术的综合应用,提高工业大数据的采集、传输、存储、分享、应用及安全保障,不断支撑起整个工业数据的全生命周期流程的安全性。

(3) 建立工业互联网安全防护预警及响应机制,建立统分结合、协调高效的预警及响应机制,加大工业生产系统安全应急演练,检验重要控制系统在遭遇大规模网络攻击时的应对能力。

(4) 以安全运营平台为抓手,建设集工业资产管理、安全感知、风险态势、安全评估、应急处置、应急指挥、通报预警、安全培训等能力为一体的实战化运营体系,落实安全运营,保障工业生产网络安全稳定运行。

11.3.3　工业互联网安全技术的发展趋势

由于工控企业数量众多、涉及行业广泛,制造业业务场景繁多且复杂,安全需求差异化显著,安全防护难以“一纵到底”。工控安全产品需要在功能和应用形态上突破现有产品的特点,以便于更好地适配新应用的需要。

(1) 安全架构从边界安全向零信任安全方向演变。

传统的工厂网络边界安全架构默认边界内部是安全的,根据在边界上的行为开展防护和监视。随着工业互联网在计算能力下沉、业务上云等方面的不断发展,工业互联网的安全边界逐渐模糊、淡化甚至消失,传统的依靠边界隔离实现的工业系统安全已不再可靠。基于用户身份、网络环境构造持续信任评估和动态访问控制的零信任网络安全架构,已成为工业互联网安全的主流探索方向。

(2) 防护理念从被动防护向主动前瞻防护转变。

传统的被动防御手段具有一定的局限性,很难应对新形势下的安全风险。主动防御能够提供以主动监控、流量分析、主动感知为基础的风险告警、时间预警、自动化处置、溯源反制安全能力,支持工业互联网的安全态势感知和风险预警,实现从被动防御向主动防御的转变。

（3）安全技术从传统分析向智能感知发展。

在工控系统的发展初期，主要通过数据采集和数据挖掘等方法，发现可能会对系统安全造成威胁的漏洞。当前，工业互联网安全技术正在与云计算、大数据分析、人工智能新兴技术结合，提高安全检测和安全分析能力，提升威胁预警、态势感知的精度和安全时间自动化处置水平，进而实现网络攻击和重大网络威胁的可知化、可视化和可控化。

（4）安全产品转向 SaaS 模式。

在复杂的工业互联网安全需求中，传统的安全产品升级方式已经不能快速满足安全需求。在软件即服务（Software-as-a-Service，SaaS）模式下，工控企业接入互联网，通过 Web 浏览器或专业客户端即可访问和使用他们所需要的安全软件或服务，而具体部署、扩展、维护等均由服务商来完成。对于工控企业而言，具有成本低、安全性高等优势。安全产品转向 SaaS 模式将成为工控企业的首选。

‖ 11.4　工业控制系统协议概述

工业控制系统（Industrial Control System，ICS）是国家基础设施的重要组成部分，广泛应用于能源、制造、交通等领域和关键基础设施的控制系统中，是关乎国计民生的重要资源。根据美国国家标准技术研究院（National Institute of Standards and Technology，NIST）给出的定义，ICS 是涵盖了监控和数据采集系统（Supervisory Control And Data Acquisition，SCADA）、集散控制系统（Distributed Control Systems，DCS）和可编程逻辑控制器（Programmable Logic Controllers，PLC）等多种类型的控制系统通用术语。伴随着工业互联网技术的飞速发展，越来越多的工业控制系统协议被应用在 ICS 中，在用于拓展网络化控制的同时，也带来了诸多的安全风险。

11.4.1　工业控制系统协议的定义

从业务分层看，一个典型的 ICS 可分为 3 层：管理层（企业办公网络）、控制层（过程控制与监控网络）和现场设备层（现场控制网络），对应的工控网络拓扑结构如图 11-8 所示。工业控制系统协议用于实现 ICS 各层设备组件之间进行数据交换而建立的规则、标准或约定，规范设备之间的通信行为与相关的接口标准，并与各设备组件共同形成了工业控制网络。本书重点关注控制层和现场设备层的通信协议。

工业控制系统协议是 ICS 实现实时数据交换、数据采集、参数配置、状态监控、异常诊断、命令发布和执行等众多功能有机联动的重要纽带，其传输的信息大致可分为 3 类。

（1）控制信息：在控制器和现场设备之间传输，并且是控制器中控制回路的输入和输出。该类信息对实时性和确定性具有较高的要求。

（2）诊断信息：用来描述系统当前的状态，例如，通过传感器获得的温度、湿度、电流、电压值等信息。该类信息强调传输速度。

（3）安全信息：用于控制一些关键功能，如安全关闭设备并控制保护电路的运行。通过安全信息的传输，可以便捷地协调各个组件间的任务，提高系统的重新配置和故障排除能力。

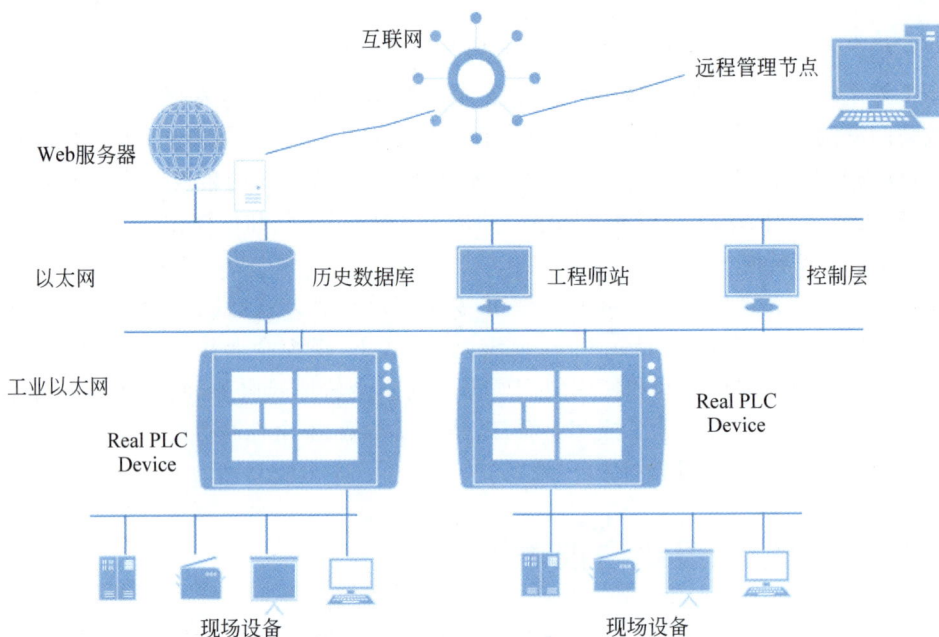

图 11-8　典型工控网络拓扑结构

11.4.2　工业控制系统协议的分类

　　根据使用的通信技术的不同,可以将工业控制系统协议分为 4 类:传统控制网络协议、现场总线协议、工业以太网协议和工业无线协议。相比于早期的传统控制网络协议,工业以太网协议和现场总线协议可以更方便地构建复杂的大型控制系统,工业无线协议具有可以灵活地配置传感器的位置等优势。下面重点介绍目前广泛使用的三种协议:现场总线协议、工业以太网协议和工业无线协议。

　　(1)现场总线协议:一系列工业网络协议的总称。主要用于实时分布式控制。现场总线相比传统 I/O 通信的最大优势在于它可以大幅缩减工厂的供电线路。简单可靠是现场总线最重要的特征,在工业以太网兴起之前,它成为工业网络的首选。

　　(2)工业以太网协议:在由不可路由的现场总线基础之上,逐步形成了以工业以太网为代表的新一代扁平化网络控制系统。Modbus/TCP、Ethernet/IP 和 Profinet 等工业以太网协议在部分继承以太网原有核心技术的基础上,针对实时性、安全性、时间同步性、非确定性进行相应改进,以满足工业需求。

　　(3)无线协议:该类协议为节省网络运营成本和简化安装带来了新的机遇。其主要优点是无须布置供电线路,就可以连接更多监测和控制点。传感器和测量装置是无线协议的主要使用对象。工业无线网技术是工控网络的未来,但需要解决安全、可靠、实时传输等问题。

▌ 11.5　工业控制系统协议的安全风险及防范策略

　　传统的工业控制系统协议的目的往往聚焦于满足大规模分布式系统的实时性运作需求,主要考虑效率问题,大部分在设计之初就没有将网络安全考虑进去。但是,工业互联网的发展使得工厂内部网络呈现出 IP 化、无线化、组网方式灵活化与全局化的特点,传统互联网中的网络安全问题开始向工业互联网蔓延。在工控系统安全面临风险越来越大的背景下,工业控制系统协议的安全风险也随之逐渐暴露出来。

11.5.1　工业控制系统协议的脆弱性

工业控制系统协议的安全性问题可以分为两种:一种是协议自身的设计对安全性考虑的先天不足,导致的认证绕过/缺失、完整性缺失、信息明文传输等缺陷;另一种是协议实现的不正确性,产生的协议处理模块中的堆栈溢出、命令注入、空指针引用等漏洞。

(1)协议设计中存在的脆弱性。

工业控制系统协议设计之初更关注功能的完备和运行时的性能保障,对安全机制考虑少。工业控制系统协议设计在认证、授权、加密和完整性等方面普遍存在缺陷和不足。这些设计缺陷和不足可进一步分为 3 类:进行协议设计时未考虑安全机制;协议对安全机制描述不具体,导致编程人员无法准确实现其安全机制;协议安全机制设计存在缺陷。

(2)协议实现中存在的脆弱性。

在实现方面,编程人员容易默认"隔离"的工控通信环境是可信的,处理协议通信数据时未充分考虑畸形报文,导致程序可能产生漏洞,如内存溢出漏洞、非法内存访问漏洞等;同时,有些工业控制系统协议虽然设计了加密、认证等安全机制,但由于错误的配置或简化的实现,使得这些安全机制存在被绕过的可能。

11.5.2　常见的攻击类型

根据 NIST 的报告,工控系统的 3 个安全目标为可用性、完整性和机密性。相对传统的IT 信息系统,由于工控系统的故障将直接影响物理世界,可能造成极其严重的后果,例如,造成生产中断、环境毁坏,甚至危及人身安全。因此,工业控制系统协议对可用性和完整性的要求更高。工业控制系统协议潜在攻击模式如表 11-1 所示。

表 11-1　工业控制系统协议潜在攻击模式

潜在攻击模式	重要程度	安全目标
拒绝服务/网络风暴	高	可用性
基于中间人的攻击方式,劫持通信信道,通过篡改/重放等方式发送攻击者定制的恶意数据包	中	完整性
监听获取敏感信息;伪造虚假恶意报文,绕过认证机制获取敏感信息	低	机密性

(1)破坏可用性。

工控系统保障处理过程的连续可靠是最基本的要求,对组件和网络有极高的可用性安全需求。破坏可用性的关键在于使控制系统拒绝服务或无法正常提供服务,常见的攻击模式包括利用协议程序漏洞引发程序崩溃;篡改业务控制流程,造成控制过程异常;发送"垃圾"数据,恶意消耗有限的计算资源。

(2)破坏完整性。

破坏完整性的关键在于破坏传输数据的一致性。一致性包括数据块整体的一致性以及运行上下文的一致性。实际的攻击中一般要劫持通信,然后通过篡改或者重放等方式实现完整性破坏的攻击。针对破坏完整性的攻击,主要有 3 种攻击方式:通信劫持攻击、报文篡改攻击和报文重放攻击。

（3）破坏机密性。

破坏机密性的关键在于非法获取系统的敏感信息。获取敏感信息不会直接影响工控系统的运行,工控系统机密性安全要求低于可用性和完整性。尽管如此,获取系统的敏感信息仍然是完成有效攻击的重要前提。攻击者通过分析通信报文获得系统的版本和型号等信息后,可用预先准备的对应漏洞进行攻击利用。攻击者获取与认证相关的敏感报文,可利用重放攻击等方式绕过认证,获得系统的操作权限。针对机密性,主要有 2 种攻击方式:主动请求获取系统的敏感数据和被动监听通信内容。

11.5.3　工业控制系统协议的安全策略

针对工业控制系统协议在设计上普遍缺乏认证加密等安全机制的问题,学术界和工业界一直在努力改善这一现状,常采用的安全策略包括以下几种。

（1）在协议栈增加安全层。国际标准组织推出 IEC 62351 标准,用于改进 IEC 61850系列协议设计缺陷,并规定使用 TLS 为应用间通信提供端对端的传输安全。

（2）在协议应用数据单元增加安全字段。例如,针对 Modbus 协议的设计缺陷,通过在协议应用数据单元增加新的安全字段,实现完整性、防重放、身份认证等安全机制;时间戳字段使得接收者能够检查接收报文的“新鲜度”,可抵抗重放攻击。

（3）协议安全应用指南。针对协议的安全应用,通过标准指南的制定、推广落地和更新维护的方式进行规范化管理。其中,标准指南的制定由国内外的相关组织和机构针对工业控制系统信息安全的标准化工作,形成了一系列的规范性文件;标准发布后,通过配套的政策法规进行要求和引导,推动标准指南的实施和落地;已发布的标准和指南需与时俱进地更新以满足新兴的安全防护需求,用于满足对云计算、移动互联、物联网、工业控制系统及大数据等新技术和新应用领域的安全要求。

▏11.6　本章小结与展望

本章主要讲解了工业互联网发展历程以及工业互联网体系架构;然后分析了工业互联网安全和传统 IT 信息系统安全的差异,介绍了工业互联网带来的安全风险、面临的安全挑战以及工业互联网安全技术发展趋势;最后重点阐述了工业互联网协议的类型、潜在的安全风险以及常见的防范措施。

随着物联网技术、5G 网络、人工智能、大数据等新兴技术的发展,工业互联网安全技术正朝着与这些技术深度融合的方向发展,以提升安全保障能力。此外,对现有工控协议的安全性分析面临巨大挑战,特别是如何对于私有且难以获得源码的“黑盒”协议进行安全性分析,包括漏洞挖掘技术、协议状态提取、认证绕过、测试包变异和多维反馈机制等,都是今后亟须解决的问题。

▏11.7　思考题

1. 工业互联网安全与传统 IT 信息系统安全有什么区别?
2. 查阅文献,撰写关于工业互联网协议安全风险的报告。

第 12 章　Modbus TCP/IP 安全

Modbus TCP/IP 是工业通信系统领域的基石。它是一种与以太网结合使用的应用层消息传递协议，能够实现不同类型网络上连接的设备之间的客户端/服务器通信。由于其易用性、开放性以及将不同设备集成到网络中的能力，使得该协议得到了广泛采用，并已成为许多应用程序的首选协议。本章首先介绍 Modbus TCP/IP 的相关概念，然后讨论 Modbus TCP/IP 面临的安全威胁，并最后介绍 Modbus TCP/IP 的安全防范措施。

教学目标

- 掌握 Modbus TCP/IP 的概念、特征以及体系结构。
- 了解 Modbus TCP/IP 面临的威胁。
- 掌握 Modbus TCP/IP 的安全防范措施。

12.1　Modbus TCP/IP 概述

Modbus 协议位于 OSI/RM 模型的第 7 层，属于应用层消息传递协议。自 1979 年以来，Modbus 一直是事实上的工业串行标准，并继续支持数百万自动化设备进行通信。Modbus 支持多种传输方式，包括串口（Remote Terminal Unit，RTU）和以太网（TCP）。Modbus TCP/IP 是对成熟的 Modbus 协议的改编，可以通过 TCP/IP 堆栈上保留的系统端口 502 访问 Modbus。它允许 Modbus 设备通过以太网进行无缝通信，从而实现高效可靠的数据交换。

12.1.1　Modbus 相关概念

Modbus 协议系列涉及以下相关概念。

（1）客户端/服务器架构：Modbus 消息传递结构采用请求/响应模式，需要一个请求数据的客户端（也称为 TCP 客户端）和一个处理请求并返回响应的服务器。

（2）基于寄存器的通信：在 Modbus 领域中，数据存储在四个基本数据实体中，即离散输入、线圈、输入寄存器和保持寄存器。这些实体对于 Modbus 系统内数据的组织和解释至关重要。离散输入和线圈处理二进制信息，而输入寄存器和保持寄存器处理数字数据。

（3）寻址：Modbus 采用简单的寻址方案来识别正在访问的寄存器。寻址通常使用数值来指定起始寄存器地址以及要读取或写入的寄存器数量。

（4）基于功能代码的读/写操作：Modbus 中的数据访问由 Modbus 数据帧中的功能代

码字段定义。这些功能代码至关重要,因为它们指定要对数据实体执行的操作类型。操作的范围可以从读取和写入数据操作功能。

(5)面向事务:Modbus 的基本原则之一是面向事务的性质。Modbus 客户端发出的每个请求都独立于所有其他请求。该事务属性使 Modbus 能够用于广泛的应用和用例。

12.1.2　Modbus TCP/IP 的优势

Modbus TCP/IP 具有众多优势,使其成为工业自动化和其他应用的首选协议。

(1)兼容性:使用 TCP/IP 作为底层传输协议,确保了与现有网络基础设施的广泛兼容性和集成性。TCP/IP 的兼容性意味着使用 Modbus TCP/IP 的设备可以跨局域网、广域网甚至互联网进行通信,从而在网络设计和可扩展性方面提供了显著的灵活性。

(2)简单性:Modbus TCP/IP 凭借其小型且定义明确的功能代码集和简单的数据模型,在设备和软件中实现起来非常容易。这种简单性还可以减少处理开销,使协议即使在低功耗设备上也能高效运行。

(3)稳健性:受益于 TCP 的稳健性,Modbus TCP/IP 提供可靠、有序且经过错误检查的字节流传输。这种可靠性在许多工业自动化场景中至关重要,在这些场景中,控制命令和状态更新的准确传递可以直接影响操作的安全性和生产率。

(4)可扩展性:Modbus TCP/IP 支持大地址空间,单个网络中可寻址多达 247 个单独设备。这使得它适合许多设备需要通信的大规模应用。此外,Modbus TCP/IP 支持广播,来自一台设备的消息可以发送到网络上的其他设备,从而提高网络通信的效率。

(5)开放性:Modbus TCP/IP 的开放性是一个显著的优势。协议规范是免费提供的,实现该协议不需要许可。这催生了一个由 Modbus TCP/IP 兼容设备和软件组成的大型生态系统,为用户在设计系统时提供了广泛的选择。

▌12.2　Modbus TCP/IP 体系结构

作为一种通信协议,Modbus 最初设计的目的是用于工业控制系统中的串行通信。随着计算机网络的普及,Modbus TCP/IP 作为 Modbus 协议的变体,使得 Modbus 可以通过 TCP/IP 网络进行通信。如图 12-1 所示,Modbus 串行链路取决于 TIA/EIA 标准,包括 232-F 和 485-A,而 Modbus TCP/IP 取决于 IEEE 标准和 RFC 793、RFC 791。本节将重点介绍 Modbus TCP/IP 的体系结构,用于帮助读者理解该协议在工业控制和自动化领域中的应用。Modbus TCP/IP 体系结构由两个关键部分组成,分别是 Modbus 的客户机服务器模型和 Modbus TCP/IP 组件模型。

12.2.1　Modbus 的客户机服务器模型

Modbus TCP/IP 通过保留消息结构、基于寄存器的通信等,继承了原始 Modbus 协议的简单性和鲁棒性,增加了 TCP/IP 的可靠性和互操作性。它将传统的 Modbus 数据封装在 TCP/IP 数据包中,使数据能够通过标准网络基础设施进行传输。

Modbus TCP/IP 使用 TCP 作为底层传输协议。TCP 通过提供数据分段、确认和重传等功能,确保 Modbus 消息在网络上可靠且有序地传送。该协议依赖 IP 层来进行寻址、路

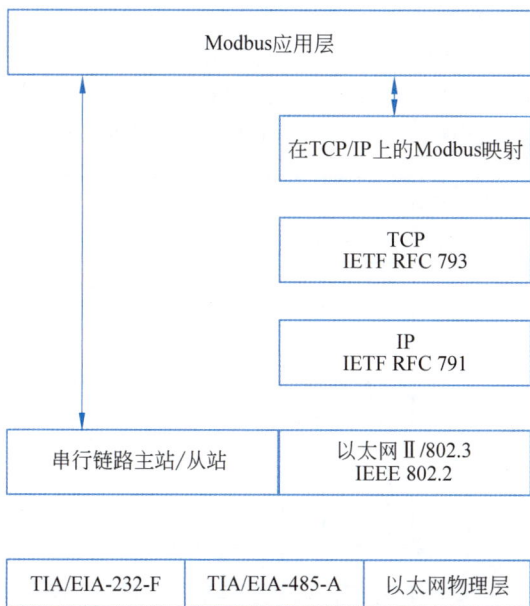

图 12-1　Modbus 在串行链路和 TCP/IP 上的实现

由和数据包传送,使用 IP 地址来识别网络中的源设备和目标设备。IP 确保 Modbus TCP/IP 消息在连接到以太网的设备之间正确路由。TCP/IP 数据包中的 Modbus 消息封装发生在客户端-服务器模型中。该模型将一台设备指定为发起请求的客户端,而其他设备则充当处理这些请求并发送响应的服务器。

Modbus TCP/IP 的通信系统包括连接至 TCP/IP 网络的 Modbus TCP/IP 客户机和服务器设备,以及在串行链路上实现的 Modbus 协议的设备,不同设备通过网关、路由器和网桥等进行连接,如图 12-2 所示。该网络可以同时兼容基于 Modbus TCP/IP 的设备和基于 Modbus 协议的设备。

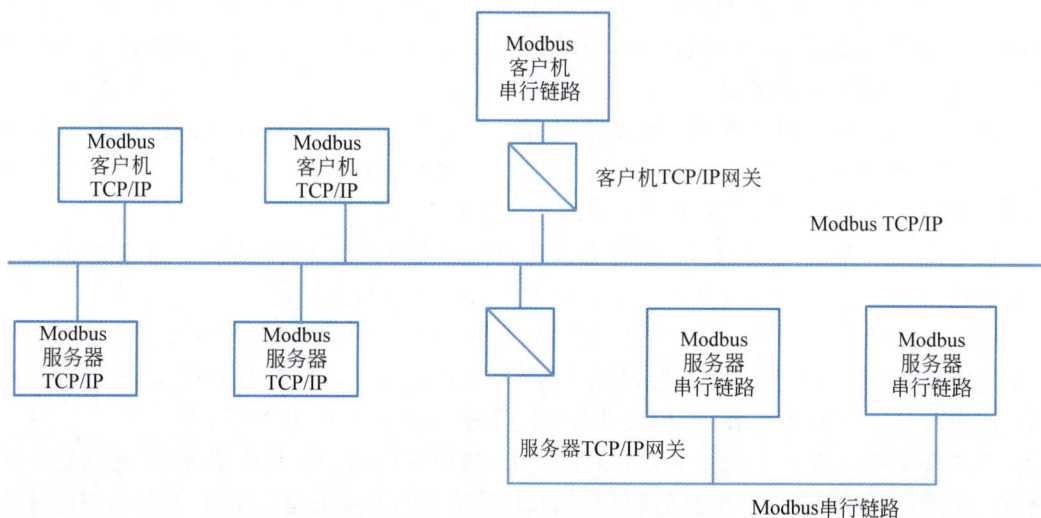

图 12-2　Modbus TCP/IP 通信结构

12.2.2 Modbus TCP/IP 组件模型

Modbus TCP/IP 的组件模型包括用户应用、通信应用层、TCP 管理层,以及资源管理与数据流控制四个模块,如图 12-3 所示。下面将详细介绍后三个模块的组成及功能。

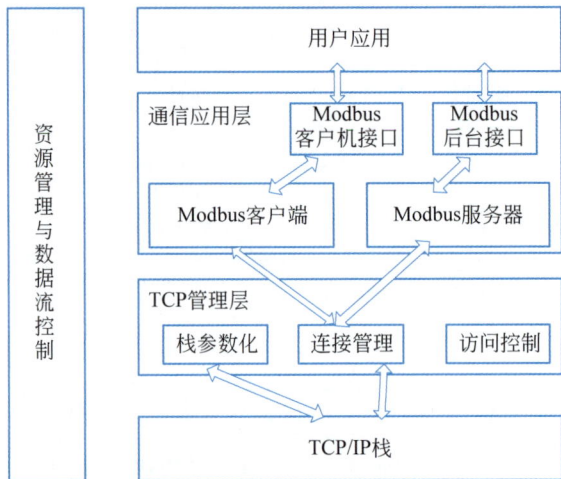

图 12-3 **Modbus TCP/IP 报文传输服务概念结构**

(1) 通信应用层:包括 Modbus 客户端、Modbus 客户机接口、Modbus 服务器和 Modbus 后台接口。在通信应用层中,一个使用 Modbus TCP/IP 的设备可以提供一个客户端/服务器 Modbus 接口,该接口允许间接地访问用户应用对象。Modbus 客户端允许用户应用清晰地控制与远程设备的信息交换。

根据用户应用向 Modbus 客户端接口发送请求,Modbus TCP/IP 客户端生成 Modbus 请求。Modbus 客户端调用一个 Modbus 事务处理模块,该模块管理包括等待和处理 Modbus 确认。Modbus 客户端接口提供一个接口,使得用户应用能够生成对包括访问 Modbus 应用对象在内的 Modbus 服务的请求。Modbus TCP/IP 服务器在收到一个 Modbus 请求后,激活一个本地操作进行读取、写入或其他操作。对于应用程序开发人员来说,这些操作的处理是透明的。

Modbus TCP/IP 服务器的主要功能是等待来自 TCP 502 端口的 Modbus 请求,处理该请求,然后生成一个 Modbus 响应,响应取决于设备状态和场景。Modbus 后台接口是从 Modbu 服务器到定义应用对象的用户应用之间的接口。

(2) TCP 管理层:主要包括连接管理和访问控制模块。报文传输服务的主要功能之一是管理通信的建立和结束,以及管理建立在 TCP 连接上的数据流。

① 连接管理:客户端和服务器之间的 Modbus TCP/IP 模块之间的通信需要调用 TCP 连接管理模块。该模块负责全面管理报文传输 TCP 连接。连接管理中存在两种可能性:用户应用自身管理 TCP 连接;该模块进行连接管理,而对用户应用透明。

TCP 502 端口的监听是为 Modbus TCP/IP 通信保留的。在默认情况下,强制监听该端口。然而,有些场景或应用可能需要其他端口作为 Modbus 的通信端口。例如,在建筑控制中,需要与非施耐德(Schneider)产品进行互操作时,就属于这种情况。因此,客户端和服务器应提供对 TCP 端口上的 Modbus 参数进行配置。需要强调的是:即使在某个特定的应用中为 Modbus 服务配置了其他 TCP 服务器端口,除非另有规定,否则 TCP 服务器 502 端口必须仍然是可用的。

② 访问控制模块:在某些至关重要的场景下,必须禁止不需要的主机对设备内部数据的访问,以提高安全性。TCP/IP 层可以进行参数配置,使得数据流控制、地址管理和连接管理适应于特定的产品或系统的不同约束。一般来说,BSD 套接字接口被用来管理 TCP 连接。

(3) 资源管理和数据流控制:为了平衡 Modbus 客户端与服务器之间进出报文传输的数据流,在 Modbus 报文传输栈的所有各层都设置了数据流控制机制。资源管理和数据流控制模块首先基于 TCP 内部数据流控制,然后附加数据链路层的某些数据流控制,最后是用户应用层的数据流控制。

12.3　Modbus TCP/IP 的功能实现

本节将全面探讨 Modbus TCP/IP 网络中 Modbus 请求和响应的封装过程,TCP 连接管理模块、Modbus 上的 TCP/IP 协议栈的应用,以及通信应用层的设计。

12.3.1　Modbus TCP/IP 的帧格式

Modbus 协议定义了与基础通信层无关的简单协议数据单元(Protocol Data Unit, PDU),如图 12-4 所示。特定总线或网络上的 Modbus 协议映射能够在应用数据单元(Application Data Unit,ADU)上引入一些附加域,其中,地址域指明设备地址;功能码用于向服务器指示将执行哪些操作;数据指明当前向服务器请求的数据信息;差错校验来保证当前信息的正确性。

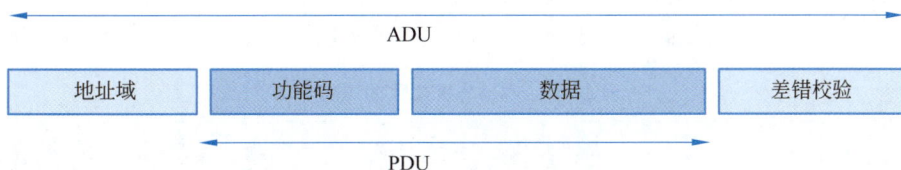

图 12-4　通用 Modbus 帧

(1) 地址域:占 1 字节,指的是子节点地址。合法的子节点地址是 0~247,每个子设备被赋予 1~247 的地址。主节点通过将子节点的地址放到报文的地址域对子节点寻址。当子节点返回应答时,它将自己的地址放到应答报文的地址域以让主节点知道哪个子节点应答。

(2) 功能码:占 1 字节,用 1 字节编码 Modbus 数据单元的功能码域。有效的码范围是十进制 1~255(128~255 为异常响应保留)。

(3) 数据:占 N 字节,Modbus TCP/IP 传输的数据。

(4) 差错校验:占 2 字节,CRC 校验是一种用于验证 Modbus 数据报文完整性的校验方式,可以有效防止数据传输中的误码和数据篡改。

TCP/IP 上的 Modbus 应用数据单元描述了 ModbusTCP/IP 网络中进行的 Modbus 请求或响应的封装,如图 12-5 所示。

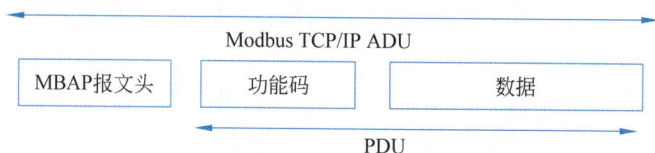

图 12-5　TCP/IP 上的 Modbus 的请求/响应

（1）MBAP 报文头：占 7 字节，TCP/IP 上使用一种专用报文头来识别 Modbus 应用数据单元。

（2）功能码：占 1 字节，用 1 字节编码 Modbus 数据单元的功能码域。有效的码字范围是十进制 1～255（128～255 为异常响应保留）。

（3）数据：占 N 字节，Modbus TCP/IP 传输的数据。

从图 12-5 可以看出在 TCP/IP 上使用一种专用报文头来识别 Modbus 应用数据单元，这种报文头被称为 MBAP（Modbus Application Protocol）报文头。该报文头与在串行链路上使用的 Modbus RTU 应用数据单元有一些差异：它使用 MBAP 报文头中的单个字节单元标识符，而不是通常在 Modbus 串行链路上使用的 Modbus 地址域。该单元标识符用于设备之间的通信，这些设备使用单个 IP 地址支持多个独立的 Modbus 终端单元，例如网桥、路由器和网关。接收者可以通过设计一种方法来验证完成报文。对于 Modbus 请求和响应中包含固定长度功能码的 Modbus PDU，仅功能码就足够了。对于携带可变数据的功能码，在请求或响应中，MBAP 报文头中包括了传输的字节数。

在 TCP 上携带 Modbus 时，可以将报文分成多个信息包进行传输，在 MBAP 报文头上携带附加长度信息，以便接收者能够识别报文边界。显式和隐式长度规则的存在，以及 CRC-32 差错校验码的使用（在以太网上），用于验证 Modbus 数据报文完整性的校验方式，可以有效防止数据传输中的误码和数据篡改。

MBAP 报文头的描述如表 12-1 所示。MBAP 报文包括 4 个字段，总长度为 7 字节。

表 12-1　MBAP 报文头的域信息

域	长　度	描　　述	客 户 机	服 务 器
事务元标识符	2 字节	Modbus 请求/响应事务处理的识别码	客户机启动	服务器从接收的请求中重新复制
协议标识符	2 字节	0＝Modbus 协议	客户机启动	服务器从接收的请求中重新复制
长度	2 字节	以下字节的数量	客户机启动（请求）	服务器（响应）启动
单元标识符	1 字节	串行链路或其他总线上连接的远程从站的识别码	客户机启动	服务器从接收的请求中重新复制

（1）事务元标识符：用于事务处理配对。在响应中，Modbus TCP/IP 服务器复制请求的事务元标识符。

（2）协议标识符：用于系统内的多路复用。通过值 0 识别 Modbus 协议。

（3）长度：长度域是下一个域的字节数，包括单元标识符和数据域。

（4）单元标识符：用于系统内路由。专门用于通过以太网 TCP/IP 网络和 Modbus 串行链路之间的网关对 Modbus TCP/IP 和 Modbus 串行链路从站的通信。Modbus 客户端在请求中设置这个域,在响应中服务器必须使用相同的值返回这个域。

12.3.2　Modbus TCP/IP 的连接管理

1. Modbus TCP/IP 建立连接的两种方式

Modbus TCP/IP 通信需要建立客户端与服务器之间的 TCP 连接。连接的建立可以由用户应用模块直接实现,也可以由 TCP 连接管理模块自动完成。在第一种方案中,用户应用模块必须提供应用程序接口,以便完成管理连接。这种方式为应用开发人员提供了灵活性,但需要对 TCP/IP 机制有一定的了解。在第二种方案中,TCP 连接管理模块完全负责连接的建立,用户应用仅需发送和接收 Modbus TCP/IP 报文。由应用开发人员选择使用哪种连接方式。下面将介绍这两种方式建立连接的过程。

(1) 显式 TCP 连接管理:用户应用模块负责管理所有的 TCP 连接,包括主动和被动的连接建立以及连接结束。这种管理方式涵盖客户端与服务器间的所有连接。BSD 套接字接口用于用户应用模块中来管理 TCP 连接。这种方案提供了完全的灵活性。应用开发人员根据设备的能力和需求,必须对客户端与服务器间的连接数进行限制。因此这种连接方式需要应用开发人员具备充分的关于 TCP 的知识来管理 TCP 的连接。

(2) 自动 TCP 连接管理:TCP 连接管理对用户应用模块是完全透明的。连接管理模块可以接收足够数量的客户端/服务器连接。否则,在超过授权数量的连接时,必须有一种实现机制,在这种情况下建议关闭最早建立的未使用连接。一旦收到来自远端客户端或本地用户应用的第一个数据包,就建立了与远端对象的连接。如果网络中断或本地设备决定终止,此连接将被关闭。在接收连接请求时,可以使用访问控制选项来禁止未授权客户端访问设备。

Modbus 协议的 TCP 连接管理模块通常采用 BSD 套接字接口与 TCP/IP 协议栈进行通信。为了保持系统需求与服务器资源之间的兼容性,TCP 管理将维护两个连接库。第一个库(优先连接库)由从未本地主动关闭的连接组成,必须提供配置来建立此库。其实现原理是将该库中的每个可能连接与特定 IP 地址关联起来,具有该 IP 地址的设备被称为“标记的”,任何来自“标记的”设备的新连接请求必须被接受,并从优先连接库中取出。还需要设置允许每个远端设备最多建立连接的数量,以避免同一设备占用优先连接库中的所有连接。第二个库(非优先连接库)包括非标记设备的连接,其规则是:当来自非标记设备的新连接请求到达且库中无可用连接时,关闭先前建立的连接。

2. 数据传输的流程

(1) 连接的建立。

Modbus TCP/IP 报文传输服务必须在 502 端口上提供一个监听套接字,以允许接收新的连接并和连接的设备进行数据交换。当客户端服务需要与远端服务器交换数据时,它必须在服务器的 502 端口上建立一个新的客户端连接,以便进行数据交换。本地端口必须高于 1024(这是由于 0~1023 的接口通常会分配给常见的服务和应用程序,并且这个范围的端口必须有特殊的权限才能进行绑定),并且每个客户连接必须具有唯一的端口号。如果客户端与服务器的连接数量超过授权的连接数量,则将关闭最早建立的未使用连接。同时,激活访问控制机制,以检查远端客户端的 IP 地址是否经过授权。如果未经授权,将拒绝新的连接。

（2）Modbus TCP/IP 数据交换。

基于已经正确打开的 TCP 连接发送 Modbus TCP/IP 请求。远端设备的 IP 地址用于查找已建立的 TCP 连接。在与同一个远端设备建立多个连接时，必须选择其中一个连接用于发送 Modbus TCP/IP 报文。可以采取不同的选择策略，例如，选择最早建立的连接或第一个建立的连接。在 Modbus TCP/IP 通信的整个过程中，连接必须始终保持打开状态。一个客户端可以向一个服务器发起多个事务处理，而不必等待前一个事务处理结束。

（3）连接的关闭。

当客户端与服务器之间的 Modbus TCP/IP 通信结束时，客户端必须关闭用于通信的连接。此外，连接管理模块会保持连接，并在发生故障后重新启动连接。在发生故障时，会根据保持连接定时器来进行监测。如果断开时间短于保持连接定时器的值，将不会被监测到。

12.3.3　Modbus TCP/IP 中 TCP/IP 接口的使用

本节将介绍分层协议中 TCP/IP 接口向 Modbus TCP/IP 提供的服务，如图 12-6 所示。其中 TCP/IP 栈提供了一个接口，用来管理连接、发送和接收数据，还可以进行参数配置，以使 TCP/IP 协议栈的特性适用于设备或系统的限制。

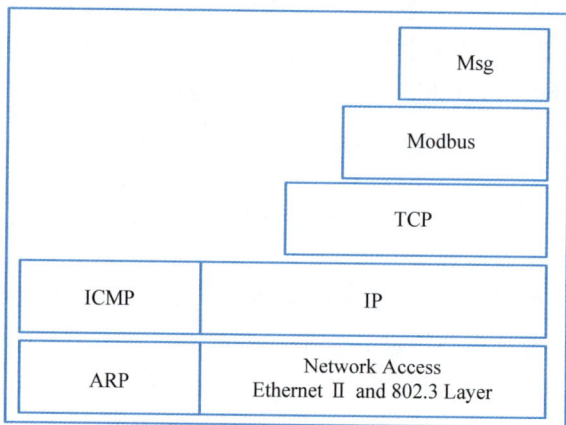

图 12-6　TCP/IP 和 Modbus 接口

1. BSD 套接字接口

TCP/IP 栈接口通常基于伯克利软件套件（Berkeley Software Distribution，BSD）接口。一个套接字是通信中的基本构成块，它是一个通信端点。通过套接字发送和接收数据可以执行 Modbus TCP/IP 通信。TCP/IP 库仅提供了使用 TCP 和基于连接的通信服务的流套接字，其中，使用 socket() 函数用来创建套接字。返回的套接字号由创建者用于访问套接字。套接字创建时没有 IP 地址和端口号地址，直到一个端口被绑定到该套接字时，方可接收数据。其中，bind() 函数用来将一个端口号绑定到套接字上。这个函数在套接字与指定的端口号之间建立连接。为了初始化一个连接，客户端必须发送 connect() 函数来指定套接字号、远端 IP 地址和远端侦听端口号（主动连接建立）。

为了完成连接，服务器端必须调用 listen() 函数将一个套接字从主动连接状态转变为被动监听状态,服务器使用它来监听特定端口上的请求。当服务器调用 listen()函数后,它将等待客户端的连接请求,一旦有请求到达,accept()函数将被调用来接收一个连接请求。接收请求后一个新的套接字被创建,并具有与最初相同的特性。这个新的套接字连接到客户端的套接字,而原始套接字端号则返回给服务器端。最后释放初始套接字以便为其他与服务器连接的客户端使用。

在 TCP 连接建立之后,数据即可被传递。发送函数 send() 和接收函数 recv() 专门设计用于与已经连接的套接字一起使用。setsockopt() 函数允许套接字的创建者用于建立套接字的多个选项,这些选项描述了套接字的操作。

select()函数允许程序员测试所有套接字上的事件;shutdown()函数允许套接字的使用者终止发送或接收;一旦不再需要套接字,可以使用 close()函数来放弃套接字的描述信息。

2. TCP 层参数的配置

可以通过调整 TCP/IP 栈的一些参数使得其特征满足产品或系统的限制,TCP 层的下列参数可以进行调整。

(1) 连接的相关参数。

SO-RCVBUF,SO-SNDBUF:这些参数允许为发送和接收套接字 socket 设定流量大小,可以通过调整这些参数来实现流量控制管理。接收缓存区的大小就是每个连接窗口的最大值。为了提高性能,必须增加套接字缓存区的大小。并且,这些值必须小于设备能提供的资源,以便在设备的资源耗尽之前关闭 TCP 窗口。接收缓存区大小取决于 TCP 窗口大小,即 TCP 最大片段的大小和接收输入帧所需的时间。由于最大段的大小为 300 字节(一个 Modbus 请求需要最大 256 字节+MBAP 报文头),如果需要 3 帧进行缓存,可将套接字缓存区大小调整为 900 字节。为了满足最大的缓存需求和最佳的调度时间,可以增加 TCP 窗口的大小。

TCP-NODELAY:通常,小报文(tinygrams)在局域网(LAN)上的传输不会产生问题,因为多数局域网是不拥堵的。但是,这些 tinygrams 在广域网上将会造成拥堵。一个称为"Nagle 算法"的简单方案是:通过减少需要通过网络发送包的数量来提高 TCP/IP 传输的效率。Nagle 要求一个 TCP 连接上最多只能有一个未被确认的小分组。这意味着,在发送完一个小分组后,需要一直等待该分组的确认 ACK 到达,否则不会发送其他的分组。当确认到达之后,TCP 会收集已经准备好的小分组,并将它们合并成一个大的分组发送出去,从而减少了网络拥塞的可能性,降低了网络延迟,并提高了吞吐量。为了获得更好的实时特性,通常将小量的数据直接发送,而不要试图将其收集到一个段内再发送。

SO-REUSEADDR:当 Modbus 服务器关闭一个由远端客户启动的 TCP 连接时,在这个连接处于"时间等待"状态(两个 MSL:最大报文段寿命)的过程中,该连接所用的本地端口号不能被再次用来打开一个新的连接。建议为每个客户机和服务器连接,指明 SO-REUSEADDR 选项,以绕过这个限制。此选项允许为自身分配一个端口号,它作为连接的一部分,在 2MSL 期间内等待客户机并侦听套接字接口。

SO-KEEPALIVE:TCP/IP 在默认状态下,不能通过空闲的 TCP 连接发送数据。因此,如果在 TCP 连接端这个过程没有发送数据,在两个 TCP 模块间就没有交换任何数据。这就假设客户机端应用和服务器端应用均采用计数器来探测连接的存活性,以便关闭连接。

在客户机与服务器连接两端均采用 KEEPALIVE 选项，以便查询另一端得知对方是否故障并死机，或故障并重新启动。采用 KEEPALIVE 可能引起一个非常良好的连接，在瞬间故障时通信中断，如果保持连接计时器计时周期太短，将占用不必要的网络带宽。

（2）TCP 层的参数。

TCP 连接建立超时：多数伯克利推出的系统将新连接建立的时限设定为 75s，这个缺省值应该适应于实时的应用限制。

保持连接参数：连接的缺省空闲时间是 2h。超过此空闲时间将触发一个保持连接试探过程。第一个保持连接试探后，在最大次数内每隔 75s 发送一个试探，直到收到对试探的应答为止。在一个空闲连接上发出保持连接试探的最大数是 8 次。如果发出最大试探次数之后而没有收到应答，TCP 向应用发出一个错误信号，由应用来决定关闭连接。

超时与重发参数：如果检测到一个 TCP 报文丢失，将重发此报文。检测丢失的方法之一是管理重发超时（Retransmission Time Out，RTO），如果没有收到来自远端的确认，超时终止。TCP 进行 RTO 的动态评估。为此，在发送每个非重发的报文后测量往返时间。往返时间（Round-Trip Time，RTT）是指报文到达远端设备并从远端设备获得一个确认所用的时间。一个连接的往返时间是动态计算的。例如，如果 TCP 不能在 3s 内获得 RTT 的估计，则设定 RTT 的缺省值为 3s。如果已经估算出 RTO，它将被用于下一个报文的发送。如果在估算的 RTO 终止之前没有收到下一个报文的确认，启用指数补偿算法。在一个特定的时间段内，允许相同报文最大次数的重发。之后，如果收不到确认，连接终止。可以对某些栈设置连接终止之前重发的最大次数和重发的最长时间。在 TCP 标准中定义了一些重发算法，如下所示。

① Jacobson RTO 估计算法用来估计（RTO）；

② Karn 算法指出，在重发段，不应进行 RTO 估计；

③ 指数补偿算法定义：对于 64s 时间上限内每一次重发，加倍重发超时；

④ 快速重发算法允许在收到 3 个重复确认之后进行重发。

3. IP 层的参数配置

下列参数必须在 Modbus 实现的 IP 层进行配置。

（1）本地 IP 地址：IP 地址可以是 A、B、C 类的一种。

（2）子网掩码：可基于各种原因，将 IP 地址划分为子网，即使用不同的物理介质（例如以太网、广域网等），可以更有效地使用网络地址以及控制网络流量。子网掩码必须与本地IP 地址的类型相一致。

（3）默认网关：默认网关的 IP 地址必须配置一致子网作为本地 IP 地址。禁止使用0.0.0.0。如果没有网关，可以设置为 127.0.0.1 或本地 IP 地址。

12.3.4　Modbus TCP/IP 的通信应用层设计

一个 Modbus TCP/IP 客户端可以接收以下三类事件。

（1）来自用户应用的新请求。在这种情况下，必须对 Modbus TCP/IP 请求进行编码，并使用 TCP 管理组件服务通过网络发送 Modbus TCP/IP 请求。下层（TCP 管理模块）可能会返回一个错误信息，这些错误信息是由 TCP 连接错误或其他错误所导致的。

（2）来自 TCP 管理的一个响应。在这种情况下，客户端必须分析响应的内容，并向用户应用发送一个确认。

（3）由于无响应而超时结束。此时可以通过网络发送一个重试消息，或向用户应用发送一个否定确认。

下面主要介绍 Modbus TCP/IP 请求生成和 Modbus 超时管理的相关内容。

1. Modbus TCP/IP 请求的生成

在图 12-7 中，描述了在收到来自用户应用的需求后，客户端必须生成一个 Modbus TCP/IP 请求，并将其发送到 TCP 管理。可以将生成 Modbus TCP/IP 请求分解成为几个子任务。

（1）Modbus TCP/IP 事务处理的实例化，使客户机能够存储所有需要的信息，以便将响应与相应的请求匹配，并向用户应用发送证实。

（2）Modbus TCP/IP 请求（PDU＋MPAB 报文头）的编码。启动需求的用户应用必须提供所有需要的信息，使得客户机能够将请求编码。根据 Modbus TCP/IP 进行 Modbus PDU 的编码。填充 MBAP 报文头的所有域。然后，将 MBAP 报文头作为 PDU 前缀，生成 ModbusTCP/IP 请求 ADU。

（3）发送 Modbus TCP/IP 请求 ADU 到 TCP 管理模块，TCP 管理模块负责对远端服务器寻找正确 TCP 的套接字。

2. Modbus 的超时管理

对 Modbus/TCP 上的事务处理所需响应时间有意不作规定。这是因为从毫秒级的 I/O 扫描到延时几秒的远距离无线链路，Modbus/TCP 预计将用于宽泛的通信场合。从客户机的角度，超时必须考虑网络上预期的传输延迟，以便确定一个合理的响应时间。这种传输延迟可能是交换式以太网中的几毫秒，或广域网连接中的几百毫秒。反过来讲，任何客户机启动应用重试使用的超时时间应该大于预期的最大的合理响应时间。如果不遵循这一点，目标设备或网络就存在过度拥挤的潜在危险，而反过来会导致更多的错误。因此在实际中，在高性能应用中所使用的客户机超时似乎总是与网络拓扑和期望的客户机性能有关。时间因素不太重要的系统经常采用 TCP 默认值作为超时值。

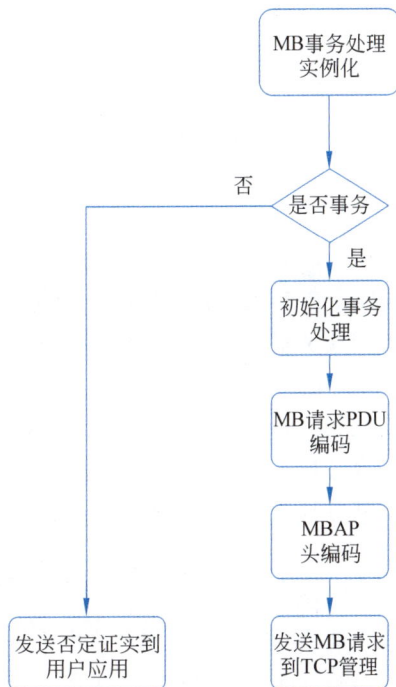

图 12-7　请求生成操作示意图

12.4　Modbus TCP/IP 的安全隐患

Modbus TCP/IP 是典型的工控网协议，研究其安全性对于加强工业控制网络的安全性具有重要意义。一般来说，协议安全性问题可以分为两种。

（1）协议自身设计的规范引起的安全问题。

（2）协议的不正确实现引起的安全问题。

Modbus TCP/IP 也存在上述两方面的问题。

12.4.1 Modbus TCP/IP 设计的安全问题

绝大多数工控协议在设计之初，仅仅考虑了功能实现、提高效率、提高可靠性等方面，而没有考虑过安全性问题。Modbus TCP/IP 也不例外，尽管其已经成为事实上的工业标准。从原理分析可以看出，其本身缺乏认证、授权、加密等安全防护机制，存在功能码滥用等问题。

（1）缺乏认证：认证的目的是保证收到的信息来自合法的用户，未认证用户向设备发送控制命令不会被执行。在 Modbus TCP/IP 通信过程中，没有任何认证方面的相关定义，攻击者只需找到一个合法的地址，就可以使用功能码建立一个 Modbus TCP/IP 通信会话，从而扰乱整个或者部分控制过程。

（2）缺乏授权：授权是保证不同的特权操作需要由拥有不同权限的认证用户来完成，这样可以大大降低误操作与内部攻击的概率。目前，Modbus 协议没有基于角色的访问控制机制，也没有对用户分类，进而对用户的权限进行划分，这导致任意用户可以执行任意功能。

（3）缺乏加密机制：加密可以保证通信过程中双方的信息不被第三方非法获取。Modbus TCP/IP 通信过程中，地址和命令全部采用明文传输，因此数据可以很容易地被攻击者捕获和解析，为攻击者提供便利。

（4）功能码滥用：功能码是 Modbus TCP/IP 中的一项重要内容，几乎所有的通信都包含功能码。目前，功能码滥用是导致 Modbus TCP/IP 网络异常的一个主要因素。例如，不合法报文长度、短周期的无用命令、不正确的报文长度、确认异常代码延迟等都有可能导致拒绝服务攻击。

12.4.2 Modbus TCP/IP 实现产生的安全问题

虽然 Modbus TCP/IP 获得了广泛的应用，但是在实现具体的工业控制系统时，开发者并不具备安全知识，或者没有意识到安全问题。这样就导致了使用 Modbus TCP/IP 的系统中可能存在各种各样的安全漏洞。

（1）缓冲区溢出漏洞：缓冲区溢出是指在向缓冲区内填充数据时超过了缓冲区本身的容量，导致溢出的数据覆盖合法数据。这是软件开发中最常见且非常危险的漏洞之一，可能导致系统崩溃或被攻击者用来控制系统。大多数 Modbus TCP/IP 系统开发者缺乏安全开发知识，因此容易出现缓冲区溢出漏洞。一旦被恶意利用，可能会造成严重后果。

（2）TCP/IP 安全问题：目前，Modbus TCP/IP 已经能够在通用计算机和通用操作系统上实现，并运行于 TCP/IP 之上，以满足不断发展的需求。因此，TCP/IP 本身存在的安全问题不可避免地会影响到工控网络安全。非法获取网络数据、中间人攻击、拒绝服务、IP 欺骗以及病毒木马等在 IP 互联网中常见的攻击手段都可能对 Modbus TCP/IP 系统的安全造成影响。

▌12.5　Modbus TCP/IP 的安全防护措施

目前，业界设计了一些有效的安全防范机制和措施，用于降低 Modbus TCP/IP 存在的安全风险，提高工业控制系统的安全性。

12.5.1　密码学机制

通过从 Modbus TCP/IP 系统的需求设计、开发实现、内部测试和部署等阶段全生命周期的安全介入,融入安全设计、安全编码以及安全测试等技术,可以极大地消除安全漏洞。同时,在协议应用数据单元中增加新的安全字段,实现完整性、防重放、身份认证等安全机制,也是一个有效的措施。如图 12-8 所示,在安全版本的 Modbus TCP/IP 应用数据单元中,通过 SHA-2 哈希函数计算获得数据包的安全摘要,再由 RSA 算法生成数字签名字段,保障了 Modbus TCP/IP 完整性;非对称加密 RSA 算法使用私钥对安全摘要签名,接收方可以通过公钥快速验证 Modbus TCP/IP 报文的身份,使改进的 Modbus TCP/IP 具备了身份认证的安全功能;时间戳(TimeStamp,TS)字段使得接收者能够检查接收报文的“新鲜度”,可抵抗重放攻击。

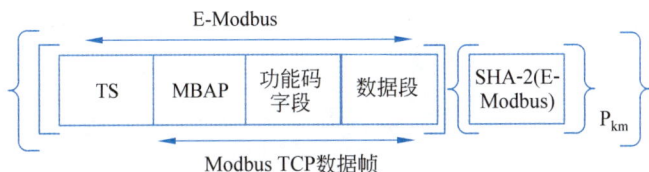

图 12-8　安全版本的 Modbus TCP/IP 应用数据单元

(1) TS:占 8 字节,使用 NTP(Network Time Protocol)时间戳,能高精度评估“新鲜度”。

(2) MBAP 报文头:占 7 字节,TCP/IP 上使用一种专用报文头来识别 Modbus 应用数据单元。

(3) 功能码:占 1 字节,用 1 字节编码 Modbus 数据单元的功能码域。有效的码字范围是十进制 1~255(128~255 为异常响应保留)。

(4) 数据:占 N 字节,Modbus TCP/IP 传输的数据。

(5) SHA-2 字段:删除了错误校验字段,并在 MBAP 报文头中存储了附加长度信息,安全 Modbus 数据包的发起者计算 SHA2 摘要,使用其 RSA 私钥对摘要进行签名,并将数据包和签名摘要发送给接收者。

12.5.2　异常行为检测

异常行为代表着可能发生威胁,不管有没有攻击者。故开发针对 Modbus 系统的专用异常行为检测设备可以极大提高工控网络的安全性。针对 Modbus 系统,首先分析其存在的各种操作行为,依据“主体,地点,时间,访问方式,操作,客体”等行为描述成一个六元组模型;进而分析其行为是否属于异常;最终决定采取记录或者报警等措施。

12.5.3　安全审计

Modbus TCP/IP 的安全审计就是对协议数据进行深度解码分析,记录操作的时间、地点、操作者和操作行为等关键信息,实现对 Modbus TCP/IP 系统的安全审计日志记录和审计功能,从而提供安全事件爆发后的追查能力。

12.5.4　使用网络安全设备

使用入侵防御和防火墙等网络安全设备。防火墙是串行设备,通过设置只允许特定的地址访问服务端,禁止外部地址访问 Modbus TCP/IP 服务器,可以有效地防止外部入侵;入侵防御设备可以分析 Modbus TCP/IP 的具体操作内容,有效地检测并阻止来自内部/外部的异常操作和各种渗透攻击行为,对内网提供保护功能。

此外,可以对旧的系统增加如图 12-9 所示的 Modbus TCP/IP 安全网关。Modbus TCP/IP 安全网关是一个专用的多宿主网关,它仅接受经过身份验证的主设备 Secure Modbus TCP 流量,并提取 Modbus TCP/IP 数据包发送给从设备,当收到从设备点对点链路数据包时,安全网关选择对应的私钥对数据包进行签名,生成 Secure Modbus TCP 流量再发送。

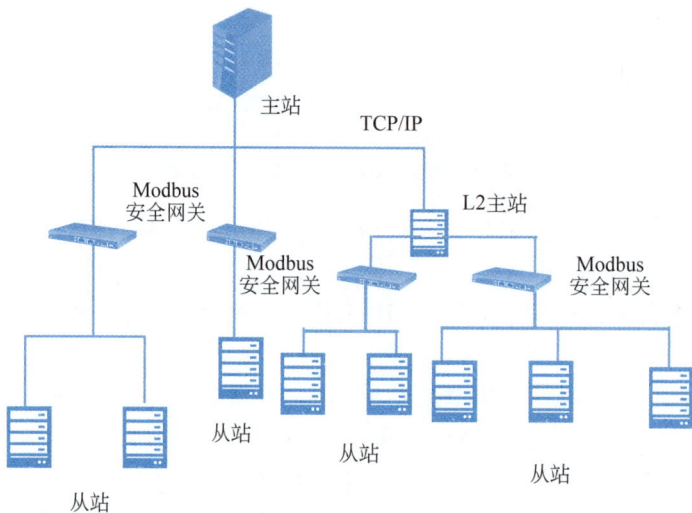

图 12-9　基于安全网关的通信架构

12.6　本章小结与展望

本章主要介绍了 Modbus 协议在 TCP/IP 和在串行链路上的实现、Modbus TCP/IP 的通信过程、通信原理、Modbus TCP/IP 的优点以及应用场景,同时对于 Modbus TCP/IP 存在的安全问题进行了阐述,并且对该协议面临的问题提出了一些建议以及解决方法。

随着工控系统的重要性日益提升,对于 Modbus TCP/IP 安全的需求也将持续增加。将有更多针对该协议的安全增强措施的出现,包括更强大的加密算法、更灵活的访问控制机制以及更智能的威胁检测技术;另外,人工智能、区块链等新技术将与 Modbus TCP/IP 相结合,以提升工控系统的智能化、安全性和效率的研究和实践,以满足工业控制系统日益增长的需求和挑战。

‖ 12.7　思考题

1. Modbus TCP/IP 本身在设计上并不包含安全机制,因此如何在不影响性能和实时性的情况下,提高其安全性?

2. 针对工业控制系统的低延迟、高可靠性等特殊要求,有哪些定制化的安全解决方案可以应用于 Modbus TCP/IP? 如何平衡安全性与性能之间的关系?

第 13 章 DNP3 安全

DNP(Distributed Network Protocol)是在国际电子电工协会的 TC57 协议基础上制定的通信规约,如今已发展至 DNP 3.0。该协议是一种用于远程监控与控制系统的关键协议,其主要应用于电力、水务、交通、环境监测等领域。本章主要介绍 DNP3 的相关概念、面临的安全风险以及目前采取的安全防护措施。

教学目标

- 了解 DNP 的规约、帧格式以及基本原理。
- 了解 DNP 的应用场景。
- 了解 DNP 面临的威胁。
- 理解 DNP 的安全防护措施。

‖ 13.1 DNP3 概述

DNP3 是一种被广泛应用于各种工业系统中的通信协议。相较于复杂的 s7comm 协议栈,DNP3 更为简洁,完全基于 TCP/IP,仅在应用层进行了修改。它在应用层实现了对传输数据的分片、校验和控制等多项功能。通过借助 TCP 在以太网上运行,DNP3 使用的端口是 20000 端口。

13.1.1 DNP3 的特点

（1）可靠性和稳定性：DNP3 具有高度的可靠性和稳定性。它通过采用多种机制来处理工业环境中常见的问题,如噪声、干扰和丢包。例如,它可以实现数据的重传和校验,以确保数据传输的准确性和可靠性。此外,DNP3 还支持多级重试机制,能够自动处理通信中断或设备故障等情况。

（2）灵活性和扩展性：DNP3 提供了灵活的数据传输方式和多种数据类型的支持,使其适用于不同类型的工业设备和系统。它支持多种数据格式,如模拟量、数字量、字符串等,同时还支持用户定义的数据类型。此外,DNP3 还具有良好的扩展性,可以轻松地添加新的功能和特性以满足不断变化的需求,如添加新的数据点或扩展协议功能。

（3）高效性：DNP3 采用了优化的数据传输方式和数据压缩算法,使得在带宽有限或网络拥堵的情况下也能够实现高效的数据传输。例如,DNP3 支持数据的压缩和优先级处理,能够有效地降低数据传输的延迟和网络负载,提高数据传输的效率和速度。

（4）兼容性：DNP3 与现有的工业控制系统和设备兼容性良好，可以与各种厂商的设备进行集成和通信。它支持多种通信接口和网络协议，如串口、以太网、无线通信等，能够与不同类型的设备和系统进行无缝连接和通信。

（5）故障恢复能力：DNP3 支持故障恢复机制，能够快速恢复通信链路，减少因网络中断或设备故障而导致的停机时间。例如，DNP3 支持自动重连和链路恢复功能，能够在通信中断后自动重新建立通信链路，确保数据传输的连续性和稳定性。

13.1.2　DNP3 的应用场景

DNP3 广泛应用于各个领域的远程监控与控制系统中。以下是 DNP3 在几个典型应用场景中的应用。

（1）电力系统：DNP3 可以实现对发电厂、变电站和配电网络等设备的远程监控和控制。通过 DNP3，工程师可以实时监测电网的状态、参数和故障信息，并能够远程控制设备进行操作和调节。

（2）水务系统：DNP3 可用于监控和控制水处理厂、水泵站和水质检测设备等设备。通过 DNP3，操作人员可以实时了解水务系统的运行情况，并能够远程控制设备进行操作和调节，提高水务系统的效率和安全性。

（3）交通系统：DNP3 在交通系统中的应用，主要涉及交通信号灯的控制和管理。通过 DNP3，交通管理中心可以实时监控各个路口的交通情况，并能够远程调节控制信号灯，以实现交通流量的优化和交通事故的减少。

（4）环境监测系统：环境监测系统是指对环境中的各种参数进行实时监测和分析的系统。DNP3 在环境监测系统中起到了关键的作用，可以实现对气象、空气质量、水质和土壤质量等参数的监测和控制。

▍13.2　DNP3 体系结构

早期的数据采集与监控系统（Supervisory Control And Data Acquisition，SCADA）架构通常依赖易受噪声和信号失真影响的通信电路。因此，DNP3 被设计为包含多个协议层。国际电工委员会（International Electrical Commission，IEC）最初提出了 SCADA 系统中遥测数据传输的 IEC 870 标准。这种三层增强性能架构（Enhanced Performance Architecture，EPA）是通过七层 OSI 模型中多余的层（从 SCADA 系统的角度来看）而创建的，如图 13-1 所示。然而，由于 EPA 不支持大于数据链路帧最大长度的应用层消息。故 DNP3 通过合并伪传输层以允许消息分段来解决此问题。

13.2.1　DNP3 的分层结构

DNP3 是基于 OSI 参考模型的应用层协议，其主要功能是实现远程设备之间的数据交换。DNP3 采用了类似互联网的分层结构，包括物理层、数据链路层、伪传输层和应用层。每层的功能如下。

（1）物理层：物理层是 DNP3 的最底层，负责将数据转换为电信号，通过物理媒介进行传输。常用的物理媒介有串口、以太网等。

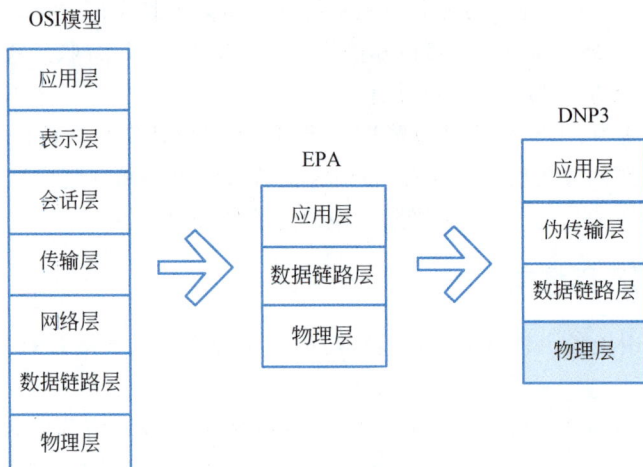

图 13-1　DNP3 体系结构

（2）数据链路层：数据链路层主要负责数据的可靠传输，包括差错检测、帧同步和流控制等功能。常用的数据链路协议有 HDLC、PPP 等。

（3）伪传输层：伪传输层是 DNP3 中的核心层，主要负责数据包的路由和寻址。在数据包中，源地址和目的地址用于标识数据的发送方和接收方。

（4）应用层：应用层是 DNP3 的最高层，主要定义了数据交换的格式和内容。DNP3 使用了类似报文的数据格式，将数据进行封装和解封装。

DNP 3 协议层位于物理层之上，负责通过无线电、卫星、铜线和光纤等物理介质传输消息。物理层规范确定了电气设置、电压和时序，以及在设备之间发送信号所需的其他属性。物理层提供五种服务，分别为发送数据、接收数据、连接、断开连接以及状态更新。需要说明的是，图 13-1 所示的 DNP3 的物理层用阴影表示，是因为在 DNP3 标准中没有具体指定。

13.2.2　DNP3 的通信模式

DNP3 支持控制中心（主单元）和分站设备之间的三种简单通信模式。在单播事务中，主设备向被寻址的外围站设备发送请求消息，外围站设备用应答消息进行响应。例如，主设备可以发送"读"消息或"写入"消息以执行控制动作，分站用相应的消息响应；在广播事务中，主设备向网络中的所有分站发送消息，分站设备不应答广播消息；第三通信模式涉及来自外围站设备的未经请求的响应，这些响应通常用于提供周期性更新或警报。DNP3 支持多种网络配置，其中三种常见配置如下。

（1）在"一对一"配置中，一个主站和一个分站设备共享一个专用连接，例如拨号电话线。

（2）流行的"多点"配置有一个主机与多个分站通信。每个外围站接收来自主设备的每个请求，但是每个外围站只响应寻址到它的消息。

（3）在"分层"配置中，设备在一个段中充当外围站，在另一个段中充当主设备，这样的两用设备被称为"子主设备"。

13.3　DNP3 的功能

考虑到 DNP3 实现类似 TCP/IP,在物理层主要进行传输数据在不同介质之间的转换,故在此不做赘述。本节将重点介绍数据链路层、伪传输层和应用层对传输数据的封装格式和功能。

13.3.1　DNP3 的数据链路层

数据链路层维护设备之间的可靠逻辑链路,以促进消息帧的传输。数据链路层帧有一个 10 字节的固定大小的报头和一个数据或"有效载荷"部分。如图 13-2 所示的数据链路报头的格式,开始字段始终包含 2 字节的值 0x0564,以使接收器能够确定帧的开始位置;开始字节表示 DNP3 数据包已到达,必须进行处理。长度字段提供帧的剩余部分(不包括 CRC)中的字节数。

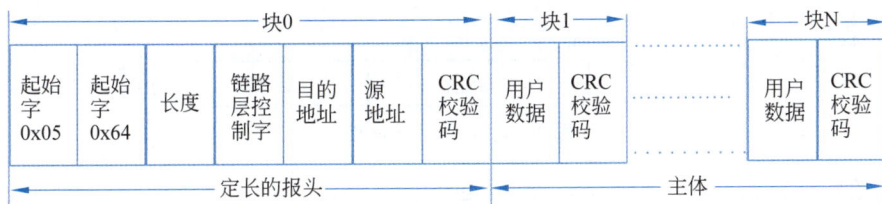

图 13-2　DNP3 数据链路层帧

(1) 起始字:占 2 字节,0x0564。

(2) 长度:占 1 字节,是控制字、目的地址、源地址和用户数据之和。长度为区间[5,255]中的数字。

(3) 目的地址:占 2 字节,低字节在前,0xFFFF 为广播地址。

(4) 源地址:占 2 字节,低字节在前。

(5) 用户数据:跟在报文头之后的数据块,每 16 字节是一块,最后一个块包含剩下的字节,可以是 1~16 字节。每个数据块都有一个 CRC 循环冗余码挂在后面。

(6) CRC 循环冗余码:占 2 字节。在一个帧内挂在每个数据块之后。CRC 按字节反向排列。

数据链路报头中的链路控制字段包含控制消息流、提供序列并确定帧功能的数据。此数据有助于确定设备是主站还是分站,识别发起通信的设备,并提供逻辑链路的状态。链路控制字段还包含一个四位功能代码,用于指定消息的用途。在源自主站的消息和源自分站设备的消息中使用单独的功能代码集。主功能代码的示例包括重置远程链接、重置用户进程、请求链接状态和测试功能。分站设备功能码包括肯定应答、报文不接受、链路状态和无链路业务。链路控制字段还包含用于通信同步和流控制的两个标志。数据链路报头中的16 位目的地址指定预期的接收方(可能包括广播地址 0xFFFF)、16 位源地址标识始发方。报头中还包含一个 16 位 CRC,用于验证传输的完整性。

13.3.2　DNP3 的伪传输层

DNP3 伪传输层主要用于处理消息分段和重组，它将长度大于一个数据链路帧的应用消息拆分为多个帧。伪传输层添加如图 13-3 所示的 FIR 标志、FIN 标志，以及序列号的字节。FIR 和 FIN 标志分别表示分段报文的第一帧和最后一帧，序列号在每个连续的帧中递增，用于重组消息以供应用层排序信息，还有助于检测丢弃的帧。这部分定义对于 DNP 数据链路层充当伪传输层的传输层功能。

伪传输层功能专门设计用于在原方站和从方站之间传送超出链路规约数据单元（Link Protocol Data Unit，LPDU）定义长度的信息。LPDU 包含的字段及含义如下。

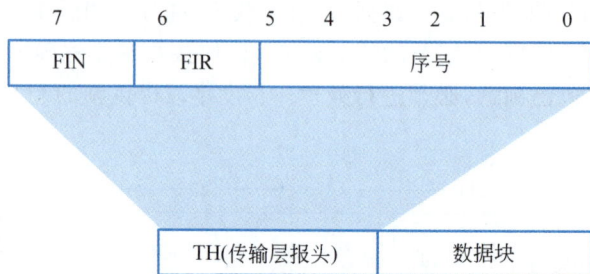

图 13-3　LPDU 数据单元

（1）传输层报头：传输控制字，1 字节，包含以下字段。

① FIN：此位置"1"，表示本用户数据是整个用户信息的最后一帧；

② FIR：此位置"1"，表示本用户数据是整个用户信息的第一帧；

③ 序号：表示这一数据帧是用户信息的第几帧，帧号范围为 0～63，每个开始帧可以是 0～63 中的任何一个数字，下一帧自然增加，63 以后接 0。

（2）数据块：应用用户数据 1～249 字节。

由于数据链路层的 FT3 帧格式中的长度字的最大限制为 255，因此传输层数据块的最大长度为 255−5（链路层 control ＋ source ＋ destination）−1（TH）＝249。当应用用户数据长度大于 249 字节时，传输层将以多帧报文方式传送，并在每帧前加 TH 控制字，如 1234＝249＋249＋249＋249＋238，分 5 帧传送。

13.3.3　DNP3 的应用层

应用层将对超过最大片段大小（由接收方的缓冲区大小确定）的消息进行分段。典型的消息片段在 2048～4096 字节。应用控制字段执行与伪传输层中的对应字段类似的功能，包含两个标志：用于指定消息的第一个或最后一个片段以及用于排序和重组的序列号；一个附加标志，用于在收到片段时请求确认。

DNP3 请求和应答消息的应用层定义了主站和分站设备的角色。来自主机的请求消息指示外围站设备执行任务、收集和提供数据或同步其内部时钟。只有主站可以发送请求消息；外围站设备可以发送请求消息或非请求消息。应用请求/响应报文的格式如图 13-4 所示。

（1）请求（响应）报头：标识报文的目的，由应用规约控制信息组成。

（2）对象标题：标识随后的数据对象数据。

请求报文/响应报文	对象标题	数据	对象标题	数据

图 13-4　应用请求/响应报文

（3）数据：对象标题内所指定类型的数据对象。DNP3 应用层消息中的报头之后是数据对象。定义了二进制输入、二进制输出、模拟输入、模拟输出和计数器等数据对象，以使运行在不同平台上的设备能够有效地传递数据和命令。

13.4　DNP3 的安全风险

下面介绍 DNP3 的数据链路层、伪传输层和应用层存在的安全风险。

13.4.1　数据链路层的安全风险

大多数攻击涉及拦截 DNP3 消息，修改消息值并将其发送到主站或分站设备。某些攻击通过获取配置数据和网络拓扑信息来影响机密性。完整性攻击插入错误数据或重新配置分站。对可用性的攻击会导致外围设备失去关键功能或中断与主站的通信。

（1）长度溢出攻击：此攻击在长度字段中插入影响消息处理的错误值。该攻击可能导致数据损坏、意外操作和设备崩溃。

（2）DFC 标志攻击：DFC 标志用于指示外围站正忙碌，请求应稍后重新发送。此攻击会设置 DFC 标志，使外围设备在主设备上显示为忙碌状态。

（3）重置功能攻击：此攻击向目标分站发送带有功能代码（重置用户进程）的 DNP3 消息。攻击会导致目标设备重新启动，使其在一段时间内不可用，并可能将其恢复到不一致的状态。

（4）不可用功能攻击：此攻击发送带有功能代码的 DNP3 消息，表示服务无法运行或未在外围设备中实现。此攻击会导致主服务器不向目标外围站发送请求，因为它假定该服务不可用。

（5）目标地址变更：通过更改目标地址字段，攻击者可以将请求或回复重新路由到其他设备，从而导致意外结果。攻击者还可以使用广播地址 0xFFFF 向所有外围设备发送错误的请求。这种攻击很难检测到，默认情况下广播请求不会返回结果消息。

13.4.2　伪传输层的安全风险

由于伪传输层提供的功能比其他层少，故与此层相关的攻击较少。

（1）分段消息中断：FIR 和 FIN 标志分别表示分段消息的第一帧和最后一帧。当具有 FIR 标志的消息到达时，丢弃所有先前接收的不完整片段。在分段消息的传输开始之后插入设置了 FIR 标志的消息会导致有效消息的重组中断。插入设置了 FIN 标志的消息会提前终止消息重组，导致在处理部分完成的消息期间出错。

（2）传输序列修改：序列字段用于确保分段消息的有序传递。序列号随着每个片段的发送而递增，因此预测下一个值是微不足道的。将伪造的消息插入片段序列的攻击者可以注入任何数据和（或）导致处理错误。

13.4.3　应用层的安全风险

由于 DNP3 的应用层提供了诸多功能,故存在巨大的安全风险。其中,机密性的攻击获取有关网络拓扑、系统配置和功能的信息;完整性攻击修改通信路径,向主站和分站设备提供错误数据,或重新配置分站设备;可用性攻击可能会导致设备失去关键功能、重新启动或崩溃。

(1)外围站写入攻击:此攻击发送带有功能代码为 2 的 DNP3 消息,将数据对象写入 Outstation。这种攻击可以破坏存储在外围站内存中的信息,导致错误或溢出。

(2)清除对象攻击:此攻击发送带有功能代码为 9 或 10 的 DNP3 消息,以冻结和清除数据对象。攻击可以清除关键数据或导致外围设备故障或崩溃。需要说明的是,涉及功能代码为 10 的攻击是有问题的,因为具有此功能代码的消息不需要确认。

(3)外围站数据重置攻击:此攻击发送一个 DNP3 消息,功能代码为 15。该攻击导致外围设备将数据对象重新初始化为与系统状态不一致的值。

(4)外围站应用终止攻击:此攻击发送带有功能代码为 18 的 DNP3 消息,用于终止在 Outstation 上运行的应用程序。具有此功能代码的消息会导致设备对来自主机的正常请求无响应。

(5)配置捕获攻击(A14):此攻击发送一条消息,其中设置了 FIN 第二字节中的第五位,这表明目标外围站的配置文件已损坏。该攻击导致主服务器传输新的配置文件,该文件被攻击者拦截。然后执行单独的攻击以修改文件并将其上传到目标外围站。

‖ 13.5　DNP3 的安全防护措施

针对 DNP3 存在的安全风险,下面介绍两种有效的安全防护措施,分别是 DNP3 安全协议架构和应用层的安全认证。

13.5.1　DNP3 的安全协议架构

在如图 13-5 所示的 DNP3 安全协议架构中,自顶向下包含的应用层、伪传输层和数据链路层为 DNP3 的三层架构。其中,应用层位于性能加强结构 EPA 和开放系统互连 OSI 模型的顶层,主要处理用户数据并控制报文的上下流向和安全认证;伪传输层实际为应用层的一个子层,能够为数据链路提供分块,最终完成单个应用层数据的传输层分块;链路层提供了传输层到物理层的接口,为数据链路传输最小单位。三层设计思想和特定对象的安全处理,能够提高配网自动化终端最大传输单元的数据处理能力。通过报文的重组和分用,提高应用层的报文传输能力。

13.5.2　应用层的安全认证

DNP3 安全架构的设计,需通过消息认证的方式确保报文消息的完整性,防止篡改、欺骗。通信系统的发送方和接收方的认证,不允许第三方参与,当接收方接收到发送方的消息时,基于安全密钥的情况下,验证消息识别码的真实性。消息认证可概括为两方面。首先,具有产生消息认证码的函数。其次,接收方同样采用该函数进行消息真实性的验证。消息

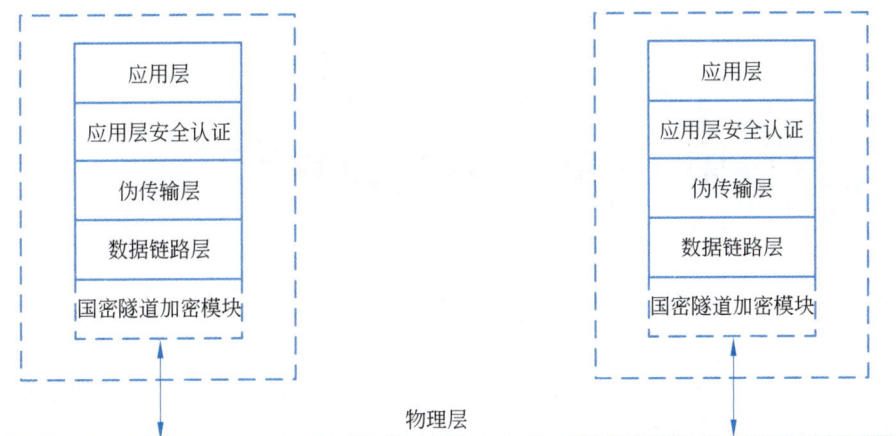

图 13-5　DNP3 安全协议架构

认证由密钥协议和哈希函数两个流程组成。

13.6　本章小结与展望

本章主要介绍了 DNP3 的基本原理、帧格式、应用等,同时阐述了 DNP3 面临的安全问题,并重点介绍了 DNP3 面临的安全问题常用的防护措施。通过本章内容的学习,可以加深对 DNP3 安全的理解。

随着技术的发展和网络安全威胁的不断演变,DNP3 的安全技术将继续进步,以满足工业控制系统对安全性的日益增长的需求。一方面需要增强安全防护机制:例如通过基于机器学习和人工智能的威胁检测和防御系统,用于强化身份认证和访问控制机制;另一方面,需要加强对零日漏洞的应对,包括快速漏洞修复和补丁发布机制,以及对零日漏洞的快速检测和防护能力。

13.7　思考题

1. 随着工业 4.0 和物联网技术的发展,DNP3 未来的发展方向是什么? 它将如何适应新的技术和应用场景?

2. DNP3 设备和协议中是否存在已知的安全漏洞? 如何跟踪、评估和应用安全补丁?

第 14 章　OPC 协议安全

OPC 是微软公司的对象连接和嵌入技术在过程控制方面的应用。OPC 协议的存在为工业自动化领域带来了诸多便利,它使得不同供应厂商的设备和应用程序可以更加方便地进行数据交换和集成,从而提高了工业自动化系统的效率和可靠性。本章主要介绍 OPC 协议的架构、通信结构和 OPC 对象,并重点阐述 OPC 协议中存在的安全问题,以及采取的对应措施。

教学目标

- 了解 OPC 协议的架构以及工作原理。
- 了解 OPC 协议存在的安全问题。
- 掌握 OPC 协议的安全防护措施。

‖ 14.1　OPC 概述

在工业自动化系统领域发展初期,自动化现场的设备互联没有统一的标准。不同的硬件和软件厂商制定了各自独特的通信协议和数据格式,造成了软件与硬件之间、设备与设备之间的通信程序代码不能重复利用,必须为不同的设备开发不同的通信程序;通信标准的不统一,使得软件/硬件供应商花费了大量的时间和金钱来开发和维护基于各种不同通信协议的代码,造成成本的大幅上升。故亟须有统一的通信标准,提供一种即插即用的软件接口,能够实现不同设备之间、软件和硬件之间的互通互联。20 世纪 90 年代,OPC 技术应运而生,成为实现设备和系统互联的标准接口。

14.1.1　OPC 定义

OPC(OLE for Process Control)是微软公司的对象连接和嵌入技术在过程控制方面的应用。其中,OLE(Object Linking and Embedding)是一种对象连接与嵌入技术,利用该技术可开发重复使用的软件组件 COM(Component Object Model)。OPC 规范是基于 OLE/COM/DCOM(Distributed Component Object Model)技术发展而来的,并以 C/S 模式为面向对象的工业自动化软件的开发建立了统一标准,该标准中定义了在基于 PC 的客户机之间进行自动化数据实时交换的方法。

OPC 广泛应用于工业和商业应用中,从 HMI(Human Machine Interface)工作站、工厂车间的安全仪表系统和 DCS(Distributed Control System),到企业数据库、企业资源规划系统和企业世界中的其他面向业务的软件。采用 OPC 标准后,驱动程序不再由软件开发商开发,而是由硬件开发商根据硬件的特征,将各个硬件设备驱动程序和通信程序封装成可独立运行或嵌入式运行的数据服务器。OPC 是自动化行业用于数据安全交换的互操作性标准,可以使多个厂商的设备之间无缝传输信息。

14.1.2 OPC 的发展历程

OPC 技术的发展经历了如图 14-1 所示的经典 OPC(OPC Classic)和 OPC UA 两个阶段。

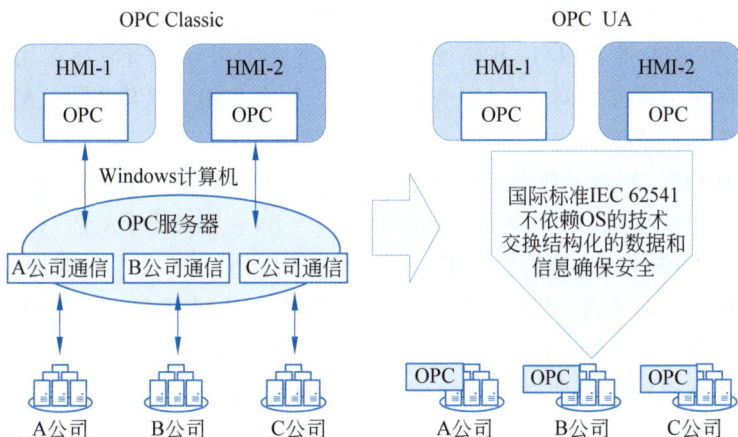

图 14-1 OPC 技术经历的两个阶段

1. 经典 OPC

经典 OPC 是第一代 OPC 技术,其本质上是基于 COM/DCOM 的过程控制技术。经典 OPC 提供了一整套过程控制中数据交换的软件标准和接口,具体如下。

(1) OPC 数据访问接口(OPC Data Access,OPC DA):该接口是最常用的接口,定义了数据交换的规范,包括过程值、更新时间、数据品质等信息。OPC DA 经历了 1.0 版本(1997 年)、2.0 版本(2002 年)、3.0 版本(2003 年)。

(2) OPC 报警与事件接口(OPC Alarms &Events,OPC AE):该接口定义了报警、事件消息、变量的状态及如何管理。

(3) OPC 历史数据访问接口(OPC Historical Data Access,OPC HDA):该接口定义了访问及分析历史数据的方法。

(4) OPC XML 数据访问接口:该接口脱离 Windows COM/DCOM 技术,提供基于 XML、SOAP、HTTP 的数据交换。

(5) OPC 数据交换接口(OPC Data eXchange,OPC DX):提供在 OPC 服务器之间交换数据的功能,该标准的主要目的是为来自不同制造商的设备和程序之间的数据交换创建网关。

OPC 接口涉及对接双方,对接方可以分为 OPC Server 和 OPC Client 两大类。OPC Server 一般由厂商提供,负责与系统、设备通信,将系统、设备的数据封装成对外服务的 OPC 接口。OPC Client 则是符合 OPC 标准的客户端软件,可以由第三方自行开发,通过 OPC 标准接口与 OPC Server 进行通信,可以获取系统、设备的实时数据,也可将指令下载到系统或设备。

由于采用了标准的 OPC 接口,不同厂家的系统、设备对外数据服务采用相同的规范,1个 OPC 客户端可以对接不同厂家的系统、设备,可以大幅度提高工业互联的效率,进而降低互联成本。

2. OPC UA

经典 OPC 在过程控制中有着出色的表现,但是随着技术的发展及一些外部因素的变化,导致经典 OPC 已经不能完全满足人们的需求。主要表现在如下几方面:经典 OPC 依赖微软的 COM/DCOM 技术。该技术在安全性、跨平台性以及连通性方面都存在很多问题;OPC 供应商希望提供一种数据模型将 OPC DA、OPC AE、OPC HDA 统一起来;为了增强竞争能力,OPC 供应商希望将 OPC 技术应用到非 Windows 平台;终端用户希望能在设备硬件的固件程序中直接访问 OPC 服务器软件;一些合作组织希望提供高效的、安全的、用于高水平数据传输的数据结构。

考虑到经典 OPC 的遗留技术,难以配置、不符合现代安全标准等问题,OPC 技术的推广和管理组织——OPC 基金会(OPC Foundation)于 2008 年推出了 OPC UA(OPC Unified Architecture),即"OPC 统一架构"。OPC UA 是基于 OPC 统一架构的时间敏感网络技术,作为新型工业软件接口规范,它具有跨平台、增强命名空间、支持复杂数据内置、大量通用服务等新特点。OPC UA 接口协议包含了之前的 OPC DA、OPC AE、OPC HDA 和 OPC XML 等,通过一个地址空间就能访问之前所有的对象,且不受 Windows 平台限制。由于 OPC UA 是从传输层以上来定义的,导致了其灵活性和安全性比之前的 OPC 都有较大程度的提升。本章重点介绍 OPC UA 的相关内容。

‖ 14.2   OPC UA

OPC UA 支持多种传输协议,包括 TCP/IP、HTTP、HTTPS 等,并且具有高度的安全性和可扩展性。它广泛应用于制造业、石油和天然气、矿业、水处理和能源等多个领域,帮助企业实现设备和系统之间的无缝集成。

14.2.1   OPC UA 的特点

OPC 统一架构具有功能对等性、平台独立性、安全性、可扩展性及综合信息建模等特性。

(1) 功能对等性:OPC UA 不仅实现了经典 OPC 的所有功能,还增加或增强了如表 14-1 所示的一些功能,以满足不断发展的工业自动化需求。

表 14-1   OPC UA 增强的功能

发 现	可以在本地 PC 和/或网络上查找可用的 OPC 服务器
地址空间	所有数据都是分层表示的,类似文件和文件夹的组织方式,允许 OPC 客户端发现、利用简单和复杂的数据结构
按需访问	基于访问权限读取和写入数据/信息
订 阅	监视数据/信息,并且当值变化超出客户端的设定时报告异常

续表

事　　件	基于客户端的设定通知重要信息
方　　法	客户端可以基于在服务器上定义的方法来执行程序等
集　　成	通过 COM/Proxy Wrappers 可以实现 OPC UA 产品和经典 OPC 产品之间的集成

（2）平台独立性：OPC UA 是跨平台的，不依赖于硬件或者软件操作系统；可以运行在 PC、PLC、云服务器、微控制器等不同的硬件下，支持 Windows、Linux、Apple OS、Android 等操作系统。

（3）安全性：OPC UA 支持会话加密、信息签名等安全技术，每个 UA 的客户端和服务器都要通过 Open SSL 证书标识，具有用户身份验证、审计跟踪等安全功能。

（4）可扩展性：OPC UA 的多层架构提供了一个"面向未来"的框架。诸如新的传输协议、安全算法、编码标准或应用服务等创新技术和方法可以并入 OPC UA，同时保持现有产品的兼容性。

（5）综合信息建模：OPC UA 信息建模框架可以将数据转换为信息。通过完全的面向对象技术，即使非常复杂的多层次结构也可以被建模和扩展。

14.2.2　OPC UA 的报文格式

OPC UA 报文主要分为 OPC UA over TCP 和 OPC UA Secure Conversation 两类，其中，OPC UA over TCP 是 OPC UA 协议的基本通信方式，而 OPC UA Secure Conversation 则是其安全扩展，提供了更强的通信安全保障。

1. OPC UA over TCP 报文格式

通用的 OPC UA over TCP 的报文格式包含一个消息头和消息体。

（1）消息头部分报文包含的字段类型、长度及功能如表 14-2 所示。其中消息类型部分共分四类。

① HEL：表示消息体为 Hello 报文；

② ACK：表示消息体为 Acknowledge 报文；

③ ERR：表示消息体为 Error 报文；

④ RHE：表示消息体为 ReverseHello 报文。

表 14-2　消息头报文结构

字　段	消　息　类　型	保　　留　　段	消　息　大　小
长度	3 字节	1 字节	4 字节
用途	标识报文类型	如果消息类型是 OPC UA 链接协议支持的值之一，则设置为"F"的 ACSII 码	"消息头＋消息体"的长度，单位为字节

消息头包含了如表 14-3 所示的基本信息，这些信息对于消息的路由、处理以及安全验证都是至关重要的。

表 14-3　消息头的基本信息

序列号	用于确保消息的顺序和唯一性。在 OPC UA 中,每个会话的每条消息都会有一个唯一的序列号
消息类型	指示这是一个什么类型的消息
认证令牌	用于安全通信的令牌。这个令牌可能被用于验证发送者的身份或权限
消息大小	Message 的长度,以字节为单位。该值包括 MessageType 的 8 字节
时间戳	可选字段,表示消息被发送或创建的时间

(2) 消息体包含了消息的实际内容,它取决于消息的类型。对于请求消息,消息体可能包含服务 ID、节点 ID、方法名以及参数列表等;对于响应消息,它可能包含状态码、诊断信息以及响应数据。在 OPC UA 中,消息体通常是经过编码的二进制数据。OPC UA 使用了一种称为"扩展二进制编码"(Extension Object Binary Encoding)的方式对消息体进行编码。这种编码方式允许将 OPC UA 的数据类型(如 Variant、NodeId、DataValue 等)以及服务参数编码为紧凑的二进制格式,从而减少了网络传输的开销。

OPC UA 是一个复杂的协议,考虑到篇幅限制,本章无法详细描述每一个字段和编码细节。如果读者需要,建议使用 OPC UA 栈(如 Eclipse Milo、Unified Automation 的 OPC UA Stack 等)来处理和生成这些消息,而无须直接处理底层的二进制编码。需要注意的是,OPC UA 的消息头和消息体的具体格式和编码方式可能会因不同的 OPC UA 栈实现而略有差异。因此,在实际开发中,需要参考所使用的 OPC UA 栈的文档和规范来获取最准确的信息。

2. OPC UA Secure Conversation 报文格式

OPC UA Secure Conversation 是 OPC UA 协议的一个安全通信模式,它提供了一种安全的客户端与服务器之间的一个加密和签名的通信通道,确保 OPC UA 客户端和服务器之间数据的安全传输。OPC UA Secure Conversation 报文结构包含的字段类型、长度及功能如表 14-4 所示。

表 14-4　OPC UA Secure Conversation 报文结构

字　段	消息头	安　全　头	序　列　头	载　　荷	安　全　脚
长度	12 字节	不定	8 字节	不定	不定
用途	控制和描述报文	包含安全相关的信息。根据对称、不对称安全算法有不同长度	包括序列号和请求 ID	根据安全头中定义的安全策略,可能被加密和/或签名	(可选)如果报文被签名,则包含签名

OPC UA Secure Conversation 通常建立在 OPC UA over TCP 或其他传输层之上,为 OPC UA 通信增加了安全层;使用会话(Session)来管理客户端和服务器之间的通信,会话的建立、维护和关闭都遵循 OPC UA 协议的安全通信流程;使用加密技术来保护传输的数据,确保数据的机密性;通过数字签名和完整性检查来确保数据的完整性和真实性;提供用户和应用级别的身份认证机制。故 OPC UA Secure Conversation 的报文结构会包含安全相关的头部信息,如加密参数、签名信息等。报文体部分包含经过加密和签名的 OPC UA 服务请求或响应数据。

除此之外,OPC UA Secure Conversation 提供了密钥管理和更新的机制,以确保长期通信的安全性。密钥的更新可以定期执行,或者使用某种安全事件触发。

14.2.3　OPC UA 的信息模型

OPC UA 信息模型是节点的网络(Network of Node),或者称为结构化图(Graph),由节点(Node)和引用(Reference)组成,这种结构图被称为 OPC UA 的地址空间。地址空间以标准形式表示对象——地址空间中的模型元素被称为节点,对象及其组件在地址空间中表示为节点的集合,节点由属性描述并由引用相连接。OPC UA 建模其实就是建立节点以及节点间的引用。在 OPC UA 中,最重要的节点类别是对象、变量和方法。

(1) 对象节点:对象节点用于构成地址空间,不包含数据,使用变量为对象公开数值,对象节点可用于分组管理对象、变量或方法(变量和方法总属于一个对象)。

(2) 变量节点:变量节点代表一个值,值的数据类型取决于变量,客户端可以对值进行读写和订阅。

(3) 方法节点:方法节点代表服务器中一个有客户端调用并返回结果的方法,输入参数和输出结果以变量的形式作为方法节点的组成部分,客户端指定输入参数,调用后获得输出结果。

14.2.4　OPC UA 扩展

2018 年初,OPC 基金会发布了 OPC UA 标准的第 14 部分,又名发布订阅(PubSub),以鼓励 OPC UA 与 MQTT 等通信协议之间的进一步交互。通常 OPC UA 通过 PubSub 与诸如消息队列遥测传输(Message Queuing Telemetry Transport,MQTT)等热门的数据传输协议搭配使用,从而使 OPC 协议可以直接运用在 Internet 以及物联网设备通信中,同时还保留了 OPC UA 端到端的安全性和标准化数据建模的关键性优势。

MQTT 是为从多个设备收集数据,然后将数据传输到 IT 基础设备而专门设计的协议。由于是轻量级协议,MQTT 适用于远程监视,尤其是需要代码占用空间较小或网络带宽受限的机器与机器(M2M)通信。MQTT 使用发布/订阅机制将特定于应用程序的自定义 JSON 或二进制的有效载荷和开销降至最低,因此已在全球 IT 领域被广泛接受。MQTT 具有轻量、高效、可靠、支持实时通信等优点,非常适合资源受限的环境,特别是需要高效使用电力和带宽的场景。

虽然 OPC UA 和 MQTT 在功能上有一定程度的重叠,但它们的使用场景却截然不同:OPC UA 是一种用于工业场景的通信协议,可使来自不同制造商的不同设备和系统使用标准化语言进行无缝通信;而 MQTT 是一种物联网协议,专为基于互联网的传感器数据传输而设计,既能满足低带宽和不可靠的网络条件,又能有效处理连续的实时数据。它的订阅/发布机制为使用提供了极大的灵活性。在工业场景中,MQTT 擅长在分布式系统中发送信息,而 OPC UA 则侧重于提供互操作性。通过将两者结合,可以使用 OPC UA 对业务数据进行抽象和聚合,而 MQTT 则可以利用其强大的连接能力,以分布式方式实现无缝数据交换。通过结合 MQTT 等此类通信协议,OPC 协议即可更方便的应用于 Internet 中。OPC UA 与 MQTT 的连接不仅具有重要的现实意义,也为工业自动化和 IoT 技术的融合发展提供了新的思路和机遇。

（1）OPC UA 与 MQTT 的连接能够实现工业自动化系统和 IoT 设备之间的互操作性和集成。这种连接可以打破不同系统和设备之间的通信壁垒，使得数据能够在它们之间自由流动和共享。这不仅提高了系统的整体性能和效率，也为企业提供了更多的数据分析和决策支持。

（2）OPC UA 与 MQTT 的连接能够降低系统的复杂性和提高可维护性。在工业自动化和 IoT 领域，存在着多种不同的通信协议和设备类型，这给系统的集成和维护带来了很大的挑战。通过将 OPC UA 与 MQTT 连接，可以简化系统的架构和复杂性，减少不同设备和系统之间的转换和适配工作。这不仅可以降低系统的开发和维护成本，也可以提高系统的稳定性和可靠性。

（3）OPC UA 与 MQTT 的连接还能够提高系统的实时性和可靠性。OPC UA 具有内置的安全机制和数据建模功能，可以确保数据的完整性和安全性；而 MQTT 的发布/订阅模型可以实现数据的实时传输和可靠分发。将两者结合使用，可以进一步提高工业自动化系统的实时性和可靠性，确保数据能够准确、及时地传输到需要的地方。

（4）OPC UA 与 MQTT 的连接还具有良好的适应性和可扩展性。随着工业自动化和 IoT 技术的不断发展，新的设备和应用场景不断涌现。这种连接可以适应这些变化，支持新的设备和功能。同时，由于 OPC UA 和 MQTT 都是开放的标准协议，因此它们之间的连接也具有很好的可扩展性，可以方便地添加新的设备和系统到现有的工业自动化系统中。所以，OPC UA 与 MQTT 的连接在工业自动化和 IoT 领域具有重要的价值和意义。它不仅能够实现工业自动化系统和 IoT 设备之间的互操作性和集成，降低系统的复杂性和提高可维护性，还能够提高系统的实时性和可靠性，并具有良好的适应性和可扩展性。

‖ 14.3 OPC 的通信结构

OPC 协议提供了一个安全、可靠且与平台无关的框架，用于不同设备和系统之间的通信。本节将详细介绍其通信结构的关键组成部分及通信过程。

14.3.1 OPC 对象

OPC 标准规定的 OPC 对象有三类，分别是 OPC Server（服务器）对象、OPC Group（组）对象和 OPC Item（数据项）对象。其中，OPC Server 对象维护服务器的相关信息，并作为 OPC Group 对象的容器，管理组对象；OPC Group 对象向外提供 OPC Item 对象的数据访问服务；OPC Item 对象标识了与 OPC 服务器中数据的连接，不能直接访问。在 OPC 通信中，OPC Server、OPC Group 和 OPC Item 之间的关系是层次化的。OPC Server 是最高层级的对象，它包含了一个或多个 OPC Group 对象；每个 OPC Group 对象又包含了一个或多个 OPC Item 对象。通过这种层次化的结构，OPC 规范为工业自动化系统提供了一个灵活、高效的数据通信机制。

（1）OPC Server 对象。

OPC Server 记录了服务器的所有信息，一个服务器对应一个 OPC Server，即一种设备的驱动程序，同时，OPC Server 作为 OPC Group 对象的容器，可以有多个组对象。

当客户程序访问 OPC 服务器时，首先会建立与 OPC Server 对象的连接，获取必要的信息后再建立 OPC Group 对象来访问 OPC Item 对象。OPC Server 对象通过一些接口实现与客户端的数据交换。除了 COM 本身的 IUnknown 接口外，OPC Server 对象有 5 个接口，如表 14-5 所示。

表 14-5　OPC Server 的接口

接　　口	描　　述
IOPCCommon	用于处理服务器基本信息
IOPCServer	客户程序管理服务器内部 OPC 组对象，包括添加、删除、查询等
IOPCBrowse	用于浏览服务器地址空间的查询
IOPCItemIO	使客户程序可以之间读写数据
IConnectionPointContainer	用于实现与客户端双向通信

（2）OPC Group 对象。

OPC Group 对象对服务器的数据进行组织管理，组是应用程序组织数据的一个单位，客户端得到组对象的接口指针后便可访问其提供的服务，包括读写 OPC Item 对象对应的数据、配置 OPC 服务器提供数据变化的速率等。COM 本身的 IUnknown 接口除外，OPC Group 对象有 9 个如表 14-6 所示的接口。OPC Group 对象正是通过多种接口提供了丰富的功能，包括管理 OPC 项、控制组状态、执行同步和异步 I/O 操作、管理连接点以及与其他 OPC 对象进行通信等。这些接口和功能使得 OPC Group 对象在 OPC 系统中扮演着至关重要的角色，特别是在组织和管理数据访问方面。

表 14-6　OPC Group 的接口

接　　口	描　　述
IOPCItemMgt	管理 Item 对象
IOPCGroupStateMgt IOPCGroupStateMgt2	管理 Croup 本身的一些属性，主要是设置 Group 组织数据的方式
IOPCSyncIO IOPCSyncIO2	实现数据同步访问
IOPCAsyncIO2 IOPCAsyncIO3	实现数据异步访问
IOPCItemDeadbandnMgt IOPCItemSamplingMgt	对 Item 部分参数进行管理

（3）OPC Item 对象。

程序通过 OPC Group 对象访问 OPC Item 对象。OPC Item 对象是读写数据的最小单位，Item 对象不对外提供接口，一个数据项与一个具体的位号相连；OPC 客户对设备寄存器的操作都是通过数据项来完成的。

14.3.2　OPC 的通信结构

OPC 通信采用 Client/Server 的通信结构，OPC Server 由设备生产厂商提供，用于连接它们的 PLC、现场总线设备、HMI/SCADA 系统等，OPC Client 通过 OPC 标准接口对各 OPC Server 管理的设备进行操作，由客户端发出数据请求，当 OPC Server 接收到来自 OPC Client 的数据请求后会按照要求返回请求的数据。

OPC Server 与 OPC Client 的连接支持自动化接口和自定义接口两种类型，如图 14-2 所示。其中，自动化接口是为基于脚本编程语言开发客户端应用而定义的标准接口，技术人员可以利用 VB、Delphi 等编程语言开发 OPC Client 应用。自定义接口则是为 C++ 等高级编程语言开发 OPC Client 应用而定义的标准接口。

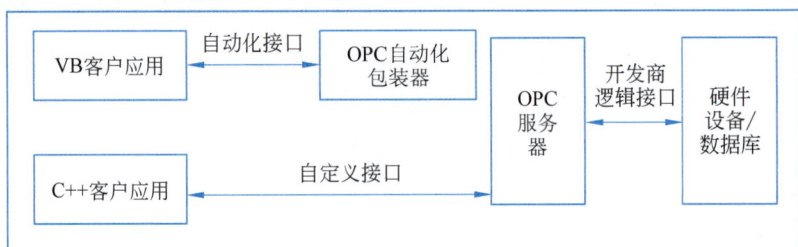

图 14-2　OPC 的通信结构

14.3.3　OPC 的通信过程

OPC 协议可以用于实现工业设备的远程监控和控制以及数据采集和分析。它可以支持多种不同的网络协议、编程语言、操作系统和工业设备。其通信过程主要分为以下两步。

（1）建立连接。

建立连接的具体过程如图 14-3 所示。

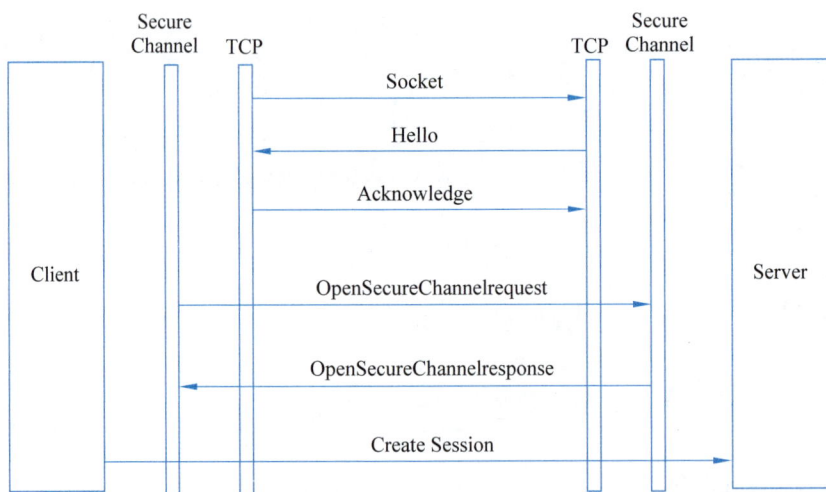

图 14-3　建立连接

客户端创建 Socket 之后，发送 Hello 报文，其中包括客户端支持的 buffer 大小。服务器接收报文后返回 Acknowledge 报文完成 buffer 大小协商。协商好的 buffer 大小会上报给 Secure Channel 层，其中 SendBufferSize 字段指定在此连接上发送的 MessageChunk 的最大长度。

Hello/Acknowledge 报文一般只能发送一次，若对端再一次接收到该报文会报错并关闭 Socket。如果 Socket 创建之后,服务器很长一段时间(可配,不超过 2 分钟)内没有接收到 Hello 报文会主动关闭 Socket。

客户端接收到 Acknowledge 报文后,紧接着会发送 OpenSecureChannel 请求报文,服务器若接受该 Channel 会将该 Socket 和一个 SecureChannelId 关联,后续服务器发送应答报文时会根据 SecureChannelId 决定使用哪个 Socket 发送。客户端接收到 OpenSecureChannel 应答报文后也会做相同的操作。

(2) 断开连接。

断开连接的具体过程如图 14-4 所示。

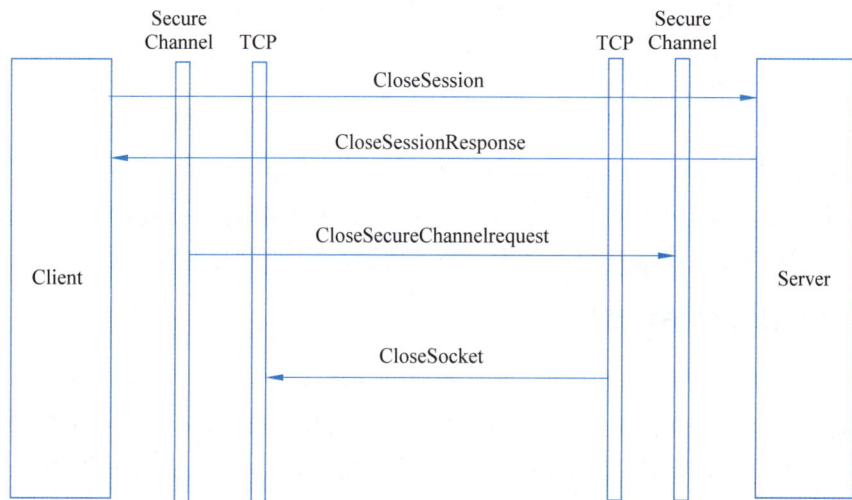

图 14-4　断开连接

客户端首先发送 CloseSession 请求报文准备关闭连接,服务器收到后,会回复一个 CloseSessionResponse 报文。

客户端发送 CloseSecureChannel 请求报文主动关闭连接,服务器接收到该报文后释放该 Channel 相关的所有资源,但不会发送 CloseSecureChannel 应答报文。

14.4　OPC 协议的安全风险与防护策略

基于 OPC 协议的工控网络系统面临各种各样的威胁。在“两网”融合的大背景下,工业控制系统的隔离性被打破,面临来自网络的威胁空前加剧。无用端口的开放、工业软件依赖的操作系统本身存在的安全漏洞、工业协议本身安全性的缺失等,都将给工业控制网络带来巨大的安全隐患。在真正接入企业管理网、互联网之前,基于 OPC 协议的工业控制系统必须加入相应的安全设备进行防护,才能提高自身网络的安全。

14.4.1　OPC 协议的安全风险

经典 OPC 协议及其基于的 DCOM 协议在安全性方面存在多方面的问题。首先,动态端口机制使得防火墙难以有效防护,导致 OPC 服务器面临更大的攻击风险。其次,OPC 协议基于 Windows 平台,因此 Windows 系统的安全漏洞和缺陷也可能影响 OPC 部署环境。

再次,OPC Classic 缺乏足够的认证和授权措施,所有客户端使用相同的用户名和密码进行连接,增加了信息泄露的风险。最后,OPC Classic 多采用明文传输数据,使得数据在传输过程中容易被截获和篡改。综上所述,将 OPC 协议现存的安全问题概况为以下三方面。

(1) 动态端口:与大多数应用层协议不同,OPC Classic 的基础协议 DCOM 协议使用动态端口机制,OPC 客户端首先向 OPC 服务器的 135 端口发起连接,连接成功后再经过OPC 服务器分配新端口,并通过应答报文返回给客户端,然后 OPC 客户端会向服务器的新端口发起连接用于后面数据的传输。

(2) 协议缺陷:OPC 协议架构基于 Windows 平台,Windows 系统所具有的漏洞和缺陷在 OPC 部署环境下依然存在。为了实现信息交互的便捷性,所有的 Client 端使用相同的用户名和密码来读取 OPC Server 所采集的数据。只要 Client 端连接,所有的数据都会公布出去,极易造成信息的泄露,也可通过 Client 端添加数量巨大的数据项使控制系统过载而导致业务中断。

(3) 明文传输:专用的工控通信协议或规约在设计之初一般只考虑通信的实时性和可用性,很少或根本没有考虑安全性问题,缺乏强度足够的认证、加密或授权措施等,为保证数据传输的实时性,OPC Classic 协议多采用明文传输,易于被劫持和修改指令。

14.4.2　OPC 协议的防护策略

关于 14.4.1 节中所描述的一些安全问题,常见的防护技术是设立不同级别的防火墙。通过设置防火墙中的端口管理、访问控制、加密、日志监控等参数,可以一定程度上解决这一问题。不同级别的防火墙对于安全防护的水平差异很大,以下是工业互联网中常设的不同级别防火墙的防护策略。

(1) 传统 IT 系统防火墙。

如果在基于 OPC 协议的工业控制系统中安装传统 IT 系统防火墙(以下简称为传统防火墙)进行防护,由于传统防火墙不支持 OPC 协议的任何解析,为了能够保证 OPC 业务的正常使用,不得不开放 OPC 服务器的所有可开放端口,而 OPC 服务器可以分配的端口号范围很广,如果 OPC 服务器安装在 Windows Server 2008,超过 16000 个端口号都可能被使用,早期的 Windows 版本则超过了 48000 个端口号。

传统防火墙安装在企业管理网和生产控制网的边界进行防护,由于 OPC 服务器可能使用任何可使用的端口来进行真正的数据连接,而具体使用的端口号在响应客户端请求的应答报文中。传统防火墙无法识别出 OPC 服务器具体使用的端口号,为确保 OPC 客户端可以正常连接 OPC 服务器,防火墙需要配置全部端口可访问,这样的传统防火墙形同虚设,生产控制网的门口大开,几乎安全暴露在攻击者面前。

(2) 端口防护工业防火墙。

区别于传统防火墙,近年来发展起来的专门用于防护工业控制现场的工业级防火墙基本支持了 OPC 的深度解析,但依据解析深度的不同,在 OPC 协议为基础的网络中,工业防火墙的防护能力也有所不同。

对 OPC 进行简单解析的工业防火墙可以跟踪 OPC 连接建立的动态端口,最小化地开放工业控制网络的端口。

端口防护级工业防火墙同样部署在企业生产网和生产控制网的边界,此时配置策略只需要配置开放 OPC 服务器的 135 端口,当 OPC 客户端与服务器建立连接时,端口防护级防火墙跟踪并解析 OPC 服务器与 OPC 客户端协商出来的动态端口,然后自动将动态端口加入防火墙的开放端口中,从而最小化开放生产控制网的端口,与传统防火墙相比,防护能力有了进一步提升。

（3）指令防护工业防火墙。

端口防护工业防火墙相比传统防火墙虽然提升了防护能力,但攻击者仍然可以通过建立的数据通道发送恶意的 OPC 操作指令,所以仅仅做到动态端口跟踪还无法保证基于 OPC 协议的工业控制系统的安全。对 OPC 协议的进一步解析,催生了指令级防护工业防火墙,这也是目前市面上主流的工业防火墙。OPC 协议的深度解析要求也加入了工业防火墙国家标准的草稿中(此标准尚未正式发布)。

部署在企业管理网和生产控制网边界处的指令级工业防火墙,深度解析 OPC 协议到指令级别,不仅可以跟踪 OPC 服务器和 OPC 客户端之间协商的动态端口,最小化开放生产控制网的端口,还对 OPC 客户端与 OPC 服务器之间传输的指令请求进行实时检测,对于不符合安全要求的操作指令进行拦截和报警,极大提升了基于 OPC 协议的工业控制系统的网络安全。

除了做到指令防护外,还有更具人性化的工业防火墙内置只读模板,满足使用 OPC 协议的大部分业务场景,因为使用 OPC 协议的工业控制现场一般只是用来采集数据,使用只读模板来防护完全满足现场安全要求。工业防火墙内置的只读模板一键部署,安全、方便,降低管理员维护成本,有效保障工业控制系统数据不被恶意篡改。

上述提到的三种防火墙的安全性、对 OPC 协议的适配程度、实现难度的对比如表 14-7 所示,传统防火墙主要用于一般网络环境,如企业网络,通过限制 IP、端口、MAC 地址来控制网络流量,保障基本网络安全;端口防护工业防火墙专注于工业环境,针对工业控制系统的特定端口进行精细控制,确保通信的合法性和安全性;指令防护工业防火墙内置工业通信协议过滤模块,能深度解析并过滤工业控制协议中的指令,有效防护非法或恶意指令对关键工业控制系统的侵害。

表 14-7　三种防火墙性能比较

产　品	功　能	安全性	实现难度	内置只读	应用场景
传统防火墙	无法深度解析 OPC 协议	低	低	不支持	基本不适合部署在工业生产网的边界
端口防护工业防火墙	只能跟踪 OPC 协议动态端口	中	中	不支持	比较符合工业生产网边界防护的需求
指令防护工业防火墙	深度解析 OPC 协议到指令级	高	高	支持	符合工业生产网边界防护的需求

14.5　本章小结与展望

本章首先概述了 OPC 协议的现状,OPC UA 的具体架构和消息格式;然后分析了 OPC 的通信结构及通信过程;最后,针对 OPC 协议中现存的一些安全问题进行介绍,并给出了相应的解决措施。

　　随着工业互联网的发展,逐渐打破物理隔离的工业生产网络对安全的需求越来越迫切。对于生产现场有 OPC 协议的企业来讲,选择适合自己的安全防护产品显得越来越重要。OPC 协议的安全技术将与量子计算、人工智能,以及区块链等新型技术融合,朝着提高平台独立性、安全性和可扩展性,提升通信的安全性和可信度,以适应工业 4.0 和物联网技术的方向发展。

‖ 14.6　思考题

　　1. OPC 协议存在哪些安全问题?有哪些解决措施?
　　2. 谈谈对 OPC 协议的认识,以及 OPC 协议未来的发展趋势。

第 15 章　TSN 协议安全

TSN 是一套协议标准，以保证确定性信息在标准以太网的不同场景下的顺利传输。TSN 协议族本身具有很高的灵活性，用户可以根据应用的具体需求来选择相应的协议组合。TSN 协议族包含了定时与同步、延时、可靠性、资源管理这四个类别的子协议。本章介绍了 TSN 协议的发展进程以及 TSN 协议簇的分类；重点阐述了 IEEE STD 802.1AS 的体系结构及报文类型；最后介绍了 TSN 协议现存的安全风险，以及对应的防范策略。

教学目标

- 了解 TSN 协议的基本概念及应用场景。
- 掌握 TSN 协议簇的主要协议及结构。
- 了解 TSN 协议的安全问题及相应的安全策略。

15.1　TSN 概述

时间敏感网络（Time-Sensitive Networking，TSN）是在非确定的以太网中实现确定性的最小时延协议族，是 IEEE 802.1 开发的一套协议标准。为以太网协议的数据链路层提供一套通用的时间敏感机制，为标准以太网提供了确定性和可靠性，以确保数据实时、确定和可靠地传输，提高数据传输效率。此外，TSN 能实现时间敏感性数据和非时间敏感性数据在同一网络的传输。

15.1.1　TSN 的发展历程

TSN 是一种以太网技术的扩展，它提供了确定性的数据传输能力，确保关键数据包能够以可预测的延迟进行传输。TSN 主要针对工业自动化和汽车电子等领域，这些领域对网络通信的实时性、可靠性和确定性有极高的要求。TSN 的发展历程大致分为以下几个阶段。

（1）2000 年初，工业自动化和汽车电子领域开始寻求一种能够满足严格时间要求的网络通信解决方案。

（2）2006 年，电气和电子工程师协会（IEEE）成立了 IEEE 802.1 工作组，专注于研究和开发能够提供时间确定性通信的网络技术。

（3）2007—2011 年，IEEE 802.1 工作组开始制定初步的 TSN 标准草案，包括时钟同步、数据调度和流量控制等关键技术。

（4）2012—2015 年，TSN 的关键技术逐渐成熟，包括时间感知调度（TAS）、信用基流量控制（CFC）和帧抢占等。

（5）2015—2017 年，IEEE 开始发布一系列的 802.1 标准，这些标准定义了 TSN 的基础架构和关键特性，如 802.1AS（时间同步）、802.1Qbv（时间感知调度）等。

（6）2016—2018 年，随着标准的逐步完善，许多研究机构和企业开始开发 TSN 原型系统，进行技术验证和应用测试。

（7）2018—2020 年，工业界开始形成围绕 TSN 的生态系统，包括芯片制造商、设备供应商和系统集成商等。汽车和工业自动化领域的领先企业开始在产品中集成 TSN 技术。

（8）2020 年至今，市场上开始出现商用的 TSN 交换机、网卡和其他网络设备；TSN 技术在工业自动化、汽车电子、航空航天等领域得到实际应用。

随着 5G 和物联网（IoT）技术的发展，TSN 与其他技术的集成也成为研究和应用的热点。TSN 技术逐渐被国际标准化组织接受，成为全球范围内认可的通信标准之一。TSN 的发展历程是一个不断演进和扩展的过程，随着技术的进步和行业需求的变化，TSN 将继续发展以满足未来网络通信的挑战。

15.1.2　TSN 的重要协议及功能

TSN 通过一套协议标准（TSN 协议族）来实现数据在同一网络的实时、确定性传输，保证对实时性要求高的信息在标准以太网的不同场景下的顺利传输。TSN 协议族本身具有很高的灵活性，用户可以根据应用的具体需求来选择相应的协议组合。TSN 协议族包含了时钟同步、数据调度及流量整形、可靠性、资源管理这四个类别的子协议。

（1）时钟同步。

与 IEEE 802.3 的标准以太网相比，时钟在 TSN 网络中起着重要的作用。对于实时通信而言，端到端的传输延迟具有难以协商的时间界限，因此 TSN 中的所有设备都需要具有共同的时间参考模型，因此需要彼此同步时钟。目前 TSN 采用 IEEE 1588 协议和 IEEE 802.1AS 协议来实现时间同步。其中，IEEE 1588 协议是一个精密时间协议（Precision Time Protocol，PTP），用于同步计算机网络中的时钟。在局域网中，它能将时钟精确度控制在亚微秒范围内，使其适用于测量和控制系统。

（2）数据调度及流量整形。

TSN 通过定义不同的整形机制将数据流的时延限定在一定范围内，以此满足不同的低时延场景需求。在传统以太网中，数据流的通信时延是不确定的，由于这种不确定性，数据接收端通常需要预置大缓冲区来缓冲输出，但是这样会导致数据流（例如音视频流）缺失实时方面的特性。TSN 不仅要保证时间敏感流的到达，同时也要保证这些数据流的低时延传输。通过优化控制时间敏感流和 best-effort 流以及其他数据流在网络中的传输过程，来保证对数据流的传输时间要求，这个优化控制的方式就是整形。TSN 用于数据调度和流量整形的协议有 IEEE 802.1Qav、IEEE 802.1Qbv、IEEE 802.1Qbu、IEEE 802.1Qch 及 IEEE 802.1Qcr。

IEEE 802.1Qbv 采用非抢占式的数据调度，流量调度方式通过时隙进行控制，需要实时传输的数据流优先传输，同时定义通过调度算法启用或禁用帧传输的门，将以太网通信划分为固定长度、连续重复的周期。这些周期被分成时隙，在每个时隙中，数据通过被赋予不同的优先级实现在指定时隙中的传输。由于此操作,时间敏感流可以拥有专用时隙,从而确保此流量在传统以太网网络上的确定性传输。另外,预留流量和 best-effort 流被容纳在每个周期的剩余时隙中。预留流量保证有专用带宽,而 best-effort 流可以使用剩余的带宽。

（3）可靠性。

对数据传输实时性要求高的应用除了需要保证数据传输的时效性,同时也需要高可靠的数据传输机制,以便应对网桥节点失效、线路断路和外部攻击带来的各种问题,来确保功能安全和网络安全。IEEE 802.1Qci、IEEE 802.1CB 及 IEEE 802.1Qca 用于实现 TSN 这方面的性能。

IEEE 802.1CB 为以太网提供双链冗余特性,通过在网络的源端系统和中继系统中对每个数据帧进行序列编号和复制,并在目标端系统和其他中继系统中消除这些复制帧,确保仅有一份数据帧被接收。可用来防止由于拥塞导致的丢包情况,也可以降低由于设备故障造成分组丢失的概率及故障恢复时间,提高网络可靠性。

（4）资源管理。

在 TSN 网络中,每一种实时应用都有特定的网络性能需求。使能 TSN 网络的某个特性是对可用的网络资源进行配置和管理的过程,其允许在同一网络中通过配置一系列 TSN 子协议,来合理分配网络路径上的资源,以确保它们能够按照预期正常运行。TSN 资源管理子协议包括 IEEE 802.1Qat 协议和 IEEE 802.1Qcc 协议。IEEE 802.1Qcc 协议是 IEEE 802.1Qat 协议的增强版。

IEEE 802.1Qat 即流预留协议,根据流的资源要求和可用的网络资源情况指定数据准入控制,保留资源并通告从数据源发送端至数据接收端之间的所有网络节点,确保指定流在整条传输路径上有充足的网络资源可用。

15.1.3　TSN 协议的应用

TSN 是专为满足严格的确定性通信需求而设计的以太网技术。它通过提供时间确定性、低延迟和高可靠性的数据传输,使得以太网能够应用于那些对实时性要求极高的场合。TSN 协议的一些主要应用领域如下。

（1）视频/音频传输。

TSN 协议能够提供高效、可靠的实时数据传输,确保视频和音频信号的实时传输,减少延迟和卡顿现象。这对于体育赛事、音乐会等实时性要求较高的场合至关重要。TSN 协议通过分布式时间同步功能,确保各个节点之间的时间同步,从而实现视频和音频信号的精确同步。这避免了因时间不同步导致的音视频错位问题,提高了用户体验。

与此同时,TSN 协议通过确定性通信功能,降低了网络传输中的不确定性因素,如丢包、抖动等,提高了视频和音频传输的稳定性。这对于需要长时间稳定传输的场合,如远程监控、在线教育等具有重要意义。智能家居系统中的音频和视频设备也需要实时传输音视频信号。TSN 协议能够提供高效的数据传输服务,确保音视频的流畅播放和远程控制指令的准确传输,从而提升智能家居系统的整体性能。

（2）汽车驾驶。

目前大多数的汽车控制系统非常复杂,例如刹车、引擎、悬挂等采用 CAN 总线,而灯光、车门、遥控等采用 LIN 系统。实际上,所有上述系统都可以用支持低延时且具有实时传输机制的 TSN 进行统一管理,可以降低给汽车和专业的 A/V 设备增加网络功能的成本及复杂性。

在车辆中,实时功能对于某些应用至关重要。为确保这些实时功能可用,必须在以太网控制器中设置具有直接访问硬件资源的机制。TSN 使构建可扩展的以太网网络成为可能。为此,不同的消息按照其可用性分为了不同的等级,并对其延迟和优先级进行了分类,每个消息类被分配到一个固定的带宽。此外,TSN 还支持冗余以太网系统,并且,为确保稳定的数据交换,定义了安全标准。

(3)工业物联网。

工业物联网所有需要实时监控或实时反馈的工业领域都需要 TSN 网络,例如机器人工业、深海石油钻井以及银行业等。标准以太网的本质是一种非确定性网,但在工业领域必须要求确定性,一组数据包裹必须完整、实时、确定地到达目的地,因此较新的 TSN 标准增加了中心控制、所有网络设备的时间同步以及更低的延迟等特性。为了达到尽可能低的绝对延迟,IEEE 802.1Qbv 定义了一个时间感知整形器,它可以无视定时流量门的存在。TSN 消除了标准以太网由于交通"拥堵"导致的非确定性。

TSN 除了解决以太网的不确定性问题,还正在解决工业领域总线的复杂性问题。如今工业中每种总线有着不同的物理接口、传输机制、对象字典,每种不同的技术背后都有不同的厂商在支持,难以统一。而且即使是采用了以太网来标准各个总线,仍然会在互操作层出现问题,这使得对于 IT 应用,如大数据分析、订单排产、能源优化等应用遇到了障碍。

15.2 TSN 协议簇

TSN 协议簇是 IEEE 802.1 TSN 工作组发布或正在开发的一组数据链路层标准、标准修正案和项目的统称,旨在为标准以太网添加实时功能。该标准允许时间关键型控制流量和非时间关键型流量在单个网络上汇聚,而不会影响时间关键型控制流量的传输。TSN 的主要优势包括高精度时钟同步、确定性延迟、低抖动、零拥塞丢失以及不同制造商的解决方案之间更好的互操作性。

15.2.1 TSN 协议簇的分类

TSN 协议簇根据其功能和作用范围被分为几个主要类别,每个类别包含了一系列相关的 IEEE 802.1 标准。对 TSN 协议簇的分类如下。

(1)时间同步:确保网络中所有设备的时钟同步,为确定性通信提供基础。

典型标准:IEEE 802.1AS 提供精确时间协议,用于网络设备的时钟同步,是实现确定性通信和低延迟的关键。通过使用 IEEE 802.1AS,可以确保关键任务型应用(如工业自动化、汽车控制等)在网络中的设备能够按照严格的时间要求进行同步操作。

(2)数据调度:控制数据包的发送顺序,确保关键流量能够按时传输。

典型标准:IEEE 802.1Qbv 根据时间要求调度数据包的传输,定义了通过控制 TSN 交换机出口处闸门的开关来控制排队流量的机制,这些队列中的消息将在预设的时间窗口中进行传输。通常,在这些时间窗口内,其他队列的传输将被阻止,从而避免调度流量被非调度流量阻塞,这样保证数据通过交换机的延迟是确定的;IEEE 802.1Qca 定义了一个用于网络设备(如交换机)的 YANG 数据模型,主要用于流量分类和流量管理,为网络设备提供了一种更加灵活和标准化的流量管理方法,这对于实现复杂的网络通信策略和优化网络性能至关重要。

(3) 流量控制:管理网络流量,避免拥塞,确保数据包按时到达。

典型标准:IEEE 802.1Qav 标准制定的初衷是确保传统的异步以太网数据流不会干扰到 AVB 的实时数据流传输。现在 Qav 不再局限于音视频的传输。此协议规定了每类优先级的入口计量、优先级再生以及处理时间感知队列的算法。其利用 IEEE 802.1AS 协议生成的定时信息,和 VLAN 优先级来隔离受控和非受控队列之间的帧,同时支持时间敏感流量在有线或无线局域网之间传输;IEEE 802.1Qci 将故障隔离到网络中的特定区域。它工作于交换机的入口,通过各种约束来监管每个流的输入,以防止出站队列被非法帧淹没。

(4) 网络配置和管理:提供网络配置、监控和管理的机制。

典型标准:IEEE 802.1Qcc 为流预留协议(802.1Qat)的增强,包含对更多流的支持、可配置的流预留类与流、更完善的流特征识别、对高层流的支持、确定性流预留融合以及用于路由和预留的用户网络接口(UNI)。IEEE 802.1Qcc 支持 TSN 网络调度的离线或在线配置。

(5) 冗余管理:处理网络中的冗余数据,提高传输效率。

典型标准:IEEE 802.1Qbu 定义了中断标准以太网帧和巨型帧的传输,使高优先级帧优先通过的机制,同时可以恢复先前被中断的帧的传输,支持多路径传输并消除冗余副本;IEEE 802.1Qcg 标准专注于提高网络效率,特别是针对时间敏感网络中的冗余数据传输问题。该标准通过定义了一种机制来减少或消除网络中的冗余流量,从而提高整体通信效率并减少不必要的带宽消耗,在构建高效、可靠的通信网络中发挥越来越重要的作用。

(6) 性能监控:监控网络性能,确保满足确定性通信的要求。

典型标准:IEEE 802.1Qch 通过同步控制入队和出队的策略,使得转发过程得以在一个周期内实现,以便使数据流经过交换机的时间更具确定性;并定义了 CQF(需要与 Qci 协议配合使用),其中 Qci 标准会根据达到时间、速度、带宽,对 Bridge 节点输入的每个队列进行过滤和监管,用于保护带宽、增加对 Burst 流以及错误的处理。

上述标准共同构成了 TSN 协议簇,它们可以单独或组合使用,以满足不同应用场景的需求。随着技术的发展,可能会有新的标准加入 TSN 协议簇中,以进一步增强其功能和应用范围。下面重点介绍 IEEE 802.1AS 的体系结构及报文类型。

15.2.2　IEEE 802.1AS 体系结构

IEEE 802.1AS 体系结构如图 15-1 所示。该体系结构是一个专注于网络时间同步的协议,主要用于支持时间敏感的应用在桥接网络中的时间同步,是 IEEE 802.1 工作组的一部分。作为一个网络时间同步协议,它设计用于满足 TSN 中设备的时间同步需求。此外,随着此协议的发展更新,802.1AS 协议同时也具备多域网络配置与冗余、故障检测与恢复等功能。

1. 时间同步

在 IEEE 802.1AS 中,时间同步是按照“域”(Domain)划分的,包含多个 PTP(Grand Master PTP Instance)节点。PTP 节点分为两类:PTP 端节点(PTP End Instance)和 PTP

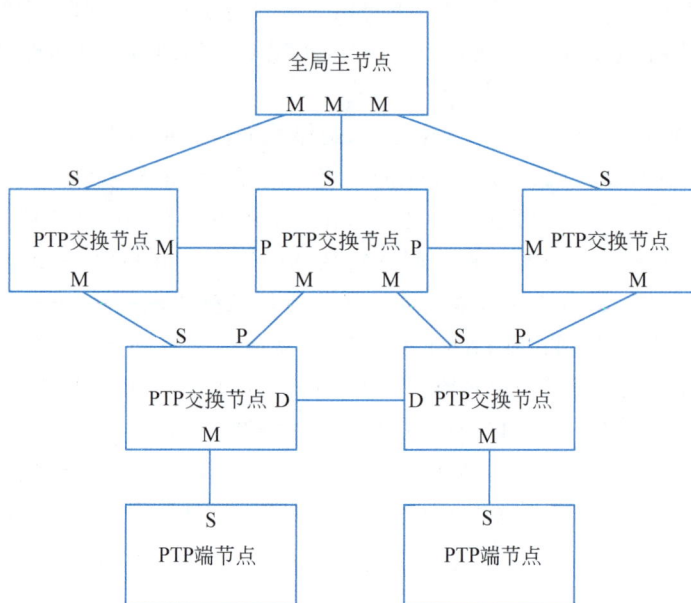

图 15-1　IEEE 802.1AS 体系结构

交换节点(PTP Relay Instance)。其中,PTP 端节点可以作为全局主节点(Grand Master),或者接收来自全局主节点的时间同步信息;PTP 交换节点从某一接口接收时间同步信息,修正时间同步信息后,转发到其他接口。在诸多 PTP 节点中,有且仅有一个全局主节点,其负责提供时钟信息给所有其他从节点。通过在事件报文中嵌入精确的时间戳的方式并考虑了时钟频率误差、链路延迟和驻留时间等因素,IEEE 802.1AS 能够确保从节点本地时钟与 Grand Master 时钟的精确同步。

Grand Master 的选取除了手动设置以外,可以通过 BMCA(Best Master Clock Algorithm)算法,将各个 PTP 节点的自身时钟属性(比如时钟源)、接口信息放入 Announce 报文中,并发送给 PTP 域内所有节点,之后 PTP 节点比较自身与接收到的时钟属性,优先级高的 PTP 节点自动成为 Grand Master。

2. 多域网络配置与冗余

IEEE 802.1AS,特别是 AS-2020 版本,在网络配置和冗余方面提供了强大的支持,以满足对时间同步的高可靠性和高可用性需求。

(1) 多域网络配置:IEEE 802.1AS 2020 不仅支持一个 Grand Master(主时钟),还额外支持一个辅 Grand Master。这种设计增加了系统的容错性,当主 Grand Master 出现故障时,辅 Grand Master 可以接管时间同步的任务;通过主辅 Grand Master 的配置,IEEE 802.1AS 2020 支持多时钟域网络。这意味着在网络中可以同时存在多个时间同步树,每个树都以一个 Grand Master 为根。这种设计使得在部分网络出现故障时,其他部分仍然可以保持时间同步。

(2) 冗余的同步路径:在网络拓扑中,IEEE 802.1AS 2020 允许通过冗余的路径传输时间同步报文。这意味着当主同步路径出现故障时,系统可以迅速切换到备用路径,确保时间同步的连续性;在一个多时钟域的网络中,如果其中一个时钟域中的时间同步报文传输异常,相邻的下游节点可以使用另一个时钟域中的时间同步报文来完成时间同步。这种设计进一步增强了系统的可靠性和可用性。

3. 故障检测与恢复

IEEE 802.1AS 在故障检测与恢复方面也提供了相应的机制,以确保时间同步的稳定性和可靠性。

(1) 故障检测:IEEE 802.1AS 支持检测 GrandMasterPTP 实例是否完全失效并停止发送时钟信息。这种检测机制可以及时发现主时钟的故障,并触发相应的恢复机制。

(2) 恢复机制:虽然 IEEE 802.1AS 2020 标准中未明确规定识别主时钟不稳定性(如时间闪烁、过度抖动或徘徊)等故障类型的技术和纠正方法,但标准提供了从这些错误中恢复的方法。具体的恢复机制可能依赖使用其他技术或标准来检测和纠正这些类型的故障。

15.2.3　IEEE 802.1AS 报文类型

IEEE 802.1AS 包括两种类型的报文(Message class),分别是通用报文(General message)和事件报文(Event message)。二者的区别在于,通用报文主要用于构建和维护 gPTP 网络的同步结构,以及提供额外的通信和同步机制。它们不需要生成时间戳,但包含多种类型以支持不同的功能。事件报文则侧重于精确的时间同步。它们通过生成时间戳来确保时间信息的准确性,并包含多种类型以支持不同的时间同步机制。事件报文与通用报文一起工作,共同实现 gPTP 网络的高精度时间同步。其中通用报文包括 Announce、Signaling、Follow_Up、Pdelay_Resp_Follow_Up;事件报文包括 Sync、Pdelay_Req、Pdelay_Resp。这些报文为了实现高精度的时间同步,确保网络中的设备具有统一的时间基准,通过利用报文之间的交互和配合使得 gPTP 能够精确地测量和补偿网络延迟,从而实现全局的时间同步,具体信息如表 15-1 所示。

表 15-1　IEEE 802.1AS 报文类型

报 文 类 型	报 文 功 能
Announce	通知报文,包含最佳主时钟 BMCA 的运算信息,用于构建 gPTP 网络的主从同步结构
Signaling	信号报文,用作其他目的,在 IEEE 802.1AS 协议中属于可选是否启用其功能类型
Sync	同步报文,用于在系统中传播精确的时间信息
Follow_Up	跟随报文,通常与 Sync 报文一起使用,提供 Sync 报文发送时的精确时间戳
Pdelay_Req	对等延迟请求报文,用于测量两个时钟端口间的链路延迟
Pdelay_Resp	对等延迟响应报文,作为对 Pdelay-Req 的响应
Pdelay_Resp_Follow_Up	对等延迟响应跟随报文,与 Pdelay_Resp 一起使用,提供 Pdelay_Resp 发送时的精确时间戳

Announce 报文包含时钟相关信息,把记录途径各 PTP 节点的 Id 添加到 path trace TLV 中;Signaling 报文包含该 PTP 节点支持的信息,例如是否支持"一步法"、允许的 Announce Interval 等;Sync 报文由 GrandMaster 发送,包含主时钟信息,其他节点计算本地时钟与主时钟的差值,实现同步;Follow_Up 及 Pdelay_Resp_Follow_Up 则是"两步法"中提供补充时间戳的报文,前者与 Sync 连用,后者与 Pdelay_Resp 连用;Pdelay_Resp_

Follow_Up 与 Pdelay_Req 一起构成 P2P 测量机制的基础。

▎15.3　TSN 的安全问题

　　TSN 协议因其同步性和实时性,在生活中得到了广泛的应用,但是由于协议本身存在的漏洞以及现实中广泛的威胁来源,当面对一些未授权的访问、数据篡改以及一些网络攻击时,TSN 协议的安全性存在难以保障的问题。本节将 TSN 协议的安全问题概括为以下两方面。

15.3.1　工业互联网中 TSN 的安全问题

　　工业互联网中的 TSN 协议旨在提供低延迟、高可靠性的网络通信,以满足工业应用中对时间敏感数据的传输需求。然而,随着 TSN 协议在工业互联网中的广泛应用,也暴露出一些安全问题。以下是一些 TSN 协议可能面临的主要安全问题。

　　(1) 拒绝服务攻击(DoS 攻击):攻击者可能通过发送大量无效或高流量的数据包来阻塞网络,导致正常的数据传输受到干扰,甚至使网络瘫痪。对于工业互联网而言,这种攻击可能导致关键数据的传输延迟或丢失,进而影响到整个工业生产的正常运行。

　　(2) 中间人攻击:攻击者可能在网络通信过程中伪装成合法的中间节点,截获、篡改或重放传输的数据包。这种攻击可能导致数据的不完整或错误,对工业互联网中的控制系统造成严重的安全威胁。

　　(3) 身份认证和授权问题:TSN 协议中涉及多个设备和系统之间的通信,需要确保每个参与者的身份真实可靠,并具备相应的访问权限。然而,如果身份认证和授权机制设计不当或存在漏洞,攻击者可能利用这些漏洞进行非法访问和操作。

　　(4) 协议漏洞和缺陷:TSN 协议本身可能存在一些设计上的漏洞或缺陷,这些漏洞可能被攻击者利用来发动针对性的攻击。例如,协议中的某些字段可能未经过充分的验证或加密处理,使得攻击者能够利用这些字段进行攻击。

　　(5) 供应链攻击:工业互联网中的设备通常来自不同的供应商和制造商,这些设备在集成到网络中时可能带有潜在的安全风险。攻击者可能通过供应链中的某个环节植入恶意代码或后门,进而对整个网络进行攻击。

15.3.2　车载以太网中 TSN 的安全问题

　　TSN 技术的引入使得车载以太网可以满足车内通信系统服务质量的要求,包括时间同步、实时性和高可靠性,但也面临着新的挑战。在过去,车辆和外界通信断开连接,因此黑客攻击和操作车辆的可能性很小。但是现在,V2X 技术使得车辆暴露在网络环境中,从而增加了车辆的攻击面,例如,黑客可以使用大多数汽车仪表板下的车载诊断(OBD-Ⅱ)接口直接访问车载网络。当越来越多的车辆应用场景需要以太网参与时(例如诊断通信、高速率确定性传输以及面向服务的架构),各种各样的漏洞也会随之而来。一般攻击者会通过以下三种方式对车载以太网发起攻击。

　　(1) 主动操纵或窃听报文:攻击者想要操纵车辆的功能集,甚至通过车辆的部件(ECU)来利用原始设备制造商(OEM)的后端服务器。此外,攻击者通过长时间收集车载网络的通信报文，可以获取车载网络使用的加密方式和密钥的详细信息。

（2）伪装攻击：攻击者通常是未经授权的设备，使用虚假身份与原始车载网络进行通信，此时如果通信系统的授权过程没有得到充分保护，则很容易受到攻击。

（3）DoS 攻击：拒绝服务攻击类似破坏目标网络的泛洪攻击，占用大量可用带宽来阻止原始车载网络报文的正常发送。最常见的是如图 15-2 所示的 DoS 攻击。

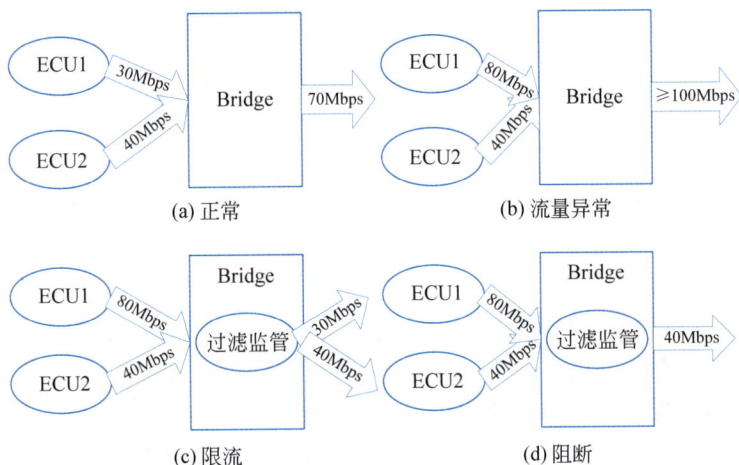

图 15-2　Dos 攻击

假设网桥的端口传输速率为 100Mbps，图 15-2(a) 显示了 ECU1 和 ECU2 正常运行的情况，两个流量分别分配了 30Mbps 和 40Mbps 的带宽，一共 70Mbps 的带宽；在图 15-2(b) 中，ECU1 遇到 DoS 攻击或节点故障时，其传输流量变得异常，从原来的 30Mbps 激增至 80Mbps，如果网桥的入端口没有过滤和监管机制，则 ECU2 的数据传输会受到 ECU1 故障数据的影响，导致 ECU2 的数据无法正常传输，发生拥塞和丢包；对于 ECU1 的数据流量异常的情况，通常的做法是网桥的入端口对采取如图 15-2(c) 限流的方式，或者采取如图 15-2(d) 所示的将其阻断的方法。

15.4　TSN 协议的安全防护措施

由于 TSN 协议存在诸多的安全问题，所以现实中通常在多个层面进行安全防护，传统的 TSN 安全防护主要通过设置防火墙以及一些密码学的方式完成。但是这些方式整体的安全性能相对比较局限，因此在一些安全性要求较高的场景中，会将以上方式搭配 TSN 协议簇中的 Qci 协议进行协同，从而达到更好的性能。因此本节将从传统防护措施及基于 Qci 协议防护两方面进行介绍。

15.4.1　传统 TSN 协议的安全防护措施

传统以太网是通过在 OSI 模型的第 3 层和第 4 层设置防火墙（Firewall）来避免 DoS 攻击并限制同时连接到网络的数量和吞吐量。

此外，还有使用密码学的方式。密码学的 IEEE 802.1AE MAC 安全（MAC-Sec）提供了在固定网络中验证报文有效负载内容的规范，并指定了如何加密报文有效负载的内容来提供除报文验证之外的机密性。

除了上述提到的传统以太网安全协议外,还有安全套接字层 SSL、传输层安全性 TLS 和数据报传输层安全性 DTLS,以及 AUTOSAR 组织标准化的车载安全通信(Security Onboard Communication,SecOC)等协议可用于提高安全性。

15.4.2 基于 Qci 协议的安全防护

TSN 作为车载以太网数据链路层的扩展,需要对第 2 层进行保护,因此需要考虑流过滤和监管(这取决于如何使用不同的检测参数,如 MAC 地址、VLAN ID 等),Qci 协议就很好地解决了这个问题。

TSN 提出的 802.1Qci 协议(Per-Stream Filtering and Policing,PSFP)对到达网桥入端口的报文提供流过滤和监管功能,来防止流量过载,从而提高网络安全性。该过程发生在数据流到达网桥的入端口之后、出端口排队之前,流过滤和监管功能的数据处理过程主要有流过滤器、流门控、流计量器。

每个组件都有对应的参数实例表,即流过滤器实例表、流门控实例表和流计量器实例表,流过滤器实例表是一个由多个流过滤器组成的有序列表。进入流过滤器的流被分配流门控和流计量器,实现流过滤和监管。

(1)对于流过滤器,传入帧根据流过滤器中的 Stream Id(与流识别得到的 Stream_handle 参数相关联)和 priority 参数匹配到对应的流过滤器,不匹配流过滤器的帧被丢弃。流过滤器中的零个或多个过滤器(Filters)规范、Gate Id 和 Meter Id 参数确定与流过滤器相关的过滤器规范、流门控和流计量器。过滤器规范表明,如果进入流过滤器的流数据包超过定义的服务数据单元(Service Data Unit,SDU),则将其丢弃。此外,计数器(Counters)对匹配的、通过的以及丢弃的帧进行计数。

(2)对于流门控,过滤后的帧按照门的状态依次传输,其中门的状态包括打开和关闭。门打开时允许帧通过,门关闭时不允许帧通过。如果该帧没有在正确的时间窗口内按时发送,则在门关闭时该帧将被丢弃。然后基于门控列表(Gate Control List,GCL)对数据流进行过滤,并对通过门的帧赋予 IPV(常和 TAS、CQF 整形器结合使用),用于确定后续进入的 traffic class 队列。

(3)对于流计量器,通过门的流量由流量过滤器指定 Meter Id 的计量器(meter)进行监管。流分类规则根据帧的参数(例如目标 MAC 地址、源 MAC 地址、Priority 等)识别具有相同转发和计量过程的流集合。使用相同分类规则得到的流集合中的流使用相同的流计量器,即相同流集合中的流的相关带宽参数相同。流计量器使用令牌桶原理将通过流过滤器和流门控的数据包标记为 Green(通过)、Yellow(警告)和 Red(丢弃),流计量器实例包含承诺信息率、承诺突发大小、超额信息率、超额突发大小等参数。这些取决于带宽配置文件的参数设置流的带宽和突发大小以监管数据流。不满足这些带宽分配和流量大小的流将被丢弃。

‖ 15.5 本章小结与展望

本章主要介绍了 TSN 协议的概述及特点,面临的安全威胁与相应的安全措施。首先介绍了 TSN 协议簇中不同功能的协议及应用场景,然后介绍了 TSN 协议簇中的重要子协议 802.1AS 的功能及其体系结构,最后详细分析了 TSN 协议在不同场景下面对的安全问题及相应的安全措施。

　　随着工业自动化、智能制造和物联网等领域的快速发展,对数据传输的实时性和可靠性要求日益提高,TSN 协议凭借其低延迟、高可靠性和确定性传输的特点,成为解决这些挑战的关键技术之一。未来,TSN 协议有望在更广泛的领域得到应用,如工业自动化、智能电网、智能交通系统等,实现设备间的无缝连接和高效通信。同时,随着 5G、6G 等新一代通信技术的不断演进,TSN 协议将与这些技术深度融合,进一步提升数据传输的效率和可靠性。

‖ 15.6　思考题

1. TSN 协议的应用中面临哪些安全问题? 有哪些安全防范措施?
2. 谈谈对 TSN 协议的认识以及 TSN 协议今后的发展趋势。

参 考 文 献

[1] 谢希仁. 计算机网络[M]. 7 版. 北京：电子工业出版社，2017.

[2] 刘建伟，王育民. 网络安全——技术与实践[M]. 2 版. 北京：清华大学出版社，2015.

[3] Douglas Jacobson. 网络安全基础——网络攻防、协议与安全[M]. 北京：电子工业出版社，2016.

[4] 贾铁军，陶卫东. 网络安全技术及应用[M]. 3 版. 北京：机械工业出版社，2018.

[5] 李涛，王立华，周家豪. 网络协议安全与发展[M]. 北京：中国铁道出版社，2022.

[6] 赖英旭，杨震，刘静. 网络安全协议[M]，北京：清华大学出版社，2012.

[7] 吴灿铭. 图解 TCP/IP[M]. 北京：清华大学出版社，2022.

[8] 林成浴. TCP/IP 协议及其应用[M]. 北京：人民邮电出版社，2013.

[9] 马常霞，张占强. TCP/IP 网络协议分析及应用[M]. 南京：南京大学出版社，2020.

[10] W. Richard Stevens. TCP/IP 详解 卷 1：协议[M]. 2 版. 北京：机械工业出版社，2016.

[11] 陈伟，李频. 网络安全原理与实践[M]. 2 版. 北京：清华大学出版社，2023.

[12] 袁津生，吴砚农. 计算机网络安全基础[M]. 北京：人民邮电出版社，2018.

[13] 诸葛建伟. 网络攻防技术与实践[M]. 北京：电子工业出版社，2011：161-169.

[14] 鲍旭华，洪海，曹志华. 破坏之王：DDoS 攻击与防范深度剖析[M]. 北京：机械工业出版社，2014：59-69.

[15] 韩姣. 华为 Anti-DDoS 技术漫谈[M]. 北京：人民邮电出版社，2018：188-190.

[16] 寇晓蕤，王清贤. 网络安全协议：原理、结构与应用[M]. 2 版. 北京：高等教育出版社，2016.

[17] 章坚武，安彦军，邓黄燕. DNS 攻击检测与安全防护研究综述[J]. 电信科学，2022，38(9)：1-17.

[18] 谢雯霞，李建新. DHCP 协议漏洞利用及防范研究[J]. 网络安全技术与应用，2023(3)：6-8.

[19] 雷吉成. 物联网安全技术[M]. 北京：电子工业出版社，2012.

[20] 崔洪权. 物联网安全漏洞挖掘实战[M]. 北京：人民邮电出版社，2022：131-146.

[21] 孙昊，王洋，赵帅，等. 物联网之魂：物联网协议与物联网操作系统[M]. 北京：机械工业出版社，2019：26-32.

[22] 姜仲，刘丹. ZigBee 技术与实训教程——基于 CC2530 的无线传感网技术 [M]. 2 版. 北京：清华大学出版社，2018：32-40.

[23] 高泽华，孙文生. 物联网——体系结构、协议标准与无线通信（RFID、NFC、LoRa、NB-IoT、WiFi、ZigBee 与 Bluetooth）[M]. 北京：清华大学出版社，2024：93-108，123-128.

[24] 张伟康，曾凡平，陶禹帆，等. 物联网无线协议安全综述[J]. 信息安全学报，2022，7(2)：59-71.

[25] 陆婷，方惠英，袁弋非，等. 窄带物联网（NB-IoT）标准协议的演进[M]. 北京：人民邮电出版社，2020.

[26] 汪烈军，杨焱青. 工业互联网安全[M]. 北京：机械工业出版社，2023.

[27] 方栋梁，刘圃卓，秦川，等. 工业控制系统协议安全综述[J]. 计算机研究与发展，2022，59(5)：978-993.

[28] 禹鑫燚，唐权瑞，施甜峰，等. 基于 OPC UA 协议的工业网关系统设计与实现[J]. 高技术通讯（中文），2021，31(9)：962-968.

[29] 宋华振. 时间敏感型网络技术综述[J]. 自动化仪表，2020，41(2)：1-9.

[30] 许方敏，伍丽娇，杨帆，等. 时间敏感网络（TSN）及无线 TSN 技术[J]. 电信科学，2020，36(8)：81-91.

图 书 资 源 支 持

感谢您一直以来对清华版图书的支持和爱护。为了配合本书的使用,本书提供配套的资源,有需求的读者请扫描下方的"书圈"微信公众号二维码,在图书专区下载,也可以拨打电话或发送电子邮件咨询。

如果您在使用本书的过程中遇到了什么问题,或者有相关图书出版计划,也请您发邮件告诉我们,以便我们更好地为您服务。

我们的联系方式:

清华大学出版社计算机与信息分社网站:https://www.shuimushuhui.com/

地　　址:北京市海淀区双清路学研大厦 A 座 714

邮　　编:100084

电　　话:010-83470236　010-83470237

客服邮箱:2301891038@qq.com

QQ:2301891038(请写明您的单位和姓名)

资源下载: 关注公众号"书圈"下载配套资源。

资源下载、样书申请

图书案例

书 圈

清华计算机学堂

观看课程直播